CONFLITOS, RISCOS E IMPACTOS ASSOCIADOS A BARRAGENS

Jefferson L. Picanço
José Mario Martínez
Claudia Pfeiffer
João Frederico Meyer
(Org.)

CONFLITOS, RISCOS E IMPACTOS ASSOCIADOS A BARRAGENS

EDITORA UNICAMP

SISTEMA DE BIBLIOTECAS DA UNICAMP
DIVISÃO DE TRATAMENTO DA INFORMAÇÃO
Bibliotecária: Gardênia Garcia Benossi – CRB-8ª / 8644

C76 Conflitos, riscos e impactos associados a barragens / organizadores Jefferson L. Picanço ... [*et al.*] – Campinas, SP : Editora da Unicamp, 2025.

1. Meio ambiente. 2. Falhas em barragens. 3. Impacto ambiental. 3. Falhas em barragens – Modelos matemáticos. 4. Divulgação científica. I. Picanço, Jefferson de Lima, 1963-.

CDD – 333.7
– 363.349
– 363.7
– 620.0040151
– 507

ISBN: 978-85-268-1803-3

Editora associada à

Associação Brasileira
das Editoras Universitárias

Direitos reservados a

Editora da Unicamp
Rua Sérgio Buarque de Holanda, 421 – 3º andar
Campus Unicamp
CEP 13083-859 – Campinas – SP – Brasil
Tel.: (19) 3521-7718 / 7728
www.editoraunicamp.com.br vendas@editora.unicamp.br

Agradecimentos

Um livro como este não se faz sozinho. Além dos organizadores e dos autores, muitas pessoas mais colaboraram para que este livro surgisse. Agradecemos aos revisores dos capítulos, cujo trabalho competente ajudou muito a melhorar os textos técnicos e tão cheios de jargões que produzimos. A montagem e a revisão de um livro deste porte contaram com diversos apoios preciosos. Agradecemos a Ivan Nascimento, doutor em Matemática Aplicada pela Unicamp, que montou a primeira estrutura do livro em LaTeX. Da mesma forma, agradecemos ao Prof. Dr. Diego Samuel Rodrigues, o qual, com muito esforço e paciência, efetuou muitos acertos ao longo do livro. A revisão final do arquivo ficou a cargo do trabalho minucioso do Prof. Dr. Maicon Ribeiro Correa, a quem somos muito gratos. Fica aqui igualmente registrado um agradecimento especial à Profa. Dra. Verónica Andrea González-López, por sua atuação decisiva no processo de finalização deste livro. Também somos gratos ao corpo técnico da Editora da Unicamp pelas observações e pelas sugestões que tanto melhoraram a estrutura do livro. Somos igualmente muito gratos ao Instituto de Estudos Avançados da Unicamp (IdEA), que deu suporte decisivo para muitas de nossas iniciativas. Agradecemos também aos colegas todos do Grupo de Pesquisa, Extensão e Ação sobre Riscos e Impactos Associados a Barragens (Criab), que participaram, cada qual do seu modo, de todo o processo de discussão, elaboração e finalização do livro. A toda a comunidade acadêmica de outros grupos de estudo e universidades, que sempre participou de nossas discussões, nos apoiou e nos deu suporte, também nosso muito obrigado. Por último, mas não menos importante, nossa solidariedade a todos os atingidos por rompimentos de barragens de rejeitos de mineração, ainda lutando por sua dignidade e por seus direitos.

Sumário

Prefácio

Lira Itabirana
O Rio? É doce.
A Vale? Amarga.
Ai, antes fosse
Mais leve a carga.

Entre estatais
E multinacionais,
Quantos ais!

A dívida interna.
A dívida externa
A dívida eterna.

Quantas toneladas exportamos
De ferro?
Quantas lágrimas disfarçamos
Sem berro?

(Carlos Drummond De Andrade
Publicado originalmente em 1984 no jornal *Cometa Itabirano*)

Com satisfação ímpar lançamos o primeiro livro do Criab, o Grupo de Pesquisa, Extensão e Ação sobre Riscos e Impactos Associados a Barragens. O grupo ganhou sua forma atual aos poucos, como é próprio da ciência em curso. Seu princípio se fez em torno do rompimento da barragem em Brumadinho/MG, no dia 25 de janeiro de 2019, completando, em 2025, seis anos de consequências inomináveis.

A reunião do grupo se deve ao seu coordenador, Jefferson Picanço, docente do Instituto de Geociências da Unicamp, que pôde acompanhar *in loco* os primeiros efeitos do rompimento da barragem do Córrego do Feijão e as primeiras ações necessárias diante desse desastre-crime. Durante sua estada no território, Picanço escreveu, no *Jornal da Unicamp*, o Diário de Brumadinho (https://www.unicamp.br/unicamp/noticias/diario-de-brumadinho), aproximando ainda mais a comunidade universitária do contexto desolador vivido pela população da região. De volta a Campinas, Jefferson Picanço propôs à administração superior da Universidade que se abrisse espaço na instituição para a construção de um grupo que envolvesse toda a comunidade com vistas a colaborar, de modos diversos, com as causas e consequências desse terrível rompimento. Ainda em fevereiro, houve uma reunião convocada por Picanço povoada por um incontável número de pessoas advindas de diferentes áreas da universidade, entre técnico-administrativos, alunos de graduação e de pós-graduação, docentes e pesquisadores. Nas reuniões que se seguiram, ainda em 2019, com o objetivo de construir um modo de funcionamento para o amplo grupo, percebeu-se que era preciso também ampliar o escopo de ação para além do acontecimento em Brumadinho. O nome do grupo materializa, em sua sigla, o objetivo geral que temos buscado alcançar: o de colaborar, em suas diferentes dimensões, com o aprofundamento da compreensão e da percepção sobre os conflitos, os riscos e os impactos associados à construção de barragens.

Desde 2020, o Criab se organiza em torno de três grupos temáticos. O GT Meio Físico e Biótico; o GT Engenharia Matemática; e o GT Educação e Sociedade. Cada um desses GTs, com suas formas singulares de se organizar, tem seus próprios objetivos, articulados aos objetivos gerais do Criab.

Em linhas gerais, o GT Meio Físico e Biótico busca investigar a dinâmica dos ciclos biogeoquímicos em ecossistemas atingidos por rompimentos de barragens, através do uso de metodologias, de técnicas de coletas e de análises no âmbito da geoquímica e da ecotoxicologia. Formado por pesquisadores da geologia, da biologia e da engenharia, o grupo monitora e avalia os impactos causados pelos rompimentos de barragens nas diferentes matrizes ambientais, tendo como ponto de partida que os desastres são fenômenos sociais, cuja análise depende de uma conjuntura política e social. Por seu turno, o GT Engenharia Matemática, se propõe a entender, modelar, prever e colaborar com a mitigação dos desastres vinculados a rompimento de barragens e temas relacionados, do ponto de vista físico, matemático e de engenharia. Para isso, o GT conta com matemáticos, especialistas em computação, engenheiros, estatísticos e físicos que se reúnem semanalmente para seminários e discussões interdisciplinares. Por fim, o GT Educação e Sociedade ancora seu trabalho na formação e na divulgação científica como modos de trabalhar com as populações atingidas pela presença de barragens e, ao mesmo tempo, como modos de promover a percepção sobre outros sentidos implicados na construção de barragens que normalmente não são visíveis para a sociedade em geral. O GT reúne pesquisadores de distintas áreas disciplinares, com graduandos, pós-graduandos e docentes e pesquisadores, envolvidos na construção de práticas de resistência ao modelo hegemônico.

O livro que organizamos tem o objetivo de reunir um pouco do que vem sendo realizado no interior de cada um desses grupos temáticos. Boa leitura!

Jefferson L. Picanço
José Mario Martínez
Claudia Pfeiffer
João C. A. Frederico Meyer

Introdução

Jefferson L. Picanço

Este livro nasceu da imensurável comoção provocada pelo grande desastre da Vale em Brumadinho, em 25 de janeiro de 2019. No final da tarde daquele dia, o país ficou perplexo ao se defrontar com uma tragédia em muito semelhante à que havia ocorrido no desastre da Samarco/Fundão em Mariana, somente quatro anos antes, mas agora com uma diferença crucial: o número de vítimas fatais. Em comparação às 19 vítimas fatais do desastre do rompimento da barragem do Fundão, havia agora pelo menos duas centenas de mortos, e os números finais fecharam em 272 vítimas. Um sentimento de urgência tomou conta das pessoas. Era preciso fazer alguma coisa.

A comoção do desastre pegou em cheio, também, a comunidade acadêmica. Nas universidades, todos experimentaram, em meio à tristeza e à revolta, o sentimento de que havia algo por ser feito. Na Unicamp, uma reunião no dia 12 de fevereiro de 2019 foi chamada conclamando pelas competências da Universidade para entender o que havia acontecido e o que havia por fazer, sempre olhando as vítimas mais desfavorecidas e apagadas da tragédia, como as comunidades ribeirinhas, os povos originais, as comunidades quilombolas, as populações suburbanas.

A partir dessa reunião foi fundado o Criab (Grupo de Pesquisa, Extensão e Ação sobre Riscos e Impactos Associados a Barragens), um grupo multidisciplinar que desde então procurou entender e definir o que estava acontecendo, mediante contatos com outros grupos semelhantes e principalmente com as vítimas do desastre. O grupo estabeleceu três grupos de trabalho (ou GTs) que procuraram conversar entre si: Educação e Sociedade, Meio Físico e Biótico e Engenharia Matemática. Desde então, o grupo tem participado ativamente dessa discussão, seja organizando encontros e debates, seja realizando trabalhos de pesquisa e coleta e análise de material *in loco*, seja pensando em modelos matemáticos que possam dar conta dos fenômenos observados nos desastres com barragens.

Este livro é composto das questões científicas e metodológicas que foram feitas desde então pelos pesquisadores do Criab. Essencialmente, os textos aqui presentes procuram apresentar, de maneira multidisciplinar, diversos aspectos dos desastres com barragens, do ponto de vista de cada um dos pesquisadores, partindo de suas formações e vivências. A multidisciplinaridade tem sido um dos maiores desafios e uma das maiores virtudes do Criab. Como se sabe, a multidisciplinaridade é um processo de aproximações entre profissionais de áreas distintas que implicam a construção de uma língua comum entre as diferentes linguagens disciplinares. Tem muito da vontade de querer falar essa língua, e tem muito da vontade de se aproximar do saber do outro. Esse tem sido um dos mais constantes desafios do Criab. Este livro é uma prova e uma consequência desses processos. Os textos aqui apresentados refletem essa tentativa de estabelecer uma ciência que possa ser ao mesmo tempo multidisciplinar, participante e cidadã.

Os desastres associados ao rompimento de barragens de rejeitos de mineração, ao contrário do que se pensa, são bastante comuns. No Capítulo 3 deste livro, é discutida a ocorrência desses desastres no planeta, focando suas implicações na economia e na política. Barragens de rejeitos de mineração, como discutido no texto, são bastante frágeis, construídas com o próprio material do rejeito. Como se trata de estruturas secundárias ao processo de extração de minérios, as barragens de rejeito de mineração são, em geral, construídas com tecnologia bem inferior às demais empregadas no mesmo projeto. As mineradoras têm extraído minérios, nos anos recentes, em quantidades cada vez maiores. A relação estéril/minério tem ficado cada vez maior, com o consequente aumento na quantidade de rejeito produzida. Em função da maior exploração de recursos e da melhor tecnologia de extração disponível, essas barragens estavam ficando cada vez maiores e mais instáveis. Conforme veremos, uma vez que são estruturas secundárias e suscetíveis a cortes de financiamento em épocas de baixo investimento, os períodos de queda de preço de *commodities* são aqueles com a ocorrência de maior número de desastres. Nas minerações de grande porte, esses desastres têm se intensificado e alcançado áreas de atingimento cada vez maiores.

Quando ocorrem os desastres relacionados com o rompimento de barragens de rejeitos, uma das questões mais agudas diz respeito ao impacto que causam à sociedade e ao meio natural. Esses impactos são tratados no Capítulo 1, que apresenta e discute uma série de fenômenos envolvendo a interação da água dos sedimentos fluviais com os diferentes tipos de rejeitos de mineração. Nesse capítulo são discutidos os impactos que ocorrem durante os desastres e depois deles, e que afetam fortemente o canal dos rios e suas áreas ribeirinhas, atingindo toda a fauna e a flora da bacia afetada. Também são discutidos alguns métodos e abordagens da ecotoxicologia da água e do solo, com o objetivo de entender os impactos associados à flora e fauna ribeirinhas e bentônicas. Esses métodos envolvem o cultivo e o tratamento de amostra de solo e água para organismos bioindicadores específicos, como os *Enchytraeus crypticus*, *Folsomia candida* para as análises de solo e dos *Chironomus* para o caso da água. No texto, são discutidos os protocolos envolvidos nesses testes e seu uso, para entender os diferentes casos de contaminação que ocorrem durante e após os rompimentos de barragens.

O uso de fitotecnologias para trabalhos de remediação e mitigação de impactos causados por desastres com rejeitos de mineração é discutido no Capítulo 2. Nesse capítulo são discutidas as diferentes formas de contaminação de solos com elementos-traço, metais catiônicos e oxiânions que normalmente estão presentes em baixas concentrações no ambiente, bem como as diferentes técnicas de reabilitação, com destaque para os métodos de fitorremediação. Entre os principais métodos discutidos estão a fitoestabilização, a fitodegradação, a fitovolatilização, a fitoextração e a rizodegradação. O texto apresenta também uma discussão importante sobre os indicadores de qualidade e monitoramento em áreas contaminadas por elementos-traço, como são caracterizados muitos elementos potencialmente tóxicos.

A questão das barragens também está fortemente vinculada às questões sobre o uso da água no território. O Capítulo 4 trata dos problemas de insegurança hídrica causados nas regiões mineradoras, com ênfase na região metropolitana de Belo Horizonte – pelo desastre da Vale/Brumadinho. O texto faz uma retrospectiva dos problemas históricos da luta pela água na região e um balanço dos problemas originados do imediato pós-desastre. A seguir, faz uma discussão sobre diversos aspectos da (in)segurança hídrica em regiões mineradoras.

A legislação brasileira para barragens, sejam elas barragens de água, para produção de energia elétrica, para acumulação de resíduos industriais, de mineração ou de materiais nucleares, é discutida no Capítulo 6, no qual são apresentados os marcos legais desse tema no Brasil, em especial a Lei nº 14.066/2020 e as principais alterações recentes do Plano Nacional de Segurança de Barragens (PNSB). E faz uma ampla discussão dessa lei e de suas implicações, abordando temas como as características do enquadramento de barragens na legislação, os métodos construtivos, assim como as responsabilidades do empreendedor. Também trata da necessidade e estruturação da fiscalização, bem como do Relatório de Segurança de Barragens e do Plano de Ação de Barragens (PAE).

Uma questão importante nos desastres é a dos alarmes precoces. Sugere-se, no Capítulo 5, uma proposta de solução tecnológica para o aumento da segurança de barragens e consequente diminuição de risco para a comunidade e dos impactos de um rompimento. Nesse capítulo é discutido o uso de sensores, medidores e atuadores para a segurança de barragens, envolvendo uma discussão sobre sistemas de alerta para as comunidades empregando as tecnologias da internet das coisas. A modelagem matemática é uma poderosa ferramenta para estudar o rompimento de barragens e suas consequências. Os capítulos subsequentes deste livro tratam de diversos aspectos da modelagem matemática de rompimento de barragens, envolvendo discussões gerais sobre o fluxo em canais naturais (Capítulo 7), sobre os diferentes métodos de modelar esses fluxos (Capítulo 10), bem como aspectos específicos como a modelagem do rompimento de barragens através de brechas (Capítulo 8), estudos estatísticos de consequências de rompimentos de barragens (Capítulo 10) e estudos de caso discutindo aplicações de modelagem ao escoamento usando métodos específicos (Capítulo 11).

Em termos físicos, o escoamento de fluidos em canais naturais unidimensionais pode ser descrito em termos gerais, a partir das leis de balanço de massa e de momento linear que regem esses fenômenos. No Capítulo 7 são abordadas diferentes formas de expressar esses fenômenos em termos matemáticos. As equações de Saint-Venant são frequentemente utilizadas nesse contexto. Sua resolução numérica depende da caracterização geométrica do canal considerado, das condições iniciais, da inclinação do solo e do coeficiente de Manning. A partir das equações de Saint-Venant, partindo de medições físicas que dispensam o uso de equipamentos sofisticados, a descrição inicial de qualquer canal pode ser determinada com o grau de precisão suficiente para a resolução eficiente das equações de evolução do sistema, como demonstrado no Capítulo 11. No Capítulo 7 são também apresentados, em cenários simplificados, de fácil implementação computacional, dois esquemas numéricos para sua resolução: uma abordagem de diferenças finitas clássica, similar ao esquema de Lax-Friedrichs, e um método de elementos finitos do tipo Galerkin Descontínuo de baixa ordem. É também ilustrado o comportamento das soluções numéricas dos diferentes esquemas pela resolução de um problema sintético que simula o rompimento de uma barragem em um canal unidimensional.

O Capítulo 8 surgiu de um desafio: o desafio de Lisboa, lançado durante o "6th Workshop on River and Sedimentation Hydrodynamics and Morphodynamics", organizado pelo Instituto Superior Técnico de Lisboa (ISTL). Em 2021, foi proposta uma solução matemática para calcular os impactos do rompimento de uma barragem causado por uma brecha no dique. No Laboratório de Hidráulica do ISTL foi construído um modelo físico para uma barragem de água, detalhando-se os materiais que foram usados para a construção do modelo. No experimento laboratorial, uma pequena brecha na crista do aterro foi manualmente incorporada, e o abastecimento de água a montante foi controlado de maneira que, aproximadamente, a altura da superfície da água a montante ao longo do experimento coincidisse com a altura inicial da barragem. Foi observado que, dessa maneira, a brecha aumentava com o transcurso do tempo, tanto em termos de largura como de profundidade. O Capítulo 9 trata da construção, por parte de seus autores, de modelos matemáticos e numéricos para simular a evolução da brecha proposta pelo desafio de Lisboa, segundo o experimento laboratorial, buscando a descrição do fluxo e do processo de erosão com o consequente desenvolvimento da brecha.

As barragens de aterro têm características diferentes daquelas de concreto e constituem a maioria das barragens presentes no mundo. As barragens de aterro são edificadas com material de construção que resulta ser menos coesivo e mais erodível, tornando-as propícias a rebentações que podem evoluir para um rompimento total. Estima-se que as barragens de aterro de grandes dimensões, ou seja, com mais de 15 metros de largura ou altura, são da ordem de dezenas de milhares no mundo. Existem muitos modelos matemáticos para a solução de problemas de rompimento de barragens de aterro presentes na literatura científica. O Capítulo 10 apresenta uma caracterização de vários desses modelos. Desde os anos 1980 foram desenvolvidos vários modelos matemáticos para rompimentos de barragens, classificados como a) simples, ou "feitos nas unhas", b) paramétricos e c) físicos. São discutidas no Capítulo 10 as diferenças entre os modelos, fornecendo-se algumas dicas sobre sua adequada utilização.

O Capítulo 12 apresenta um estudo simulando o movimento dos rejeitos liberados pelo rompimento da barragem em Brumadinho aplicando o modelo Titan2D. Os resultados obtidos, quando comparados com os resultados decorrentes da aplicação do modelo HAND, que define áreas inundadas estaticamente, e com a área de cicatrizes extraídas de imagens de satélite de sensoriamento remoto obtidas após o desastre de Brumadinho, mostraram o potencial de uso do Titan2D, embora, segundo os autores, devam ser realizadas novas pesquisas envolvendo comparações desse tipo.

Finalmente, o último capítulo é oriundo da contribuição do GT Educação e Sociedade, reunindo pesquisadores que procuraram dar a ver ao público leitor o modo como esse grupo se consolidou em torno de três pilares articulados de pesquisa, compartilhando o processo de construção do GT no interior da própria configuração do Criab. Além disso, as autoras e o autor recuperam alguns dos resultados de pesquisa em forma de publicações que aconteceram no decorrer desses anos, pontuando parte do que está em jogo nas relações tensas e contraditórias inscritas na presença de barragens nos territórios com suas consequências para as populações atingidas, reordenando seus modos de vida, bem como afetando de forma incontornável a flora e a fauna desses territórios. O Capítulo 13 contribui, assim, para que as dimensões subjetivas, políticas, econômicas, sociais e ambientais sejam sempre levadas em consideração nas análises sobre a presença de barragens e sua potencial possibilidade de rompimento, assim como nos lembra do muito que se avança nas relações entre a universidade e seu entorno quando há um trabalho de pesquisa-extensão eticamente orientado para colocar os seres viventes em primeiro plano enquanto uma posição política científico-acadêmica potente.

1

Contaminação de sedimentos, solos e da biota em rompimentos de barragens de rejeitos: contribuições da geoquímica e da ecotoxicologia

Jefferson de Lima Picanço
Marta Siviero Guilherme Pires
Mariana Silveira G. Moura e Silva
Lélia Santiago Custódio da Silva
Maíra Rodrigues da Silva
Tainá Nogueira de Almeida

1.1 Introdução

Os desastres associados aos rompimentos de barragens de rejeitos de mineração são muito danosos para a sociedade, assim como para o meio ambiente (Rico *et al.*, 2008; Kossof *et al.*, 2014; Roche *et al.*, 2017). Infelizmente, esses desastres são mais comuns do que se imagina. De 2011 até 2021, portanto, em dez anos, ocorreram 37 grandes desastres desse tipo, afetando milhares de pessoas e com 649 mortos ou desaparecidos (Wise Uranium Project, 2021). Entretanto, embora a quantidade de desastres dessa natureza tenha diminuído nos últimos anos, a ocorrência desses eventos de grande magnitude tem se tornado mais recorrente (Bowker e Chambers, 2015).

De modo geral, as barragens de rejeitos são estruturas relacionadas com grandes projetos de mineração, que acumulam o material residual após o beneficiamento de minérios (Bowles *et al.*, 2007, Roche *et al.*, 2017). A composição do rejeito é diversa, de acordo com o tipo de minério e o processo tecnológico empregado, a exemplo da mineração de ouro, na qual o processamento tem volumes comparativamente menores de material, porém com maior toxicidade. Por outro lado, as minas de minério de ferro têm processamento de grandes volumes de material, mas com rejeitos menos complexos em termos de composição química e mineralógica (Roche *et al.*, 2017). Em vista disso, os rompimentos de barragens de rejeitos são fontes antropogênicas de contaminação dos ecossistemas.

No Brasil, dois recentes rompimentos de barragens de rejeitos (Figura 1.1) causaram, além de gigantescos desastres humanos e sociais, danos irreparáveis aos ecossistemas locais, em virtude do grande volume de rejeito derramado. Um desses rompimentos ocorreu, em novembro de 2015, no município de Mariana, no estado de Minas Gerais, quando a ruptura da barragem do Fundão ocasionou a contaminação do Rio Gualaxo do Norte, um afluente do Rio Carmo, que desemboca na Bacia do Rio Doce (Fernandes *et al.*, 2016; Igam, 2020). O derramamento de rejeito dessa barragem mobilizou o material sedimentado e aumentou a concentração de metais nos ecossistemas (Segura *et al.*, 2016; Hatje *et al.*, 2017; Silva *et al.*, 2018; Queiroz *et al.*, 2018; Igam, 2020; Richard *et al.*, 2020; Aguiar *et al.*, 2020; Duarte *et al.*, 2021; Queiroz *et al.*, 2021a; Queiroz *et al.*, 2021b). Outro rompimento aconteceu em Minas Gerais, após quatro anos, em 2019, na barragem I da Mina Córrego do Feijão, localizada no município de Brumadinho, que liberou um fluxo de rejeitos e provocou altos níveis de concentração de metais no Rio Paraopeba (Thompson *et al.*, 2020; Vergílio *et al.*, 2020; Igam, 2021; Teramoto *et al.*, 2021; Parente *et al.*, 2021).

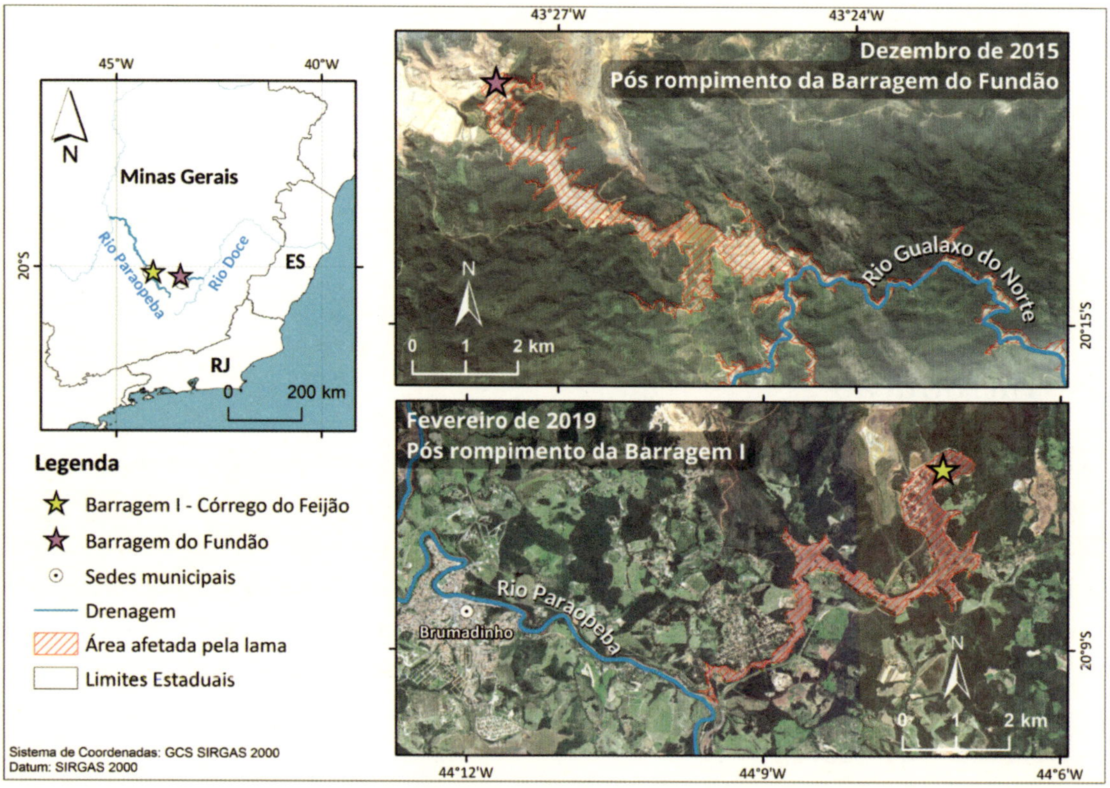

Figura 1.1: Mapa de localização dos percursos dos fluxos de rejeitos dos rompimentos da barragem do Fundão em Mariana e da barragem do Córrego do Feijão, em Brumadinho, Minas Gerais. Fonte: Autoria própria.

Com a capacidade de modificar os meios físico e biótico, os rompimentos de barragens causam um alto impacto ambiental. Para Fernandes *et al.* (2016), esses rompimentos têm fortes impactos ecológicos e socioeconômicos, em razão de destruir os ecossistemas locais e os recursos naturais, como também impossibilitar as atividades pesqueiras, agrárias, turísticas e o abastecimento de água doce na área atingida. Diante disso, os efeitos tóxicos desses desastres não se restringem somente à área impactada, tendo em vista que os materiais liberados alcançam os ecossistemas próximos, contaminando-os, como aconteceu no fluxo de rejeitos da mina do Fundão, no município de Mariana, que percorreu cerca de 663 km, conforme dados do Igam (2020), e no fluxo de rejeitos da Mina Córrego do Feijão, no município de Brumadinho, que foi depositado ao longo do Rio Paraopeba (CPRM, 2020).

Nos ambientes aquáticos e terrestres, as consequências desse tipo de contaminação são significativas, já que o fluxo de rejeitos consegue enterrar os *habitats* aquáticos e viveiros ribeirinhos, acabando com a capacidade regenerativa dos ecossistemas (Fernandes *et al.*, 2016). Segundo Newman (2015), é essencial avaliar o acúmulo de contaminantes na biota, uma vez que as altas concentrações expõem os organismos e, consequentemente, os seres humanos, em caso de ingestão alimentar de animais contaminados. Com isso, uma forma de medir os efeitos agudos e crônicos desses contaminantes nos ambientes é através dos testes de toxicidade (Newman, 2015).

Nos ambientes contaminados, podem ser usados diversos protocolos de análise e caracterização de água, sedimento e solo, bem como os ensaios mais específicos, como os ensaios de ecotoxicidade, que podem avaliar a resposta dos contaminantes em relação à biota. Os estudos ecotoxicológicos são importantes na compreensão dos impactos causados à biota devido à presença de contaminantes, que afetam as funções significativas, como o crescimento e a reprodução dos organismos. Dessa forma, a ecotoxicologia é uma técnica importante para dimensionar os impactos causados nas diferentes matrizes ambientais, decorrentes de processos de poluição, como no caso do rompimento de barragem de rejeitos.

Diante da complexidade dos efeitos de rompimentos de barragens de rejeitos no meio físico e biótico, é fundamental monitorar e avaliar os efeitos desses rejeitos nos compartimentos ambientais. Dito isso, a proposta deste capítulo é discutir os efeitos dos rompimentos de barragens de rejeitos nos meios físico e biótico, tendo como ponto de partida a caracterização da contaminação em água, nos sedimentos e nos solos, além de apresentar ferramentas, como a ecotoxicologia, que podem ser usadas para avaliação dos efeitos desses contaminantes em organismos usados como bioindicadores.

1.2 Contaminação de bacias hidrográficas por rejeito de mineração

Os rompimentos de barragens de rejeitos provocam um aumento do nível de poluição das águas fluviais. Diferentemente de outras fontes industriais de poluição, o rompimento de barragem de rejeito causa um grande impacto ambiental, em razão do seu enorme volume de material derramado e da rapidez do seu fluxo nos sistemas fluviais (Macklin *et al.*, 2003). Durante o percurso do fluxo de rejeito, há uma mobilização do material presente no fundo do rio ou em suas margens, que pode produzir impactos na distribuição dos elementos potencialmente tóxicos no sedimento e na água. Dessa forma, os desastres dessa natureza têm efeitos ecológicos altamente prejudiciais, bem como agravam problemas ambientais de longo prazo na área afetada, relacionados às descargas industriais, minerais e urbanas não tratadas (Macklin *et al.*, 2006).

Nos desastres de Mariana e Brumadinho, os estudos recentes mostraram um aumento significativo na quantidade de elementos químicos na composição da água, após o rompimento de barragem de rejeito, tanto na Bacia do Rio Doce (Hatje *et al.*, 2017; Silva *et al.*, 2018; Richard *et al.*, 2020; Queiroz *et al.*, 2021b) quanto na Bacia do Rio Paraopeba (Thompson *et al.*, 2020; Vergilio *et al.*, 2020; Igam, 2021; Parente *et al.*, 2021; Teramoto *et al.*, 2021). Nesses desastres, foi evidenciada uma elevada concentração de diferentes elementos químicos, principalmente ferro e manganês. Desse modo, esses estudos iniciais evidenciam alterações físico-químicas importantes nas águas fluviais devido ao fluxo de rejeito.

Um parâmetro importante na discussão sobre a distribuição de elementos químicos nos sistemas fluviais é o clima. Os eventos climáticos modificam a forma do canal fluvial por meio de processos erosivos e deposicionais, que consequentemente impactam as características hidrológicas e geoquímicas do sistema, bem como a mobilização de elementos anteriormente imóveis (Miller, 1997). Por causa dos processos que regem a forma e a dinâmica dos rios, a chuva é um agente importante no transporte dos elementos, pois contribui para o volume das cheias do rio impactado e, consequentemente, para a mobilização do rejeito derramado. Em vista disso, o material de rejeito na bacia pode ser disperso diretamente em outros ambientes, como o solo das margens do rio.

Nos ambientes aquáticos, espera-se que a descarga de rejeitos altere a composição química da água e os seus parâmetros físico-químicos (pH, potencial redox, cor, turbidez etc). Após o rompimento da barragem, altas concentrações de turbidez são recorrentes, como ocorreu na Bacia do Rio Doce e na Bacia do Rio Paraopeba (Igam, 2020; Igam, 2021). Em sistemas fluviais com elevada turbidez, a biota difere em sua atividade microbiana quando comparada a rios com baixa turbidez (He *et al.*, 2021). À medida que a turbidez aumenta, os biofilmes passam a depender mais da matéria orgânica da água, com modificações na composição e na função da comunidade bacteriana (Wagner *et al.*, 2015). Além desses organismos, outras espécies são afetadas, como aconteceu na Bacia do Rio Doce, em que mais de 3 toneladas de peixes morreram, em razão da alta concentração de partículas em suspensão (Ibama, 2016). Com isso, os efeitos da turbidez comprometem a vida dos organismos aquáticos em eventos de poluição.

Outro aspecto importante é que a exposição dos metais e metaloides oriundos dos rejeitos da mineração em ambientes aquáticos pode ocasionar fenômenos de bioacumulação em organismos, como os macroinvertebrados bentônicos e os peixes (Cota *et al.*, 2006; Marigo, 2019). Esse fenômeno ocorre quando as concentrações nesses organismos são maiores do que as concentrações do meio, mecanismo também chamado de transferência trófica, podendo impactar toda a cadeia alimentar (Azevedo e Chasin, 2003).

Na Bacia do Rio Doce, algumas pesquisas mostraram os efeitos da contaminação do fluxo de rejeitos em espécies de peixes nativos através da bioacumulação de metais (Passos *et al.*, 2020) e dos danos nos tecidos hepáticos (Weber *et al.*, 2020; Macêdo *et al.*, 2020). No Rio Paraopeba, os testes toxicológicos mostraram que a água e os sedimentos podem provocar efeitos tóxicos em distintos níveis tróficos (algas, microcrustáceos e espécies de peixes) (Vergílio *et al.*, 2021). Essas altas concentrações de elementos potencialmente tóxicos também foram evidenciadas em peixes e em macrófitas existentes no ambiente do Rio Paraopeba (Parente *et al.*, 2021). Com isso, no Rio Paraopeba há uma maior bioacumulação/bioconcentração de elementos potencialmente tóxicos a jusante do local do desastre (Parente *et al.*, 2021).

Nesse contexto, os rompimentos de barragens de rejeitos causam intenso impacto ambiental na área a jusante. Nos rios, esses desastres provocam uma alteração na composição química da água, como também interferem nas suas características geomorfológicas (Macklin *et al.*, 2006) anteriores à ruptura da barragem. Assim, as investigações ambientais a longo prazo podem contribuir para caracterizar, ainda mais, os efeitos químicos de eventos dessa natureza nas áreas atingidas.

1.3 A contaminação de sedimentos

Os sedimentos são componentes essenciais dos ecossistemas aquáticos, por serem locais fundamentais para o ciclo biogeoquímico e para a cadeia alimentar (Burton Jr *et al.*, 2001). Em sua constituição, os sedimentos são minerais e/ou fragmentos de rocha provenientes de processos erosivos, ou seja, desagregados de rochas ou solo, que são carreados pela água. Nos rompimentos de barragens de rejeitos, as investigações geomorfológicas sobre a dispersão dos metais associados aos sedimentos locais são essenciais para entender o transporte e o destino desses elementos nos ecossistemas ribeirinhos (Miller *et al.*, 2021). Para Förstner (2004), os sedimentos são partes dinâmicas das bacias hidrográficas e constituem uma fonte de contaminantes quando são impactados. Como fonte de metais potencialmente tóxicos em ambientes aquáticos, os sedimentos são meios que, ao serem analisados, possibilitam o entendimento das características geoquímicas e dos comportamentos dos metais traços (Xu e Gao, 2020).

Os sedimentos são importantes na diversidade, na composição e na qualidade dos ambientes aquáticos (Hauer *et al.*, 2018). Nos ambientes fluviais, os sedimentos exercem um papel essencial na dispersão e na reciclagem de metais contaminantes (Macklin *et al.*, 2006). Outra função relevante dos sedimentos é a capacidade de armazenar e imobilizar os elementos potencialmente tóxicos temporariamente (Förstner, 2003). Para além dessa função de armazenamento, os sedimentos registram a memória do local, visto que representam os diferentes níveis de poluição, ao longo do tempo, em uma bacia hidrográfica (Förstner, 2004). Essa contaminação histórica é comumente identificada nas camadas mais profundas dos sedimentos (Salomons e Brils, 2004). Por fim, outro aspecto fundamental sobre os sedimentos é o tamanho dos seus grãos, uma vez que as partículas finas acumulam mais contaminantes do que as partículas grosseiras (Förstner, 2004).

Os processos de mineração podem afetar significativamente o meio fluvial. A descarga de rejeitos dos rompimentos de barragem aumenta o nível de elementos potencialmente tóxicos a jusante. Uma vez lançados ao ambiente aquático, esses metais, ao contaminarem os sedimentos, são dispersados pelas dinâmicas fluviais e transportados a jusante (Hudson-Edwards, 2003). No entanto, mesmo que a retenção desses metais pelos sedimentos seja diluída, o armazenamento desses contaminantes pode durar décadas (Meybeck, 2013). Além disso, caso a extensão do rio seja pequena, a contaminação por metais será maior, em razão da menor diluição (Meybeck,

2013). Dessa forma, é preciso considerar as propriedades geoquímicas dos sedimentos nos ambientes fluviais, uma vez que estas impactam na biodisponibilidade dos metais (Zhang *et al.*, 2014).

O transporte aquático de metais depende de sua forma química, por isso é mais válido mensurar as distintas formas de metal do que determinar a sua concentração total (Jain, 2004). Da mesma maneira, para Parsons *et al.* (2007), é necessário identificar qual parte do total do contaminante será efetivamente a fração biodisponível, já que nem todos os contaminantes dos sedimentos estarão disponíveis, isto é, serão absorvidos pelos organismos. Logo, a toxicidade dos metais não está associada somente à concentração total de metal, mas também a sua especiação (Wei *et al.*, 2019).

Em ecossistemas aquáticos, os elementos ocorrem em distintos estados físicos, podendo estar livres, complexados e associados aos coloides ou às partículas minerais (Guéguen *et al.*, 2004). Nessa perspectiva, os elementos podem ter formas dissolvidas (dissociadas) e sólidas (precipitado, adsorvido ou complexado) (Novotny, 1995). No entanto, considerando que as frações dissolvidas incluem os coloides, convém considerar que os elementos podem ser categorizados em formas dissolvidas (<1 kDa), em coloides (1 kDa – 0,45 µm) e em partículas (> 0,45 µm) (Nystrand *et al.*, 2012). Os metais ligados às partículas são assimilados aos sedimentos de modo mais rápido, diferentemente dos metais livres e dos metais associados aos ligantes dissolvidos, que possuem mais tempo de residência na água e, consequentemente, são transportados a uma maior distância no rio (Guéguen e Dominik, 2003). Outro aspecto relevante é que as formas dissolvidas são as mais móveis e mais biodisponíveis, sendo comumente as frações com mais toxicidade (Nystrand *et al.*, 2012).

Essa capacidade dos metais de se associarem aos sedimentos é decorrente dos processos de adsorção/dessorção, precipitação/dissolução e complexação/descomplexação (Du Laing *et al.*, 2009). Nesses processos, os fatores que afetam a mobilidade e a disponibilidade de metais são a capacidade de troca catiônica, a quantidade de matéria orgânica, as reações de oxidação e redução, o pH e o efeito da salinidade (Du Laing *et al.*, 2007; Du Laing *et al.*, 2009). Dessa forma, o acúmulo de elementos potencialmente tóxicos nos sedimentos ocorre através de mecanismos complexos, que dependem das características dos sedimentos, das propriedades dos compostos adsorvidos e das condições ambientais.

No rompimento da barragem de rejeitos do Fundão, no município de Mariana, a entrada de sedimentos finos no ambiente aquático ocasionou a mortandade da biota decorrente do soterramento e do sufocamento provocados pelo fluxo de rejeitos (Hatje *et al.*, 2017). Na planície aluvial do Rio Doce, após a diminuição da velocidade do fluxo de rejeitos proveniente do rompimento da barragem, o material particulado formou uma camada de lama sobre os sedimentos existentes (Duarte *et al.*, 2021). Para os autores, o fluxo de rejeitos modificou os parâmetros físicos e químicos dos sedimentos formando camadas ferruginosas residuais. A deposição do fluxo de rejeitos no sedimento provocou uma modificação na disponibilidade de elementos-traço (Silva *et al.*, 2018). Alterações químicas também ocorreram no Rio Paraopeba com o aumento da concentração de manganês nos sedimentos (Teramoto *et al.*, 2021).

Nesse contexto, a análise dos sedimentos fornece evidências sobre a contaminação acumulada ao longo do tempo nos ecossistemas aquáticos, bem como possibilita identificar os processos mais recentes de poluição. Outros aspectos que também auxiliam no estudo da contaminação dos sedimentos são a frequência de emissão da poluição, o histórico da fonte de poluição, a frequência de inundação dos rios e a taxa de acumulação de sedimentos (Du Laing *et al.*, 2007). Assim, investigar os mecanismos que levam à mobilidade dos elementos nos ambientes aquáticos é fundamental para uma análise mais aprofundada sobre a contaminação dos sedimentos.

1.4 Impactos do fluxo de rejeitos nos solos

Os rompimentos de barragens de rejeitos podem ocasionar o acúmulo de contaminantes nos solos. Nesses desastres, os solos recebem uma elevada carga de elementos potencialmente tóxicos que modificam a sua composição original. Para Queiroz *et al.* (2021b), os rejeitos com rica composição de ferro da mina do Fundão depositados nos solos estuarinos do Rio Doce elevaram as concentrações de manganês não somente na água, como também nos solos e nos peixes. Essas altas concentrações de metais tornam-se contaminantes nos ambientes receptores, sendo a forma química desses contaminantes um aspecto essencial na avaliação dos riscos desses ecossistemas (D' Amore *et al.*, 2005).

De modo geral, os solos são formados por processos de intemperismo e pedogênicos (Kabata-Pendias e Pendias, 2001). Nos processos físicos e químicos de intemperismo, os solos podem ser formados a partir da modificação dos minerais primários das rochas-mãe, ao passo que, na pedogênese, os solos são formados por meio da reorganização desses materiais rochosos intemperizados (Kabata-Pendias e Pendias, 2001). Logo, os solos são compostos de elementos-traço litogênicos (materiais próprios da litosfera), pedogênicos e antropogênicos (Kabata-Pendias e Pendias, 2001).

Considerando a sua formação, os solos não devem ser caracterizados como um simples resultado de rochas intemperizadas, dado que seus horizontes superiores são constituídos a partir da constante interferência da água percolada e dos organismos (Sposito, 2008). Quimicamente, os solos representam sistemas biogeoquímicos abertos com fases sólidas, líquidas (soluções do solo) e gasosas (Sposito, 2008). Em sua constituição volumétrica, o solo tem cerca de metade a dois terços de matéria sólida, tanto em material inorgânico quanto em material orgânico (Sposito, 2008). Na fase sólida, os elementos-traço podem estar complexados ou oclusos à matéria orgânica, adsorvidos ou oclusos (aos carbonatos, aos óxidos hidratados de ferro e aos óxidos hidratados de manganês), precipitados (aos carbonatos, aos fosfatos e aos sulfetos) e como componentes estruturais em minerais (Brümmer, 1986; Tack, 2010). No que se refere à fase gasosa, trata-se de um conjunto similar de fluidos do ar atmosférico, mas a sua composição percentual é alterada a depender da atividade biológica no solo (Sposito, 2008). Já a fase líquida é caracterizada como um repositório de sólidos e de gases dissolvidos (Sposito, 2008). Nessas soluções dos solos, as espécies podem estar como íons livres, complexos inorgânicos/orgânicos, coloides e partículas finas em suspensão (Brümmer, 1986; Tack, 2010). Com isso, nessas fases, quando as propriedades do solo são alteradas, os elementos-traço podem ser liberados, ficando disponíveis no sistema, além de ser absorvidos pelas plantas (Kashem *et al.*, 2011).

Na superfície dos solos, o comportamento dos elementos químicos é dinâmico em razão de distintos processos físicos e químicos que o influenciam. É possível considerar que as principais fontes de metais nos solos são encontradas em soluções do solo (como os íons livres ou complexados a um ligante), em fases sólidas absorvidas e como parte de estruturas das fases sólidas (Roberts *et al.*, 2005). Outros aspectos importantes, que influenciam o comportamento desses elementos, são o ciclo da água, pH, sistema redox, matéria orgânica, óxidos hídricos, argilas, carbonatos e concentração de sais (Kabata-Pendias, 1995). As alterações no pH e no potencial redox ocasionam deslocamentos de equilíbrio (Cottenie *et al.*, 1980). Assim, os diferentes parâmetros definem as características físicas, químicas e mineralógicas dos solos e, consequentemente, a mobilidade e a disponibilidade dos seus elementos nos sistemas.

Para Kabata-Pendias e Pendias (2001), a forma como cada elemento-traço atua é complexa. No entanto, os elementos litogênicos e pedogênicos são menos móveis e menos biodisponíveis em comparação aos elementos antrópicos (Kabata-Pendias e Pendias, 2001). Devido a essa variedade de elementos-traço, o que vai determinar o equilíbrio químico dos solos são as reações de dissolução, difusão, sorção e precipitação (Kabata-Pendias, 1995). Dessa forma, a descarga elevada de elementos traços decorrentes de ações antrópicas, como os rompimentos de barragens de rejeitos, tende a aumentar a toxicidade do solo.

Após a passagem do fluxo de rejeito, um novo solo é formado com uma diversidade de elementos químicos, em decorrência da alteração provocada pelas diferentes características físicas e químicas do fluxo de rejeitos. Para Roberts, Nachtegaal e Sparks (2005), quando erodido, esse solo contaminado irá alterar a dispersão de metais no ecossistema aquático, como também será revegetado por espécies de plantas que podem absorver esses elementos potencialmente tóxicos e, consequentemente, ser consumidas por animais. Nos solos atingidos pelo rompimento da barragem do Fundão, em Mariana, foram identificados efeitos agudos, crônicos e a bioacumulação de elementos químicos em ácaros oribatídeos (*Scheloribates praeincisus*) (Buch *et al.*, 2020).

Para Buch *et al.* (2020), as avaliações ambientais da deposição de rejeitos não devem ser limitadas às evidências químicas, como quantidades excessivas de um ou mais elementos nos solos em comparação com os limites estabelecidos pela legislação ambiental. É preciso uma análise mais integrada do impacto do fluxo de rejeito nas matrizes ambientais. Assim, a investigação dos solos impactados por barragens de rejeitos é essencial, já que a descarga desse material modifica a ciclagem química local e a cadeia alimentar da região atingida.

1.5 Ecotoxicologia de água e solo

Uma forma de avaliar o efeito de substâncias como os metais e outros compostos nos diferentes compartimentos ambientais é utilizando ensaios de toxicidade com organismos representativos dos ambientes, que ajudam a obter respostas dos efeitos dessas substâncias na biota. Assim, convém considerar o entendimento de Truhaut (1977) de que "ecotoxicologia é o ramo da toxicologia relacionado com o estudo de efeitos tóxicos causados por poluentes naturais ou sintéticos, sobre quaisquer constituintes dos ecossistemas: animais, vegetais ou micro-organismos, em um contexto integral".

A ecotoxicologia pode ser considerada como uma ferramenta que auxilia e complementa outros ensaios, sendo usada para avaliar os efeitos de diversos contaminantes em diferentes grupos de organismos (Menezes-Oliveira *et al.*, 2013), contribuindo para a avaliação do ecossistema, da saúde humana e da qualidade dos recursos naturais. Dessa forma, os estudos ecotoxicológicos podem auxiliar, controlar, evitar ou mesmo minimizar a contaminação nos diferentes compartimentos ambientais (Chen *et al.*, 2015).

A ecotoxicologia tem como uma das suas principais finalidades compreender os efeitos das substâncias tóxicas, isoladas ou em misturas, sobre os organismos vivos. Em caso de efeitos sinérgicos, busca-se avaliar como ocorrem os efeitos nocivos sobre os organismos (Knie e Lopes, 2004), sendo os parâmetros mais comumente usados para medir os efeitos nocivos, a letalidade e as alterações morfológicas, comportamentais, fisiológicas, citogenéticas e bioquímicas (Neuhauser *et al.*, 1985).

Os ensaios com organismos vivos, denominados bioensaios, podem ser usados para avaliar os efeitos da toxicidade e o risco ecológico em diferentes organismos, como plantas, microcrustáceos, organismos da fauna edáfica, insetos, peixes, entre outros, de compostos potencialmente tóxicos. Desse modo, os testes de toxicidade são importantes, pois podem fornecer informações quantitativas ou qualitativas sobre os efeitos indesejados dos compostos no solo, nos organismos e, consequentemente, nos serviços ecossistêmicos.

1.6 Testes agudos e crônicos

Os ensaios de toxicidade podem ser classificados em função do efeito da resposta ao tempo de exposição, do modo de ação ou, ainda, do efeito da resposta (Baretta *et al.*, 2019). Os estudos ecotoxicológicos avaliam os efeitos agudos e crônicos produzidos por substâncias químicas, a fim de estimar a sua toxicidade e os seus danos (Zagatto e Bertolleti, 2008). De acordo com Niva *et al.* (2016), a relação dose/resposta permite avaliar o efeito tóxico dos compostos nos organismos vivos. Essa avaliação dos efeitos da exposição aos contaminantes inclui medição do crescimento, letalidade e/ou reprodução dos organismos-teste, sendo esta última considerada de grande confiança para avaliar os efeitos da toxicidade (Baretta *et al.*, 2019).

As exposições agudas, nas quais os organismos entram em contato com o composto químico, o que pode ocorrer em um evento único ou em eventos múltiplos, são caracterizadas pela exposição ao composto por um curto período, geralmente de 48 horas. Esse tipo de exposição pode ser entendido como uma resposta imediata, e normalmente com concentrações mais elevadas da substância-teste. O parâmetro observado mais comum nos testes agudos é a taxa de mortalidade, medida pela CL50, definida como a concentração letal que mata 50% da população testada, ou a concentração da substância química que causa a mortalidade de 50% dos organismos, em um determinado período de exposição.

Nas exposições crônicas, por sua vez, os organismos ficam expostos a um período de tempo com baixas concentrações do agente tóxico, que é liberado continuamente ou com alguma periodicidade por um longo período. Os efeitos observados são subletais, como, por exemplo: o retardo em determinados níveis de desenvolvimento dos organismos; a redução das taxas de fertilidade; as alterações morfológicas provocadas por mutações (Kwak e Lee, 2005) (por exemplo, aumento da taxa de deformidade do mento em larvas de inseto como *Chironomus sancticaroli*); e as alterações bioquímicas, como, por exemplo, no funcionamento da enzima acetilcolinesterase. O parâmetro mais comum medido nos testes crônicos é a Concentração de Efeito não Observado (Ceno) ou Concentração Efetiva da Substância Química, que causa inibição de 50% no crescimento em relação ao controle, em determinado tempo de exposição.

Quando se trata de estudos com mais de uma espécie em ecotoxicologia, geralmente é avaliada a contaminação entre os níveis tróficos, isto é, o fluxo do contaminante na cadeia alimentar dos níveis inferiores para os superiores, até chegar aos predadores de topo e aos seres humanos. Nesses estudos, são avaliados os processos de bioconcentração e de biomagnificação. A bioconcentração é o aumento imediato da concentração de um poluente ao passar do meio para um organismo. Já a biomagnificação ocorre quando há um acúmulo progressivo de substâncias de um nível trófico para outro, ao longo da teia alimentar. Assim, os predadores de topo têm maiores concentrações dessas substâncias do que as suas presas.

1.7 Bioindicadores utilizados

A escolha dos organismos para os testes ecotoxicológicos deve ser avaliada com critério, pois uma mesma substância pode apresentar respostas diversas em organismos diferentes (Jager *et al.*, 2007). Fatores como a facilidade de cultivo em laboratório e a sensibilidade equilibrada aos efeitos tóxicos a que será submetida devem ser considerados no momento da escolha da espécie-teste. Estudos de Pandrangi *et al.* (1995) e de Zagatto e Bertoletti (2008) sugerem que os organismos endêmicos (que ocorrem principalmente na região de estudo) apresentam melhores respostas em avaliações de risco ambiental em suas regiões de ocorrência.

Ramdorf (2007) destaca a importância dos bioensaios para estimar os efeitos dos xenobióticos (substâncias externas ao ambiente natural) em concentrações predefinidas para uma determinada espécie em estudo. De acordo com as instituições internacionais, para obter uma avaliação de risco ambiental completa, indica-se o uso de espécies de diferentes níveis tróficos da cadeia alimentar, como plantas, invertebrados e vertebrados, que não sejam espécies-alvo do contaminante em estudo (European Commission, 2003).

Nos ambientes aquáticos, os principais organismos usados em experimentos de laboratório são as microalgas, os oligoquetas, os moluscos, os peixes, os microcrustáceos, as bactérias, entre outros (Magalhães e Ferrão Filho, 2008). Porém, nas normas nacionais (ex. ABNT), os peixes e o gênero *Daphnia* (microcrustáceo) são os organismos indicados para os experimentos. Nos testes ecotoxicológicos, algumas espécies usadas são alga (*Selenastrum capricornutum*), insetos (*Chironomus sancticaroli*, *Chironomus xanthus*), microcrustáceos (*Daphnia magna*, *Daphnia similis*) e peixes (*Danio rerio*, conhecido como paulistinha). É importante que os estudos incluam diferentes níveis tróficos da cadeia alimentar para que os resultados observados possam representar de maneira mais realista os efeitos dos contaminantes no ecossistema natural. Também é importante, sempre que possível, utilizar espécies brasileiras, pois elas estão mais adaptadas às condições climáticas do seu ambiente de origem. Apesar disso, nas normas ABNT vigentes ainda não encontramos muitas espécies nativas utilizadas nos testes ecotoxicológicos.

No caso dos insetos aquáticos utilizados em ensaios ecotoxicológicos, destaca-se o gênero *Chironomus* (Diptera: Família Chironomidae). De forma geral, os insetos aquáticos representantes da Família Chironomidae (Figura 1.2) são considerados bioindicadores de impactos ambientais, pois passam seu estágio larval no sedimento, interagindo assim com possíveis contaminantes acumulados nesse compartimento do ecossistema aquático. Esses insetos possuem uma ampla distribuição e uma sensibilidade a inúmeros poluentes, além de apresentarem um curto ciclo de vida (cerca de 21 dias em temperatura média de 25°C), viabilizando sua utilização em estudos ecotoxicológicos (Park e Choi, 2009).

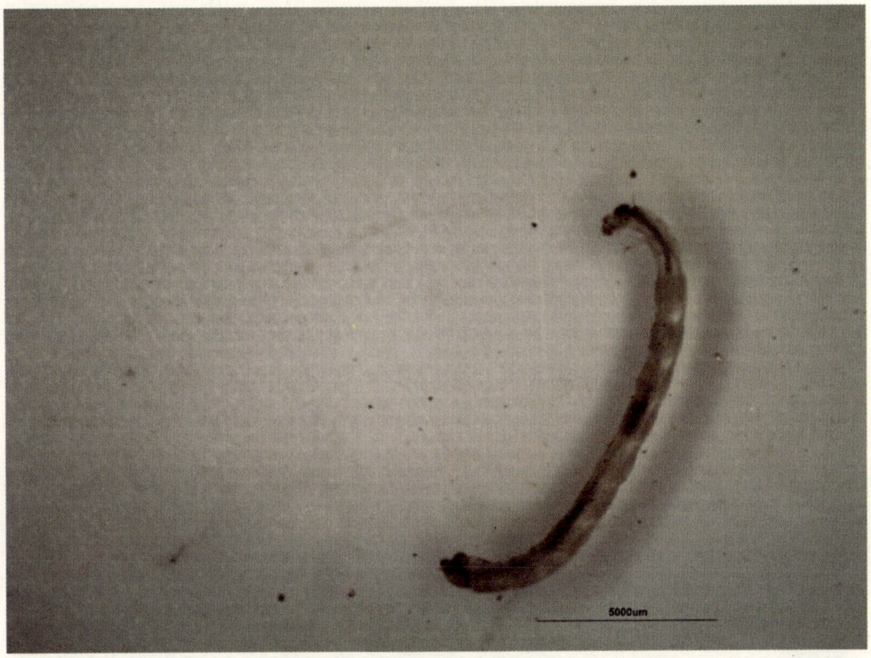

Figura 1.2: Larva do gênero *Chironomus* (Família Chironomidae – Diptera). Fonte: Autoria própria.

Atualmente, diferentes pesquisas têm sido realizadas com a utilização do quironomídeo *Chironomus sancticaroli* como organismo-teste para experimentos relacionados à toxicologia, em que pode ser usado ou não o sedimento original, tendo como substituintes a água/sedimento reconstituído (Barbosa, 2008, Pusceddu, 2009, Sales, 2009, Bonani, 2010). A vantagem do uso dessa espécie é que ela é brasileira, e por isso mais recomendada, pois teoricamente responde melhor aos contaminantes estudados em nosso país, sob nossas condições climáticas, de solo e de água.

A espécie *C. sancticaroli* foi selecionada como organismo-teste para a realização de experimentos de ecotoxicidade com as amostras de sedimento da rede de monitoramento da Companhia Ambiental do Estado de São Paulo (Cetesb). Posteriormente, a metodologia de ensaio aplicada naquele realizado com o quironomídeo baseou-se na descrita pela Usepa (2000) e pela ABNT (2007), para observação do efeito agudo ou crônico por diferentes tipos de ingredientes ativos sobre a sobrevivência, como efeito subletal, uma vez que não há a padronização do ensaio. Os efeitos de poluentes inorgânicos foram estudados em larvas de *C. sancticaroli*, através da quantificação da frequência de deformidade do mento, que é uma peça do aparelho bucal da larva (Moura e Silva *et al.*, 2019). Esse tipo de efeito subletal é usado em ensaios crônicos. Vários gêneros da família *Chironomidae* podem apresentar deformidades no mento quando expostos a sedimentos contaminados por radiação, metais potencialmente tóxicos, pesticidas, entre outros (Kuhlmann *et al.*, 2000; Sanseverino e Nessimian, 2008; Al-Shami *et al.*, 2010).

Para avaliar a toxicidade do solo, podem ser usados os organismos da fauna edáfica, por sua abundância e diversidade, além de serem responsáveis por diferentes funções no solo e nos serviços ecossistêmicos e sensíveis ao estresse (Baretta *et al.*, 2011; Liu *et al.*, 2018; Baretta *et al.*, 2019). Segundo Baretta *et al.* (2011), dependendo do impacto que pode ocorrer no solo, há alterações das populações da fauna edáfica, provocando a diminuição ou o aumento da sua diversidade. Desse modo, essa sensibilidade é importante para avaliar os efeitos das atividades antrópicas no solo (Baretta *et al.*, 2011).

Os bioensaios (Figura 1.3) são usados cada vez mais na avaliação de compostos que podem causar toxicidade, pois de acordo com as pesquisas realizadas, as respostas desses tipos de ensaios são extremamente sensíveis e podem ser utilizadas de forma complementar aos ensaios químicos (Dai *et al.*, 2018; Luo *et al.*, 2018; Mañas *et al.*, 2018; Baretta *et al.*, 2019). Algumas espécies, como *Enchytraeus crypticus*, *Folsomia candida* e *Eisenia fetida*, organismos da fauna edáfica, são comumente usadas para avaliar a toxicidade aguda ou crônica com pesticidas, efluentes e resíduos, dentre outros contaminantes (Menezes-Oliveira *et al.*, 2013; Niva *et al.*, 2016).

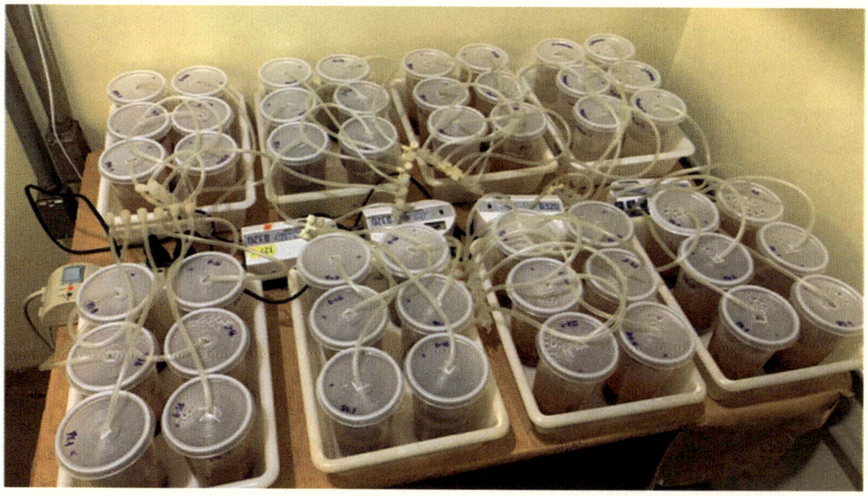

Figura 1.3: Bioensaio de ecotoxicidade com *C. sancticaroli* (Diptera: Chironomidae) no Laboratório de Ecossistemas Aquáticos (LEA) da Embrapa Meio Ambiente. Fonte: Autoria própria.

Além dos testes com organismos da fauna edáfica, podem ser usados ensaios de fitoxicidade com sementes, que permitem avaliar os efeitos adversos dos compostos sobre a germinação das sementes e os estágios iniciais de desenvolvimento (Viana *et al.*, 2017; Pokorska-Niewiada *et al.*, 2018).

Assim, há uma importância em se investigar os efeitos dos rompimentos de barragens de rejeitos, dado o caráter de recorrência desses desastres, que podem ter impactos em curto, médio e longo prazo, nos meios físico e biótico, sendo fundamental caracterizar esses meios, bem como elaborar estratégias de análise dos ambientes contaminados através de protocolos e ensaios específicos, a fim de compreender os fatores que influenciam o comportamento químicos dos elementos.

1.8 Protocolos

Protocolos de água, sedimento e solo

– ***Chironomus sancticaroli:***

O protocolo de criação da cultura das larvas e o protocolo de testes agudo e crônico são discutidos nos estudos de Jonsson e Maia (1999), Fonseca e Rocha (2004), Viveiros (2012) e Marigo (2019). Os parâmetros medidos para as larvas de *C. sancticaroli* são: porcentagem de mortos e/ou imóveis nos testes agudos e crônicos; frequência de larvas com deformidade do mento (%) ao final do teste crônico; e desenvolvimento (avaliação do número de dias em cada estágio larval, até o empupamento). Para a avaliação da diferença significativa entre o controle e os tratamentos, utilizamos o programa estatístico Statgraphics®, aplicando a Análises de Variância (One Way Anova), além do teste LSD (*Least Significant Difference*) ($p \leq 0{,}05$).

Resultados esperados para ambientes impactados como o Rio Paraopeba:

- Estabelecer a porcentagem de sobrevivência de larvas de *C. sancticaroli* no sedimento de diferentes pontos de coleta a montante e a jusante do rompimento da barragem;
- Avaliar possíveis efeitos subletais (ex. frequência de deformidade do mento) em larvas de *C. sancticaroli* após nove dias de exposição das larvas às amostras de sedimentos dos pontos de coleta selecionados.

– ***Enchytraeus crypticus***

Os testes que utilizam os organismos *Enchytraeus crypticus* (Figura 1.4) seguem a ABNT NBR ISO 16387 (ABNT, 2012). Os organismos são cultivados em ágar bacteriológico e mantidos a 20 ºC ± 2ºC, em fotoperíodo 12:12h (claro/escuro) e alimentados duas vezes por semana com farinha de aveia e água.

Para a realização do ensaio são usados 10 organismos adultos clitelados, que ficam expostos por 21 dias; ao final desse período, os organismos-testes são corados com solução de rosa de bengala. O número total de indivíduos juvenis deve ser contado em cada réplica, e o resultado da Concentração Efetiva a 50% da reprodução (CE50) é determinado com 95% de intervalo de confiança e modelo de ajuste de curva logística III (dose-resposta), usada no *software* Statistica 7®.

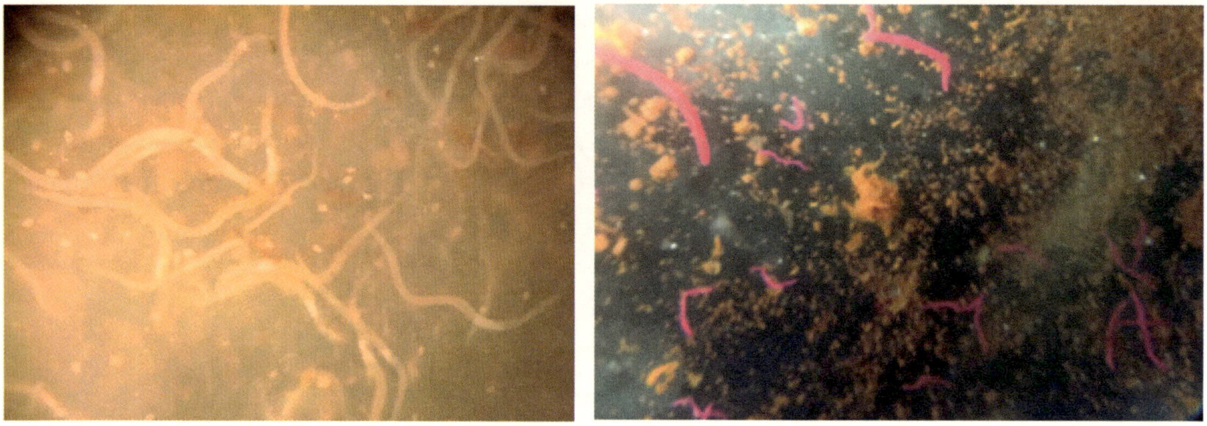

Figura 1.4: Organismos *E. crypticus clitelados* e corados para leitura do teste de toxicidade. Fonte: Autoria própria.

- ***Folsomia candida***

O organismo edáfico *F. candida* (Figura 1.5) é cultivado em uma mistura de gesso e carvão ativado, seguindo a proporção 8:1 de gesso e carvão, respectivamente. A metodologia de cultivo e teste segue a Norma Técnica ABNT NBR ISO 11267/2019.

Figura 1.5: *Folsomia candida* – organismos adultos e ovos. Fonte: Autoria própria.

Para realização dos testes, os organismos utilizados devem ter idade sincronizada entre 10 e 12 dias, enquanto os ensaios possuem duração de 28 dias, de acordo com a norma de ensaio. Para a determinação da Concentração de Efeito em metade da população (CE50), utilizam-se as regressões não lineares no programa estatístico Statistica 7, também utilizado para as Análises de Variância (Anova) por meio do teste de Dunnett ($p \leq 0{,}05$).

Para os dois organismos, as respectivas normas de ensaio recomendam que sejam realizados testes de sensibilidade com substância de efeito conhecido, para avaliar a saúde dos organismos e garantir a qualidade do ensaio. Esses testes são realizados semestralmente usando como substância de referência o ácido bórico.

Resultados esperados para ambientes impactados como o Rio Paraopeba:

- Estabelecer a CL50 e a Ceno para alguns metais e metaloides observados nos diferentes pontos de coleta estabelecidos no ambiente estudado;
- Avaliar o impacto na reprodução dos organismos expostos ao solo com rejeitos.

Sementes

– Germinação e crescimento de raízes

Os testes de fitotoxicidade são usados para avaliar os efeitos adversos na germinação das sementes e os estágios iniciais de desenvolvimento, que podem ser causados por determinado composto sobre as plantas em relação à germinação e ao crescimento e desenvolvimento da raiz (Viana *et al.*, 2017; Pokorska-Niewiada *et al.*, 2018).

O teste de toxicidade é realizado de acordo com a Norma Usepa "*Ecological Effects Test Guidelines*" OPPTS 850.4200 – *Seed Germination/Root Elongation Toxicity Test* (Usepa, 1996). Para avaliação dos resultados, ao final do período de exposição (cinco dias), os comprimentos das raízes das plântulas e a quantidade de sementes germinadas são determinados. A partir dos valores obtidos e utilizando as Equações 1.1, 1.2 e 1.3, são calculados o percentual de germinação (G%), a inibição relativa da germinação (IRG), a inibição relativa do alongamento da raiz (Irar), de acordo com Chan-Keb *et al.* (2018) e Osman *et al.* (2020).

$$\text{G\%} = \frac{\text{N}^{\underline{\text{o}}} \text{ de sementes germinadas na amostra}}{\text{N}^{\underline{\text{o}}} \text{ total de sementes}} \times 100 \tag{1.1}$$

$$\text{RGI} = \frac{\text{N}^{\underline{\text{o}}} \text{ de sementes germinadas no controle} - \text{N}^{\underline{\text{o}}} \text{ de sementes germinadas na amostra}}{\text{N}^{\underline{\text{o}}} \text{ de sementes germinadas no controle}} \tag{1.2}$$

$$\text{Irar} = 100 - \frac{\text{Média do alongamento da raiz na amostra} \times 100}{\text{Média do alongamento da raiz no controle}} \tag{1.3}$$

Resultados esperados para os ensaios de fitoxicidade para ambientes impactados como o Rio Paraopeba:

- Estabelecer a CL50 e a Ceno para alguns metais e metaloides observados nos diferentes pontos de coleta estabelecidos na área de estudo;
- Avaliar o impacto na germinação e no crescimento das raízes das sementes no solo exposto pelos rejeitos.

1.9 Perspectivas atuais e futuras

Os rompimentos das barragens de rejeitos provenientes da mineração provocam a contaminação dos meios físico e biótico. De acordo com a Figura 1.6, essa contaminação é dinâmica e pode ter diferentes fluxos no ambiente. A figura abaixo demonstra parte desse processo, indicando os ambientes discutidos anteriormente. As setas indicam os processos de distribuição dos elementos potencialmente tóxicos presentes no rejeito de mineração nas matrizes ambientais (água, sedimento e solo). Esses processos de transporte e a mobilidade dos elementos irão depender de diferentes fatores físico-químicos. Uma vez depositados nos ambientes, esses elementos podem ser acumulados nos organismos da fauna bentônica, da fauna edáfica e da vegetação, representada pelas sementes. As concentrações e os efeitos desses elementos nos organismos podem ser avaliados através da caracterização química e de toxicidade, conforme demonstrado na Figura 1.6.

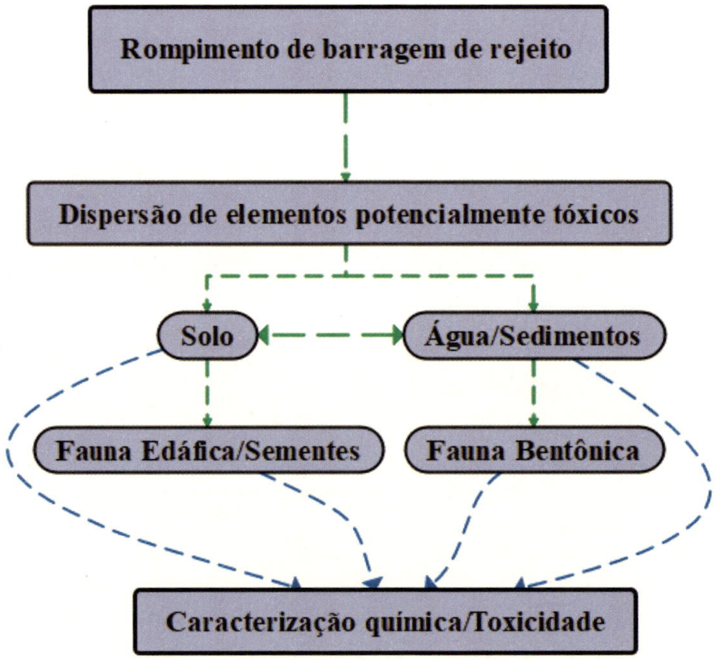

Figura 1.6: Fluxo de distribuição de elementos potencialmente tóxicos dos rejeitos nas matrizes ambientais. Fonte: Autoria própria.

Em relação à toxicidade causada por esse tipo de desastre, verifica-se que ainda há poucos estudos, principalmente para organismos do solo e sedimento. A avaliação dos efeitos dos rejeitos nesses organismos e ambientes é de fundamental importância para verificar o impacto causado na cadeia alimentar e, consequentemente, no consumo humano. A condução de ensaios com o uso de bioindicadores, nos testes de toxicidade, permite compreender de forma mais completa os impactos na biota, além de ampliar o conhecimento na área.

Assim, os rompimentos de barragens de rejeitos alteram a ciclagem química local, sendo importante quantificar esses elementos, como também investigar a sua toxicidade, uma vez que a recuperação e a recomposição do ecossistema local são longas, difíceis e muitas vezes impossíveis. Mesmo depois dos rompimentos, esforços para medir os impactos químicos desses elementos nos ecossistemas precisam ser mantidos para que seja possível investigar os efeitos a longo prazo do fluxo de rejeito. Desse modo, há uma série de consequências ambientais que podem ser atribuídas ao derramamento de rejeitos e que permanecerão por muito tempo nos ecossistemas.

Referências

Associação Brasileira de Normas Técnicas (ABNT). (2007). Ecotoxicologia aquática: toxicidade em sedimentos: método de ensaio com *Hyalella ssp* (Amphipoda). *NBR 15470:2007*.

Associação Brasileira de Normas Técnicas (ABNT). (2012). Qualidade do solo – Efeitos de poluentes em *Enchytraeidae* (*Enchytraeus* sp.) – Determinação de efeitos sobre reprodução e sobrevivência. *NBR ISO 16387:2012*.

Associação Brasileira de Normas Técnicas (ABNT). (2019). Qualidade do solo – Inibição da reprodução de *Collembola* (*Folsomia candida*) por poluentes do solo. *NBR ISO 11267:2019*.

Aguiar, V. M. C., Baptista Neto, J. A., Quaresma, V. S., Bastos, A. C., & Athayde, J. P. M. (2020). Bioavailability and ecological risks of trace metals in bottom sediments from Doce river continental shelf before and after the biggest environmental disaster in Brazil: The collapse of the Fundão dam. *Journal of Environmental Management*, v. 272. https://doi.org/10.1016/j.jenvman.2020.111086

Al-Shami, S., Rawi, C. S. M., Nor, S. A. M., Ahmad, A. H., & Ali, A. (2010). Morphological deformities in Chironomus spp.(Diptera: Chironomidae) larvae as a tool for impact assessment of anthropogenic and environmental stresses on three rivers in the Juru River System, Penang, Malaysia. *Environmental Entomology*, v. 39n. 1, 210–222. https://doi.org/10.1603/EN09109

Azevedo, F. A., & Chasin, A. A. M. (2003). Metais: gerenciamento da toxicidade. *Editora Atheneu*.

Barbosa, D. S. (2008). *Análise da interação entre substâncias húmicas e xenobióticos através de estudos ecotoxicológicos: proposta para a geração de tecnologias de detoxificação aquática* (Tese de Doutorado). Escola de Engenharia de São Carlos, Universidade de São Paulo. São Carlos.

Baretta, D., Santos, J. C. P., Segat, J. C., Geremia, E. V., Oliveira Filho, L. C. I., & Alves, M. V. (2011). Fauna edáfica e qualidade do solo (O. Klauberg Filho, À. L. Mafra & L. C. Gatiboni, Ed.). *Tópicos em ciência do solo*, v. 7, 119–170.

Baretta, D., Segat, J. C., Oliveira Filho, L. C. I., Maccari, A. P., Sousa, J. P., & Römbke, J. (2019). Ecotoxicologia terrestre com ênfase na fauna edáfica. Em C. C. Niva & G. G. Brown (Ed.), *Ecotoxicologia terrestre: métodos e aplicações dos ensaios com oligoquetas* (pp. 23–43). Embrapa.

Bonani, F. (2010). *Avaliação de deformidades morfológicas em larvas de* Chironomus *(*Diptera, Chironomidae*) na bacia do rio Piracicaba e sua aplicação no biomonitoramento* (Dissertação de Mestrado). Centro de Ciências Biológicas e da Saúde, Universidade Federal de São Carlos. São Carlos.

Bowker, L. N., & Chambers, D. M. (2015). The risk, public liability, & economics of tailings storage facility failures. *Earthwork Act*, v. 24, 1–56.

Bowles, D. S., Giuliani, F. L., Hartford, D. N., Janssen, J., McGrath, S., Poupart, M., Stewart, D., & Zielinski, P. A. (2007). ICOLD bulletin on dam safety management. *IPENZ Proceedings of Technical Groups*, v. 33n. 2.

Brümmer, G. W. (1986). Heavy metal species, mobility and availability in soils. Em M. Bernhard, F. E. Brinckman & P. J. Sadler (Ed.), *The Importance of Chemical "Speciation" in Environmental Processes* (pp. 169–192). Springer. https://doi.org/10.1007/978-3-642-70441-3_11

Buch, A. C., Sautter, K. D., Marques, E. D., & Silva-Filho, E. V. (2020). Ecotoxicological assessment after the world's largest tailing dam collapse (Fundão dam, Mariana, Brazil): effects on oribatid mites. *Environmental Geochemistry and Health*, v. 42n. 11, 3.575–3.595. https://doi.org/10.1007/s10653-020-00593-4

Burton, A. G., Jr, Baudo, R., Beltrami, M., & Rowland, C. (2001). Assessing sediment contamination using six toxicity assays. *Journal of Limnology*, v. 60n. 2, 263–267. https://doi.org/10.4081/jlimnol.2001.1.263

Chan-Keb, C. A., Agraz-Hernández, C. M., Perez-Balan, R. A., Gómez-Solano, M. I., Maldonado-Montiel, T. D. N. J., Ake-Canche, B., & Gutiérrez-Alcántara, E. J. (2018). Acute toxicity of water and aqueous extract of soils from Champotón river in *Lactuca sativa L. Toxicology Reports*, v. 5, 593–597. https://doi.org/10.1016/j.toxrep.2018.05.009

Chen, G., den Braver, M. W., van Gestel, C. A. M., van Straalen, N. M., & Roelofs, D. (2015). Ecotoxicogenomic assessment of diclofenac toxicity in soil. *Environmental Pollution*, v. 199, 253–260. https://doi.org/10.1016/j.envpol.2015.01.032

Cotta, J. A. O., Rezende, M. O. O., & Piovani, M. R. (2006). Avaliação do teor de metais em sedimento do rio Betari no Parque Estadual Turístico do Alto Ribeira: PETAR, São Paulo, Brasil. *Química Nova*, v. 29n. 1, 40–45. https://doi.org/10.1590/S0100-40422006000100009

Cottenie, A., Camerlynck, R., Verloo, M., & Dhaese, A. (1980). Fractionation and determination of trace elements in plants, soils and sediments. Em *27th International Congress of Pure and Applied Chemistry* (pp. 45–53). Elsevier. https://doi.org/10.1016/B978-0-08-023936-1.50007-1

Dai, W., Ke, X., Li, Z., Gao, M., Wu, L., Chiristie, P., & Luo, Y. (2018). Antioxidant enzyme activities of Folsomia candida and avoidance of soil metal contamination. *Environmental Science and Pollution Research*, v. 25n. 3, 2.889–2.898.

D'Amore, J. J., Al-Abed, S. R., Scheckel, K. G., & Ryan, J. A. (2005). Methods for speciation of metals in soils: a review. *Journal of Environmental Quality*, v. 34n. 5, 1.707–1.745. https://doi.org/10.2134/jeq2004.0014

Duarte, E. B., Neves, M. A., de Oliveira, F. B., Martins, M. E., de Oliveira, C. H. R., Burak, D. L., Orlando, M. T. D., & Rangel, C. V. G. T. (2021). Trace metals in Rio Doce sediments before and after the collapse of the Fundão iron ore tailing dam,

Southeastern Brazil. *Chemosphere*, v. 262n. 127879. https://doi.org/10.1016/j.chemo sphere.2020.127879

Du Laing, G., Vandecasteele, B., De Grauwe, P., Moors, W., Lesage, E., Meers, E., Tack, F. M. G., & Verloo, M. G. (2007). Factors affecting metal concentrations in the upper sediment layer of intertidal reedbeds along the river Scheldt. *Journal of Environmental Monitoring*, v. 9n. 5, 449–455. https://doi.org/10.1039/B618772B

Du Laing, G., Rinklebe, J., Vandecasteele, B., Meers, E., & Tack, F. M. G. (2009). Trace metal behaviour in estuarine and riverine floodplain soils and sediments: a review. *Science of the total environment*, v. 407n. 13, 3.972–3.985. https://doi.org/10.1016/j .scitotenv.2008.07.025

European Commission. (2003). Technical Guidance Document on Risk Assessment, Part II (J. De Bruijn, B. Hansen, S. Johansson, M. Luotamo, S. Munn, C. Musset, S. Olsen, H. Olsson, A. Paya-Perez, F. Pedersen, K. Rasmussen & B. Sokull-Kluttgen, Ed.). *Joint Research Centre, EUR 20418 EN/2.*

Fernandes, G. W., Goulart, F. F., Ranieri, B. D., Coelho, M. S., Dales, K., Boesche, N., Bustamante, M., Carvalho, F. A., Carvalho, D. C., Dirzo, R., Fernandes, S., Galetti, P. M., Jr, Millan, V. E. G., Mielke, C., Ramirez, J. L., Neves, A., Rogass, C., Ribeiro, S. P., Scariot, A., & Soares-Filho, B. (2016). Deep into the mud: ecological and socio-economic impacts of the dam breach in Mariana, Brazil. *Natureza & Conservação*, v. 14n. 2, 35–45. https://doi.org/10.1016/j.ncon.2016.10.003

Fonseca, A. L., & Rocha, O. (2004). Laboratory cultures of the native species *Chironomus xanthus Rempel*, 1939 (*Diptera-Chironomidae*). *Acta Limnologica Brasiliensia*, v. 16n. 2, 153–161.

Förstner, U. (2003). Geochemical techniques on contaminated sediments-river basin view. *Environmental Science and Pollution Research*, v. 10n. 1, 58–68. https://doi.org/10.1 065/espr2003.01.145

Förstner, U. (2004). Traceability of sediment analysis. *Trends in Analytical Chemistry*, v. 23n. 3, 217–236. https://doi.org/10.1016/S0165-9936(04)00312-7

Guéguen, C., Gilbin, R., Pardos, M., & Dominik, J. (2004). Water toxicity and metal contamination assessment of a polluted river: the Upper Vistula River (Poland). *Applied Geochemistry*, v. 19n. 1, 153–162. https://doi.org/10.1016/S0883-2927(03)00 110-0

Guéguen, C., & Dominik, J. (2003). Partitioning of trace metals between particulate, colloidal and truly dissolved fractions in a polluted river: the Upper Vistula River (Poland). *Applied Geochemistry*, v. 18n. 3, 457–470. https://doi.org/10.1016/S0883-2927(02)00 090-2

Hatje, V., Pedreira, R. M. A., de Rezende, C. E., Schettini, C. A. F., de Souza, G. C., Marin, D. C., & Hackspacher, P. C. (2017). The environmental impacts of one of the largest tailing dam failures worldwide. *Scientific Reports*, v. 7n. 10706. https://doi.org/10.10 38/s41598-017-11143-x

Hauer, C., Leitner, P., Unfer, G., Pulg, U., Habersack, H., & Graf, W. (2018). The role of sediment and sediment dynamics in the aquatic environment. Em *Riverine ecosystem management, Science for Governing Towards a Sustainable Future* (pp. 151–169). Springer, Cham.

He, H., Pan, B., Yu, K., Zheng, X., Wu, Y., Xiao, L., Zhao, G., & Zhu, P. (2021). Determinants of bacterioplankton structures in the typically turbid Weihe River and its clear tributaries from the northern foot of the Qinling Mountains. *Ecological Indicators*, v. 121, 1–13. https://doi.org/10.1016/j.ecolind.2020.107168

Hudson-Edwards, K. A. (2003). Sources, mineralogy, chemistry and fate ofheavy metal-bearing particles in mining-affected river systems. *Mineralogical Magazine*, v. 67n. 2, 205–217. https://doi.org/10.1180/0026461036720095

Instituto Brasileiro do Meio Ambiente e dos Recursos Naturais Renováveis. (2016). Nota técnica nº 001/2016 – PRESID/IBAMA, Termo de transação e de ajustamento de conduta relativo ao rompimento da Barragem do Fundão em Mariana/MG. http://www.ibama.gov.br/phocadownload/barragemdefundao/notastecnicas/2016-02-nota_tecnica_001-2016.pdf

Instituto Mineiro de Gestão das Águas. (2020). Encarte especial sobre a qualidade das águas do Rio Doce após 5 anos do rompimento da barragem de Fundão 2015-2020.

Instituto Mineiro de Gestão das Águas, Companhia de Saneamento de Minas Gerais, Serviço Geológico do Brasil. (2021). Qualidade das águas do Rio Paraopeba, após o desastre na barragem B1 no complexo da Mina Córrego Feijão da Mineradora Vale/SA no município de Brumadinho – Minas Gerais. http://www.meioambiente.mg.gov.br

Jager, T., Posthuma, L., de Zwart, D., & van de Meent, D. (2007). Novel view on predicting acute toxicity: decomposing toxicity data in species vulnerability and chemical potency. *Ecotoxicology and Environmental Safety*, v. 67n. 3, 311–322. https://doi.org/10.1016/j.ecoenv.2007.03.003

Jain, C. K. (2004). Metal fractionation study on bed sediments of River Yamuna, India. *Water Research*, v. 38n. 3, 569–578. https://doi.org/10.1016/j.watres.2003.10.042

Jonsson, C. M., & Maia, A. H. N. (1999). Protocolo de avaliação de agentes microbianos de controle de pragas para registro como biopesticidas. Testes toxicopatologicos em organismos não alvo do ambiente aquatico:organismos zooplanctonicos, fitoplanctonicos e vertebrados. *Embrapa Meio Ambiente. Documentos, v. 11.*

Kabata-Pendias, A. (1995). Agricultural problems related to excessive trace metal contents of soils. Em U. Förstner, W. Salomons & P. Mader (Ed.), *Heavy Metals: Problems and Solutions* (pp. 3–18). Springer.

Kabata-Pendias, A., & Pendias, H. (2001). *Trace Elements in Soils and Plants* (3ª ed.). CRC Press.

Kashen, A. M., Bal, R. S., Huq, S. M. I., & Shigenao, K. (2011). Fractionation and mobility of cadmium, lead and zinc in some contaminated and non-contaminated soils of Japan. *Journal of Soil Science and Environmental Management*, v. 2n. 9, 241–249.

Knie, J. L. W., & Lopes, E. W. B. (2004). *Testes toxicológicos: métodos, técnicas e aplicações.* FATMA/GTZ.

Kossoff, D., Dubbin, W. E., Alfredsson, M., Edwards, S. J., Macklin, M. G., & Hudson-Edwards, K. A. (2014). Mine tailings dams: Characteristics, failure, environmental impacts, and remediation. *Applied Geochemistry*, v. 51, 229–245. https://doi.org/10.1016/j.apgeochem.2014.09.010

Kuhlmann, M., Hayashida, C., & Araújo, R. (2000). Using *Chironomus* (*Chironomidae: Diptera*) *mentum* deformities in environmental assessment. *Acta Limnologica Brasiliensia*, v. 12n. 1, 55–61.

Kwak, I.-S., & Lee, W. (2005). Mouthpart deformity and developmental retardation exposure of *Chironomus plumosus* (*Diptera: Chironomidae*) to tebufenozide. *Bulletin of Environmental Contamination and Toxicology*, v. 75, 859–865. https://doi.org/10.1007/s00128-005-0829-2

Liu, M., Xu, J., Krogh, P. H., Song, J., Wu, L., Luo, Y., & Ke, X. (2018). Assessment of toxicity of heavy metal-contaminated soils toward Collembola in the paddy fields supported by laboratory tests. *Environmental Science and Pollution Research*, v. 25n. 17, 16.969–16.978. https://doi.org/10.1007/s11356-018-1864-y

Luo, Y., Liang, J., Zeng, G., Chen, M., Mo, D., Li, G., & Zhang, D. (2018). Seed germination test for toxicity evaluation of compost: Its roles, problems and prospects. *Waste Management*, v. 71, 109–114. https://doi.org/10.1016/j.wasman.2017.09.023

Macêdo, A. K. S., Santos, K. P. E. D., Brighenti, L. S., Windmöller, C. C., Barbosa, F. A. R., Ribeiro, R. I. M. d. A., Santos, H. B. D., & Thomé, R. G. (2020). Histological and molecular changes in gill and liver of fish (*Astyanax lacustris* Lütken, 1875) exposed to water from the Doce basin after the rupture of a mining tailings dam in Mariana, MG, Brazil. *Science of The Total Environment*, v. 735n. 15. https://doi.org/10.1016/j.scitotenv.2020.139505

Macklin, M. G., Brewer, P. A., Balteanu, D., Coulthard, T. J., Driga, B., Howard, A. J., & Zaharia, S. (2003). The long term fate and environmental significance of contaminant metals released by the January and March 2000 mining tailings dam failures in Maramureş County, upper Tisa Basin, Romania. *Applied Geochemistry*, v. 18n. 2, 241–257. https://doi.org/10.1016/S0883-2927(02)00123-3

Macklin, M. G., Brewer, P. A., Hudson-Edwards, K. A., Bird, G., Coulthard, T. J., Dennis, I. A., Lechler, P. J., Miller, J. R., & Turner, J. N. (2006). A geomorphological approach to the management of rivers contaminated by metal mining. *Geomorphology*, v. 79n. 3–4, 423–447. https://doi.org/10.1016/j.geomorph.2006.06.024

Magalhães, D. d. P., Ferrão Filho, A. d. S., et al. (2008). A ecotoxicologia como ferramenta no biomonitoramento de ecossistemas aquáticos. *Oecologia Brasiliensis*, v. 12n. 3, 355–381.

Mañas, P., & De las Heras, J. (2018). Phytotoxicity test applied to sewage sludge using Lactuca sativa L. and Lepidium sativum L. seeds. *International Journal of Environmental Science and Technology*, v. 15, 273–280. https://doi.org/10.1007/s13762-017-1386-z

Marigo, A. L. S. (2019). *Ensaios ecotoxicológicos utilizando o organismo* 'Chironomus sancticaroli' *para avaliação ambiental de sedimentos naturais* (Dissertação de Mestrado). Instituto de Geociências, Universidade Estadual de Campinas. Campinas.

Menezes-Oliveira, V. B., Damgaard, C., Scott-Fordsmand, J. J., & Amorim, M. J. B. (2013). Interaction between density and Cu toxicity for Enchytraeus crypticus–comparing first and second generation effects. *Science of the total environment*, v. 458–460, 361–366. https://doi.org/10.1016/j.scitotenv.2013.04.053

Meybeck, M. (2013). Heavy metal contamination in rivers across the globe: an indicator of complex interactions between societies and catchments. *Proceedings f H04 understanding freshwater quality problems in a changing world*, v. 361.

Miller, J. R. (1997). The role of fluvial geomorphic processes in the dispersal of heavy metals from mine sites. *Journal of Geochemical Exploration*, v. 58n. 2–3, 101–118. https://doi.org/10.1016/S0375-6742(96)00073-8

Miller, J. R., Watkins, X., O'Shea, T., & Atterholt, C. (2021). Controls on the spatial distribution of trace metal concentrations along the bedrock-dominated South Fork New River, North Carolina. *Geosciences*, v. 11n. 12, 519. https://doi.org/10.3390/geosciences11120519

Moura e Silva, M. S. G., Marigo, A. L. S., Viveiros, W., & Kuhlmann, M. L. (2019). Frequency of mentum deformity in *Chironomus sancticaroli* (*Diptera*: *Chironomidae*) in a laboratory culture. *Revista Ambiente & Agua*, v. 14n. 2, 1–8. https://doi.org/10.4136/ambi-agua.2337

Neuhauser, E. F., Loehr, R. C., Milligan, D. L., & Malecki, M. R. (1985). Toxicity of metals to the earthworm *Eisenia fetida. Biology and fertility of soils*, v. 1, 149–152. https://doi.org/10.1007/BF00301782

Newman, M. C. (2015). *Fundamentals of Ecotoxicology: The Science of Pollution* (4ª ed.). CRC Press.

Niva, C. C., Niemeyer, J. C., Júnior, F. M. R. D. S., Nunes, M. E. T., De Sousa, D. L., Aragão, C. W. S., Sautter, K. D., Espindola, E. G., Sousa, J. P., & Römbke, J. (2016). Soil ecotoxicology in Brazil is taking its course. *Environmental Science and Pollution Research*, v. 23n. 11, 11.363–11.378. https://doi.org/10.1007/s11356-016-6597-1

Novotny, V. (1995). Diffuse sources of pollution by toxic metals and impact on receiving waters. Em U. Förstner, W. Salomons & P. Mader (Ed.), *Heavy Metals: Problems and Solutions* (pp. 33–52). Springer.

Nystrand, M. I., Österholm, P., Nyberg, M. E., & Gustafsson, J. P. (2012). Metal speciation in rivers affected by enhanced soil erosion and acidity. *Applied Geochemistry*, v. 27n. 4, 906–916. https://doi.org/10.1016/j.apgeochem.2012.01.009

Osman, H. E., Al-Jabri, M., El-Ghareeb, D. K., & Al-Maroai, Y. A. (2020). Impact of aluminum and zinc oxides on morphological characters, germination, metals accumulation and DNA in fenugreek (*Trigonella foenum-graecum*). *Journal of the Saudi Society of Agricultural Sciences*, v. 19n. 8, 510–520. https://doi.org/10.1016/j.jssas.2020.09.004

Pandrangi, R., Petras, M., Ralph, S., & Vrzoc, M. (1995). Alkaline single cell gel (comet) assay and genotoxicity monitoring using bullheads and carp. *Environmental and molecular mutagenesis*, v. 26n. 4, 345–356. https://doi.org/10.1002/em.2850260411

Parente, C. E. T., Lino, A. S., Carvalho, G. O., Pizzochero, A. C., Azevedo-Silva, C. E., Freitas, M. O., Teixeira, C., Moura, R. L., Ferreira Filho, V. J. M., & Malm, O. (2021). First year after the Brumadinho tailings' dam collapse: Spatial and seasonal variation of trace elements in sediments, fishes and macrophytes from the Paraopeba River, Brazil. *Environmental Research*, v. 193. https://doi.org/10.1016/j.envres.2020.110526

Park, S.-Y., & Choi, J. (2009). Genotoxic effects of nonylphenol and bisphenol A exposure in aquatic biomonitoring species: freshwater crustacean, *Daphnia magna*, and aquatic midge, *Chironomus riparius*. *Bulletin of Environment Contaming Toxicology*, v. 83, 463–468. https://doi.org/10.1007/s00128-009-9745-1

Parsons, J., Jesus Belzunce Segarra, M., Cornelissen, G., Gustafsson, Ö., Grotenhuis, T., Harms, H., Janssen, C. R., Kukkonen, J., van Noort, P., Ortega Calvo, J. J., & Solaun Etxeberria, O. (2007). Characterisation of contaminants in sediments – effects of bioavailability on impact. Em D. Barceló & M. Petrovic (Ed.), *Sediment Quality and Impact Assessment of Pollutants* (pp. 35–60). Elsevier. https://doi.org/10.1016/S1872-1990(07)80074-2

Passos, L. S., Gnocchi, K. G., Pereira, T. M., Coppo, G. C., Cabral, D. S., & Gomes, L. C. (2020). Is the Doce River elutriate or its water toxic to *Astyanax lacustris* (*Teleostei: Characidae*) three years after the Samarco mining dam collapse? *Science of The Total Environment*, v. 736. https://doi.org/10.1016/j.scitotenv.2020.139644

Pokorska-Niewiada, K., Rajkowska-Myśliwiec, M., & Protasowicki, M. (2018). Acute lethal toxicity of heavy metals to the seeds of plants of high importance to humans. *Bulletin of Environmental Contamination and Toxicology*, v. 101, 222–228. https://doi.org/10.1007/s00128-018-2382-9

Pusceddu, F. H. (2009). *Avaliação ecotoxicológica do fármaco Triclosan para invertebrados de água doce com ênfase em ensaios com sedimento marcado ('spiked sediment')* (Dissertação de Mestrado). Instituto de Pesquisas Energéticas e Nucleares, Universidade de São Paulo. São Paulo.

Queiroz, H. M., Nóbrega, G. N., Ferreira, T. O., Almeida, L. S., Romero, T. B., Santaella, S. T., Bernardino, A. F., & Otero, X. L. (2018). The Samarco mine tailing disaster: A possible time-bomb for heavy metals contamination? *Science of the Total Environment*, v. 637-638, 498–506. https://doi.org/10.1016/j.scitotenv.2018.04.370

Queiroz, H. M., Ferreira, T. O., Barcellos, D., Nóbrega, G. N., Antelo, J., Otero, X. L., & Bernardino, A. F. (2021). From sinks to sources: The role of Fe oxyhydroxide transformations on phosphorus dynamics in estuarine soils. *Journal of Environmental Management*, v. 278n. Part 2, 111.575. https://doi.org/10.1016/j.jenvman.2020.111575

Queiroz, H. M., Ying, S. C., Abernathy, M., Barcellos, D., Gabriel, F. A., Otero, X. L., Nóbrega, G. N., Bernardino, A. F., & Ferreira, T. O. (2021). Manganese: The overlooked contaminant in the world largest mine tailings dam collapse. *Environment International*, v. 146, 106.284. https://doi.org/10.1016/j.envint.2020.106284

Ramdorf, W. A. (2007). *Utilização de duas espécies de* Astyanax *(*Astyanax sp *e* A. altiparanae*) como bioindicadores de região contaminada por agrotóxico (Fazenda Canguiri – UFPR)* (Dissertação de Mestrado). Universidade Federal do Paraná.

Richard, E. C., Duarte Jr, H. A., Estrada, G. C. D., Bechtold, J., Maioli, B. G., Freitas, A. H. A., Warner, K. E., & Figueiredo, L. H. M. (2020). Influence of Fundão tailings dam breach on water quality in the Doce River watershed. *Integrated Environmental Assessment and Management*, v. 16n. 5, 583–595. https://doi.org/10.1002/ieam.4311

Rico, M., Benito, G., & Díez-Herrero, A. (2008). Floods from tailings dam failures. *Journal of Hazardous Materials*, v. 154n. 1–3, 79–87. https://doi.org/10.1016/j.jhazmat.2007.09.110

Roberts, D., Nachtegaal, M., & Sparks, D. L. (2005). Speciation of metals in soils (D. L. Tabatabai M A & Sparks, Ed.) [SSSA Book Series]. *Chemical Processes in Soils*, v. 8, 619–654. https://doi.org/10.2136/sssabookser8

Sales, S. C. M. (2009). *Reavaliação ecotoxicológica da qualidade da água e do sedimento do reservatório da Pampulha (MG) e seus principais tributários* (Dissertação de Mestrado). Instituto de Ciências Biológicas, Universidade Federal de Minas Gerais.

Salomons, W., & Brils, J. (2004). *Contaminated sediments in European river basins* (rel. técn.). European Sediment Research Network (SedNet). Netherlands.

Sanseverino, A. M., & Messimian, J. L. (2008). Assimetria flutuante em organismos aquáticos e sua aplicação para avaliação de impactos ambientais. *Oecologia Brasiliensis*, v. 12n. 3, 382–405.

Segura, F. R., Nunes, E. A., Paniz, F. P., Paulelli, A. C. C., Rodrigues, G. B., Braga, G. Ú. L., Pedreira Filho, W. R., Barbosa Jr, F., Cerchiaro, G., Silva, F. F., & Batista, B. L. (2016). Potential risks of the residue from Samarco's mine dam burst (Bento Rodrigues, Brazil). *Environmental Pollution*, v. 218, 813–825. https://doi.org/10.1016/j.envpol.2016.08.005

Serviço Geológico do Brasil. (2020). *Monitoramento especial da Bacia do Rio Paraopeba – Relatório V: Monitoramento Hidrológico, Sedimentométrico e Geoquímico* (rel. técn.). CPRM. Belo Horizonte. https://www.cprm.gov.br/sace/conteudo/monitoramento_especial/paraopeba/RT_05_2020_PARAOPEBA.pdf

Silva, D. C., Bellato, C. R., Marques Neto, J. d. O., & Fontes, M. P. F. (2018). Trace elements in river waters and sediments before and after a mining dam breach (Bento Rodrigues, Brazil). *Química Nova*, v. 41n. 8, 857–866. https://doi.org/10.21577/0100-4042.20170252

Sposito, G. (2008). *The chemistry of soils* (2ª ed.). Oxford University Press.

Tack, F. M. G. (2010). Trace Elements: General Soil Chemistry, Principles and Processes. Em P. S. Hooda (Ed.), *Trace Elements in Soils* (pp. 9–37). John Wiley & Sons, Ltd. https:%20//doi.org/10.1002/9781444319477.ch2

Teramoto, E. H., Gemeiner, H., Zanatta, M. B. T., Menegário, A. A., & Chang, H. K. (2021). Metal speciation of the Paraopeba river after the Brumadinho dam failure. *Science of The Total Environment*, v. 757, 1–14. https://doi.org/10.1016/j.scitotenv.2020.143917

Thompson, F., Oliveira, B. C., Cordeiro, M. C., Masi, B. P., Rangel, T. P., Paz, P., Freitas, T., Lopes, G., Silva, B. S., S Cabral, A., Soares, M., Lacerda, D., Vergilio, C. S., Lopes-Ferreira, M., Lima, C., Thompson, C., & Rezende, C. E. (2020). Severe impacts of the Brumadinho dam failure (Minas Gerais, Brazil) on the water quality of the Paraopeba River. *Science of The Total Environment*, v. 705. https://doi.org/10.1016/j.scitotenv.2019.135914

Thygesen, K., Baker, E., Sevaldsen, P., & Roche, C. (2017). *Mine Tailings Storage: Safety Is no Accident.* UN Environment, GRID-Arendal.

Truhaut, R. (1977). Ecotoxicology: objectives, principles and perspectives. *Ecotoxicology and Environmental Safety*, v. 1n. 2, 151–173. https://doi.org/10.1016/0147-6513(77)90033-1

United States Environmental Protection Agency. (1996). Seed Germination/Root Elongation Toxicity Test [PaTS Prevention USEPA]. *Ecological Effects Test Guidelines*, n. OPPTS 850.4200.

United States Environmental Protection Agency. (2000, março). Methods for measuring the toxicity and bioaccumulation of sediment-associated contaminants with freshwater invertebrates. Em *Ecological Effects Test Guidelines* (2ª ed.). EPA 600/R-99/064, USEPA.

Vergilio, C. S., Lacerda, D., Oliveira, B. C. V., Sartori, E., Campos, G. M., Pereira, A. L. d. S., Aguiar, D. B., Souza, T. d. S., Almeida, M. G., Thompson, F., & Rezende, C. E. (2020). Metal concentrations and biological effects from one of the largest mining disasters in the world (Brumadinho, Minas Gerais, Brazil). *Scientific Reports*, v. 10. https://doi.org/10.1038/s41598-020-62700-w

Viana, L. O., Martins, K. G., de Souza, K. V., & Stroparo, E. C. (2018). Fitotoxicidade de efluente da indústria cervejeira em sementes de *Lactuca sativa L. Revista Internacional de Ciências*, v. 7n. 2, 265–275. https://doi.org/10.12957/ric.2017.30072

Viveiros, W. (2012). Chironomus sancticaroli*: do cultivo em laboratório ao ensaio ecotoxicológico com amostras ambientais de sedimento* (Dissertação de Mestrado). Instituto de Pesquisas Energéticas e Nucleares, Universidade de São Paulo.

Wagner, K., Besemer, K., Burns, N. R., Battin, T. J., & Bengtsson, M. M. (2015). Light availability affects stream biofilm bacterial community composition and function, but not diversity. *Environmental Microbiology*, v. 17n. 12, 5036–5047. https://doi.org/10.1111/1462-2920.12913

Weber, A. A., Sales, C. F., Faria, F. S., Melo, R. M. C., Bazzoli, N., & Rizzo, E. (2020). Effects of metal contamination on liver in two fish species from a highly impacted neotropical river: A case study of the Fundão dam, Brazil. *Ecotoxicology and Environmental Safety*, v. 190. https://doi.org/10.1016/j.ecoenv.2020.110165

Wei, J., Duan, M., Li, Y., Nwankwegu, A. S., Ji, Y., & Zhang, J. (2019). Concentration and pollution assessment of heavy metals within surface sediments of the Raohe Basin, China. *Scientific Reports*, v. 9, 1–7. https://doi.org/10.1038/s41598-019-49724-7

Wise Uranium Project. (s.d.). Chronology of major tailings dam failures. https://www.wise-uranium.org/mdaf.html

Xu, D., & Gao, B. (2020). Lead isotopes combined with geochemical baseline in sediments: A novel tool to trace anthropogenic Pb sources. *International Journal of Environmental Research and Public Health*, v. 17n. 3, 1.112. https://doi.org/10.3390/ijerph17031112

Zagatto, P. A., & Bertoletti, E. (2008). *Ecotoxicologia aquática: princípios e aplicações* (2ª ed.). RiMa São Carlos.

Zhang, C., Yu, Z.-G., Zeng, G.-M., Jiang, M., Yang, Z.-Z., Cui, F., Zhu, M.-Y., Shen, L.-Q., & Hu, L. (2014). Effects of sediment geochemical properties on heavy metal bioavailability. *Environment International*, v. 73, 270–281. https://doi.org/10.1016/j.envint.2014.08.010

2

Fitotecnologias: interação entre plantas e microrganismos para remoção de elementos potencialmente tóxicos

Jerusa Schneider[1]

Maíra Rodrigues da Silva[2]

2.1 Introdução

O rompimento da barragem de Brumadinho completou dois anos, e a área atingida pela lama ainda permanece como um "grande canteiro de obras", onde 11,7 milhões de m^3 de rejeitos se espalharam devastando sítios, matas, famílias (CPRM, 2019). Foram encontradas 259 vítimas subterradas no local, e as buscas por 11 pessoas desaparecidas ainda continuam até hoje (Vergilio *et al.*, 2020).

As comunidades locais de Córrego do Feijão e Parque da Cachoeira foram as mais atingidas. Na região conhecida pelo plantio de hortaliças, os agricultores perderam sua fonte de renda, e aqueles que trabalhavam com produtos orgânicos não conseguem mais as certificações necessárias para seus produtos. Esse problema atinge outros agricultores familiares de municípios cortados pelo Rio Paraopeba, como o caso do município de Mário Campos a 14 km de Brumadinho (Igam, 2020). Os agricultores não têm autorização para usar a água do Rio Paraopeba tanto para pesca como também para irrigação das hortaliças (ANM, 2019). A irrigação das áreas cultivadas é realizada com a água que chega às comunidades por caminhão-pipa, são 40 mil litros por dia, o que corresponde a um terço do que seria necessário para manter todos os canteiros de hortaliças.

O uso da água continua proibido no trecho entre Brumadinho e a Usina de Retiro Baixo, no município de Pompeu (Igam, 2020). O sedimento enriquecido por metais tóxicos pode ser remobilizado para os rios com as chuvas intensas, ações de dragagem e operação de barragens

[1]Professora visitante do Programa de Pós-Graduação em Engenharia Agrícola (PPGEA) da Universidade Federal da Grande Dourados (UFGD), Dourados, MS, email: jerusasch@gmail.com.

[2]Doutoranda do curso de Pós-Graduação do Departamento de Geologia e Recursos Naturais (DGRN), Instituto de Geociências (IG) – Unicamp, Campinas, SP, email: mai17.silva@gmail.com.

hidrelétricas ao longo dos próximos anos, podendo ser transportados a longas distâncias por centenas de quilômetros do local de origem (Ibama, 2019).

Nesse sentido, estudos a partir de amostras de solo, sedimentos e água coletadas da região afetada pelo rompimento da barragem de Brumadinho têm indicado concentrações elevadas de metais pesados, que podem afetar a funcionalidade, a biodiversidade e a sustentabilidade dos ecossistemas, causando danos, às vezes irreversíveis, às propriedades químicas, físicas e biológicas do solo (Parente *et al.*, 2021; Vergilio *et al.*, 2020).

Desde 1986, de acordo com a Resolução n. 001 do Conama, e de forma mais contundente na Constituição Federal do Brasil editada em outubro de 1988, toda atividade que produza danos ambientais tem que arcar com as medidas de mitigação dos impactos e de recuperação ambiental. Apesar da exigência legal, a recuperação dessas áreas é tarefa difícil, em função da necessidade do conhecimento de todos os componentes do sistema, isto é, dos elementos acima e abaixo da superfície do solo e da tolerância das espécies aos contaminantes. Portanto, nessas áreas afetadas pelo rompimento, o restabelecimento da comunidade vegetal é fundamental para diminuir o impacto ambiental, principalmente pela necessidade de diminuir a dispersão do solo contaminado pela erosão hídrica e eólica.

Diversas técnicas de remediação são utilizadas em países desenvolvidos e com políticas ambientais rígidas, porém muito está por ser explorado nesse sentido no Brasil. Uma das alternativas para restaurar a funcionalidade e a diversidade dos ecossistemas impactados por solos contaminados é o método de fitorremediação. Essa abordagem é adotada em programa de pesquisa desenvolvido pelos autores e colaboradores de diversas instituições (como, por exemplo, Universidade Federal de Lavras (Ufla), Universidade Federal Rural de Pernambuco (UFRPE) e Universidade Estadual de Campinas (Unicamp)).

Conforme conceitualizado na Figura 2.1, trata-se de uma abordagem interdisciplinar envolvendo aspectos de química e microbiologia de solos e nutrição vegetal indispensáveis para o diagnóstico da área, visando às estratégias de amenização da contaminação e à seleção de plantas e microrganismos tolerantes ao excesso de metais pesados.

Dessa maneira, a parte inicial do programa consiste na delimitação das áreas de estudo, cuja seleção é realizada em função das diferenças em relação à forma de contaminação, aos aspectos de solo, à topografia e à vegetação. A partir disso, nessas áreas são realizadas amostragens para análises químicas dos solos em diferentes profundidades, para determinar as quantidades totais e as formas biodisponíveis dos contaminantes. Essas informações são essenciais para o diagnóstico da contaminação e a definição de estratégias de remediação (Figura 2.1).

2.2 Contaminação do solo

O solo possui características únicas quando comparado a outros componentes da biosfera (ar, água e biota), constituindo-se num sistema complexo, dinâmico e com vida abundante (Siqueira *et al.*, 2007). Assim, não se apresenta apenas como um dreno para contaminantes, promovendo a biodegradação de poluentes, mas também como um tampão natural que garante sua capacidade de reter e purificar a água, de promover a ciclagem de elementos químicos como o carbono, nutrientes, metais pesados e de restaurar e manter inúmeros papéis ecológicos dos ecossistemas (Kabata-Pendias & Pendias, 2001).

Solo contaminado é aquele que apresenta concentrações de determinado elemento químico acima do esperado em condições naturais (Accioly & Siqueira, 2000). A contaminação por metais pesados é oriunda de atividade antrópica ou da acumulação resultante de processos biogeoquímicos ocorridos na natureza (McBride, 1994). As principais rotas antrópicas de entrada de metais pesados no solo são a deposição de rejeitos industriais, fertilizantes e pesticidas e resíduos urbanos como compostos de lixo e lodo de esgoto. No solo, esses rejeitos sofrem transformações químicas que podem liberar metais pesados para a solução do solo e causar toxidez às plantas e aos organismos do solo, ou, ainda, serem adsorvidos às argilas ou complexados à matéria orgânica, representando uma fonte poluidora potencial e importante via de exposição dos metais poluentes (Figura 2.2). Além disso, solos contaminados oferecem riscos para mananciais hídricos e para a atmosfera, e podem contaminar as plantas, o homem e os animais.

As alterações ocorridas na Bacia do Rio Paraopeba podem ser avaliadas através do monitoramento da qualidade da água. Por meio do ciclo hidrológico, as chuvas precipitadas sobre as vertentes irão formar o deflúvio (escoamento) superficial que irá carrear sedimentos e poluentes para a rede de drenagem. Dessa forma, o rio é um integralizador dos fenômenos ocorrentes nas vertentes da bacia, que pode ser avaliado pelos parâmetros de qualidade da água (Merten & Minela, 2002).

Figura 2.1: Exemplo de proposta operacional de programa de estudo visando à reabilitação de solos contaminados com metais pesados. Fonte: modificado de Accioly & Siqueira, 2000.

2.3 Fitorremediação como técnica para recuperação de áreas degradadas

Atualmente, grandes esforços têm sido feitos visando à reabilitação de solos contaminados com elementos potencialmente tóxicos. Os métodos correntes de remediação de solos incluem remoção, lavagem do solo e estabilização física. Todos esses métodos possuem como desvantagem o alto custo (Tu & Ma, 2002). Os métodos tradicionais de remediação de solos contaminados precisam ser substituídos por métodos com custos mais baixos e menos agressivos ao ambiente.

Nesse sentido, vários produtos têm sido testados como amenizantes da fitotoxidez de elementos potencialmente tóxicos em plantas de modo a aumentar seu potencial fitorremediador (Kumpiene *et al.*, 2008). Dentre os amenizantes mais estudados, destacam-se: calcário (Accioly *et al.*, 2004, Cunha *et al.*, 2008), silicatos (Accioly *et al.*, 2008), fosfatos (Galindo *et al.*, 2005), compostos contendo óxidos de ferro (Guilherme & Costa, 2007, Costa *et al.*, 2009) e compostos orgânicos (Simão, 1999). As diversas atividades que geram resíduos com potenciais de uso como amenizantes de solo precisam substituir os tradicionais métodos de descarte de rejeitos por outros mais inovativos, econômicos e ambientalmente favoráveis.

A fitorremediação é uma técnica emergente para descontaminação ambiental (Lindblom *et al.*, 2006), de baixo custo e que gera o mínimo de perturbação ao solo quando comparada com outras técnicas (Henry, 2000). Consiste no uso de plantas e microbiota associada para remover, imobilizar ou tornar os contaminantes inofensivos ao ecossistema. Essa técnica apresenta inúmeras vantagens, dada a sua natureza permanente, combinada aos baixos custos de manutenção, à proteção contra a erosão eólica e hídrica, à melhoria na estrutura do solo, ao aumento da fertilidade do solo e à recuperação da estética das áreas contaminadas (Raskin

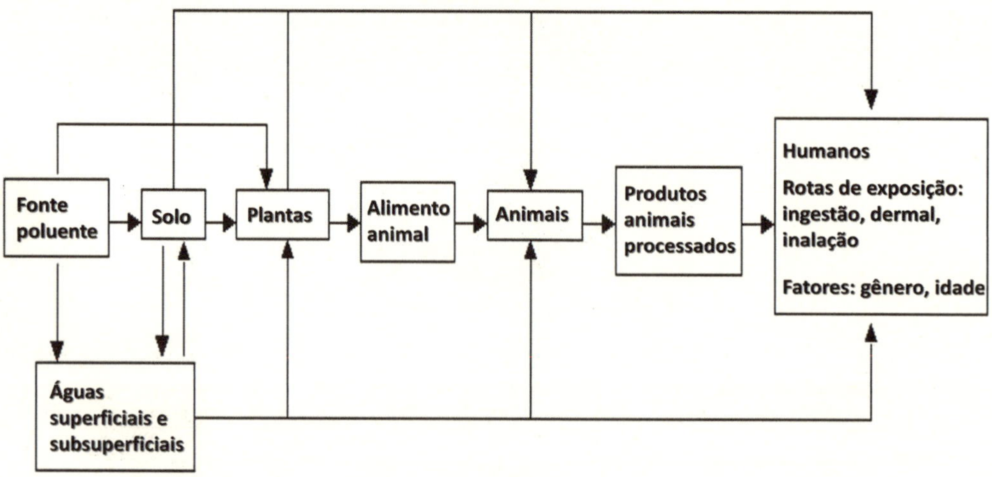

Figura 2.2: Principais vias de exposição pelas quais metais pesados atingem plantas, animais e homem. Fonte: Modificado de Accioly & Siqueira, 2000.

& Ensley, 2000). Na Tabela 2.1 é apresentada uma série de benefícios diretos e indiretos e menor custo de implantação em comparação a outros processos alternativos de remediação de solos poluídos, como atenuação natural, técnicas de engenharia e biorremediação.

Devido ao custo relativamente baixo, a fitorremediação comporta-se como uma atrativa opção para a despoluição de solos com metais pesados, principalmente em países em desenvolvimento, onde financiamentos para recuperação ambiental são escassos (Nascimento & Xing, 2006). Accioly & Siqueira (2000) acreditam que a fitorremediação é uma prática promissora, com mercado garantido no país, se for considerada a existência de inúmeras e extensas áreas contaminadas, particularmente com metais pesados.

2.4 A importância socioambiental da fitorremediação em áreas contaminadas pela mineração

A fitorremediação tem se mostrado eficiente em diferentes aspectos em todo o mundo em relação a descontaminação de solos, sobretudo em áreas contaminadas pela mineração. No geral, a poluição dos ambientes não se atém apenas na degradação dos ecossistemas, mas está relacionada a outras dimensões, como sociais, econômicas e culturais (Urquiza e Oliveira, 2019, Fernandes *et al.*, 2016). A exemplo da contaminação por metais pesados na bacia hidrográfica do Rio Paraopeba decorrente dos rejeitos de mineração oriundos do rompimento da barragem B1 em Brumadinho, não só o ecossistema aquático é afetado, mas a qualidade das águas para consumo humano, o uso da bacia para atividades recreativas e de lazer, entre outras relações culturais de pertencimento daquele ambiente (Lebron *et al.*, 2020, Costa *et al.*, 2019), o que nos faz compreender que a remediação das áreas atingidas é importante para além do meio físico e biótico.

A poluição causada pela mineração pode contaminar diferentes ambientes, e as fontes de contaminação e os riscos associados podem ser diversos (Rebello *et al.*, 2021, Wuana e Okieimen, 2011). O processo de dispersão e transporte no solo, nas águas e sedimento é muito dinâmico e depende das características físico-químicas de cada local. Uma vez que o material é disposto no rio, os elementos podem estar biodisponíveis ou não no sedimentar no fundo ou estarem presentes nas águas superficiais na forma de íons dissolvidos, partículas coloidais ou material de suspensão (Carapeto, 1999, Du Laing *et al.*, 2009). Dessa maneira, os solos às margens do rio podem receber cargas desses contaminantes, principalmente nos períodos de cheia (Silva, 2017).

Os solos receptores das cargas de contaminantes muitas vezes possuíam atividades agrícolas antes de serem contaminados e passam a estar vulneráveis afetando toda a cadeia produtiva e social nessas áreas. Em muitos casos, a população já produz alimentos, coexistindo com as condições da área. Por isso, há uma grande conscientização da necessidade de avaliar e conhecer melhor processos associados à combinação da fitorremediação com a produção de alimentos. Entre estes, e de interesse particular, estão a adoção da prática de rotação de cultura, o cultivo em consórcio com outras espécies não comestíveis consideradas espécies com eficácia na fitorremediação (hiperacumuladoras), alinhadas à legislação local sobre o assunto

Características	**Fitorremediação**	**Atenuação natural**	**Técnicas de engenharia**	**Biorremediação**
1. *In situ* ou *Ex situ*	*In situ*	*In situ*	*Ex situ* ou *In situ*	*Ex situ* ou *In situ*
2. Descrição geral do processo	Utiliza plantas e microrganismos do solo para degradar ou imobilizar os contaminantes; Transfere contaminantes voláteis para a atmosfera por evapotranspiração	Utiliza plantas e microrganismos do solo para degradar ou imobilizar os contaminantes	*Ex situ* = escavação, aterramento, incineração *In situ* = extração de vapor do solo, tratamento químico ou térmico, solidificação, extração a vácuo	Utiliza microrganismos do solo para degradar ou imobilizar contaminantes; *Ex situ* envolve escavação acoplada com tratamento do solo
3. Intervenção humana	Sim, através da adoção de práticas agronômicas como cultivo, fertilização e inoculação.	Não	Sim, extensiva	Sim, extensiva. Proporcionar temperatura adequada e fornecer oxigênio e nutrientes para otimizar a atividade microbiológica
4. Benefícios diretos	*In situ*; utiliza apenas a energia solar; recomendado para extensas áreas com contaminação superficial; boa estética; melhor aceitação pública; plantas como indicadoras da contaminação; microrganismos degradam uma variedade de contaminantes; plantas transferem oxigênio para a rizosfera; plantas auxiliam na imobilização de contaminantes; relativamente fácil de ser aplicado.	*In situ*, ausência de perturbação ao ambiente	Seguro e eficiente; possui tempo de execução predeterminado; *Ex situ* é mais rápido do que outros métodos de remediação; extração a vácuo não é limitada por profundidade do lençol freático	*In situ* tem limitada perturbação ao ambiente, mostrando-se eficiente na remediação de solos poluídos
5. Benefícios indiretos	Melhora a qualidade do solo; previne erosão; árvores podem reduzir a poluição sonora de sítios industriais; plantas tolerantes podem ajudar o estabelecimento de outras plantas sensíveis à contaminação.	Plantas tolerantes podem ajudar o estabelecimento de plantas sensíveis à contaminação; uma vez estabelecida, a vegetação pode prevenir erosão.	---	---
6. Limitações	A contaminação deverá ser superficial; plantas podem não crescer se a contaminação for elevada; processo mais lento que os métodos *Ex situ*; contaminantes podem não estar biodisponíveis; dependente das condições ambientais; lixiviação e volatilização podem ocorrer antes da fitorremediação.	Processo mais lento do que qualquer outro método de remediação, apresentando maior período de risco à saúde humana e ao meio ambiente; plantas, microrganismos e condições ambientais benéficos à remediação podem não estar presentes naturalmente.	Altamente destrutivo ao meio ambiente, especialmente por escavação; aterros somente transferem contaminantes para um sítio secundário;	Altamente destrutivo com a escavação *Ex situ*; o processo pode ser ineficiente caso os contaminantes sejam tóxicos aos microrganismos do solo; requer intenso monitoramento.
7. Custo	US\$17 a 100/m^3 Em sistemas de cultivo: US\$0,02 a 1,00/m^3 por ano	Sem custos operacionais, podendo haver custos associados com o monitoramento.	Geralmente de US\$10 a mais de US\$1.000/m^3 para contaminantes voláteis ou solúveis em água *In situ*; US\$60 a 300/m^3 para aterramento ou tratamento térmico a baixas temperaturas; US\$200-700/m^3 para aterros especiais ou tratamento a elevadas temperaturas; US\$260-1.064/m^3 para incineração	US\$50-133/m^3 (*In situ*) US\$133-400/m^3 (*Ex situ*)

Tabela 2.1: Comparações entre o processo de fitorremediação e outros processos alternativos de remediação de solos poluídos (atenuação natural, técnicas de engenharia e biorremediação) (Adaptado de Khalid *et al.*, 2017).

e o monitoramento da concentração nas partes comestíveis de culturas agrícolas (Haller e Jonsson, 2020).

Nesse contexto, as propostas dessa técnica em áreas agrícolas têm se tornado promissoras e obtido resultados otimistas (experimentais e em campo) em solos que apresentam uma carga de contaminantes biodisponíveis. Em diferentes partes do mundo, o método de fitorremediação tem sido estudado, tanto em áreas de agricultura convencional quanto nas de populações tradicionais, aliado ao uso de espécies já cultivadas ou presentes nos ambientes. No sul da Itália, numa área agrícola contaminada com cádmio, foi implantado o cultivo de algumas espécies para fitorremediação, o que reduziu a concentração dos contaminantes e auxiliou no equilíbrio do ecossistema local, embora o estudo tenha demonstrado que a eficiência da técnica naquele ambiente só é possível em um solo com a dispersão do contaminante até 2 m de profundidade (Fiorentino *et al.*, 2018).

Outra pesquisa foi realizada por Silva *et al.* (2018), com o uso de *Canavalia ensiformis* em solos concentrados com chumbo, arsênio e zinco originários de antigos passivos ambientais da mineração transportados pela bacia hidrográfica do Rio Ribeira de Iguape na região do Vale do Ribeira (Brasil). As áreas amostradas foram um bairro rural e uma comunidade quilombola. O estudo demonstrou um bom desempenho da espécie como fitoestabilizadora, apresentando grande potencial na recuperação e na descontaminação do solo e proporcionando uma melhor capacidade de fixação de nitrogênio por meio da simbiose das bactérias do gênero *rizobium*.

Outro aspecto importante, na fitorremediação em áreas poluídas pela mineração, é sua relevância social. Por ser uma técnica de baixo custo, ela pode ser desenvolvida em diferentes áreas em todo o mundo. Os países do continente africano, que apresentam baixos Índices de Desenvolvimento Humano (IDH) (Kpolovie e Esara, 2017) e que historicamente realizam amplamente a exploração de minério, nas últimas décadas têm sofrido com a contaminação dos ambientes, assim que riscos à saúde humana (Elumalai *et al.*, 2017, Fasinu e Orisakwe, 2013). Como forma de melhorar esse cenário, países como Gana, Angola, Zambia, Nigéria e África do Sul implementaram diferentes técnicas de remediação que não tiveram sucesso, trazendo efeitos negativos no solo, na fauna e na flora, e causando uma contaminação secundária. A fitorremediação foi uma boa alternativa para melhorar muitas de suas áreas (Odoh *et al.*, 2019). Contudo, diversos estudos de fitorremediação estão sendo feitos para divulgação e aceitação social (Weir e Doty, 2016) e, nesse sentido, a técnica realizada em áreas contaminadas pela mineração ganha uma dimensão múltipla e uma importância em todo o mundo por sua capacidade de refletir também nos aspectos socioambientais.

2.5 Metodologias para fitorremediação e emprego de plantas hiperacumuladoras

A fitorremediação envolve, por ação direta da planta ou indireta pelo estímulo desta sobre a microbiota rizosférica, a descontaminação, por meio de extração ou degradação através de diversos processos, sendo alguns conceitualizados na Figura 2.3:

- Fitoestabilização – uso de plantas para minimizar a mobilidade de metais em solos contaminados mediante acumulação nas raízes ou precipitação na rizosfera;
- Fitodegradação – envolve a decomposição química no interior da planta por meio de processos metabólicos ou, externamente, através da liberação de enzimas produzidas pelas plantas no solo;
- Fitovolatilização – refere-se à absorção e à transpiração de um contaminante pela planta. Neste caso, o próprio contaminante ou um produto metabólico dele (fitodegradação também envolvida) é liberado para a atmosfera. Aplicável, por exemplo, para selênio e mercúrio;
- Fitoextração – uso de plantas para remoção de metais dos solos mediante absorção pelas raízes, transporte e concentração na biomassa da parte aérea;
- Rizodegradação – envolve a degradação química do contaminante como resultado da atividade microbiana do solo, a qual é favorecida pela presença da rizosfera. Plantas e microrganismos estão direta e indiretamente envolvidos na degradação ou transformação de metais pesados em produtos menos tóxicos e menos persistentes no ambiente.

Dessa forma, as plantas podem contribuir para a degradação e a retenção de elementos potencialmente tóxicos no sistema radicular, além de possibilitar condições favoráveis na rizosfera que estimulem a população microbiana do solo responsável pela degradação destes (Figura 2.3).

Dentre esses processos de fitorremediação descritos, iremos destacar a seguir a fitoestabilização e a fitoextração.

A fitoestabilização visa reduzir o potencial de dano ao ambiente, pela redução da mobilidade e da disponibilidade do contaminante no solo, sendo as plantas, neste caso, escolhidas por tolerar as condições da área, controlar a erosão e a lixiviação e evitar a translocação do contaminante para a parte aérea.

Apesar de as espécies lenhosas apresentarem menor grau de tolerância a níveis tóxicos de metais pesados do que as espécies herbáceas (Eltrop *et al.*, 1991), o uso das primeiras na recuperação de áreas contaminadas é interessante, considerando que os metais absorvidos ficarão por mais tempo imobilizados nos tecidos vegetais, principalmente no caule, retardando o retorno desses elementos ao solo. Soares *et al.* (2001), avaliando o acúmulo e a distribuição de metais pesados em mudas de espécies arbóreas, verificaram que o padrão de distribuição de zinco e cádmio nas diferentes partes das plantas se relaciona com o comportamento destas ao excesso de metais pesados no solo. Nesse estudo, os autores verificaram que *Acacia mangium*, *Copaifera langsdorffi* e *Cedrella fissilis* apresentaram baixa sensibilidade à contaminação e apresentaram elevado acúmulo de zinco e cádmio nas raízes, indicando que a baixa translocação desses elementos para a parte aérea está envolvida na tolerância dessas espécies ao excesso de metais pesados no solo.

A fitoextração consiste na absorção e na acumulação de metais pesados na parte aérea de plantas (Santos *et al.*, 2006). O potencial de fitoextração depende da interação entre solo, metal, planta e microorganismos de solo (Lasat, 2002). A planta ideal para fitoextração de metais pesados deve ser tolerante aos seus altos níveis, acumular grandes quantidades na parte aérea, ter alta taxa de crescimento, produzir muita biomassa e possuir sistema radicular abundante (Garbisu e Alkorta, 2001). A translocação do contaminante da raiz para a parte aérea facilita a retirada do contaminante, e, no final do ciclo da planta, quando a parte aérea é colhida, esta poderá ser posteriormente disposta em aterros sanitários ou recicladas para a recuperação do metal (Cunningham e Ow, 1996).

Outra maneira de avaliar o potencial fitoextrator da espécie vegetal é o fator de transferência, definido como a razão entre a concentração total do contaminante na planta e a concentração total do contaminante no solo, proposta por Lubben e Sauerbeck (1991). Valores elevados de fator de transferência são desejáveis para fitoextração, e quanto maior esse fator, maior a absorção do contaminante (Henry, 2000). Entretanto, não há na literatura informações de fatores de transferência disponíveis para as diferentes espécies vegetais.

É crescente o interesse na tolerância das plantas aos metais pesados. Inicialmente, julgava-se impossível encontrar plantas capazes de absorver e acumular grande quantidade de compostos ou elementos contaminantes.

Em relação à absorção de metais, Baver (1981) classifica as plantas em: i) excludentes: cuja concentração é mantida em nível constante até que se atinja um valor crítico no solo, no qual esse mecanismo é quebrado, resultando na não restrição ao transporte do metal;

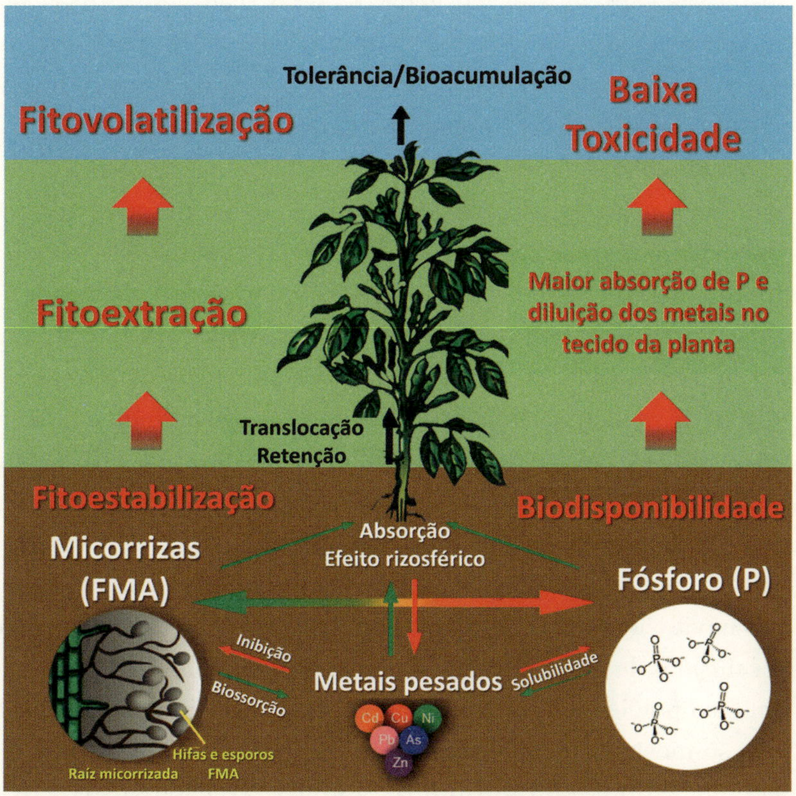

Figura 2.3: Representação dos processos envolvidos na fitorremediação de elementos potencialmente tóxicos no solo. Fonte: modificado de Accioly e Siqueira, 2000.

ii) indicadoras: em que a absorção e o transporte de metais são regulados, sendo que a concentração interna reflete o nível externo; e, iii) acumuladoras: quando há acumulação de metais nas partes da planta em baixo ou alto nível de metais no solo.

Hiperacumulação de metais é um raro fenômeno em plantas superiores terrestres. Aproximadamente 400 espécies de plantas são identificadas como hiperacumuladoras de metais, representando menos de 0,2% de todas as angiospermas (Baker e Brooks, 1989, Baker *et al.*, 2000). A descoberta de plantas com capacidade de acumular grandes quantidades de metais (hiperacumuladoras) resultou em avanços no uso destas plantas na remediação de solos contaminados (Baker e Brooks, 1989). A maioria das espécies estudadas é de clima temperado, sendo ainda escassas as informações a respeito dessa característica para espécies tropicais.

Para ser hiperacumuladora, a planta deve ter habilidade para absorver e reter metais na parte aérea (caule e folhas) no mínimo nas seguintes concentrações: 10 mg kg^{-1} para mercúrio, 100 mg kg^{-1} para cádmio e arsênio, 1000 mg kg^{-1} para cobalto, cromo, cobre e chumbo, e 10.000 mg kg^{-1} para zinco e níquel (Baker *et al.*, 2000).

Plantas hiperacumuladoras de arsênio foram descobertas recentemente, e a maioria delas são espécies de samambaia. A primeira hiperacumuladora foi a *Pteris vittata*, que apresentou extraordinária capacidade para remover arsênio do solo, concentrando 2,3% do arsênio na biomassa (Ma *et al.*, 2001). Em seguida, foi observado que a samambaia *Pityrogramma calomelanos* possui capacidade semelhante para acumular arsênio. Essa característica peculiar foi observada em outras samambaias do gênero *Pteris*. Em geral, essas plantas parecem apresentar mecanismos constitutivos e adaptativos que permitem elevadas absorção e sobrevivência em solos com altas concentrações de arsênio. Muitas pesquisas têm sido conduzidas no sentido de entender e aumentar a capacidade de absorção do arsênio dessas plantas (Gonzaga *et al.*, 2006).

Importante fonte potencial de espécies apropriadas para a fitorremediação é a vegetação encontrada naturalmente em áreas contaminadas, pois essas plantas se encontram adaptadas ao ambiente estressante (Watanabe, 1997). Um exemplo dessa situação é o genótipo de planta encontrado em área de mineração de calamina (minério de zinco), identificado como do gênero *Pffafia sp.* (conhecida vulgarmente por calaminaceae), o qual se mostrou bem adaptado às condições de multicontaminação por zinco, cobre, cádmio e chumbo em relação a outras espécies estudadas (Accioly e Siqueira, 2000). Carneiro *et al.* (2002), em estudo com a *Pffafia sp.* constataram que as concentrações de Cd na parte aérea aumentaram linearmente com a contaminação, atingindo valores superiores a 100 mg kg^{-1} de cádmio. A partir desse resultado, esses autores puderam indicar essa planta como hiperacumuladora de cádmio, fato que até então não havia sido relatado na literatura com relação a esse gênero de plantas. Entretanto, os mecanismos de tolerância dessa espécie são desconhecidos. No México, em áreas contaminadas com óleo poluente e metais pesados, foi encontrada a *Echinochloa polystachya*, uma gramínea que se mostrou hábil em tolerar e translocar cádmio para as folhas, sendo considerada hiperacumuladora e promissora para a fitoextração em solos tropicais poluídos com metais pesados (Solis-Dominguez *et al.*, 2007).

Diante da importância da fitoextração como técnica remediadora para áreas contaminadas estão incluídas também diferentes técnicas de obtenção de minerais a partir de plantas hiperacumuladoras. Entre estas destacam-se: fitomineração e agromineração.

Com o uso de plantas hiperacumuladoras, pequenos agricultores poderiam plantar em solos ricos em metais com valor econômico (ex.: níquel), e as empresas de mineração poderiam usar essas plantas para limpar suas antigas minas e resíduos e até gerar alguma receita (Reeves *et al.*, 2007; Lintern *et al.*, 2013; Van der Ent *et al.*, 2015; Nascimento *et al.*, 2021).

Estudos com esse enfoque estão iniciando nas condições brasileiras, onde a contaminação do solo e a existência de áreas degradadas pelo excesso de metais são cada vez mais numerosas, portanto, o conhecimento do comportamento de espécies herbáceas com potencial para fitorremediação se reveste de maior importância (Nascimento *et al.*, 2021).

Sendo assim, tendo em vista a fitoextração como técnica remediadora para áreas contaminadas e até mesmo como uma forma de mineração, depreende-se, pois, a necessidade de estudos que relacionem a tolerância de espécies de clima tropical, desenvolvidas em níveis crescentes de contaminação, com os aspectos fisiológicos dessas plantas, para que possam ser efetivamente cultivadas como fitoextratoras nas áreas contaminadas no Brasil. Logo, existe a necessidade de se testarem novas espécies, além de se desenvolverem novos estudos para o entendimento das interações químicas dos metais pesados em solos tropicais, de modo a maximizar a eficiência da fitoextração.

2.6 Fitoextração induzida por agentes quelantes

A maior parte das plantas hiperacumuladoras possui crescimento endêmico, baixa penetração radicular, pouca produção de biomassa e lento desenvolvimento. Em face dessas limitações apresentadas pelas plantas hiperacumuladoras, torna-se necessário buscar novas espécies que viabilizem a fitoextração. Para tanto, as espécies vegetais devem ser avaliadas quanto a sua capacidade de tolerância a esse tipo de estresse. Diferentes propriedades das plantas são importantes para a fitoextração. Em geral, as seguintes características são favoráveis para a utilização de plantas como fitoextratoras: crescimento rápido, elevada produção de biomassa, e tolerância a altas concentrações de metais em seus tecidos (Cunha *et al.*, 2008).

Para contornar as limitações apresentadas pelas espécies hiperacumuladoras ou tolerantes, pode-se lançar mão de práticas que promovam: i) aumento de produção de biomassa e ii) aumento de absorção e acumulação de metais pelas plantas, por exemplo, através da aplicação de agentes quelantes, quando as plantas apresentarem máxima biomassa. Mesmo que as espécies utilizadas não sejam hiperacumuladoras, a remoção de metais pode ser tão ou mais eficiente que se fossem usadas as hiperacumuladoras, em especial se a fitoextração for induzida.

De fato, no desenvolvimento de programas de fitoextração, duas abordagens podem ser utilizadas: o uso de plantas com excepcional capacidade natural de acumulação de metal, que são as chamadas hiperacumuladoras (Reeves e Baker, 2000, Nascimento *et al.*, 2020), e a utilização de plantas cultivadas com alta produção de biomassa, a exemplo de milho (*Zea mays*) e mostarda da Índia (*Brassica juncea*), associadas a um método de fitoextração induzida por agentes quelantes (Nascimento e Xing, 2006, Nascimento *et al.*, 2020).

A formação de complexos quelato/metais previne a precipitação e a adsorção dos metais à matriz do solo e mantém sua disponibilidade para absorção pelas plantas. A adição de agentes quelantes sintéticos, como EDTA, DTPA e NTA, é utilizada para aumentar a mobilidade e a biodisponibilidade de metais no solo e, também, para elevar a concentração de metais pesados acumulados na parte aérea das plantas (Wu *et al.*, 1999). No entanto, a principal desvantagem que restringe o uso de alguns quelantes sintéticos, especialmente EDTA, é a sua baixa biodegradabilidade, resultando em alto risco ambiental pela manutenção de elevados teores de metais solúveis no solo, prontos para lixiviar, por um longo período (Meers *et al.*, 2004).

Dessa maneira, o uso de agentes quelantes naturais, como ácidos orgânicos, pode ser uma boa alternativa em relação aos quelantes sintéticos, principalmente por serem rapidamente degradados no solo, evitando efeitos de contaminação de lençóis freáticos. Além disso, os ácidos orgânicos de baixo peso molecular, por exemplo, como os exsudados radiculares liberados pelas plantas no solo, influenciam a solubilidade de metais e a sua absorção mediante formação do complexo metálico (Nascimento *et al.*, 2009, Nascimento *et al.*, 2020).

2.7 Simbioses radiculares como mediadores nos processos de fitorremediação

A fitorremediação é uma técnica recente e pouco se conhece sobre os processos reabilitadores envolvidos, mas sabe-se que os microrganismos do solo desempenham importante papel na proteção das plantas ao excesso de elementos potencialmente tóxicos. Entre estes se destacam os fungos micorrízicos arbusculares que formam associação simbiótica com a maioria das espécies vegetais, simbiose esta denominada micorrizas arbusculares (Steidinger *et al.*, 2019). Os FMA são cosmopolitas, com ocorrência abundante mesmo em áreas com elevadas concentrações de metais pesados (Khalid *et al.*, 2021), e são encontrados em quase todas as famílias de espécies herbáceas e arbóreas, especialmente naquelas de interesse para a recuperação ambiental. Estudos desenvolvidos em diversas localidades do Brasil têm demonstrado a ocorrência de vários isolados de fungos micorrízicos arbusculares em solos com elevada poluição química e a ação fitoprotetora da simbiose micorrízica ao excesso de metais pesados no solo (Soares e Siqueira, 2008; Schneider *et al.*, 2013a, 2013b, 2016 e 2017; Silva *et al.*, 2018). Soares e Siqueira (2008) relatam os benefícios da inoculação de fungos micorrízicos arbusculares para o crescimento da *Brachiaria decumbens* em solos multicontaminados por metais pesados, sendo esse efeito atribuído à redução na concentração desses elementos na parte aérea das plantas micorrizadas. Apesar das evidências de proteção dos fungos micorrízicos arbusculares às plantas, os mecanismos envolvidos induzidos pelos fungos não são ainda bem estudados. Entretanto, vários mecanismos têm sido sugeridos, como: efeito de diluição dos elementos potencialmente tóxicos nos tecidos vegetais em decorrência do favorecimento do crescimento da planta (Zhan *et al.*, 2018); exclusão da absorção por meio da precipitação ou quelação dos elementos na rizosfera (Kaldorf *et al.*, 1999); redução da absorção devido à retenção e à imobilização dos metais nas estruturas fúngicas (Wu *et al.*,

2015) com consequente redução da transferência dos elementos das raízes para a parte aérea (Schneider *et al.*, 2013a).

Estudos pioneiros desenvolvidos por Schneider *et al.* (2013a, 2013b, 2017) em uma área impactada pela mineração de ouro em Paracatu-MG, demonstrou que a maioria das plantas adaptadas a solos contaminados com arsênio são geralmente associadas aos fungos micorrízicos arbusculares e que isso estaria relacionado com o aumento na aquisição de fosfato pelas plantas micorrizadas (Ahmed *et al.*, 2006; Chen *et al.*, 2007). O arsenato é dominante sob condições aeróbicas, sendo este análogo ao fosfato. Devido a essa similaridade, a absorção de arsenato e fosfato pelas plantas e pelos fungos micorrízicos arbusculares pode ocorrer através dos mesmos transportadores (Rosen, 2002), o que possibilita o fosfato inibir efetivamente a absorção de arsenato.

Por atuarem como agentes de proteção às plantas e por favorecerem a extração de metais do solo, esses fungos podem desempenhar importante papel na tolerância das plantas a esses contaminantes (Silva *et al.*, 2018) e isso se reveste de extremo interesse, visto que a maioria das plantas forma a simbiose micorrízica mesmo em condições de elevada contaminação (Khalid *et al.*, 2021).

Assim, a tolerância de plantas micorrizadas a elementos potencialmente tóxicos parece estar associada a fungos de crescimento rápido e que produzem grande massa de micélio, com sua constante renovação, visto que a tolerância à planta hospedeira está associada ao acúmulo desses elementos no micélio fúngico (Christie *et al.*, 2004; Schneider *et al.*, 2016). Portanto, a obtenção e a seleção de isolados adaptados às condições de excesso de metais pesados, o estudo de mecanismos e fatores envolvidos no efeito protetor e o conhecimento da base genética e molecular da plasticidade desses fungos em relação a esse fator ambiental são importantes tópicos que precisam ser estudados para dar sustentação ao desenvolvimento tecnológico para aplicação desses fungos na reabilitação de áreas com solos contaminados.

Outra simbiose de grande importância no processo de revegetação de áreas degradadas é a associação de leguminosas com rizóbio (Moreira e Siqueira, 2006). Existem várias formas e finalidades do emprego das plantas fixadoras de nitrogênio na recuperação de áreas degradadas, havendo grande potencial para uso em situações distintas como na recuperação de áreas de mineração e na revegetação de áreas contaminadas (Franco *et al.*, 1995). O emprego das leguminosas nessas situações terá vários benefícios, como, por exemplo: proteção do solo, enriquecimento de nitrogênio, fornecimento de ótima cobertura, recuperação do solo, e produção de forragem de qualidade e favorecimento da diversidade da flora e da fauna silvestre (Siqueira *et al.*, 2007). Além do aporte de nitrogênio para as plantas, a simbiose rizóbio-leguminosa pode substituir a fertilização amoniacal que acidifica o solo e aumenta a biodisponibilidade de metais pesados (Bergmann, 1992). Várias espécies têm potencial para emprego em programas de fitoestabilização e fitorremediação como a mucuna preta, a leucena e o tamboril que crescem satisfatoriamente em solo poluído com metais pesados (Trannin *et al.*, 2001; Schneider *et al.*, 2013b; Rangel *et al.*, 2017). A diversidade de rizóbio e de espécies de leguminosas no Brasil representa importante fonte de recursos genéticos para programas de seleção de genótipos adaptados a diversas condições (Rangel *et al.*, 2017). No entanto, isolados de bactérias diazotróficas capazes de fixar nitrogênio em condições de solos contaminados, estes precisam ser mais bem avaliados quanto à aplicação no campo.

2.8 Indicadores de qualidade e monitoramento de áreas impactadas por elementos-traço

Nos programas de recuperação, deve-se buscar um procedimento de revegetação que seja sustentável, ou seja, implementar ações que garantam o estabelecimento da vegetação inicial (ajustar o solo e selecionar as plantas e os organismos benéficos para inoculação) e que esta possa facilitar o início e o processo da sucessão natural visando à completa cobertura vegetal e à diversidade biológica e funcional no novo ecossistema (Siqueira *et al.*, 2007).

Para o estabelecimento de uma comunidade de plantas estável em áreas degradadas, a população microbiana deve ser diversa e funcional, incluindo fungos micorrízicos arbusculares, que formam importantes simbioses radiculares mutualistas com a maioria das plantas e, por isso, representam parte integrante da microbiota de qualquer solo funcionalmente ativo, mesmo em condições adversas, como ocorre em solos poluídos com metais pesados (Khalid *et al.*, 2021).

Atividades microbiológicas tais como respiração, fixação biológica do nitrogênio, mineralização de compostos orgânicos, atividade enzimática e biomassa microbiana do solo podem ser quantificadas através de técnicas bastante conhecidas (Mendes *et al.*, 2019, 2020).

Elevadas concentrações de metais pesados causam a morte imediata dos organismos, ao passo que baixas concentrações causam uma mudança gradual em sua viabilidade (Vásquez-Murrieta *et al.*, 2006). Os microrganismos do solo expostos por longo período ao estresse por metais pesados, ainda que em baixas concentrações, não são hábeis para manter a estabilidade da biomassa comparando-se com solos não contaminados. No entanto, o desenvolvimento de tolerância e mudanças na estrutura da comunidade microbiana pode compensar perdas das populações mais sensíveis (Giller *et al.*, 1998).

A biomassa microbiana é a principal fonte de enzima no solo, sendo assim responsável pela quase totalidade de atividade biológica. Apesar de representar pequena parte do carbono orgânico do solo, a biomassa é um indicador sensível de mudanças nesse ecossistema. Além desta, sabe-se que a quantificação da respiração microbiana reflete diretamente a atividade de microrganismos heterotróficos (Moreira e Siqueira, 2006). A atividade enzimática específica ou global pode indicar o "estado de atividade" biológica do solo, e, assim, sua funcionalidade no ecossistema (Agnelo *et al.*, 2020). Uma das aplicações dos índices de atividade enzimática é no monitoramento ou na avaliação da reabilitação de áreas de mineração ou de solos contaminados conforme estudos já realizados em vários países. Esses indicadores biológicos demonstram que os organismos contribuem para a manutenção da qualidade do solo por meio do controle da decomposição de resíduos de animais e plantas, da participação nos ciclos de nutrientes e na formação da estrutura do solo, sendo, potencialmente, um dos mais importantes marcadores biológicos disponíveis e úteis na classificação de sistemas contaminados e perturbados (Siqueira *et al.*, 2007). Segundo Mendes *et al.* (2019), um sistema inicia sua recuperação não apenas devido à recolonização pelas plantas, mas à fertilidade promovida pelos microrganismos que acarretam mudanças físico-químicas nas propriedades do solo, necessárias para o crescimento das plantas.

Uma das mais importantes rotas de exposição de humanos e animais a contaminantes do ambiente é via ingestão oral (poeira, solo, água e alimentos). Outras rotas de exposição incluem a absorção dérmica e a respiração de ar contaminado (Dean, 2007). O risco associado à presença de elementos tóxicos no ambiente é influenciado por três fatores: (a) quantidade total de metal presente no ambiente; (b) sua toxicidade; (c) sua biodisponibilidade (Guilherme *et al.*, 2005).

Uma abordagem mais ampla para a avaliação da transferência de metais ao longo da cadeia trófica pode ser obtida por meio de teste *in-vitro*, destacando-se a bioacessibilidade, através da qual se pode determinar a quantidade máxima de contaminante solúvel passível de ser absorvida via ingestão acidental de material contaminado. Esse tipo de teste reúne características para uma avaliação de risco rápida e confiável, sendo considerado uma boa alternativa caso métodos *in vivo* não possam ser utilizados em avaliações de risco (Bosso e Enzweiler, 2008; Bosso *et al.*, 2008).

Métodos *in-vitro*, também chamados de testes de bioacessibilidade, baseiam-se na fisiologia do trato gastrointestinal e simulam as condições da digestão humana. No lugar da saliva, dos sucos gástrico e duodenal naturais, são usadas soluções artificiais que simulam o meio de cada um dos compartimentos digestivos. Além da composição das soluções, outras condições do sistema digestivo humano, como temperatura, tempo de contato entre o sólido e o biofluido e pH do meio, também são reproduzidas (Bosso *et al.*, 2008). Desse modo, a bioacessibilidade oral de uma substância é definida como a fração solúvel nas condições do trato gastrointestinal e que está disponível para absorção (Datta *et al.*, 2007).

A taxa de absorção de um elemento tóxico é bastante variável, pois depende da dieta do indivíduo, do seu estado nutricional e, principalmente, da espécie química do elemento presente no material contaminado (Brown *et al.*, 1999). A absorção dos metais pesados ocorre em menor quantidade no estômago e em maior no duodeno. O metal deve estar solúvel, na sua forma livre ou complexado por aminoácidos, ácidos ou sais orgânicos e pelos componentes da bile, e dessa forma ser transportado através da parede epitelial, onde pode ser absorvido e entrar na circulação sanguínea (Oomen *et al.*, 2003).

Portanto, a bioacessibilidade de um contaminante está sendo cada vez mais usada como um indicador-chave de risco do contaminante para a saúde humana (Adriano *et al.*, 2004). Há vários ensaios de bioacessibilidade descritos e discutidos na literatura e alguns foram validados por ensaios *in-vivo* (Ruby *et al.*, 1993).

2.9 Considerações finais e perspectivas

Quando se pretende estabelecer procedimentos para a remediação, e posterior reabilitação, de solos contaminados com elementos tóxicos, como em áreas que foram afetadas pela ruptura da barragem em Brumadinho, deve-se concentrar esforços nos vários aspectos de solo, planta e organismos, os quais são essenciais para a recuperação funcional do solo e a estabilização dos ecossistemas.

Outro aspecto importante é a percepção socioambiental, principalmente com relação aos riscos observados por meio dos resultados das análises obtidas em coletas de solo e água. A fitorremediação pode ser um caminho não apenas para reparar o meio físico da bacia, mas para amenizar outras dimensões do desastre oriundo do rompimento da barragem em Brumadinho. Também pode atenuar os problemas na saúde humana e nos modos de vida da comunidade estabelecida na bacia hidrográfica do Rio Paraopeba afetada pelo rompimento e contaminação do ecossistema.

A identificação de plantas que possuam as características de tolerância e/ou acumulação de metais pesados e grande produção de biomassa, aliada ao conhecimento da biodisponibilidade e da bioacessibilidade desses elementos em solos, sedimento, rejeitos e plantas de regiões tropicais submetidos a diferentes estratégias de recuperação – com foco na agromineração –, poderá fornecer informação importante para a recuperação de solos impactados por atividades de mineração a baixo custo e beneficiar as comunidades locais em termos de desenvolvimento rural e sustentabilidade.

Outrossim, técnicas agronômicas que promovam o crescimento de plantas em solos contaminados com a finalidade de fitoextração, tais como a fertilização e a aplicação programada de agentes quelantes, e práticas para minimizar a propagação dos metais na cadeia alimentar também necessitam de maiores esforços da pesquisa.

As simbioses radiculares, tais como fungos micorrízicos e bactérias fixadoras de nitrogênio, são componentes de ocorrência comum em áreas degradadas, desempenhando importante papel na proteção das plantas em condições adversas e apresentando grande potencial como tecnologias recuperadoras. Entretanto, o emprego destes e de sua simbiose é ainda muito limitado, sendo necessários estudos com visão tecnológica para viabilizar o uso em larga escala na recuperação de áreas degradadas.

Dessa forma, há a necessidade de ações multidisciplinares no sentido do estabelecimento de uma rede de pesquisa em fitorremediação, com foco em diversos fatores, dentre os quais se destacam os componentes biológicos do solo, como as simbioses radiculares, o mapeamento detalhado das áreas contaminadas e o monitoramento de locais com vegetação remanescente – para conter o avanço da degradação ambiental. Essa rede de pesquisa poderá atuar com demonstrações para comunidades locais, como apresentações de campo para agricultores e demais partes interessadas (públicas ou privadas).

Referências

Accioly, A. M. d. A., & Siqueira, J. O. (2000). Contaminação química e biorremediação do solo (R. F. Novais, V. H. Alvarez & C. E. Schaefer, Ed.) [Viçosa: Sociedade Brasileira de Ciência do Solo Viçosa]. *Tópicos em ciência do solo*, v. 1, 299–352.

Accioly, A. M. A., Siqueira, J. O., Curi, N., & Moreira, F. M. S. (2004). Amenização do calcário na toxidez de zinco e cádmio para mudas de Eucalyptus camaldulensis cultivadas em solo contaminado. *Revista Brasileira de Ciência do Solo*, v. 28, n. 4, 775–783.

Accioly, A. M. A., Soares, C. R. F. S., & Siqueira, J. O. (2009). Silicato de cálcio como amenizante da toxidez de metais pesados em mudas de eucalipto. *Pesquisa Agropecuária Brasileira*, v. 44, n. 2, 180–188.

Agnelo, L., Leonel, L. P., Silva, N. B., Candello, F. P., Schneider, J., & Tonetti, A. L. (2020). Effects of wastewater disinfectants on the soil: Implications for soil microbial and chemical attributes. *Science of The Total Environment*, v. 706, 136.007–136.008. https://doi.org/10.1016/j.scitotenv.2019.136007

Ahmed, F. R., Killham, K., & Alexander, I. (2006). Influences of arbuscular mycorrhizal fungus *Glomus mosseae* on growth and nutrition of lentil irrigated with arsenic contaminated water. *Plant and Soil*, v. 283, 33–41.

Agência Nacional de Mineração. (2019). *Relatório Anual de Segurança de Barragens de Mineração 2019* (rel. técn.). ANM. https://www.gov.br/anm/pt-br/assuntos/barragens/relatorios-anuais-de-seguranca-da-barragens-de-mineracao-2/relatorio-anual-gsbm-2019-v-final.pdf/

Baker, A. J. M., McGrath, S., Reeves, R. D., & Smith, J. A. C. (2020). Metal hyperaccumulator plants: a review of the ecology and physiology of a biological resource for phytoremediation of metal-polluted soils (N. Terry & G. Bañuelos, Ed.) [Boca Raton: Lewis Publishers]. *Phytoremediation of contaminated soil and water*, 85–107.

Baker, A. J. M., & Brooks, R. R. (1989). Terrestrial higher plants which hyperaccumulate metallic elements – A review of their distribution, ecology and phytochemistry. *Biorecovery*, v. 1, 81–126.

Baker, A. J. M. (1981). Accumulators and excluders: strategies in the response of plants to heavy metals. *Journal of Plant Nutrition*, v. 3, n. 1–4, 643–654.

Bergmann, W. (1992). *Nutritional disorders of plants – Development, visual and analytical diagnosis*. New York, G. Fischer.

Bosso, S. T., & Enzweiler, J. (2008). Ensaios para determinar a (bio)disponibilidade de chumbo em solos contaminados: Revisão. *Química Nova*, v. 31, 394–400.

Bosso, S. T., Enzweiler, J., & Angélica, R. S. (2008). Lead bioaccessibility in soil and mine wastes after immobilization with phosphate. *Water, Air, and Soil Pollution*, v. 195, 257–273.

Brams, E., Anthony, W., & Weatherspoon, L. (1989). Biological monitoring of an agricultural food chain: Soil cadmium and lead ruminant tissues. *Journal of Environmental Quality*, v. 18, n. 3.

Brown Jr, G. E., Foster, A. L., & Ostergren, J. D. (1999). Mineral surfaces and bioavailability of heavy metals: a molecular-scale perspective. *Proceedings of the National Academy of Sciences*, v. 96, n. 7, 3.388–3.395.

Carapeto, C. (1999). *Poluição das águas: causas e efeitos* [170 p.]. Universidade Aberta.

Carneiro, M. A. C., Siqueira, J. O., & Moreira, F. M. S. (2002). Comportamento de espécies herbáceas em misturas de solo com diferentes graus de contaminação com metais pesados [Brasília]. *Pesquisa Agropecuária Brasileira, Brasília, v.*, v. 37, n. 11, 1.629–1.638.

Chen, B., Xiao, X., Zhu, Y., Smith, F. A., Xie, Z. M., & Smith, S. E. (2007). The arbuscular mycorrhizal fungus Glomus mosseae gives contradictory effects on phosphorus and arsenic acquisition by *Medicago sativa* Linn. *Science of the Total Environment*, v. 379, 226–234.

Christie, P., Li, X., & Chen, B. (2004). Arbuscular mycorrhiza can depress translocation of zinc to shoots of host plants in soils moderately polluted with zinc. *Plant and Soil*, v. 261, 209–217.

Costa, A., Guimarães, I. P. M. B., Oliveira, G. B., Mendes, L. C., Moura, M. N., R., M. A. C. A., Reis, L. A., & Felippe, M. F. (2019). Avaliação dos danos ambientais provocados pelo desastre tecnológico da mineradora Vale S.A. no vale do rio Paraopeba. Em *Dossiê: Extrativismo mineral, conflitos e resistências no Sul Global* (pp. 210–246). Revista Sapiência: Sociedade, Saberes e Práticas Educacionais.

Costa, E. T. S., Guilherme, L. R. G., Curi, N., Lopes, G., & Visioli, E. L. (2009). Caracterização de subproduto da indústria de alumínio e seu uso na retenção de cádmio e chumbo em sistemas monoelementares. *Química Nova*, v. 32, n. 4, 868–874. http://dx.doi.org/10.1590/S0100-40422009000400008

Companhia de Pesquisa de Recursos Minerais (CPRM). (2019). *Monitoramento especial da bacia do rio Paraopeba. Relatório 01: Monitoramento Hidrológico e Sedimentométrico.* (rel. técn.) [(acessado em 20/11/2022)]. Belo Horizonte: CPRM. https://rigeo.cprm.gov.br/handle/doc/21799

Cunha, K. P. V., Nascimento, C. W. A., Pimentel, R. M. M., & Ferreira, C. P. (2008). Cellular localization of cadmium and structural changes in maize plants grown on a Cd contaminated soil with and without liming. *Journal of Hazardous Materials*, v. 160, 228–234.

Cunnungham, S. D., & Ow, D. W. (1996). Promisses and prospects of phytoremediation. *Plant Physiology*, v. 110, 715–719.

Datta, R., Makris, K. C., & Sarkar, D. (2007). Arsenic fractionation and bioaccessibility in two alkaline Texas soils incubated with sodium arsenate. *Archives of Environmental Contamination and Toxicology*, v. 52, 475–482.

Dean, J. R. (2007). *Bioavailability, bioaccessibility and mobility of environmental contaminants* [292 p.]. John Wiley & Sons.

Du Laing, G., J., R., B., V., E., M., & M., T. F. (2009). Trace metal behaviour in estuarine and riverine floodplain soils and sediments: a review. *Science of the Total Environment*, v. 407, n. 13, 3.972–3.985.

Eltrop, L., Brown, G., Joachim, O., & Brinkmann, K. (1991). Lead tolerance of betula and salix in the mining area of Mechernich/Germany. *Plant and Soil*, v. 131, 279–285.

Elumalai, V., Brindha, K., & Lakshmanan, E. (2017). Human exposure risk assessment due to heavy metals in groundwater by pollution index and multivariate statistical methods: a case study from South Africa. *Water*, v. 9, n. 4:234.

Ent, A., Baker, A. J. M., Reeves, R. D., Chaney, R. L., Anderson, C. W. N., Meech, J. A., Erskine, P. D., Simonnot, M. O., Vaughan, J., Morel, J. L., Echevarria, G., Fogliani,

B., Qiu, R. L., & Mulligan, D. R. (2015). Agromining: Farming for metals in the future. *Environ Sci Technol*, v. 49, 4.773–4.780.

Fasinu, P. S., & Orisakwe, O. E. (2013). Heavy metal pollution in sub-Saharan Africa and possible implications in cancer epidemiology. *Asian Pacific Journal of Cancer Prevention*, v. 14, n. 6, 3.393–3.402.

Fernandes, G. W., Goulart, F. F., Ranieri, B. D., Coelho, M. S., Dales, K., Boesche, N., & Soares-Filho, B. (2016). Deep into the mud: ecological and socio-economic impacts of the dam breach in Mariana, Brazil. *Natureza & Conservação*, v. 14, n. 2, 35–45.

Fiorentino, N., Mori, M., Cenvinzo, V., Duri, L. G., Gioia, L., Visconti, D., & M., F. (2018). Assisted phytoremediation for restoring soil fertility in contaminated and degraded land. *Ital. J. Agron.*, v. 13, n. s1, 34–44.

Franco, A. A., Campelo, E. F. C., Dias, L. E., & Faria, S. M. (1995). Revegetation of acidic residues from bauxite mining using nodulated and mycorrhizal legume trees. *Nitrogen Fixing Trees Research Reports (special issue)*, 313–320.

Galindo, I. C. L., Bezerra, S. A., Nascimento, C. W. A., & Accioly, A. M. A. (2005). Fertilizantes fosfatados e orgânicos e seus efeitos na imobilização de chumbo em solo contaminado. *Revista Caatinga*, v. 18, n. 1, 58–65.

Garbisu, C., & Alkorta, I. (2001). Phytoextraction: a cost effective plant-based technology for the removal of metals from the environment. *Bioresource Technology*, v. 77, n. 3, 229–236.

Giller, K. E., Witter, E., & McGRATH, S. P. (1998). Toxicity of heavy metals to microorganisms and microbial processes in agricultural soil: a review. *Soil Biology and Biochemistry*, v. 30, 1.389–1.414.

Gonzaga, M. I. S., Santos, J. A. G., & Ma, L. Q. (2006). Arsenic phytoextraction and hyperaccumulation by fern species. *Science Agricola*, v. 63, n. 1, 90–101.

Guilherme, L. R. G., & Costa, E. T. S. (2007). Subproduto da indústria de alumínio como amenizante de áreas contaminadas com elementos-traço. *Depósito de patente (20/12/2007) sob o protocolo Nº 014070009185.*

Guilherme, L. R. G., Marques, J. J., Pierangeli, M. A. P., Zuliani, D. Q., Campos, M. L., & Marchi, G. (2005). Elementos-traço em solos e sistemas aquáticos [Viçosa: Sociedade Brasileira de Ciência do Solo]. *Tópicos em Ciência do Solo*, v. 4, 345–390.

Haller, H., & Jonsson, A. (2020). Growing food in polluted soils: A review of risks and opportunities associated with combined phytoremediation and food production (CPFP). *Chemosphere*, v. 126.826.

Henry, J. R. (2000). *An overview of the phytoremediation of lead and mercury* (rel. técn.). National Network of Environmental Management Studies (NNEMS). https://clu-in.org/

Instituto Brasileiro de Meio Ambiente e dos Recursos Naturais Renováveis (IBAMA). (2019). Rompimento de barragem da Vale em Brumadinho (MG) destruiu 269,84 hectares [(acessado em 20/11/2022)]. *Ministério do Meio Ambiente.* http://www.ibama.gov.br/noticias/730-2019/1881-rompimento-de-barragem-da-vale-embrumadinho-mg-destruiu-269-84-hectares

Instituto Mineiro de Gestão das Águas, Companhia de Saneamento de Minas Gerais, Serviço Geológico do Brasil. (2020). *Informativo trimestral da qualidade das águas do rio Paraopeba, após o desastre na barragem B1 no complexo da Mina Córrego Feijão da mineradora Vale/SA no município de Brumadinho – Minas Gerais.* (rel. técn. N. 59) [(acessado em 20/11/2022)]. http://www.igam.mg.gov.br

Kabata-Pendias, A., & Pendias, H. (2001). *Trace elements in soils and plants* (3ª ed.). CRC Press. 413 p.

Kaldorf, M., Kuhn, A. J., Schröder, W. R., Hildebrandt, U., & Bothe, H. (1999). Selective element deposits in maize colonized by a heavy metal tolerance conferring arbuscular mycorrhizal fungus. *J. Plant Physiol.*, v. 154, 718–728.

Khalid, M., Ur-Rahman, S., Hassani, D., Hayat, K., Zhou, P., & N., H. (2021). Advances in fungal-assisted phytoremediation of heavy metals: A review. *Pedosphere*, v. 31, n. 3, 475–495. https://doi.org/10.1016/S1002-0160(20)60091-1

Khalid, S., Shahid, M., Niazi, N. K., Murtaza, B., Bibi, I., & Dumat, C. (2017). A comparison of Technologies for remediation of heavy metal contaminated soils. *Journal of Geochemical Exploration*, v. 182, 247–268.

Kpolovie, P. J., Ewansiha, S., & Esara, M. (2017). Continental comparison of human development index (HDI). *International Journal of Humanities Social Sciences and Education (IJHSSE)*, v. 4, n. 1, 9–27.

Kumpiene, J., Lagerkvist, A., & Maurice, C. (2008). Stabilization of As, Cr, Cu Pb and Zn in soil using amendments – A review. *Waste Management*, v. 28, 215–225.

Lasat, M. M. (2002). Phytoextraction of toxic metals: a review of biological mechanisms. *Journal Environmental Quality, Madison*, v. 31, 109–120.

Lebron, Y. A. R., Moreira, V. R., Drumond, G. P., Silva, M. M., Oliveira Bernardes, R., Souza Santos, L. V., & Vasconcelos, C. K. B. (2020). Graphene oxide for efficient treatment of real contaminated water by mining tailings: Metal adsorption studies to Paraopeba river and risk assessment. *Chemical Engineering Journal Advances*, v. 2, n. 100.017.

Lindblom, S. D., Abdel-ghany, S., Hanson, B. R., Hwang, S., Terry, N., & Pilon-Smits, E. A. H. (2006). Constitutive expression of a high-affinity sulfate transporter in Indian mustard affects metal tolerance and accumulation. *J. Environ. Qual.*, v. 35, 726–733.

Lintern, M., Anand, R., Ryan, C., et al. (2013). Natural gold particles in Eucalyptus leaves and their relevance to exploration for buried gold deposits. *Nat Commun*, v. 4, 2.614. https://doi.org/10.1038/ncomms3614

Lubben, S., & Sauerbeck, D. (1991). The uptake and distribution of heavy-metals by spring wheat. *Water Air and Soil Pollution*, v. 57, n. 8, 239–247.

Ma, L. Q., Komar, K. M., TU, C., Zhang, W., Cai, Y., & Kennelley, E. D. (2001). A fern that hyperaccumulates arsenic. *Nature*, v. 409, 579–579.

McBride, M. B. (1994). *Environmental chemistry of soils* [406 p.]. Oxford University Press.

Meers, E., Hopgood, M., Lesage, E., Vervaeke, P., Tack, F. M. G., & Verloo, M. G. (2004). Enhanced Phytoextraction. *In: Search of EDTA Alternatives. International Journal of Phytoremediation*, v. 6, 95–109.

Mendes, I. C., Souza, L. M., Sousa, D. M. G., Lopes, A. A. C., Reis-Junior, F. B., Lacerda, M. P. C., & Malaquias, J. V. (2019). Critical limits for microbial indicators in tropical Oxisols at post-harvest: The FERTBIO soil sample concept. *Applied Soil Ecology*, v. 139, 85–93. https://doi.org/10.1016/j.apsoil.2019.02.025

Mendes, I. C., Chaer, G. M., Sousa, D. M. G., B., R. F., Dantas, O. D., Oliveira, M. I. L., Lopes, A. A. C., & Souza, L. M. (2020). Bioanálise de solo: a mais nova aliada para a sustentabilidade agrícola. *Informações Agronômicas*, v. 8, 1–11.

Merten, G. H., & Minella, J. P. (2002). Qualidade da água em bacias hidrográficas rurais: um desafio atual para a sobrevivência futura. *Agroecologia e Desenvolvimento Rural Sustentável. Porto Alegre*, v. 3, n. 4, 33–38.

Moreira, F. M. S., & Siqueira, J. O. (2006). *Microbiologia e Bioquímica do Solo* [a edição atualizada e ampliada, 729 p.]. Editora UFLA.

Nascimento, C. W. A., & Xing, B. (2006). Phytoextraction: A review on enhanced metal availability and plant accumulation. *Scientia Agricola*, v. 63, 299–311.

Nascimento, C. W. A., Accioly, A. M. A., & Biondi, C. M. (2009). Fitoextração de metais pesados em solos contaminados: Avanços e Perspectivas [Sociedade Brasileira de Ciência do Solo]. *Tópicos em Ciência do Solo*, v. 6, 461–497.

Nascimento, C. W. A., Hesterberg, D., & Tappero, R. (2021). Imaging Zn and Ni distributions in leaves of different ages of the hyperaccumulator *Noccaea caerulescens* by synchrotron-based X-ray fluorescence. *Journal of Hazardous Materials*, v. 408, n. 124.813. https://doi.org/10.1016/j.jhazmat.2020.124813

Nascimento, C. W. A., Hesterberg, D., Tappero, R., Nicholas, S., & Silva, F. B. S. (2020). Citric acid-assisted accumulation of Ni and other metals by *Odontarrhena muralis*: Implications for phytoextraction and metal foliar distribution assessed by μ-SXRF. *Environmental Pollution*, v. 260, n. 114.025. https://doi.org/10.1016/j.envpol.2020.114025

Odoh, C. K., Zabbey, N., Sam, K., & Eze, C. N. (2019). Status progress and challenges of phytoremediation-An African scenario. *Journal of environmental management*, v. 237, 365–378.

Oomen, A. G., Tolls, J., Sips, A. J., & Groten, J. P. (2003). In vitro intestinal lead uptake and transport in relation to speciation. *Archives of Environmental Contamination and Toxicology*, v. 44, 116–124.

Parente, C. E. T., Lino, A. S., Carvalho, G. O., Pizzochero, A. C., Azevedo-Silva, C. E., Freitas, M. O., Teixeira, C., Moura, R. L., Ferreira Filho, V. J. M., & Malm, O. (2021). First year after the Brumadinho tailings' dam collapse: Spatial and seasonal variation of trace elements in sediments, fishes and macrophytes from the Paraopeba River, Brazil. *Environmental Research*, v. 193, n. 110.526. https://doi.org/10.1016/j.envres.2020.110526

Rangel, W. M., Oliveira Longatti, S. M., Ferreira, P. A. A., Bonaldi, D. S., Guimarães, A. A., Thijs, S., Weyens, N., Vangronsveld, J., & Moreira, F. M. S. (2017). Leguminosae native nodulating bacteria from a gold mine as-contaminated soil: multi-resistance to trace elements, and possible role in plant growth and mineral nutrition. *Int J Phytoremediation*, v. 19, 925–936. https://doi.org/10.1080/15226514.2017.1303812

Raskin, I., & Ensley, B. (2000). *Phytoremediation of toxic metals. Using plants to clean up the environmental* [304 p.]. John Wiley & Sons.

Rebello, S., Anoopkumar, A. N., Aneesh, E. M., Sindhu, R., Binod, P., Kim, S. H., & Pandey, A. (2021). Hazardous minerals mining: challenges and solutions. *Journal of Hazardous Materials*, v. 402, n. 123.474.

Reeves, R. D., & Baker, A. M. (2000). Metal-accumulating plants. Em I. Raskin & B. D. Ensley (Ed.), *Phytoremediation of toxic metals: using plants to clean up the environment* (pp. 193–229). John Wiley; Sons.

Reeves, R. D., Baker, A. J. M., Becquer, T., Echevarria, G., & Miranda, Z. J. G. (2007). The flora and biogeochemistry of the ultramafic soils of Goiás state, Brazil. *Plant Soil*, v. 293, 107–119.

Rosen, B. P. (2002). Biochemistry of arsenic detoxification. *FEBS Letters*, v. 529, 86–92.

Ruby, M. V., Davis, A., Link, T. E., Schoof, R., Chaney, R. L., Freeman, G. B., & Bergstrom, P. (1993). Development of an in vitro screening test to evaluate the in vivo bioaccessibility of ingested mine-waste lead. *Environmental Science and Technology*, v. 27, n. 13, 2.870–2.877.

Santos, F. S., Sobrinho, A., B, N. M., & Mazur, N. (2006). Mecanismos de tolerância de plantas a metais pesados. Em M. S. Fernandes (Ed.), *Nutrição Mineral de Plantas* (pp. 419–432). Sociedade Brasileira de Ciência do Solo.

Schneider, J., Bundschuh, J., de Melo Rangel, W., & Guilherme, L. R. G. (2017). Potential of different AM fungi (native from As-contaminated and uncontaminated soils) for supporting *Leucaena leucocephala* growth in As-contaminated soil. *Environ Pollut.*, v. 224, 125–135.

Schneider, J., Bundschuh, J., & do Nascimento, C. W. A. (2016). Arbuscular mycorrhizal fungi-assisted phytoremediation of a lead-contaminated site. *Sci Total Environ*, v. 572, 86–97.

Schneider, J., Labory, C. R. G., Rangel, W. M., Alves, E., & Guilherme, L. R. G. (2013). Anatomy and ultrastructure alterations of *Leucaena leucocephala (Lam.)* inoculated with mycorrhizal fungi in response to arseniccontaminated soil. *J Hazard Mater*, v. 262, 1.245–1.258.

Schneider, J., Stürmer, S. L., Guilherme, L. R. G., de Souza Moreira, F. M., & de Sousa Soares, C. R. F. (2013). Arbuscular mycorrhizal fungi in arsenic contaminated areas in Brazil. *J Hazard Mater*, v. 262, 1.105–1.115.

Silva, M. R. (2017). *Potencial fitorremediador de* Canavalia ensiformis *em Neossolos Flúvicos do Vale do Ribeira contaminado com chumbo, arsênio e zinco* (tese de dout.) [Dissertação de Mestrado em Geociências]. Universidade Estadual de Campinas, Instituto de Geociências, Campinas, SP.

Silva, M., Andrade, S. A. L., & de-Campos, A. B. (2018). Phytoremediation Potential of Jack Bean Plant for Multi-Element Contaminated Soils From Ribeira Valley, Brazil. *CLEAN-Soil Air Water*, v. 46, n. 6. https://doi.org/10.1002/clen.201700321

Simãoo, J. B. P. (1999). *Mitigação da fitotoxidez de metais pesados no solo, através do uso de materiais orgânicos e inorgânicos. 1999. 135p* (tese de dout.) [Doutorado em Solos e Nutrição de Plantas]. Universidade Federal de Lavras, Lavras, MG.

Siqueira, J. O., Soares, C. R. F. S., Santos, J. G. D., Schneider, J., & Carneiro, M. A. C. (2007). Micorrizas e a degradação do solo: caracterização, efeitos e ação recuperadora. *Tópicos em Ciência do Solo*, v. 5, 219–306.

Soares, C. R. F. S., Accioly, A. M. A., Marques, T. C. L. L. S. E. M., Siqueira, J. O., & Moreira, F. M. S. (2001). Acúmulo e distribuição de metais pesados nas raízes, caule e folhas de mudas de árvores em solo contaminado por rejeitos de indústria de zinco. *Revista Brasileira de Fisiologia Vegetal*, v. 13, n. 3, 302–315.

Soares, C. R. F. S., & Siqueira, J. O. (2008). Mycorriza and phosphate protection of tropical grass species against heavy metal toxicity in multi-contaminated soil. *Biology and Fertility of Soils*, v. 44, 833–841.

Sólis-Dominguéz, F. A., González-chávez, M. C., Carrilo-González, R., & Rodriguéz-Vázquez, R. (2007). Accumulation and localization of cadmium in *Equinochloa polystachyaI* grown within a hydroponic system. *Journal of Hazardous Materials*, v. 14, 630–636.

Steidinger, B. S., Crowther, T. W., Liang, J., et al. (2019). Climatic controls of decomposition drive the global biogeography of forest-tree symbioses. *Nature*, v. 569, 404–408. https://doi.org/10.1038/s41586-019-1128-0

Trannin, I. C. B., Moreira, F. M. S., & Siqueira, J. O. (2001). Crescimento e nodulação de *Acacia mangium*, *Enterolobium contortisiliquum* e *Sesbania virgata* em solo contaminado com metais pesados. *Revista Brasileira de Ciência do Solo*, v. 25, 743–753.

Tu, C., & Ma, L. Q. (2002). Effects of arsenic concentrations and forms on arsenic uptake by the hyperaccumulator ladder brake. *Journal Environmental Quality*, v. 31, 641–647.

Urquiza, A. H. A., & Oliveira, R. A. (2019). O desastre ambien,tal de Mariana e os krenak do Rio Doce. *Veredas do Direito: Direito Ambiental e Desenvolvimento Sustentável*, v. 16, n. 35, 191–218.

Vásquez-Murrieta, M. S., Migueles-Garduño, I., Franco-Hernández, O., Govaerts, B., & Dendooven, L. (2006). C and N mineralization and microbial biomass in heavy-metal contaminated soil. *European Journal of Soil Biology*, v. 42, 89–96.

Vergilio, C., Lacerda, D., Oliveira, B. C. V. D., et al. (2020). Metal concentrations and biological effects from one of the largest mining disasters in the world (Brumadinho, Minas Gerais, Brazil). *Sci Rep*, v. 10, n. 5.936. https://doi.org/10.1038/s41598-020-6 2700-w

Watanabe, M. E. (1997). Phytoremediation on the brink of commercialization. *Environmental Science & Tecnology*, v. 31, 182–186.

Weir, E., & Doty, S. (2016). Social acceptability of phytoremediation: The role of risk and values. *International journal of phytoremediation*, v. 18, n. 10, 1.029–1.036.

Wu, J., Hsu, F. C., & Cunningham, S. D. (1999). Chelate-assisted Pb phytoextraction: Pb availability, uptake, and translocation constraints. *Environmental Science Technology*, v. 33, 1.898–1.904.

Wu, S., Zhang, X., Sun, Y., Wu, Z., Li, T., Hu, Y., Su, D., Lv, J., Li, G., Zhang, Z., Zhang, L., Zhang, J., & Chen, B. (2015). Transformation and immobilization of chromium by arbuscular mycorrhizal fungi as revealed by SEM–EDS, TEM–EDS, and XAFS. *Environmental Science & Technology*, v. 49, 14.036–14.047.

Wuana, R. A., & Okieimen, F. E. (2011). Heavy metals in contaminated soils: a review of sources, chemistry, risks and best available strategies for remediation. *International Scholarly Research Notices*, v. 20.

Zhan, F. D., Li, B., Jiang, M., Yue, X. R., He, Y. M., Xia, Y. S., & Wang, Y. S. (2018). Arbuscular mycorrhizal fungi enhance antioxidant defense in the leaves and the retention of heavy metals in the roots of maize. *Environ Sci Pollut Res*, v. 25, 24.338–24.347.

3

A produção de desastres na mineração em larga escala (2000-2021)

Lélia Santiago Custódio da Silva
Cauê Chaves Pereira
Jefferson de Lima Picanço

3.1 Introdução

No cenário mundial, os rompimentos de barragens de rejeitos têm ocorrido com grande frequência (Lyu *et al.*, 2019). Esses desastres trazem à tona a complexa interação entre a mineração e o seu contexto local, uma vez que a produção de rejeitos é muito maior do que a de minérios nas minas de grande porte (Owen *et al.*, 2020). Esse volume crescente de rejeitos é uma consequência da maior quantidade de extração de minérios de baixo teor, à medida que aumenta a demanda industrial (Lottermoser, 2010). Desse modo, diante dessa conjuntura de produção em larga escala de rejeitos, os desastres antigos e recentes evidenciam o quão comum são os rompimentos de barragens de rejeitos em todo o mundo.

Considerando as fontes históricas existentes, um maior número de rompimentos de barragens de rejeitos foi registrado em barragens ativas do método construtivo a montante (Rico *et al.*, 2008a), sendo essa circunstância relacionada à maior quantidade dessas barragens. Na literatura, constam diversos estudos sobre a ocorrência de rompimentos de barragens ao longo das últimas décadas, bem como informações acerca dos padrões característicos desses desastres (Icold, 2001; Rico *et al.*, 2008a; Azam & Li, 2010; Kossoff *et al.*, 2014). Para Bowker & Chambers (2015), embora haja uma redução da quantidade de rompimentos se comparado a outras décadas de produção mineral, a gravidade dos eventos ganha cada vez mais uma maior proporção, que passa a exigir uma vigilância constante. Com isso, é preciso observar a presença de uma lógica de produção máxima, a qualquer custo, cujo efeito é um crescimento desmedido no número de rompimentos de barragens de rejeitos (Bowker & Chambers, 2017).

Assim, esses desastres representam um problema ambiental grave, de proporções incalculáveis, visto que os rejeitos são compostos de diferentes elementos potencialmente tóxicos. Ressalte-se, ainda, que esses desastres não envolvem apenas fenômenos físicos, tampouco estão restritos aos problemas geotécnicos e às dificuldades de gestão, mas sim são reflexos da adoção de um modelo de produção capitalista por uma grande parcela de países do mundo. É por essa perspectiva que o presente capítulo busca investigar a produção de desastres provenientes de rompimentos de barragens de rejeitos de mineração em larga escala, identificando os aspectos associados a esse fenômeno.

3.2 Barragens de rejeitos de mineração em larga escala

O processo de extração de minerais metálicos resulta na produção simultânea de um grande volume de rejeitos. De acordo com Franks *et al.* (2021), estima-se que pelo menos de $4{,}5 \times 10^6$ m^3 de rejeitos estejam armazenados em barragens de diferentes países do mundo. Esses autores esclarecem que a aceleração na taxa de produção de rejeitos provoca tanto um aumento no tamanho de armazenamento das barragens, quanto um crescente número de barragens. Logo, à medida que a demanda mineral aumenta, uma maior quantidade de rejeitos será armazenada (Kossof *et al.*, 2014).

É preciso compreender que o descarte desse volume de rejeitos produzidos nas operações de beneficiamento configura um problema ambiental, em virtude de o escoamento do volume armazenado poder causar danos às pessoas, às propriedades e ao meio ambiente local (Ozcan *et al.*, 2013). Além disso, os rejeitos são compostos de elementos potencialmente tóxicos provenientes do beneficiamento mineral, que, ao serem descarregados nos ecossistemas, ameaçam a saúde pública (Hu *et al.*, 2017). Somados os riscos de rupturas, as barragens de rejeitos são fontes de águas ácidas de drenagem de minas (AMD), compostas de elementos potencialmente tóxicos (Khorasanipour *et al.*, 2011). Dessa maneira, o funcionamento de uma barragem de rejeitos envolve riscos que devem ser previamente determinados, mensurados e mitigados (Vanden Berghe *et al.*, 2011).

Em contraposição às barragens de água, as taxas de rompimentos de barragens de rejeitos são muito maiores do que os reservatórios para contenção e acumulação de água, uma vez que os reservatórios são construídos em uma única elevação para proporcionar o armazenamento da água (Williams, 2021). A barragem de rejeitos é construída lentamente, podendo estender-se por vários anos (Vanden Berghe *et al.*, 2011). Porém, no decurso do tempo, isso traz sérias consequências, já que a sua estrutura, ao se sujeitar a uma nova carga máxima, não terá sido anteriormente testada (Vanden Berghe *et al.*, 2011). Diante desse cenário, é possível verificar uma alteração no projeto inicial de instalação da barragem, durante a sua vida operacional, de modo que a altura final da barragem passa a ser superior à altura projetada inicialmente (Vanden Berghe *et al.*, 2011). Em vista disso, a capacidade da barragem é construída e ampliada à proporção que aumenta a demanda de armazenamento de rejeitos (Lottermoser, 2010).

Na maioria dos rompimentos, a barragem não é totalmente esvaziada (Rico *et al.*, 2008b). Em razão disso, uma parte do material do rejeito permanece na sua estrutura, sendo mais apropriado avaliar o escoamento a partir do volume de rejeito, e não do volume do reservatório (Rico *et al.*, 2008b). Na sua estrutura, a diferença é pequena entre a crista da barragem e a lagoa de decantação, sendo possível afirmar que a altura da barragem, com relação ao nível da fundação, permite uma estimativa razoável da espessura do rejeito armazenado e da sua energia potencial, no decorrer da ruptura (Rico *et al.*, 2008b).

De acordo com Lima *et al.* (2020), os fluxos formados, provenientes dos rompimentos de barragens de rejeitos, são movimentos antropogênicos de massa gravitacional complexos que podem percorrer longas distâncias. Essas distâncias aumentam quando o fluxo de rejeito é misturado e diluído ao fluxo de um rio nas proximidades do rompimento da barragem (Rico *et al.*, 2008b), como aconteceu no rompimento da barragem em Brumadinho. Nesse sentido, o fluxo pode variar de fluxo de detritos a fluxo de lama (Rico *et al.*, 2008b).

Ao longo do tempo, à medida que a estrutura da barragem de rejeito envelhece, crescem os problemas de sua estabilidade (Franks *et al.*, 2021). Da mesma forma, os problemas de estabilidade se intensificam com o aumento do volume de rejeitos armazenados (Franks *et al.*, 2021). Além dos fatores técnicos, como a instabilidade dos taludes, os problemas na fundação da barragem e os processos de liquefação dos rejeitos, outros fatores externos são recorrentes nos rompimentos de barragens, como os eventos climáticos e sísmicos, e os fatores de gestão de barragem (Owen *et al.*, 2020). Diante das exigências de uma maior segurança técnica, é necessário que haja uma estrutura de barragem capaz de suportar os sólidos e as pressões de água dos poros de materiais soltos, a fim de assegurar a sua estabilidade (Bussière, 2007).

De modo geral, os rompimentos podem ocorrer em razão de uma instabilidade de talude, decorrente da sobrecarga dos solos da fundação ou dos materiais de construção da estrutura da barragem, além de um controle inadequado de pressões de infiltração ou pressões de poros em excesso, devido a uma drenagem inapropriada (Icold, 1996a, 1996b). Acrescente-se, ainda, que os danos aos sistemas de decantação também afetam a estrutura da barragem (Icold, 1996a, 1996b). Por último, em conjunto com essas causas, eventos sísmicos, como terremotos, podem provocar deformações da crista e do talude a jusante, inclusive ocasionar o rompimento total de uma barragem de rejeitos (Icold, 1996a, 1996b).

Uma grande preocupação em relação às barragens de rejeitos é a liquefação do material do rejeito, que interfere no rompimento da estrutura da barragem (Geremew & Yanful, 2012). A liquefação é um processo envolvido por muitas deformações, devido à pressão excessiva da água dos poros em meios particulados saturados (rejeitos) sujeitos ao cisalhamento estático ou dinâmico, em condições limitadas de drenagem (James *et al.*, 2011). Em outras palavras, a liquefação ocorre em materiais saturados, sem coesão, com um aumento de pressão nos poros e com grandes deformações (Verdugo, 2009). Para reduzir a zona com potencial de liquefação na barragem, é necessário um eficaz sistema de drenagem que diminua o nível da água em sua estrutura (Verdugo, 2009). Tendo em vista esses aspectos, vários rompimentos de barragens de rejeitos estão associados à liquefação (Verdugo, 2009).

A ruptura também pode decorrer de erosão interna por infiltração (*piping*) ou de erosão externa proveniente da ação do vento ou da água, que pode alterar diretamente a estrutura da barragem ou provocar o bloqueio dos drenos com o material erodido (Icold, 1996a, 1996b). A erosão interna causa um processo erosivo crescente do material, que possibilita o movimento do fluxo da água e, por conseguinte, a sua ruptura (Macchione & Sirangelo, 1988). Nesse processo, há a perda das propriedades sólidas decorrente de uma tensão aplicada, de forma que o material passa a se comportar como um líquido (Kossof *et al.*, 2014). Diante disso, é possível considerar esse processo erosivo como uma infiltração de grande escala (Kossof *et al.*, 2014).

Outra causa do rompimento de barragem é oriunda de fenômeno de galgamento (*overtopping*), que corresponde a um vazamento por problemas de elevação do nível de água, referente à crista da barragem (Macchione & Sirangelo, 1988). Nesse processo de ruptura, a água ao transbordar satura o material existente e forma fluxos de detritos que escoam a jusante da fundação da barragem (Sun *et al.*, 2012). Desse modo, o processo erosivo da água acarreta a destruição progressiva da estrutura da barragem (Sun *et al.*, 2012).

Para Alonso & Gens (2006), as análises dos rompimentos de barragens devem ser executadas através de dados do campo e das propriedades geotécnicas dos materiais envolvidos. Diferentemente dos solos, os rejeitos têm composição química e processo deposicional diferenciado, o que pode interferir potencialmente na estrutura da barragem (Vanden Berghe *et al.*, 2011). Isso ocorre porque distintas reações químicas podem ser formadas, após os processos de deposição com o ar, com a água e com os produtos químicos adicionados no solo de fundação da barragem (Vanden Berghe *et al.*, 2011). Em seu estudo, Islam (2021) adverte que os problemas envolvendo os rejeitos são referentes a sua alta compressibilidade, a sua permeabilidade reduzida, ao seu processo lento de consolidação e a sua baixa resistência ao cisalhamento. Sendo assim, os mecanismos de respostas estruturais das barragens estão associados ao comportamento dinâmico dos rejeitos (James *et al.*, 2011).

No beneficiamento de minério, separam-se física e quimicamente os grãos de minerais valiosos dos minerais de ganga, produzindo um concentrado, cuja composição se dá pelos minerais de interesse e pelos rejeitos, constituídos sobretudo de minerais de ganga (Wills & Napier-Munn, 2006). Como resultado do processamento, os rejeitos são materiais saturados (Verdugo, 2009). Geralmente, os rejeitos são produzidos como uma polpa de granulação fina, sendo um material distinto do minério processado, no que se refere ao tamanho do grão, à mineralogia e à química (Lottermoser, 2010). Isso acontece porque o beneficiamento modifica as características físicas e químicas do minério, causando a dissolução e a mobilização dos elementos constitutivos do minério (Lottermoser, 2010). Então, a composição dos rejeitos altera-se ao longo do tempo, em virtude da ocorrência de reações químicas após a sua deposição (Lottermoser, 2010).

Após o beneficiamento do minério, a polpa fina de rejeitos é transportada por meio de tubos ou de canais para tanques retidos nas barragens (Ishihara *et al.*, 1980). Apesar de a disposição comum dos rejeitos ser na forma de polpa concentrada (França & Trampus, 2018), a sua consistência também pode ser em pasta, espessada e a seco (Lazorenko *et al.*, 2021). Além disso, é comum o teor de sólidos do material do rejeito variar de 25% a 45% em peso, consolidando-se com o tempo; todavia, apesar dessa consolidação, os rejeitos têm baixa resistência ao cisalhamento e podem estar sujeitos a liquefação (Bussière, 2007). Com isso, a resistência e a estabilidade dos depósitos formados pelos rejeitos dependem de uma efetiva drenagem, da eficácia da decantação do fluido sobrenadante e da taxa de deposição (Blight & Fourie, 2005).

Quanto ao tamanho, os rejeitos podem variar de partículas coloidais a grãos de areia

(James *et al.*, 2011). Importante salientar que o tamanho do grão do rejeito está relacionado ao processo de cominuição da planta de beneficiamento e, consequentemente, ao grau de liberação das partículas minerais (Lottermoser, 2010). Frequentemente, os rejeitos têm um formato de partícula angular, não arredondada e irregular, porém, a longo prazo, o seu armazenamento nas barragens pode suavizar o contorno dessas partículas, tornando-as arredondadas (Lazorenko *et al.*, 2021). Ademais, a massa de rejeito tem uma baixa estabilidade mecânica, em virtude do seu tamanho de grão pequeno e do alto teor de água em sua composição (Hu *et al.*, 2017). Por fim, a granulometria intervém na resistência dos rejeitos aos processos erosivos eólicos e hídricos, além da sua sedimentação na barragem (Lottermoser, 2010).

É necessário esclarecer que os rejeitos, ao serem depositados, são assentados na praia de rejeitos como uma estrutura de partículas soltas (Blight & Fourie, 2005). No transcurso do tempo, a densidade das camadas sucessivas de rejeitos irá variar, tendo em vista os sucessivos ciclos de deposição (Blight & Fourie, 2005). Ao ser descarregada, a polpa flui sobre a praia de rejeitos, sendo, no decorrer do tempo, classificada por tamanho de partícula do seu material (Zandarín *et al.*, 2009). Além disso, as partículas separam-se e assentam-se dentro das barragens, em virtude das diferenças de gravidade (Lottermoser, 2010). Por conta da gravidade, as partículas grosseiras assentam-se mais rapidamente do que as partículas finas, na formação da praia (Yin *et al.*, 2011). Nesse processo, as partículas com maior granulometria assentam-se na proximidade do ponto de descarga; em contrapartida, as partículas mais finas são arrastadas para longe (Zandarín *et al.*, 2009). Essa segregação de partículas cria uma zona com partículas grosseiras e mais densas, e outra zona de decantação de partículas finas transportadas pela água (Bussière, 2007). Sendo assim, esses processos de deposição dos rejeitos geram uma praia de rejeitos muito heterogênea (Vick, 1990).

A maior parte dos rompimentos de barragem de rejeitos está associada ao método de barragem a montante (Lyu *et al.*, 2019). O método de barragem a montante tem mais probabilidade de problemas de estabilidade na estrutura da barragem se comparado ao método a jusante (Franks *et al.*, 2021). Nesse método de barragem, os rejeitos são descarregados ao longo da crista do dique, constituindo uma praia que se adensa e se torna a base para os alteamentos posteriores (Vick, 1990). A partir do momento em que a lagoa está quase cheia, o dique é erguido e o ciclo é repetido (Wills & Napier-Munn, 2006). Dessa forma, nesse método, os rejeitos precisam formar uma praia competente para suportar os diques (Vick, 1990).

No método a montante, a elevação da barragem depende de a praia de rejeitos alcançar a consolidação suficiente para formar uma base apropriada dos alteamentos (Williams, 2021). Mecanicamente, é necessária a presença de volumes mínimos para estruturar os diques, de modo que, elevadas alturas de barragens possam ser obtidas a um custo baixo nesse método (Vick, 1990). Ao elevar a barragem é preciso considerar a altura-limite estabelecida, a fim de que não ocorra a rupturam por cisalhamento nem tampouco o escoamento dos rejeitos armazenados (Klohn, 1979). No entanto, em regiões sísmicas, mesmo com alturas baixas, podem ocorrer os rompimentos de barragens a montante, em razão de processos de liquefação (Klohn, 1979). Por isso, esse método é altamente suscetível à erosão e à ruptura (Lottermoser, 2010).

Já no método a jusante, os alteamentos subsequentes são construídos com materiais locais e dissociados da descarga de rejeitos, sendo preciso um maior volume de enchimento desse material a cada aumento de altura, demandando, consequentemente, um maior custo na sua construção (Vick, 1990). Além disso, esse método é mais estável aos eventos sísmicos (Norman & Raforth, 1998). Por fim, no método de linha de centro, os rejeitos são descarregados perifericamente na crista do dique constituindo uma praia, sendo o alteamento formado a partir da praia anterior, já composta de um material residual da mina, no talude a jusante do alteamento anterior (Vick, 1990).

3.3 Rompimentos de barragens de mineração em larga escala

Os rompimentos de barragens de rejeitos são historicamente recorrentes em diferentes países do mundo (Icold, 2001, Rico *et al.*, 2008a; Azam & Li, 2010; Kossof *et al.*, 2014; Wise Uranium Project, 2021). Para Franks *et al.* (2021), um grande volume de rejeitos está armazenado em barragens no mundo, sendo as estruturas construídas pelo método a montante com maior volume. De tal modo que a quantidade de rompimentos diminuiu ao longo do tempo, porém a sua gravidade aumentou nos últimos anos (Bowker & Chambers, 2015).

Em termos continentais, na América, os rompimentos foram registrados, no período de 2000 a 2021 (Wise Uranium Project, 2021) (Figura 3.1), em países norte-americanos, como os Estados Unidos, o Canadá e o México, bem como em países sul-americanos, como o Brasil, o Peru e o Chile. Conforme os dados da Wise Uranium Project (2021), houve também registro de rompimentos nos países africanos, especificamente na Libéria, na Zâmbia e em Angola. Esses dados ainda apontam para um recente registro de rompimento de uma mina de diamantes em Angola, na província de Lunda Sul. Os referidos dados também mostram rupturas de barragens nos países asiáticos (Myanmar, Índia, Filipinas, Cazaquistão, Israel e China), nos países europeus (Sérvia, Armênia, Finlândia, Hungria, Suécia, Romênia, França e Macedônia) e nos países euroasiáticos, como a Rússia, nesse período. Por fim, em 2018, na Austrália, ocorreu o rompimento da barragem NTSF da mina de ouro/cobre em Cadia (Jefferies *et al.*, 2019).

Considerando os rompimentos mais recentes, entre os anos de 2000 e 2021, os países nos quais foi verificada a presença de pelo menos cinco rompimentos, como a China, os Estados Unidos, o Canadá, o Myanmar e o Brasil, destacaram-se por uma frequência de desastres, conforme os dados do Wise Uranium Project (2021). A partir dessas informações, evidencia-se aqui uma regularidade de desastres dessa natureza para todas essas distintas sociedades atingidas.

Na China, a indústria mineral explora uma grande tonelada de minérios há muitos anos e, consequentemente, há uma produção de grande volume de estéreis e rejeitos (Wei *et al.*, 2013). Constata-se que, durante o período de 2006 a 2009, uma barragem foi rompida a cada ano (Wise Uranium Project, 2021). Já, em 2008, a barragem da mina de ferro da província de Shanxi, localizada no Noroeste da China, causou a morte de 277 pessoas (Yin *et al.*, 2011). Na mineração chinesa, a maior parte das barragens de rejeitos rompidas foi construída pelo método a montante, sendo mais de 60% das barragens inferiores a 10-30 metros de altura (Wei *et al.*, 2013). Em vista disso, depreende-se que os desastres provocaram diversos

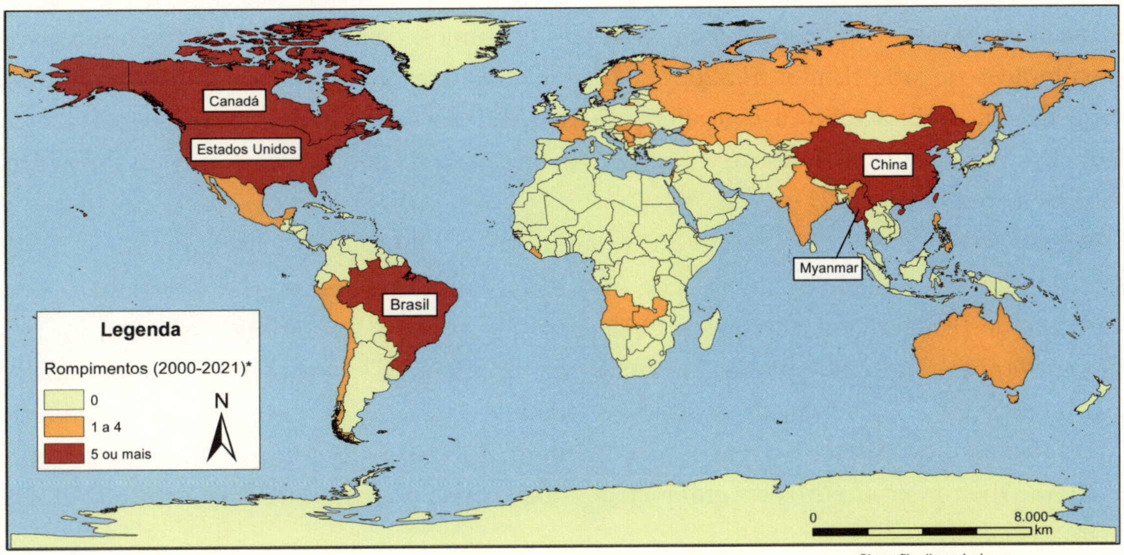

Shapefile disponível em:
https://hub.arcgis.com/search?collection=Dataset
Acesso em: 22/09/2021

Figura 3.1: Mapa de rompimentos de barragens de rejeitos no período de 2000 a 2021. Fonte: Autoria própria, a partir dos dados de Wise Uranium Project (2021).

efeitos socioeconômicos, no que se refere à morte de pessoas, aos danos às propriedades e à contaminação em áreas a jusante do rompimento da barragem (Wei *et al.*, 2013).

Nos Estados Unidos, os desastres dessa natureza são comuns ao longo da história da mineração no país. Desde a década de 60 do século passado, conforme os dados do Wise Uranium Project (2021), o país registra desastres em seu território; apesar de uma queda em sua quantidade, tais eventos não deixaram de ocorrer. Os dados mencionados mostram que o último desastre, no ano de 2016, aconteceu na Flórida, quando as águas residuais contaminadas de uma indústria de fertilizantes vazaram para um aquífero da região. Além do que, os dados também indicam a ocorrência desses eventos em minas de carvão e fosfato, durante o período de 2000 a 2016. Desse modo, os Estados Unidos permanecem em destaque, como o principal país norte-americano a apresentar o maior número de rompimentos de barragens de rejeitos.

No Canadá, por quatros anos seguidos (2011 a 2014), as rupturas de barragens também ocorreram (Wise Uranium Project, 2021). No ano de 2014, o rompimento da barragem de rejeitos da mina de Mount Polley causou a descarga de aproximadamente 25×10^6 m^3 de rejeitos na região, impactando o Lago Polley e a Bacia do Lago Quesnel (Petticrew *et al.*, 2015). Nos três anos anteriores a esse grave desastre, a mina tinha aumentado intensamente a sua produção, repercutindo em seu armazenamento de rejeito (Armstrong *et al.*, 2019). Em termos de volume de rejeito, portanto, esse rompimento foi o maior desastre da mineração canadense, segundo os dados do Wise Uranium Project (2021).

Em Myanmar, há registros de desastres decorrentes da mineração, desde o ano de 2015, de acordo com os dados do Wise Uranium Project (2021). Lin *et al.* (2021) pontuam que as áreas de rejeitos do país asiático vêm crescendo desde 2018, sendo comum o uso de muitos vales a montante dos afluentes como áreas de descarga de material. Chama atenção a cidade de Hpakant, no estado de Kachin, com desastres contínuos, computando mais de dez registros na exploração de jade (Lin *et al.*, 2021). Ademais, diversas áreas de exploração mineral têm acesso difícil, prejudicando a contagem efetiva pelo governo (LaJeunesse Connette *et al.*, 2016). Em razão de tantos desastres, estima-se que mais de 600 pessoas morreram nas áreas mineradas (Lin *et al.*, 2021).

No caso do Brasil, a maior parte dos rompimentos aconteceu no Estado de Minas Gerais, sobretudo em suas minas de minério de ferro. Por conta dos desastres de Mariana, no ano de 2015, e de Brumadinho, no ano de 2019, cerca de 44×10^6 m^3 de rejeitos escoaram pelas regiões afetadas. No município de Mariana, o rompimento da barragem do Fundão liberou cerca de 32×10^6 m^3 de rejeitos na área, causando a morte de 19 pessoas e a contaminação do Rio Gualaxo do Norte, pertencente à Bacia do Rio Doce (Segura *et al.*, 2016, Hatje *et al.*, 2017, Queiroz *et al.*, 2018, Aguiar *et al.*, 2020, Davila et al., 2020, Duarte, *et al.* 2021, Queiroz *et al.*, 2021).

Em Brumadinho, houve a ruptura da barragem da Mina Córrego do Feijão, com aproximadamente 12×10^6 m^3 de rejeitos (ANA, 2019). Com o rompimento, um fluxo de lama percorreu o fundo do Vale do Córrego Ferro-Carvão, destruindo as edificações, as áreas habitadas e o ecossistema local (Rotta *et al.*, 2020). Nesse desastre, 270 pessoas morreram (Cedec, 2021). Além disso, nas águas do Rio Paraopeba, níveis elevados de concentrações totais e dissolvidas de elementos potencialmente tóxicos foram identificados em estudos recentes (Vergilio *et al.*, 2020, Parente *et al.*, 2021, Teramoto *et al.*, 2021).

É preciso esclarecer que, no Brasil, há barragens de rejeitos construídas pelo método a jusante, a montante e por linha de centro.[1] O método a montante não é mais permitido no país, havendo um processo de descomissionamento das barragens existentes por esse método, ou uma alteração da estrutura para o método a jusante ou linha de centro (Brasil, 2019). Considerando todos os estados, há 882 barragens cadastradas no Sistema Integrado de Gestão de Barragens de Mineração (SIGBM); no entanto, apenas 446 barragens estão inseridas nos critérios da Política Nacional de Segurança de Barragens (PNSB) (ANM, 2021) (Figura 3.1). Diante desse contexto, nota-se que o estado de Minas Gerais concentra a maior parte das barragens de rejeitos do país (ANM, 2021).

Quanto ao risco, observa-se, dentro do quantitativo das barragens integrantes da Política Nacional de Segurança de Barragens, que 48 barragens apresentam condições de alto risco, sendo a maior parte dessas barragens localizadas em Minas Gerais (ANM, 2021). No que se refere a situações de emergência, 40 barragens apresentam o nível 1; 8 barragens têm nível 2; e 3 barragens têm nível 3 (ANM, 2021). Essas barragens em situação de emergência nível 3 estão situadas em Minas Gerais, mais precisamente no municípios de Nova Lima, Ouro Preto e Barão de Cocais (ANM, 2021). Destaca-se também, que as barragens em situação de emergência nível 2 também estão concentradas no território de Minas Gerais (ANM, 2021).

Ao final, avalia-se que, no período de 2000 a 2021, mais de 60 barragens de rejeitos romperam, de acordo com os dados do Wise Uranium Project (2021), liberando um fluxo de

[1]As informações sobre as barragens de rejeitos no Brasil foram obtidas no *site* da Agência Nacional de Mineração (ANM). https://www.gov.br/anm/pt-br/assuntos/barragens

rejeitos na região atingida, sendo a América do Norte o continente com o maior número de rupturas. Nesse contexto, os efeitos adversos desses rompimentos são acumulativos (Kossoff *et al.*, 2014). Isso porque, ao romperem, as barragens escoam lama de rejeitos que impactam a saúde dos ecossistemas, além de atingir as comunidades das áreas dos desastres (Hudson-Edwards, 2018). Muitas das vítimas desse evento morreram por afogamento e por asfixia, porém, a longo prazo, a toxicidade da lama de rejeitos pode provocar ainda mais mortes (Kossoff *et al.*, 2014). Desse modo, entende-se que, além dos danos ambientais, os efeitos sociais desses desastres são extremamente graves, impactando o cotidiano das comunidades existentes nas áreas afetadas.

3.4 A produção de desastres

Na produção mineral, as barragens de rejeitos correspondem a um passivo ambiental (Islam & Murakami, 2021). Apesar dos avanços tecnológicos na indústria mineral, principalmente na extração de minérios de baixo teor, persistem os problemas referentes à capacidade de gerenciar o volume de passivos ambientais, quanto ao estéril, ao rejeito e à água residual resultantes da mina (Bowker & Chambers, 2015). Isso ainda ocorre em razão de a baixa compensação monetária dos passivos ambientais favorecer uma prática negligente, cujo efeito é a maior probabilidade de ruptura de barragens, ao longo do tempo (Saes & Muradian, 2021). Dessa maneira, os rompimentos de barragem de rejeitos ocorrem com frequência a cada ano.

No beneficiamento de minério, há uma elevada produção de rejeitos (Lottermoser, 2010), sendo esperado até mesmo um aumento exponencial dessa quantidade de material descartado (Kossof *et al.*, 2014). Em virtude disso, à medida que a demanda industrial aumenta, mais minérios, principalmente de baixo teor, são explorados, bem como mais rejeitos são produzidos e armazenados em barragens (Kossof *et al.*, 2014). Ou seja, um maior volume de produção é estimulado para alcançar ou aumentar a tonelagem do produto (Bowker & Chambers, 2015). Com isso, estima-se que para cada tonelada de minério extraída, há pelo menos a mesma quantidade de resíduos de mina (estéril e rejeitos) (Lottermoser, 2010).

Davies *et al.* (2000) pontuam que historicamente não houve eventos de rompimentos de barragens de rejeitos inexplicáveis, uma vez que o conhecimento necessário para prevenir esses mecanismos de rupturas na fase de projeto e/ou operação já existe há muito tempo. A maioria dos desastres ocorreu em virtude do não cumprimento de práticas já desenvolvidas na área de barragens (Bowker & Chambers, 2015). Tais evidências corroboram a concepção de que esses rompimentos são processos construídos historicamente.

Diante desses eventos, é importante considerar que as rupturas de barragem de grande proporção tendem a ser mais reconhecidas, por conta do elevado volume de rejeitos despejados no meio ambiente. Contudo, há vários rompimentos de menor magnitude que muitas vezes não são reconhecidos e pesquisados, embora haja uma intensidade significativa em seu impacto ambiental e social na área atingida. Diante dessa conjuntura social, as mineradoras de menor porte têm pressões maiores no fluxo de caixa, resultando em pouca prática na gestão de rejeitos (Bowker & Chambers, 2015). Outro aspecto importante a ser suscitado é a falta de planejamento no encerramento da operação de muitas minas, representando um risco

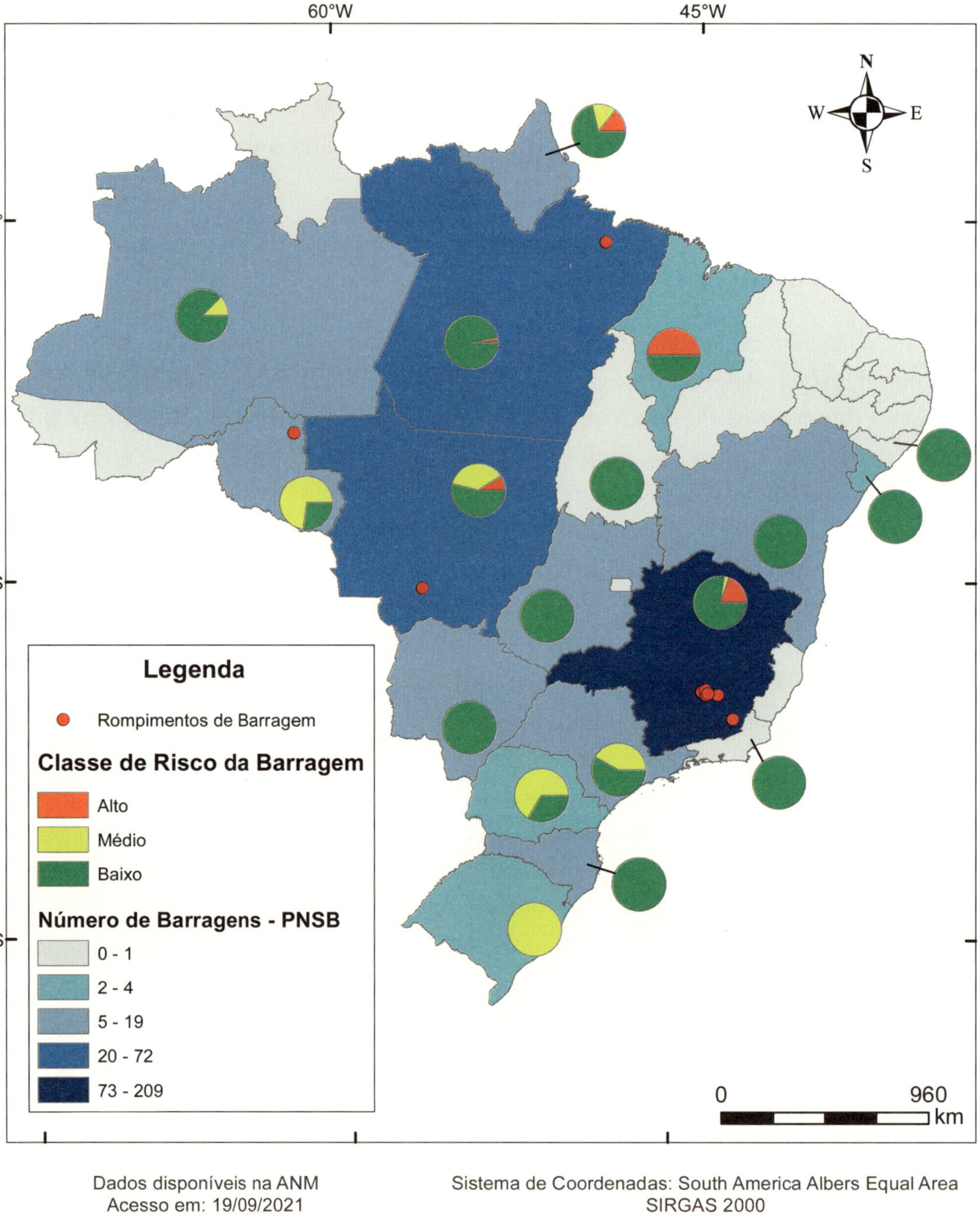

Figura 3.2: Mapa de barragens de rejeitos no Brasil inseridas na Política Nacional de Segurança de Barragens. Fonte: Autoria própria.

(Roche *et al.*, 2017). Por isso é necessário ampliar a investigação nas áreas de menor porte com o intuito de possibilitar uma análise mais aprofundada da recorrência desses desastres.

Nesse cenário adverso, segundo Davies & Martin (2009), estima-se que a quantidade de rompimentos de barragens de rejeitos aumente cerca de 24 a 36 meses, após o fim de um ciclo econômico de preço alto das *commoditties* (*boom*) na indústria mineral. No período de 2000 a 2011, muitas *commodities* apresentaram um *boom* nos preços, aumentando positivamente as receitas das mineradoras (Saes & Muradian, 2021). É por meio dessa dinâmica disfuncional de produção máxima a qualquer custo do superciclo que os rompimentos de barragens de rejeitos se tornam mais frequentes (Bowker & Chambers, 2017).

Ademais, as estruturas das barragens construídas ou reiniciadas no período do *boom* estão mais propensas a romper no início ou no reinício de sua operação (Davies & Martin, 2009). Para Kemp *et al.* (2021), os rompimentos de barragens recentes evidenciam a desigualdade que sustenta a economia global, formada por multinacionais voltadas para o risco e para o lucro no processo de exploração mineral. Convém, portanto, afirmar que a influência dos preços das *commoditties* nos desastres envolvem aspectos essencialmente socioeconômicos, para além dos fatores técnicos.

Nessa mesma perspectiva, Bowker & Chambers (2015) advertem que a relação entre a redução de custos e o aumento da produção mineral é proporcional à maior quantidade de rompimentos de barragens. De modo que muitas mineradoras aumentam substancialmente a sua produção em anos anteriores ao desastre, como foi o caso da mina canadense Mount Polley, no ano de 2014, e da mina espanhola Los Frailes em Aznalcóllar, em 1998 (Armstrong *et al.*, 2019). De forma semelhante, nos munícipios mineiros, tanto na ruptura em Mariana, no ano de 2015, quanto na ocorrida em Brumadinho, no ano de 2019, a produção mineral das duas cidades também foi elevada consideravelmente (Armstrong *et al.*, 2019).

Para Bowker & Chambers (2015, 2016, 2017), verifica-se que o aumento de armazenamento de rejeitos é feito em minas antigas, em detrimento da construção de novas barragens com volumes maiores e com uma maior vida útil. Para os autores, esses novos volumes de rejeitos, poucas vezes, incluem uma reavaliação técnica da capacidade da estrutura da barragem. Então, as decisões são tomadas e orientadas sob um viés econômico, que objetiva uma maximização do rendimento, capaz de desencadear graves rupturas de barragens, com o decorrer do tempo (Bowker & Chambers, 2015, 2016, 2017).

Diante dos aspectos socioeconômicos envolvidos nos rompimentos de barragens, entende-se aqui, como explicam Button & Oliver-Smith (2008), que os riscos e os resultados dos desastres são produzidos socialmente. Isso porque os desastres não se restringem somente aos fenômenos físicos que geram esses eventos (Cardona, 2004). Além do que, para a ocorrência do desastre, é necessária a existência prévia de condições específicas de risco (Cardona, 2011). A partir dessa concepção, ao minimizar os riscos, a probabilidade de desastres é reduzida; entretanto, tanto os riscos quanto os desastres são cada vez mais recorrentes (Cardona, 2004). Logo, a análise dos riscos sinaliza a possibilidade de um futuro desastre (Cardona, 2004).

Para Bankoff (2004), a análise dos desastres apenas como resultantes de forças naturais desconsidera as dimensões históricas e sociais do perigo, centralizando a discussão em soluções meramente técnicas. Compreender as condições anteriores ao desastre é de extrema importância, pois muitas das variáveis que influenciam a ocorrência do evento se estendem para além do seu limite geográfico (Hewitt, 2013). Afinal, apesar de os perigos serem eventos físicos, os desastres são formados por processos históricos, que variam ao longo do tempo (Bankoff, 2007).

Não importa qual seja o desastre, o seu determinante é social, uma vez que as atividades antropogênicas criam os perigos e as calamidades (Hoffman, 2019). Nessas circunstâncias, os mecanismos econômicos engendrados pela sociedade capitalista mediam os processos sociais que produzem os perigos e os desastres, de forma bastante complexa (Button & Schuller, 2016). Por conseguinte, para compreender as origens dos desastres, é preciso enxergar o modo como esses eventos estão interligados entre si, através de vários problemas sociais, e como eles são resultados de processos socioeconômicos temporais e espaciais (Button & Erin, 2016).

Por essa ótica, entende-se que os rompimentos de barragens de rejeitos são desastres construídos ao longo da história da mineração. Essas estruturas de barragens, muitas vezes antigas e desatualizadas, não se encontram em estado estacionário em seu processo de operação, sendo necessários um contínuo monitoramento (Davies & Martin, 2009) e um descomissionamento. Nesse contexto de produção, tais eventos não aconteceram por ausência de ferramentas tecnológicas e geotécnicas, mas sim por conjunturas políticas, econômicas e sociais, que envolvem e impactam esses fenômenos.

É possível notar que, ao longo do tempo, a sociedade consome progressivamente mais quantidade de minérios e de recursos energéticos (Kossof *et al.*, 2014). A partir desse padrão de consumo, mais volumes serão armazenados; com isso, estima-se que, com o decorrer do tempo, novos rompimentos de barragens de rejeitos de alta gravidade possam acontecer (Bowker & Chambers, 2017). Dessa maneira, reconhece-se que a mineração, assim como outros setores industriais, serve a uma demanda de consumo do sistema capitalista, vigente na maior parte dos países; em virtude disso, não é possível compreender os desdobramentos sociais dos desastres negando os arranjos socioeconômicos já existentes.

Assim, a complexidade dos rompimentos de barragens de rejeitos precisa ser avaliada de forma diferenciada para cada contexto social, uma vez que cada lugar opera a partir de uma lógica industrial de demanda. Todavia, concomitantemente, essa análise deve estar atrelada às conjunturas econômicas do mercado da mineração mundial. Tal tarefa metodológica é bastante árdua, visto que a ocorrência dos desastres tende a aumentar no atual sistema capitalista, dominante na maior parte dos países.

3.5 Considerações finais

Com uma grande quantidade de barragens de rejeitos operando pelo mundo, estima-se que novos desastres ocorram futuramente (Bowker & Chambers, 2016). Pelos dados do Wise Uranium Project (2021), em um panorama global, verifica-se que alguns países persistem como locais constantes de ocorrências de rompimentos de barragens, como é o caso dos países norte-americanos, e dos países asiáticos, como Myanmar. É importante refletir que, assim como acontece com Myanmar, outros países podem apresentar condições similares em relação à dificuldade de notificar os desastres.

Nesse cenário, chama atenção a expansão produtiva mineral da indústria chinesa, país que, consequentemente, terá um maior armazenamento de rejeitos. No caso do Brasil, os rompimentos de barragens de rejeitos recentes apontam uma gravidade desses eventos, em razão de as grandes descargas de fluxo de rejeitos impactarem as regiões atingidas. Desse modo, os rompimentos de barragens de rejeitos são desastres que precisam ser analisados de uma perspectiva mais ampla, não somente limitada aos parâmetros geotécnicos.

Para além da análise estrutural da estabilidade das barragens de rejeitos, convém aqui propor novas abordagens na análise dos desastres. Nesse sentido, não é mais cabível negligenciar os efeitos socioeconômicos de uma excessiva produção mineral de larga escala, sendo necessário rever ou, de forma mais precisa, enfrentar essa lógica de produção excedente, que existe em razão do consumo exacerbado das sociedades capitalistas vigentes. Portanto, é preciso afirmar que a discussão sobre a produção mineral em larga escala é atravessada por mecanismos que regem a produção capitalista, não estando restrita aos problemas geotécnicos, de fiscalizações ou de novas regulamentações.

Referências

Aguiar, V. M. C., Baptista Neto, J. A., Quaresma, V. S., Bastos, A. C., & Athayde, J. P. M. (2020). Bioavailability and ecological risks of trace metals in bottom sediments from Doce river continental shelf before and after the biggest environmental disaster in Brazil: The collapse of the Fundão dam. *Journal of Environmental Management*, v. 272. https://doi.org/10.1016/j.jenvman.2020.111086

Agência Nacional de Águas (ANA). (2019). *Ata da 741ª Reunião Ordinária da Diretoria Colegiada, Documento nº 02500.026711/2019-17* (rel. técn.) [(acessado em 20/11/2022)]. ANA. https://www.ana.gov.br/arquivos/atas/2019/ata-741-ordin.pdf

Alonso, E. E., & Gens, A. (2006). Aznalcóllar dam failure. Part 1: Field observations and material properties. *Géotechnique*, v. 56, n. 3, 165–183. https://doi.org/10.1680/geot.2006.56.3.165

Agência Nacional de Mineração (ANM). (2021). *Report Mensal Barragens de Mineração* (rel. técn.) [(acessado em 20/11/2022)]. ANM. https://www.gov.br/anm/pt-br/assuntos/barragens/boletim-de-barragens-de-mineracao/arquivos/report-mensal-agosto.pdf

Armstrong, M., Petter, R., & Petter, C. (2019). Why have so many tailings dams failed in recent years? *Resources Policy*, v. 63, 1–11. https://doi.org/10.1016/j.resourpol.2019.101412

Azam, S., & Li, Q. (2010). Tailings Dam Failures: A Review of the Last One Hundred Years [(acessado em 20/11/2022)]. *Geotechnical News*, 50–53. https://ksmproject.com/wp-content/uploads/2017/08/Tailings-Dam-Failures-Last-100-years-Azam2010.pdf

Bankoff, G. (2004). The Historical Geography of Disaster: ‘Vulnerability’ and ‘Local Knowledge’ in Western Discourse [Chap. 2]. Em G. Bankoff, F. G. & D. Hilhorst (Ed.), *Mapping vulnerability: Disasters, development and people* (pp. 25–36). Earthscan.

Bankoff, G. (2007). Comparing Vulnerabilities: Toward Charting an Historical Trajectory of Disasters. *Historical Social Research*, v. 32, n. 3, 103–114. https://doi.org/10.12759/hsr.32.2007.3.103-114

Blight, G. E., & Fourie, A. (2005). Catastrophe revisited – disastrous flow failures of mine and municipal solid waste. *Geotechnical & Geological Engineering*, v. 23, 219–248. https://doi.org/10.1007/s10706-004-7067-y

Bowker, L. N., & Chambers, D. M. (2015). The risk, public liability, & economics of tailings storage facility failures. *Earthwork Act*, v. 24, 1–56.

Bowker, L. N., & Chambers, D. M. (2016). *Root Causes of Tailings Dam Overtopping: The Economics of Risk & Consequence. 2nd International Seminar on Dam Protection Against Overtopping.* Ft. Collins.

Bowker, L. N., & Chambers, D. M. (2017). In the Dark Shadow of the Supercycle Tailings Failure Risk & Public Liability Reach All Time Highs. *Environments*, v. 4, n. 75, 1–21. https://doi.org/10.3390/environments4040075

Brasil. (2019). *Resolução nº 4, de 15 de fevereiro de 2019* (rel. técn.) [Estabelece medidas regulatórias cautelares objetivando assegurar a estabilidade de barragens de mineração, notadamente aquelas construídas ou alteadas pelo método denominado "a montante" ou por método declarado como desconhecido]. Diretoria Colegiada da Agência Nacional de Mineiração (ANM).

Bussière, B. (2007). Colloquium 2004: Hydrogeotechnical properties of hard rock tailings from metal mines and emerging geoenvironmental disposal approaches. *Canadian Geotechnical Journal*, v. 44, n. 9, 1019–1052. https://doi.org/10.1139/T07-040

Button, G. V., & Schuller, M. (2016). Introduction. Em G. V. Button & M. Schuller (Ed.), *Contextualizing Disaster* (pp. 1–18). Berghahn Books.

Button, G. V., & Erin, R. E. (2016). A Poison Runs Through It The Elk River Chemical Spill in West Virginia. Em G. V. Button & M. Schuller (Ed.), *Contextualizing Disaster* (pp. 19–43). Berghahn Books.

Button, G., & Oliver-Smith, A. (2008). Disaster, Displacement, and Employment: Distortion of Labor Markets during Post-Katrina Reconstruction. Em N. Gunewardena & M. Schuller (Ed.), *Capitalizing on Catastrophe Neoliberal Strategies in Disaster Reconstruction* (pp. 123–145). AltaMira Press.

Cardona, O. D. (2004). "The need for rethinking the concepts of vulnerability and risk from a holistic perspective: A necessary review and criticism for effective risk management" [Chap. 3]. Em G. Bankoff, G. Frerks & D. Hilhorst (Ed.), *Mapping vulnerability: Disasters, development and people* (pp. 37–51). Earthscan.

Cardona, O. D. (2011). Disaster Risk and Vulnerability: Concepts and Measurement of Human and Environmental Insecurity. Em H. Brauch, U. O. Spring, C. Mesjasz, J. Grin, P. Kameri-Mbote, B. Chourou, P. Dunay & J. Birkmann (Ed.), *Coping with Global Environmental Change, Disasters and Security. Threats, Challenges, Vulnerabilities and Risks* (pp. 107–121). Springer.

Coordenadoria Estadual de Defesa Civil de Minas Gerais. (2021). *Boletim Estadual de Proteção e Defesa Civil Nº 257 de 14 de setembro de 2021* (rel. técn.) [(acessado em

20/11/2022)]. Defesa Civil de Minas Gerais. http://www.sistema.defesacivil.mg.gov.br/anexo/boletim/174-0801_Boletim_257_de_14_de_setembro_de_2021.pdf

Davies, M., Martin, T., & Lighthall, P. (2000). *Mine Tailings Dams: When Things Go Wrong.* Association of State Dam Safety Officials.

Davies, M., & Martin, T. (2009). Mining Market Cycles and Tailings Dams Incidents. *Proceedings of the 13th International Conference on Tailings and Mine Waste.*

Davila, R. B., Fontes, M. P. F., Pacheco, A. A., & Ferreira, M. S. (2020). Heavy metals in iron ore tailings and floodplain soils affected by the Samarco dam collapse in Brazil. *Science of the Total Environment*, v. 709, 136151. https://doi.org/10.1016/j.scitotenv.2019.136151

Duarte, E. B., Neves, M. A., Oliveira, F. B., Martins, M. E., Oliveira, C. H. R., Burak, D. L., Orlando, M. T. A., & Rangel, C. V. G. T. (2021). Trace metals in Rio Doce sediments before and after the collapse of the Fundão iron ore tailing dam, Southeastern Brazil. *Chemosphere*, v. 262, 1–9. https://doi.org/10.1016/j.chemosphere.2020.127879

França, S. C. A., & Trampus, B. C. (2018). *Desaguamento de rejeitos minerais para aplicação de métodos de disposição alternativos às barragens de rejeitos convencionais.* CETEM/MCTIC.

Franks, D. M., Stringer, M., Torres-Cruz, L. A., Baker, E., Valenta, R., Thygesen, K., Matthews, A., Howchin, J., & Barrie, S. (2021). Tailings facility disclosures reveal stability risks. *Scientific Reports*, v. 11, n. 5353, 1–7. https://doi.org/10.1038/s41598-021-84897-0

Geremew, A. M., & Yanful, E. K. (2012). Laboratory Investigation of the Resistance of Tailings and Natural Sediments to Cyclic Loading. *Geotechnical and Geological Engineering*, v. 30, 431–447. https://doi.org/10.1007/s10706-011-9478-x

Hatje, V., Pedreira, R. M. A., Rezende, C. E., Schettini, C. A. F., Souza, G. C., Marin, D. C., & Hackspacher, P. C. (2017). The environmental impacts of one of the largest tailing dam failures worldwide. *Scientific Reports*, v. 7, 1–13. https://doi.org/10.1038/s41598-017-11143-x

Hewitt, K. (2013). Environmental disasters in social context: toward a preventive and precautionary approach. *Natural Hazards*, v. 66, 3–14. https://doi.org/10.1007/s11069-012-0205-6

Hoffman, S. M. (2019). Defining Disaster upon Disaster Why Risk Prevention and Disaster Response So Often Fail. Em S. M. Hoffman & R. E. Barrios (Ed.), *Disaster upon disaster: Exploring the Gap between Knowledge, Policy & Practice* (pp. 1–17). Berghahn Books.

Hu, L., Wu, H., Zhang, L., Zhang, P., & Wen, Q. (2017). Geotechnical properties of mine tailings. *Journal of Materials in Civil Engineering*, v. 29, n. 2. https://doi.org/10.1061/(ASCE)MT.1943-5533.0001736

Hudson-Edwards, K. A. (2018). Mining and Planetary Health: A GeoHealth-Led Special Collection. *Geohealth*, v. 2n. 10, 278–282. https://doi.org/10.1029/2018GH000156

International Commission on Large Dams (ICOLD). (1996a). *Monitoring of tailings dams, Bulletin 104* (rel. técn.). ICOLD.

International Commission on Large Dams (ICOLD). (1996b). *A guide tailings dams and impoundments, Bulletin 106* (rel. técn.). ICOLD.

International Commission on Large Dams (ICOLD). (2001). *Tailings dam risk of dangerous occurrences, lessons Learnt from practical experiences, Bulletin 121* (rel. técn.) [(acessado em 20/11/2022)]. United Nations Environmental Programme, Division of Technology, Industry e Economics, ICOLD. https://ussdams.wildapricot.org/resources/Documents/ICOLD%202001%20Bulletin%20121.pdf

Ishihara, K., Troncoso, J., Kawase, Y., & Takahashi, Y. (1980). Cyclic Strength Characteristics of Tailings Materials. *Soils and Foundations*, v. 20, n. 4, 127–142. https://doi.org/10.3208/sandf1972.20.4_127

Islam, S. (2021). A study on the mechanical behaviour of three different fine-grained mine tailings. *Journal of King Saud University - Engineering Sciences*. https://doi.org/10.1016/j.jksues.2021.04.001

Islam, K., & Murakami, S. (2021). Global-scale impact analysis of mine tailings dam failures: 1915–2020. *Global Environmental Change*, v. 70, 1–16. https://doi.org/10.1016/j.gloenvcha.2021.102361

James, M., Aubertin, M., Wijewickreme, D., & Ward Wilson, G. (2011). A laboratory investigation of the dynamic properties of tailings. *Canadian Geotechnical Journal*, v. 48, n. 11. https://doi.org/10.1139/t11-060

Jefferies, M., Morgenstern, N., Van Zyl, D., & Wates, J. (2019). *Report on NTSF embankment failure, Cadia Valley Operations, for Ashurst Australia* (rel. técn.) [(acessado em 20/11/2022)]. Independent Technical Review Board. https://www.newcrest.com/sites/default/files/2019-10/190417_Report%20on%20NTSF%20Embankment%20Failure%20at%20Cadia%20for%20Ashurst.pdf

Kemp, D., Owen, J. R., & Lèbre, E. (2021). Tailings facility failures in the global mining industry: Will a 'transparency turn' drive change? *Business Strategy and the Environment*, v. 30, n. 1, 122–134. https://doi.org/10.1002/bse.2613

Khorasanipour, M., Tangestani, M. H., Naseh, R., & Hajmohammadi, H. (2011). Hydrochemistry, mineralogy and chemical fractionation of mine and processing wastes associated with porphyry copper mines: A case study from the Sarcheshmeh mine, SE Iran. *Applied Geochemistry*, v. 26, n. 5, 714–730. https://doi.org/10.1016/j.apgeochem.2011.01.030

Klohn, E. J. (1979). Seepage control for tailings dams. *Mine Drainage*.

Kossoff, D., Dubbin, W. E., Alfredsson, M., Edwards, S. J., Macklin, M. G., & Hudson-Edwards, K. A. (2014). Mine tailings dams: Characteristics, failure, environmental impacts, and remediation. *Applied Geochemistry*, v. 51, 229–245. https://doi.org/10.1016/j.apgeochem.2014.09.010

LaJeunesse Connette, K. J., Connette, G., Bernd, A., Phyo, P., Aung, K. H., Tun, Y. L., Thein, Z. M., Horning, N., Leimgruber, P., & Songer, M. (2016). Assessment of Mining Extent and Expansion in Myanmar Based on Freely-Available Satellite Imagery. *Remote Sensing*, v. 8, n. 11, 1–14. https://doi.org/10.3390/rs8110912

Lazorenko, G., Kasprzhitskii, A., Shaikh, F., Krishna, R. S., & Mishra, J. (2021). Utilization potential of mine tailings in geopolymers: Physicochemical and environmental aspects. *Process Safety and Environmental Protection*, v. 147, 559–577. https://doi.org/10.1016/j.psep.2020.12.028

Lima, R. E., Picanço, J. L., Silva, A. F., & Acordes, F. A. (2020). An anthropogenic flow type gravitational mass movement: the Córrego do Feijão tailings dam disaster, Brumadinho, Brazil. *Landslides*, v. 17, 2895–2906. https://doi.org/10.1007/s10346-020-01450-2

Lin, Y. N., Park, E., Wang, Y., Quek, Y. P., Lim, J., Alcantara, E., & Loc, H. H. (2021). The 2020 Hpakant Jade Mine Disaster, Myanmar: A multi-sensor investigation for slope failure. *ISPRS Journal of Photogrammetry and Remote Sensing*, v. 177, 291–305. https://doi.org/10.1016/j.isprsjprs.2021.05.015

Lyu, Z., Chai, J., Xu, Z., Qin, Y., & Cao, J. (2019). A Comprehensive Review on Reasons for Tailings Dam Failures Based on Case History. *Advances in Civil Engineering*, v. 2019, 1–18. https://doi.org/10.1155/2019/4159306

Lottermoser, B. G. (2010). *Mine Wastes: Characterization, Treatment and Environmental Impacts.*- (3ª ed.). Springer.

Macchione, F., & Sirangelo, B. (1988). Study of Earth Dam Erosion due to Overtopping. *Proceedings of the Technical Conference on Hydrology of Disasters.*

Norman, D. K., & Raforth, R. L. (1998). Innovations and trends in reclamation of metal-mine tailings in Washington. *Washington Geology*, v. 26, n. 2/3, 29–42.

Owen, J. R., Kemp, D., Lèbre, É., Svobodova, K., & Pérez Murillo, G. (2020). Catastrophic tailings dam failures and disaster risk disclosure. *International Journal of Disaster Risk Reduction*, v. 42, 1–10. https://doi.org/10.1016/j.ijdrr.2019.101361

Ozcan, N. T., Ulusay, R., & Isik, N. S. (2013). A study on geotechnical characterization and stability of downstream slope of a tailings dam to improve its storage capacity (Turkey). *Environmental Earth Sciences*, v. 69, 1871–1890. https://doi.org/10.1007/s12665-012-2016-1

Parente, C. E. T., Lino, A. S., Carvalho, G. O., Pizzochero, A. C., Azevedo-Silva, C. E., Freitas, M. O., Teixeira, C., Moura, R. L., Ferreira Filho, V. J. M., & Malm, O. (2021). First year after the Brumadinho tailings' dam collapse: Spatial and seasonal variation of trace elements in sediments, fishes and macrophytes from the Paraopeba River, Brazil. *Environmental Research*, v. 193, n. 110.526. https://doi.org/10.1016/j.envres.2020.110526

Petticrew, E. L., Albers, S. J., Baldwin, S. A., Carmack, E. C., Déry, S. J., Gantner, N., Graves, K. E., Laval, B., Morrison, J., Owens, P. N., Selbie, D. T., & Vagle, S. (2015). The impact of a catastrophic mine tailings impoundment spill into one of North America's largest fjord lakes: Quesnel Lake, British Columbia, Canada. *Geophysical Research Letters*, v. 42, 3347–3355. https://doi.org/10.1002/2015GL063345

Queiroz, H. M., Nóbrega, G. N., Ferreira, T. O., Almeida, L. S., Romero, T. B., Santaella, S. T., Bernardino, A. F., & Otero, X. L. (2018). The Samarco mine tailing disaster: A possible time-bomb for heavy metals contamination? *Science of The Total Environment*, v. 637–638, 498–506. https://doi.org/10.1016/j.scitotenv.2018.04.370

Queiroz, H. M., Ying, S. C., Abernathy, M., Barcellos, D., Gabriel, F. A., Otero, X. L., Nóbrega, G. N., Bernardino, A. F., & Ferreira, T. O. (2021). Manganese: The overlooked contaminant in the world largest mine tailings dam collapse. *Environment International*, v. 146, 1–14. https://doi.org/10.1016/j.envint.2020.106284

Rico, M., Benito, G., Salgueiro, A. R., & Díez-Herrero, H. G., A. & Pereira. (2008). Reported tailings dam failures: A review of the European incidents in the worldwide context. *Journal of Hazardous Materials*, v. 152, n. 2, 846–852.

Rico, M., Benito, G., & Díez-Herrero, A. (2008). Floods from tailings dam failures. *Journal of Hazardous Materials*, v. 154, n. 1–3, 79–87. https://doi.org/10.1016/j.jhazmat.2007.09.110

Roche, C., Thygesen, K., & Baker, E. (2017). *Mine Tailings Storage: Safety Is No Accident.* UN Environment, GRID-Arendal.

Rotta, L. H. S., Alcântara, E., Park, E., Negri, R. G., Lin, Y. N., Bernardo, N., Mendes, T. S. G., & Souza Filho, C. R. (2020). The 2019 Brumadinho tailings dam collapse: Possible cause and impacts of the worst human and environmental disaster in Brazil. *International Journal of Applied Earth Observation and Geoinformation*, v. 90, 1–12. https://doi.org/10.1016/j.jag.2020.102119

Saes, B. M., & Muradian, R. (2021). What misguides environmental risk perceptions in corporations? Explaining the failure of Vale to prevent the two largest mining disasters in Brazil. *Resources Policy*, v. 72, 1–12. https://doi.org/10.1016/j.resourpol.2021.102022

Segura, F. R., Nunes, E. A., Paniz, F. P., Paulelli, A. C. C., Rodrigues, G. B., Braga, G. U. L., Pedreira Filho, W. R., Barbosa Jr, F., Cerchiaro, G., Silva, F. F., & Batista, B. L. (2016). Potential risks of the residue from Samarco's mine dam burst (Bento Rodrigues, Brazil). *Environmental Pollution*, v. 218, 813–825. https://doi.org/10.1016/j.envpol.2016.08.005

Sun, E., Zhang, X., Li, Z., & Wanga, Y. (2012). Tailings Dam Flood Overtopping Failure Evolution Pattern. *Procedia Engineering*, v. 28, 356–362. https://doi.org/10.1016/j.proeng.2012.01.733

Teramoto, E. H., Gemeiner, H., Zanatta, M. B. T., Menegário, A. A., & Chang, H. K. (2021). Metal speciation of the Paraopeba river after the Brumadinho dam failure. *Science of The Total Environment*, v. 757, 1–14. https://doi.org/10.1016/j.scitotenv.2020.143917

Vanden Berghe, J. F., Ballard, J. C., Wintgens, J. F., & List, B. (2011). Geotechnical risks related to tailings dam operations. Em *Tailings and Mine Waste Conference.* Norman B. Keevil Institute of Mining Engineering, University of British Columbia.

Verdugo, R. (2009). Seismic performance based-design of large earth and tailing dams [ICPBD Conference]. *Performance-Based Design in Earthquake Geotechnical Engineering.*

Vergilio, C., Lacerda, D., Oliveira, B. C. V. D., et al. (2020). Metal concentrations and biological effects from one of the largest mining disasters in the world (Brumadinho, Minas Gerais, Brazil). *Sci Rep*, v. 10, n. 5.936. https://doi.org/10.1038/s41598-020-62700-w

Vick, S. G. (1990). *Planning, Design and Analysis of Tailings Dams.* Bitech Publishers LTD.

Wei, Z., Yin, G., Wang, J. G., Wan, L., & Li, G. (2013). Design, construction and management of tailings storage facilities for surface disposal in China: case studies of failures. *Waste Management & Research*, v. 31, n. 1, 106–112. https://doi.org/10.1177/0734242X12462281

Wills, B. A., & Napier-Munn, T. J. (2006). *Wills' mineral processing technology: an introduction to the practical aspects of ore treatment and mineral recovery.* (7ª ed.). Butterworth-Heinemann.

Williams, D. J. (2021). Lessons from Tailings Dam Failures—Where to Go from Here? *Minerals*, v. 11, n. 8, 853. https://doi.org/10.3390/min11080853

Wise Uranium Project. (2021). *Chronology of major tailings dam failures* (rel. técn.) [acessado em 20/11/2022]. World Information Service on Energy Uranium Project. Wise. https://www.wise-uranium.org/mdaf.html

Yin, G., Li, G., Wei, Z., Wan, L., Shui, G., & Jing, X. (2011). Stability analysis of a copper tailings dam via laboratory model tests: A Chinese case study. *Minerals Engineering*, v. 24, n. 2, 122–130. https://doi.org/10.1016/j.mineng.2010.10.014

Zandarín, M. T., Oldecop, L. A., Rodríguez, R., & Zabala, F. (2009). The role of capillary water in the stability of tailing dams. *Engineering Geology*, v. 105, n. 1–2, 108–118. https://doi.org/10.1016/j.enggeo.2008.12.003

4

Insegurança hídrica em área atingida por desastre: uma análise sobre o Rio Paraopeba e seus afluentes em Brumadinho/MG

Lélia Santiago Custódio da Silva
Jefferson de Lima Picanço

O rompimento da barragem de rejeitos de Brumadinho/MG agravou a insegurança hídrica na região às margens do Rio Paraopeba. Até o momento, de acordo com os dados do Instituto Mineiro de Gestão das Águas (Igam, 2021) e da Secretaria de Estado de Saúde de Minas Gerais (SES/MG, 2021), há contraindicação ao uso da água bruta do Rio Paraopeba, independentemente de qual seja a sua finalidade, no trecho de aproximadamente 250 km, que abarca desde a cidade de Brumadinho até o município de Pompéu. Em razão disso, os efeitos desse desastre são incalculáveis, uma vez que não somente a riqueza ecológica local foi atingida, bem como as comunidades ribeirinhas, que possuem uma dependência direta para com o meio ambiente no qual estão inseridas.

As reflexões acerca dos impactos de um desastre requerem uma articulação complexa entre os aspectos ambientais, sociais, políticos e econômicos, relacionados às experiências dos sujeitos atingidos pelo evento. Para Cardona (2011), as análises estritamente objetivas podem simplificar em demasiado o entendimento de um fenômeno complexo como é um desastre. Isso porque os desastres correspondem a uma parcela de muitos processos e circunstâncias sociais, não devendo ser compreendidos de maneira isolada (Cardona, 2019). O desastre de Brumadinho escancara os problemas de dimensões objetivas e subjetivas, especialmente de memórias abrigadas pelo território que foram destruídas juntamente com o rompimento da barragem.

Uma das formas de investigar as consequências desse desastre se dá pela análise da insegurança hídrica em torno das águas da Bacia do Rio Paraopeba, após a descarga de rejeitos, já que a segurança hídrica se torna precária, em zonas de desastre, em virtude da redução da quantidade e da qualidade dos recursos hídricos e dos ecossistemas locais (Habiba *et al.*, 2014). Diante dessa realidade adversa, não somente o acesso à água passa a ser mais precário, como também há o agravamento da poluição do Rio Paraopeba e dos seus afluentes, lembrando que tais condições de precariedade persistem há mais de dois anos.

Além de considerar que a poluição do Rio Paraopeba e de seus afluentes proveniente da lama de rejeitos aumenta a insegurança hídrica, é fundamental analisar esse desastre pela ótica de que a água é um objeto político, como apontam Linton & Budds (2014). Para Linton & Budds (2014), é necessário repensar a água para além do recurso físico que ela é, visto que sua circulação opera a partir de condições sociais, de relações de poder e de tecnologia. Então, é nessa perspectiva teórica que a discussão será avançada.

É no intuito de problematizar e de compreender esse desastre, que este capítulo busca estabelecer um debate sobre o problema da insegurança hídrica construída às margens do Rio Paraopeba e dos seus afluentes. Para isso, faz-se necessário considerar aqui uma discussão para além do conhecimento do fenômeno físico em si, por entender que tal análise é insuficiente e não abordar as circunstâncias sociais nas quais um desastre se dá.

4.1 A ocupação histórica no Rio Paraopeba e seus afluentes em Brumadinho

Um aspecto essencial da discussão acerca da segurança hídrica em uma região é mencionado por Scott *et al.* (2021), ao afirmarem que é necessário conhecer a história do local, para que seja possível identificar as alterações existentes na quantidade, na qualidade e no uso da água ao longo do tempo. O rio é um espaço ocupado por águas que registram as histórias das populações localizadas em seu entorno, e os fatos históricos de sua constituição. Dessa maneira, descrever os modos de ocupação do território às margens do Rio Paraopeba e seus afluentes no município de Brumadinho torna-se importante e necessário, a fim de compreender como esse espaço foi construído socialmente.

Entretanto, antes de adentrar o processo histórico de ocupação do Rio Paraopeba em Brumadinho, durante o ciclo do ouro do período colonial brasileiro, é preciso recuar no tempo e dar importância aos processos de povoamento na Bacia do São Francisco anteriores à colonização da região. Isso porque a construção da história da sociedade mineira não está apenas atrelada à mineração. Assim, por meio da análise de uma conjuntura histórica mais ampla, é possível esclarecer o uso das águas da Bacia do Paraopeba, situada na Bacia do Rio São Francisco.

Há mais de 10 mil anos, antes do processo de colonização, a Bacia do São Francisco já era ocupada por povos originários (Martin, 1998). Nas margens desse rio, as populações de caçadores e pescadores percorriam a região em busca de alimento e realizavam trabalhos manuais com cerâmica (Martin, 1998). Posteriormente, os indígenas povoaram o Vale do São Francisco e por ali se mantiveram por muito tempo (Martin, 1998). Convém, portanto, dizer que as águas do Rio São Francisco já representavam um lugar de povoamento e de migração.

Com a invasão dos colonizadores, muitos indígenas deslocaram-se da costa para o interior do Brasil, nos séculos XVI e XVII (Resende & Langfur, 2007). Com o decorrer do tempo, essas terras ocupadas pelas populações indígenas foram profundamente transformadas, e muitos dos que viviam ali foram mortos ou buscaram refúgio em outros locais (Fonseca, 2011). Aqui, é importante pontuar que parcela significativa dos indígenas permaneceu nos sertões e nas vilas, de modo a evidenciar que eles nunca foram totalmente extintos, mantendo-se na região através de uma prolongada resistência (Resende & Langfur, 2007). Em vista disso, constata-se a participação ativa dos povos indígenas da região, como Coroado, Puri, Botocudo, Kamakã, Pataxó, Panhame, Maxakali, dentre outros, no processo de povoamento mineiro (Resende & Langfur, 2007).

No regime colonial, a exploração do ouro ocorreu em diferentes territórios mineiros, sendo determinante para a história da capitania no final do século XVII (Boxer, 2000). Os depósitos de ouro podiam ser encontrados nos ribeiros e nos vales da Bacia do Rio Doce (Fonseca, 2011), porém se destacavam os flancos da Serra do Espinhaço na região, sendo um local de intensa exploração de ouro (Boxer, 2000). Em virtude disso, em torno do eixo da Serra do Espinhaço, retrata-se uma forte exploração aurífera no início do século XVIII (Fonseca, 2011).

Registra-se que os leitos e as margens dos cursos d'água eram os locais de exploração aurífera, em razão de sua extração mais simples (Guimarães *et al.*, 2002). No processo de exploração, os escravizados[1] usavam ferramentas, como almocafres e alavancas, que revolviam o leito e separavam as camadas com ouro (Guimarães *et al.*, 2002), para em seguida lavar e peneirar o ouro, através de bateia feita de madeira ou metal (Boxer, 2000). Sobre a produção mineral, é fundamental destacar que a exploração mineral permitiu a reprodução do sistema produtivo escravista vigente (Carrara, 2000). Além disso, nesse contexto de mineração, a água foi essencial para os processos de extração e de refinamento do ouro (Guimarães *et al.*, 2002). No entanto, convém ressaltar que um rio é uma entidade em si mesma, com seus processos e suas dinâmicas, não sendo somente um meio de produção econômica (Worster, 1985).

Durante o Brasil Colônia, as vilas, os povoados e os arraiais mineiros formavam-se próximos aos locais de exploração; todavia, à medida que havia o esgotamento do minério, a população migrava para outro espaço de ocorrência mineral (Guimarães *et al.*, 2002). Para Holanda (2003), a permanência e a complexidade da estrutura socioeconômica dessas comunidades dependiam da capacidade de exploração do ouro. Em vista disso, se esse processo de exploração aurífero acontecesse nas formações rochosas e encostas da região, em vez de ocorrer nos córregos e nos rios, o povoamento permaneceria por mais tempo e de forma ampla (Guimarães *et al.*, 2002). Nota-se, ainda, que a exploração de diamante também configurou um negócio lucrativo para a época (Holanda, 2003). Desse modo, essas expedições modificaram historicamente a capitania mineira em níveis sociais, políticos e econômicos, resultando em um grande contingente populacional, no século XVIII (Holanda, 2003).

Além da exploração aurífera, outras atividades foram determinantes para o povoamento das Minas Gerais, como a criação de bovinos e muares (Fonseca, 2011). Na sociedade mineira, a agricultura representou uma atividade econômica relevante para abastecer as expedições em busca do ouro (Carrara, 2000). Embora houvesse a exploração mineral, a paisagem da Capitania Minas Gerais era predominantemente rural com sítios e com fazendas (Carrara, 2001). Ademais, nas áreas destinadas à exploração mineral, a lavoura do tabaco também

[1]Optou-se pelo uso do termo escravizado em substituição ao termo escravo trazido originalmente no texto, em razão de o vocábulo contemporâneo não atender mais à semântica que se pretende expor, como afirma Kabenguele Munanga (2010): "O homem nasce livre até que alguém o escravize. Portanto, o próprio conceito está errado. O correto é 'escravizado', não 'escravo'. Não há uma categoria de escravo natural".

integrava as atividades locais (Holanda, 2003). Por fim, a região ainda era caracterizada por terras férteis, com suas plantações de milho, feijão, mandioca e outros alimentos (Martinez, 2011).

É nesse cenário, que a maior parte dos arraiais mineradores irá se estabelecer nas minas de Ouro Preto, nas minas de Ribeirão de Nossa Senhora do Carmo (atual município de Mariana), nas minas do Rio das Mortes e nas minas do Rio das Velhas (Fonseca, 2011). Nesse sentido, a história do Vale do Paraopeba, delimitado geograficamente pelos seus rios, seus riachos e suas serras, remonta à exploração de ouro (Martinez, 2011). Na região serrana da Bacia do Paraopeba, os córregos Retiro das Pedras, Bernardino, Senzala, Catarina e o Córrego do Fundo são espaços marcados pela mineração de ouro (Guimarães *et al.*, 2002). Além desses córregos, o Forte de Brumadinho, também conhecido por Casa de Pedra, é um vestígio arqueológico que representa a exploração mineral desse período colonial (Guimarães *et al.*, 2002). Contudo, nas margens do Rio Paraopeba e de seus afluentes, a exploração do ouro não perdurou por um longo prazo, em virtude de seu esgotamento, de modo que os arraiais e as vilas transformaram-se em polos de abastecimento de alimento e de animais dos locais que mantiveram a exploração aurífera (Martinez, 2006).

Com o advento do século XIX, há o declínio da produção mineral nessa região diante do esgotamento das jazidas de aluvião, reposicionando a economia da população, ainda fortemente rural, através da agricultura e da pecuária (Martins, 1980). Inclusive mesmo no final do século XVIII, houve uma redução da população dos distritos mineradores, estagnando-se o contingente populacional, evidenciando que a economia vigente não era estreitamente subordinada à mineração (Carrara, 2000). Por outro lado, de forma concomitante, outras produções passaram a se destacar na época, como o cultivo do café, existente desde o século XVIII, que se expandiu na economia mineira do século XIX, bem como a indústria têxtil doméstica (Martins, 1980). Ademais, no Vale do Paraopeba, as atividades de fiação, tecelagem e agropecuária eram comuns (Martinez, 2006). Por isso, para Martins (1980), é um equívoco entender a economia mineira como restrita à perspectiva exportadora, uma vez que havia uma vasta produção interna de cereais, açúcar, fumo, suínos, gados, laticínios, algodão, entre outros produtos.

No decorrer do século XIX, o aumento da extensão territorial exigiu o desenvolvimento do sistema de transportes mineiro, com o intuito de diminuir as distâncias entre a sede do governo e as sedes administrativas da província (Godoy & Barbosa, 2008). Partindo-se do eixo da Estrada de Ferro Dom Pedro II, havia três conjuntos de estradas, a saber: o tronco do Sapucaí, o tronco do Rio Grande com o ramal do Pará e o tronco da União e Indústria, que incluía os ramais de Paraopeba, Rio das Velhas, Diamantina, Rio Doce, Mar de Espanha e Leopoldina (Pimenta, 1971). A circulação de mercadorias no comércio interno e externo de Minas dependia do sistema de transporte (Godoy & Barbosa, 2008). Então, é nesse horizonte de expansão da infraestrutura de transportes que o modelo ferroviário avança no território mineiro com a chegada do século XX (Godoy & Barbosa, 2008).

É importante dizer que, no cenário mundial, a ferrovia simbolizava a dinâmica do sistema capitalista, principalmente o sistema inglês (Diniz, 1987). Para Marini (1973), o regime colonial na América Latina colaborou para o aumento do fluxo de mercadorias e para o avanço do capital comercial e bancário europeu. Ao sustentarem o sistema manufatureiro, as colônias latino-americanas, inclusive o Brasil, viabilizaram a industrialização europeia (Marini, 1973). Essas colônias, já formalmente independentes no século XIX, passaram a atuar em torno da Inglaterra, consolidando uma relação de dependência com a economia capitalista mundial (Marini, 1973). É nesse contexto que a produção mineral de Minas Gerais, no século XX, passa a ser caracterizada pela exploração de toneladas de minério de ferro, de manganês, de bauxita, de talco, de cassiterita, dentre outros (IBGE, 1951).

No século XX, a partir do marco histórico da construção do ramal do Paraopeba da Estrada de Ferro Central do Brasil (antiga Estrada de Ferro Dom Pedro II) juntamente com outros 12 ramais (Iphan, 2018), inicia-se a formação do município de Brumadinho, em 1938, cujo resultado se dá pelo desmembramento do distrito de Brumado do Paraopeba, pertencente ao atual município de Bonfim, pela integração com os distritos de Aranha e São José do Paraopeba (Minas Gerais, 1938). Posteriormente, no ano de 1989, o município de Brumadinho foi incluído na Região Metropolitana de Belo Horizonte (RMBH) (Minas Gerais, 2011).

Territorialmente, o município de Brumadinho é composto dos distritos de Brumadinho (Sede), Aranha, Conceição do Itaguá, Piedade do Paraopeba e São José do Paraopeba (Brumadinho, 2004). Sua população também é distribuída pelas localidades de Palhano, Casa Branca, Alberto Flores, Coronel Eurico, nos povoados de Córrego do Feijão, Marinhos, Melo Franco, Tejuco, Suzana e na zona rural (Brumadinho, 2004). No município, há ainda as reconhecidas comunidades tradicionais quilombolas de Sapé, Ribeirão, Marinhos e Rodrigues (Fundação Cultural Palmares, 2021) e aquelas que lutam por reconhecimento, como Massangano e Lagoa (Palha, 2019). Por último, computa-se que 28.642 pessoas residam na zona urbana, enquanto 5.331 pessoas residam na área rural da cidade (IBGE, 2010).

Atualmente, com outras configurações geopolíticas, Brumadinho mantém-se como um lugar de mineração de ferro. Por estar localizada na unidade geomorfológica do Quadrilátero Ferrífero, importante geossistema ferruginoso, a cidade caracteriza-se por uma área de ocorrência mineral abundante (Carmo & Kamino, 2015). A região da Mina Córrego do Feijão, na qual ocorreu o rompimento da barragem de rejeitos, é um desses locais de lavra de minério de ferro em Brumadinho. Enfim, somados ao minério de ferro, há também os depósitos secundários de manganês associados à formação ferrífera, às lavras de calcários e de dolomito (Minas Gerais, 2020).

Importante ressaltar que o setor produtivo de Brumadinho não está limitado à mineração, sendo caracterizado por outras atividades econômicas relevantes. No setor agrícola, Brumadinho é uma cidade produtora de tangerina, assim como de laranja, maracujá, limão, banana, cana-de-açúcar, mandioca, milho, tomate e feijão (IBGE, 2020). Mesmo com a expansão urbana, a produção de hortaliças de Brumadinho consegue destacar-se nas atividades agrícolas (UFMG/Cedeplar, 2014). Na pecuária, a criação de bovinos, de suínos, de equinos e de galináceos predomina na região, porém, em menor proporção, há a presença de rebanhos, de ovinos, de bubalinos e de caprinos (IBGE, 2017). Finalmente, na cidade, verificam-se a produção de mel e o desenvolvimento da cultura de tilápia (IBGE, 2020).

Assim, é essencial uma análise aprofundada acerca das condições preexistentes à configuração da Bacia do Paraopeba, de modo a contemplar, não somente aspectos geológicos e químicos, como também grande parte das transformações históricas que ocorreram na sociedade mineira ao longo dos anos, a fim de assegurar uma avaliação crítica sobre o processo de apropriação da Bacia do Paraopeba, durante as sucessivas modificações de seu território. Afinal, o território usado é marcado pelas desigualdades, uma vez que o seu uso não ocorre da mesma forma (Santos, 2007). Dito isso, discutir as funções e a dinâmica do território é decisivo para contribuir na análise qualitativa de um fenômeno social (Santos, 2007), que é o propósito deste trabalho ao abordar o problema da insegurança hídrica resultante do rompimento da barragem de rejeitos de Brumadinho.

4.2 O impacto da lama de rejeitos no Rio Paraopeba e seus afluentes em Brumadinho

O rompimento de barragem de rejeitos da Mina Córrego do Feijão no município de Brumadinho ocorreu no dia 25 de janeiro de 2019. A barragem acumulava um volume de 11.700.000 m^3 de rejeitos, que escoou pelo Ribeirão Ferro Carvão e pelo leito do Rio Paraopeba (CPRM, 2020). O Ribeirão Ferro Carvão, com área de 32,8 km^2, é um afluente pela margem direita do Rio Paraopeba (CPRM, 2019). No momento da ruptura, a barragem já estava saturada, em virtude de um processo de liquefação existente na sua estrutura, que causou a sua instabilidade e, consequentemente, o seu colapso (Rotta *et al.*, 2020). Com o rompimento da barragem, uma avalanche de detritos foi formada e destruiu as edificações existentes na área, bem como resultou na morte das pessoas presentes no local (Lima *et al.*, 2020). A lama de rejeitos arruinou a estrutura da empresa da mineradora e as áreas agrícolas da localidade, afetou bairros como o Córrego do Feijão e o Parque da Cachoeira (Rotta *et al.*, 2020), assim como atingiu 292,27 hectares de área da Mata Atlântica na região (Semad; Feam; Igam; IEF, 2019). Até o momento, 270 pessoas morreram diretamente por conta da lama de rejeitos (Brasil, 2019).

Em seguida ao rompimento, um fluxo de rejeitos, semelhante a um fluxo de detritos de alta energia, escoou pela área atingida, acarretando a erosão do solo e das margens laterais do Ribeirão Ferro Carvão (Lima *et al.*, 2020). No percurso do fluxo, uma ponte ferroviária foi destruída, sendo incorporada ao fluxo que seguia em alta velocidade (Rotta *et al.*, 2020). Posteriormente, esse fluxo reduziu a sua velocidade e a sua capacidade destrutiva, comportando-se como um fluxo de lama, depositando-se na área e no leito do Rio Paraopeba (Lima *et al.*, 2020).

Com a passagem da lama de rejeito, a água do Rio Paraopeba alterou quimicamente a sua composição. Essa condição de poluição ambiental foi evidenciada nas amostras de água coletadas a jusante da barragem, cujos resultados demonstraram uma concentração de elementos químicos acima do limite legal (Thompson *et al.*, 2020, Vergilio *et al.* 2020, Parente *et al.*, 2021, Igam, Copasa, Cprm, 2021), enquanto, nas análise de poços e cisternas próximos ao rio, os parâmetros microbiológicos e os organolépticos não estavam em conformidade com os padrões de potabilidade para o consumo humano (SES/MG, 2021). Em sedimentos de fundo, concentrações mais elevadas foram identificadas nas amostras, sobretudo de ferro e manganês (Igam, 2021). Por fim, um estudo recente mostrou que o desastre aumentou a concentração de manganês no rio (Teramoto *et al.*, 2021).

Devido à gravidade dos efeitos desse desastre, a Bacia do Rio Paraopeba foi intensamente impactada com a lama de rejeitos. A despeito disso, há registro histórico de uma constante degradação ambiental na Bacia do Rio Paraopeba tendo em vista o recebimento de descarga de efluentes provenientes dos esgotos domésticos e de indústrias da região, causadora de um sério desequilíbrio no ecossistema aquático, que gera a mortandade de uma diversidade de espécies de peixes (Alves, 2012). Diante disso, o desastre ocasionou o agravamento da contaminação de um espaço historicamente poluído.

O Rio Paraopeba é o principal curso d'água da Bacia Hidrográfica do Rio Paraopeba, que está situada a Sudoeste do estado de Minas Gerais, na região do Alto Rio São Francisco (Igam, 2013). Com área de aproximadamente 12.054 km^2, a bacia flui por 48 municípios da região (Igam, 2017, Feam, 2016), sendo que 35 municípios localizam-se dentro da bacia (Igam, 2013). A Bacia do Paraopeba fica no Cráton do São Francisco, cuja composição se dá por complexos granítico-gnáissicos, bastante migmatizados e com fácies metamórficas, que variam em anfibolito de alto grau a granulito, integrando a Plataforma Sul-Americana (Almeida, 1977, Almeida *et al.*, 1981).

Ao longo do percurso da bacia, os tributários importantes que contribuem para a sua dinâmica são o Rio Maranhão, o Rio Pequeri, o Ribeirão Casa Branca, o Ribeirão Grande, o Ribeirão Sarzedo, o Ribeirão Betim, o Ribeirão Macacos, o Ribeirão Cedro, o Ribeirão São João, o Rio Brumado, o Rio da Prata, o Rio Macaúbas, o Rio Manso, o Ribeirão Serra Azul e o Rio Pardo (Igam, 2013). No caso de Brumadinho, objeto desta discussão, a localização se dá no médio curso do Rio Paraopeba. Posto isso, a Bacia do Rio Paraopeba é essencial para o abastecimento hídrico da população mineira.

Na bacia, os usos da água são direcionados para diversas finalidades, tais como o abastecimento doméstico e industrial, a irrigação, a geração de energia elétrica, a recreação da população e a pesca/aquicultura (Cetec/IGA, 1996, CPRM, 2019). Nesse processo de abastecimento hídrico, o Sistema Integrado do Paraopeba, constituído pelos reservatórios do Rio Manso, do Rio Serra Azul e do Rio Vargem das Flores, tem uma função relevante ao abastecer a capital Belo Horizonte e outras cidades da Região Metropolitana de Belo Horizonte (Copasa, 2009). Além desse sistema, essas cidades são abastecidas pelos sistemas integrados Rio das Velhas, Rio Morro Redondo, Rio Ibirité, Rio Barreiro, Rio Catarina, como também por poços artesianos e sistemas isolados (Copasa 2009; ANA, 2010). Já em Brumadinho, a captação de água é feita pelo Sistema Catarina (ANA, 2009), que é caracterizado pelo Ribeirão Catarina e seus afluentes (Belo Horizonte, 2016), e também é feita pela captação de água no Córrego Águas Claras (Cetec/IGA, 1996; Arsae-MG, 2016; Arsae-MG, 2019a).

Porém, após a ruptura da barragem, de forma preventiva, houve o fechamento das comportas da unidade de captação de água no Rio Paraopeba, e, consequentemente, a captação da água para abastecer a Região Metropolitana de Belo Horizonte passou a ser feita pelas represas do Rio Manso, do Rio Serra Azul, do Rio Vargem das Flores e do Rio das Velhas (Copasa, 2019). No distrito sede de Brumadinho, o sistema de esgotamento sanitário não foi afetado, tampouco a captação de água, através do Ribeirão Águas Claras (Arsae-MG, 2019a). No entanto, na sede municipal de Brumadinho, verificam-se sérios problemas no processo de abastecimento hídrico para a população local, decorrentes dos vazamentos na rede de distribuição e de paralisações nas Estações de Tratamento de Água (ETA), além de a qualidade da água distribuída atender parcialmente aos critérios de potabilidade, referentes aos parâmetros físico-químicos e bacteriológicos (Arsae-MG, 2021a).

Em se tratando do desastre de Brumadinho, é necessário pontuar que, embora não se constate um impacto direto na distribuição regular de água na sede municipal de Brumadinho, não há margem para dúvidas de que o desastre agravou intensamente o acesso e o uso constante de água em todo os arredores do município. Inclusive, no distrito de Conceição do Itaguá, em Brumadinho, também foi observada uma interferência no fornecimento de água, tendo em vista a frequência dos caminhões-pipa no abastecimento hídrico, na região do Córrego do Feijão, do Parque da Cachoeira, de Tejuco, de Aranha, do Coronel Eurico, dentre outros locais (Arsae-MG, 2021b).

De qualquer modo, os municípios que sofreram um impacto direto da lama de rejeitos no uso das águas foram aqueles que utilizam a captação ininterrupta do Rio Paraopeba, como Paraopeba, Caetanópolis e o distrito de Tejuco (Brumadinho) (Arsae-MG, 2019b). Ressalte-se que, no município de Paraopeba, a captação da água do rio estava adstrita a quatro poços; todavia, a partir do desastre, passou a necessitar também da água do Ribeirão do Cedro, cuja captação hídrica já se encontra no limite de sua capacidade (Arsae-MG, 2019c). Já o município de Caetanópolis, interligado ao sistema de abastecimento da cidade de Paraopeba, teve que aumentar o tempo de captação dos seus poços tubulares profundos (Arsae-MG, 2019d).

Ao final, reforça ainda que, no distrito de Tejuco em Brumadinho, até a ruptura da barragem, o serviço de abastecimento de água era realizado mediante três poços tubulares em conjunto com um poço em fase de implementação (Arsae-MG, 2020). Após o desastre, um poço em operação e outro poço, ainda inativo, foram soterrados na lama de rejeitos (Arsae-MG, 2020). O espaço de Brumadinho já era delimitado pelo abastecimento dos reservatórios de São Marcos (20 m^3), de São Tomaz de Aquino (20 m^3) e de Alberto Flores (20 m^3), porém, a fim de suprir a demanda hídrica, foram necessários dois caminhões pipa para abastecer os referidos reservatórios, uma vez que os poços não conseguiam mais garantir a regular distribuição de água para a população (Arsae-MG, 2020). Em consequência desse desastre, há mais de dois anos, povoados que vivem à margem do Rio Paraopeba são impedidos de captar água para qualquer finalidade (Igam, 2021; SES/MG, 2021). Portanto, perante o cenário adverso e permanente na região afetada pela ruptura da barragem, compreende-se que os impactos desse desastre ultrapassam o limite político-administrativo de Brumadinho.

4.3 Segurança hídrica em zonas de desastre

Ao pautar a discussão em torno da segurança hídrica, é possível perceber diferentes conceitos associados à água, em virtude da relação dinâmica existente entre seu uso, a dependência dos ecossistemas aquáticos e as condições hidroclimáticas (Scott *et al.*, 2013).

Para Grey & Sadoff (2007), a segurança hídrica consiste na disponibilidade quantitativa e qualitativa da água, com o propósito de atender à saúde da população, às necessidades de subsistência, aos ecossistemas e à atividade produtiva. A segurança hídrica envolve também um nível aceitável de risco hídrico à população, ao meio ambiente e à economia (Grey & Sadoff, 2007). Mais precisamente, sistemas hídricos poluídos afetam a potabilidade da água, e, consequentemente, violam os direitos da população a ambientes saudáveis, à saúde e à vida (Soyapi, 2017). Dessa forma, não é possível falar em segurança hídrica se a população tem dificuldade de acesso à água (Soyapi, 2017).

Inicialmente, é fundamental esclarecer que uma discussão sobre desastres requer esforços teóricos para além de explicações lineares, pois esses eventos envolvem questões socioeconômicas e políticas. Por essa razão, o desastre deve ser compreendido como um processo social ocasionado por fenômenos naturais, tecnológicos e antropogênicos, que interferem no ambiente atingido ao modificar a sua dinâmica de funcionamento (Cardona, 2011).

Por essa perspectiva, entende-se que o desastre é a materialização de um risco preexistente, sendo por si só coletivo e uma ameaça à comunidade afetada (Cardona, 2011). Isso porque, no momento em que uma comunidade é atingida por um desastre, as suas consequências são complexas, isto é, há perdas de vidas e prejuízos materiais, como também se observa uma mudança estrutural socioeconômica e política na região (Wisner *et al.*, 2004). Por isso, os desastres são riscos construídos socialmente que não foram administrados de forma adequada e responsável, inclusive quando oriundos de fenômenos naturais (Cardona, 2011).

Deve ser dada ênfase ao fato de que a qualidade da água é um atributo fundamental no debate sobre a segurança hídrica (Tundisi *et al.*, 2015). Nas fontes poluídas, há uma água de má qualidade com alta concentração de material em suspensão e contaminantes (Tundisi *et al.*, 2015). Em determinados locais, nos quais os sistemas hídricos são contaminados, representando temor à população consumidora, a situação torna-se ainda mais crítica (Scott *et al.*, 2021), como é o caso do Rio Paraopeba e os seus afluentes. Em vista disso, a água, tanto em qualidade quanto em quantidade adequada, é fundamental para preservar a composição e a função dos ecossistemas (Boltz *et al.*, 2019).

Na mesma linha de pensamento, Scott *et al.* (2021) explicam que a qualidade da água e da sazonalidade dos fluxos é indispensável para que a água seja ecologicamente segura. De acordo com os autores, alterações nas condições da água modificam as relações de equilíbrio dinâmico do ecossistema aquático. Dessa forma, a saúde do ecossistema é um importante indicador de segurança hídrica (Scott *et al.*, 2021).

A partir dessa concepção, entende-se que a escassez hídrica é uma ameaça crônica, que tende a aumentar ao longo do tempo (Scott *et al.*, 2021). Tal condição torna-se ainda mais grave, visto que os períodos chuvosos estão mais curtos e menos constantes, em contraposição aos períodos de seca e de estresse hídrico, que estão mais longos e frequentes (Custodio, 2000). Nas bacias hidrográficas, essa variação dos eventos climáticos extremos exige maiores análises sobre a sensibilidade desses ecossistemas, bem como os seus efeitos no abastecimento hídrico e na produção de alimentos (De Jong *et al.*, 2018). Com isso, essa condição de escassez hídrica é evidente nos ecossistemas poluídos, como também na redução dos fluxos ambientais capaz de atingir a biota, os sedimentos e a dinâmica dos seus nutrientes (Scott *et al.*, 2021).

Ademais, as situações de escassez hídrica reduzem os fluxos de água e alteram a regulação do ecossistema, principalmente, na captação de água superficial e subterrânea (Scott *et al.*, 2021). Segundo Custodio (2000), os efeitos ambientais nas águas superficiais e subterrâneas são diferentes, pois esses sistemas, mesmo estando relacionados, comportam-se de forma distinta. Nesse sentido, o autor avalia que tais efeitos podem se manifestar após um longo prazo, cuja variação se dá conforme os processos de troca iônica, de adsorção e de reações de oxidação-redução. Aprofunda ainda mais a discussão a exposição de Gunda, Benneyworth & Burchfield (2015) ao compreenderem ser preciso considerar a capacidade de resposta da sociedade para lidar com a condição de escassez da água, sem limitar o fenômeno apenas a uma argumentação física referente à quantidade de recursos hídricos disponíveis. Logo, não é cabível dissociar a dimensão social da água de sua dimensão política (Linton & Budds, 2014).

É preciso esclarecer que, na discussão acerca da segurança hídrica, a qualidade e a quantidade da água não devem estar restritas a seu consumo, tampouco a uma questão circunscrita a sua escassez e a sua abundância, mas sim a seu uso social pela comunidade. Não se busca, com isso, ignorar os fatores técnicos, mas sim assegurar um debate pautado no entendimento de que a questão da segurança hídrica também é atravessada pelas relações de poder, tanto de cunho econômico, quanto de cunho político e social (Bakker & Morinville, 2013). Dito em outras palavras, haver água não é o suficiente para alcançar a segurança hídrica (Beek & Arriens, 2014).

Segundo Bakker (2012), ao delimitar a discussão acerca da segurança hídrica somente em torno da sua funcionalidade, negligencia-se o fato de que a água tem a capacidade de atravessar as fronteiras geopolíticas. Evidentemente, tal perspectiva funcional não considera as outras variáveis existentes, simplificando a complexidade sobre a temática, já que a água conecta os povos política e socialmente, como também materialmente (Bakker, 2012). Dessa forma, a água flui conforme os fluxos de capital (Linton & Budds, 2014), sendo essa a concepção adotada e pela qual se desloca o enfoque deste trabalho.

A relação entre a água e a sociedade é um fazer e um refazer contínuo, tanto em âmbito temporal quanto em âmbito espacial (Linton & Budds, 2014). Para Linton & Budds (2014), é necessário refletir sobre a construção e a produção social da água, as formas pelas quais ela é reconhecida em um contexto social, bem como as relações de poder que a estruturam. Em termos científicos, os autores ainda pontuam que o ciclo hidrológico consegue elucidar as questões hidrológicas; todavia, é preciso analisar a água além do seu fluxo material, sendo substancial abarcar novas formas de compreensão da água e da sua dimensão social. Mais precisamente, no enfrentamento da problemática da segurança hídrica, não é cabível considerar tão somente a universalidade do ciclo hidrológico, uma vez que há diferentes circunstâncias sociais e hidrológicas que compõem as relações heterogêneas das águas (Linton, 2008). A partir desse viés argumentativo, rejeita-se a normatização concebida pelo ciclo hidrológico em torno da água (Linton, 2008), visto que é fundamental analisar a água como um objeto político (Linton & Budds, 2014).

Linton & Budds (2014) acrescentam que a gestão da água traz implicações na organização social de uma comunidade, em virtude de influenciar na distribuição desse recurso hídrico, cuja consequência é a formação de múltiplas relações sociais produtoras de águas distintas, delineando sistemas sociais por intermédio das águas. Como sugerem os autores, a água tem um papel ativo que estrutura e desestrutura as relações sociais. Por conseguinte, esses aspectos reforçam o quanto a produção da água tem efeitos políticos e sociais (Linton & Budds, 2014).

É por meio desse retrato social de Brumadinho, após o rompimento da barragem de rejeitos, que se busca analisar a insegurança hídrica do Rio Paraopeba e de seus afluentes neste livro. Passados mais de cinco anos do desastre, a população que vive à margem do rio não pode usar a sua água, independentemente de qual seja a sua finalidade (Igam, 2021; SES/MG, 2021). A captação da água passa a ser insuficiente nas cidades e nos povoados da região atingida, exigindo das cidades novos recursos para o abastecimento hídrico, como Paraopeba, que faz uso da água através do Ribeirão do Cedro, enquanto Caetanópolis necessitou aumentar o tempo de captação dos poços (Arsae-MG, 2019c; Arsae-MG, 2019d). Em Brumadinho, a solução paliativa encontrada, até o presente momento, para diminuir os problemas de captação de água é a contratação de caminhões-pipa para abastecer a região (Arsae-MG, 2020). No entanto, esses arranjos técnicos e políticos, com o intuito de responder à demanda hídrica da população atingida, revelam muito mais do que um processo de captação de água, tendo em vista que fragilizam a natureza de bem público da água. Em outros termos, após o desastre, a população não consegue mais exercer a sua autonomia de acesso ao rio e as fontes de água existentes em sua comunidade.

Além disso, a população afetada está inserida em um contexto social mais amplo, na medida que o Estado de Minas Gerais se caracteriza por recentes crises hídricas entre os anos de 2013 e de 2018 (Nunes *et al.*, 2020). De acordo com Nunes *et al.* (2020), Minas Gerais oferece uma distribuição desigual da água, de modo que algumas cidades frequentemente vivem episódios de escassez hídrica, decorrentes de períodos prolongados de estiagem associados à poluição dos ecossistemas aquáticos, bem como resultantes de políticas públicas ineficientes e desarticuladas. Agravando ainda mais esse cenário, há cerca de 60 áreas de conflitos de água declaradas em Minas Gerais (Igam, 2020). No caso de Brumadinho, os problemas em torno da água também são graves, pois o Índice de Segurança Hídrica (ISH) é registrado como baixo (ANA, 2021). Diante disso, essas contínuas crises hídricas afetam os sistemas de abastecimento, provocando problemas socioeconômicos e conflitos pelo uso da água (Nunes *et al.*, 2020).

Para Palha (2019), além desses fatores suscitados, historicamente a disponibilidade de água em Brumadinho não é a mesma, em razão do crescimento da ocupação territorial, da expansão de condomínios residenciais, da atuação das empresas e do excesso da perfuração de poços para captar água subterrânea. O abastecimento das caixas d'água da população por caminhões-pipa já era frequente antes do desastre (Palha, 2019). Para o autor, é evidente a existência de um conflito nas distintas formas de uso da água em Brumadinho, dado que a água, antes disponibilizada à população, passa a ser canalizada para as propriedades privadas existentes na região. O autor ainda destaca que o uso desigual da água é proveniente de um acesso desigual, pois aquele que detiver maior capital financeiro conseguirá perfurar poços mais profundos e obter mais água. Sendo assim, a escassez da água não afeta a todos de modo uniforme, tal como os meios para lidar com esses problemas também são diferentes, sendo Brumadinho um espaço construído mediante relações desiguais em torno da água (Palha, 2019).

Um aspecto importante nesse desastre foi o seu impacto cultural na vida da população local, que até o momento não pode ter acesso às águas do rio e de seus afluentes, em decorrência da poluição. Esse é o caso da comunidade Pataxó Hã-hã-hãe, no município de São Joaquim de Bicas, que retira das águas do rio o seu alimento e o seu abastecimento, além de usufruí-lo como fonte de lazer (Silva *et al.*, 2019). Outras comunidades tradicionais que vivem às margens do rio, como a comunidade quilombola de Pontinha, no município de Paraopeba (MPMG, 2019), também sofrem com os efeitos do desastre, pois, para essa população, o rio tem um significado profundo que ultrapassa a noção comum de ecossistema.

Segundo Strang (2006), o rio é vital para as populações que vivem em seu entorno, pois é através dele que elas conseguem expressar a sua identidade coletiva. Também usam a água simbolicamente para conferir inclusão social, por meio de rituais (Strang, 2006). Para a autora, há diferentes relações que vinculam as pessoas à água e ao rio nesse processo de construção de identidade; além do mais, essa angústia dos indivíduos no que se refere aos eventos recorrentes de poluição demostra o quanto a água é um aspecto da sua identidade. Por fim, essas formas de envolvimento da população são experiências importantes, que evocam uma sensação de conexão com a água (Strang, 2006).

Por esse ângulo, segundo Button & Oliver-Smith (2008), os contextos sociais produzem as condições que expõem distintas pessoas de diferentes classes, raça, etnias e gêneros em níveis de riscos diferenciados acerca do mesmo perigo e de heterogêneas formas de sofrimento humano em face do mesmo fenômeno. Nessas circunstâncias, os desastres forçam a população a migrar temporária ou permanentemente (Button & Oliver-Smith, 2008). Os desastres, ao destruírem estruturas existentes ou a própria comunidade, deslocam as pessoas para longe de suas residências ou de seus trabalhos, obrigando-as a reconstruir os seus modos de vida (Button & Oliver-Smith, 2008).

Para entender o processo de migração em zonas de desastres, considera-se aqui a concepção discutida por Santos (1996) sobre a migração forçada. Segundo o autor, o processo de migração atinge o sujeito, destituindo parte do seu ser e coagindo-o a uma difícil experiência do novo lugar. Isso porque o território vivenciado por um indivíduo não é somente um simples conjunto de objetos, no qual a pessoa circula, trabalha e mora, mas abarca também um dado simbólico (Santos, 1996). Ao migrar, o sujeito vivencia uma desterritorialização e, concomitantemente, múltiplos processos de desculturização (Santos, 1996). Ou seja, migrar é responder às tensões para as quais o meio não oferece solução (Santos, 1996). Convém, então, afirmar que a migração é um dos efeitos do desastre.

A linha de argumentação aqui desenvolvida traz reflexões acerca do desastre do rompimento da barragem de rejeitos de Brumadinho, que agravou a precariedade do acesso à água e de seu uso em seu território e nas suas imediações. Diante da inconsistência do abastecimento hídrico, torna-se evidente que, para algumas localidades, as tensões referentes à água crescem ainda mais, uma vez que algumas comunidades já conviviam com uma distribuição de água desigual, resultantes das configurações socioeconômicas e políticas antecedentes. Portanto, para além da captação da água, ficou claro que o desastre não pode ser reduzido a uma questão apenas de qualidade e quantidade de água, tendo em vista o fato de a água ser atravessada por dimensões sociais, econômicas e políticas, que explicam uma relação construída entre ela e aqueles que habitam em torno dela.

4.4 Considerações finais

Tanto o número elevado de mortes quanto a extensão do dano decorrentes de desastres não são provenientes de forças naturais desconhecidas ou incontroláveis, mas sim da falta de proteção existente e disponível no momento que antecede ao desastre (Hewitt, 2013). Tais condições não foram diferentes quando do rompimento de barragem de rejeito da Mina Córrego do Feijão em Brumadinho, que não somente ocasionou a morte de pessoas, da fauna e da flora da região, como também acentuou a precariedade do uso e do acesso à agua do Rio Paraopeba e dos seus afluentes.

As análises dos dados químicos da água do rio (Thompson *et al.*, 2020; Vergilio *et al.*, 2020; Parente *et al.*, 2021; Igam, Copasa, CPRM, 2021; Igam, 2021; SES/MG, 2021; Teramoto *et al.*, 2021) e do processo de distribuição hídrica (Arsae-MG, 2016, 2019a, 2019b, 2019c, 2019d, 2020, 2021a, 2021b) da região afetada evidenciam que Brumadinho e os municípios ao redor enfrentam problemas de insegurança hídrica em maior proporção, após o desastre. No decorrer da história da Bacia do Rio Paraopeba, que também integra a Bacia do Rio São Francisco, há registro de que o uso da sua água foi fundamental para o processo de povoamento dos povos originários, bem como dos colonizadores e escravizados no território mineiro. Além disso, a água tinha significados e usos diferentes para cada população que se formava nas margens do rio. Essas versões de realidade permitem ampliar e compreender o papel ativo que a água tem na organização e na desorganização do arranjos sociais (Linton & Budds, 2014). Dessa maneira, o Rio Paraopeba e os seus afluentes representam distintas narrativas construídas a partir das suas margens e do uso das suas águas.

Durante o processo de formação do povo mineiro, os conflitos em torno da água cresceram, tendo em vista as circunstâncias políticas, econômicas e sociais existentes, que moldaram a ocupação do seu espaço territorial e dos seus rios. É de longa data o enfrentamento do problema da escassez hídrica pela população mineira, tendo distintos territórios mineiros marcados pelo conflito da água (Nunes *et al.*, 2020; Igam, 2020). Entretanto, após o desastre, os problemas referentes ao acesso à água e seu uso agravaram-se na região de Brumadinho e nos municípios adjacentes, resultando em uma dependência de caminhões-pipa. Convém, portanto, afirmar que, além desse aspecto, o desastre também vem destituindo a autonomia das pessoas de acessar e de usar as águas do Rio Paraopeba e dos seus afluentes, ao longo de mais de cinco anos do rompimento da barragem.

Essa noção de autonomia é essencial para esclarecer os efeitos desse desastre em torno da água, que não se restringe a um problema de desabastecimento hídrico. Isso porque, as águas do rio expressam a identidade coletiva de uma comunidade, assim como proporcionam um sentimento de pertencimento (Strang, 2006). A água não se traduz mais como um bem público de uso comum, mas sim um recurso condicionado aos caminhões-pipa. Ademais, sem autonomia, a população local às margens do rio modificou o seu cotidiano e a sua relação histórica com a água. Por conseguinte, sem o acesso às águas do Rio Paraopeba e dos seus afluentes, as memórias existentes ali resistem ao seu apagamento cultural e social.

Diante da conjuntura adversa de Brumadinho e dos municípios ao redor, considera-se que o debate aqui apresentado aponta questões importantes referentes à insegurança hídrica da região, após o desastre do rompimento da barragem de rejeitos. Nesse sentido, é preciso aprofundar este estudo e as análises, a fim de verificar em que medida esta problemática em torno do acesso à água e do seu uso irá perdurar e afetar a região. Até o momento, é possível dizer que há uma desigualdade no acesso à água e em seu uso, sendo ampliadas tais condições de precariedade em locais mais empobrecidos. Dito isso, é inadmissível falar sobre segurança hídrica em um espaço marcado por uma disputa desigual pelo acesso à água e seu uso.

Referências

Agência Nacional de Águas (ANA). (2009). *Atlas do Abastecimento de Água* (rel. técn.) [(acessado em 20/11/2022)]. ANA. http://portal1.snirh.gov.br/arquivos/Atlas_Abastecimento/11807-croqui-Existente-3106200-Belo%20Horizonte.pdf

Agência Nacional de Águas (ANA). (2010). *Atlas Brasil – Abastecimento urbano de água: resultados por Estado (vol. 2)* (rel. técn.). ANA. https://arquivos.ana.gov.br/imprensa/publicacoes/atlas/Atlas_ANA_Vol_02_Regiao_Sul.pdf

Agência Nacional de Águas (ANA). (2021). *Índice de Segurança Hídrica* (rel. técn.). ANA. https://portal1.snirh.gov.br/ana/home/webmap/viewer.html?webmap=89a3ed50419d4d6cbec5d1e2843b00b7

Agência Reguladora de Serviços de Abastecimento de Água e de Esgotamento Sanitário do estado de Minas Gerais (ARSAE-MG). (2016). *Serviços de abastecimento de água da Sede Municipal de Brumadinho* (rel. técn.) [(acessado em 20/11/2022)]. ARSAE-MG. http://www.arsae.mg.gov.br/images/Relatorios/Rf_tec_op_saa_brumadinho.pdf

Agência Reguladora de Serviços de Abastecimento de Água e de Esgotamento Sanitário do Estado de Minas Gerais (ARSAE-MG). (2019a). *Impactos do rompimento da barragem da Mina Córrego do Feijão em Brumadinho-MG na prestação dos serviços de saneamento básico pela Copasa.* (rel. técn.) [Relatório Situacional nº 01/2019]. ARSAE-MG. https://portalamm.org.br/wp-content/uploads/Relat%C3%B3rio-sobre-Brumadinho.pdf

Agência Reguladora de Serviços de Abastecimento de Água e de Esgotamento Sanitário do Estado de Minas Gerais (ARSAE-MG). (2019b). *Serviços de abastecimento de água dos municípios localizados nas proximidades do Rio Paraopeba* (rel. técn.) [(acessado em 20/11/2022). Relatório de fiscalização operacional nº 18/2019]. Serviços de abastecimento de água dos municípios localizados nas proximidades do Rio Paraopeba. Relatório de fiscalização operacional nº 18/2019. ARSAE-MG. http://www.arsae.mg.gov.br/images/documentos/rf_tec_op_saa_rio_paraopeba.pdf

Agência Reguladora de Serviços de Abastecimento de Água e de Esgotamento Sanitário do estado de Minas Gerais (ARSAE-MG). (s.d.). *Serviços de abastecimento de água da sede municipal de Paraopeba* (rel. técn.) [(acessado em 20/11/2022). Relatório de fiscalização operacional nº 16/2019]. ARSAE-MG. http://arsae.mg.gov.br/images/documentos/rf_tec_op_saa_paraopeba.pdf

Agência Reguladora de Serviços de Abastecimento de Água e de Esgotamento Sanitário do Estado de Minas Gerais (ARSAE-MG). (s.d.). *Serviços de abastecimento de água da sede municipal de Caetanópolis* (rel. técn.) [(acessado em 20/11/2022). Relatório de fiscalização operacional nº 17/2019]. ARSAE-MG. http://www.arsae.mg.gov.br/images/documentos/rf_tec_op_saa_caetanopolis.pdf

Agência Reguladora de Serviços de Abastecimento de Água e de Esgotamento Sanitário do Estado de Minas Gerais (ARSAE-MG). (2020). *Sistema de abastecimento de água bairro Parque da Cachoeira – Distrito de Tejuco, Município de Brumadinho* (rel. técn.) [(acessado em 20/11/2022). Relatório de fiscalização operacional nº 165/2020. COPASA-MG]. ARSAE-MG. http://arsae.mg.gov.br/images/documentos/RF%20SAA%20Tejuco.pdf

Agência Reguladora de Serviços de Abastecimento de Água e de Esgotamento Sanitário do Estado de Minas Gerais (ARSAE-MG). (2021a). *Sistema de abastecimento de água. Sede Municipal de Brumadinho* (rel. técn.) [(acessado em 20/11/2022). Relatório de fiscalização operacional nº 074/2021. COPASA-MG]. ARSAE-MG. http://www.arsae.mg.gov.br/images/documentos/rf_tec_op_saa_brumadinho.pdf

Agência Reguladora de Serviços de Abastecimento de Água e de Esgotamento Sanitário do Estado de Minas Gerais (ARSAE-MG). (2021b). *Sistema de abastecimento de água. Distrito de Conceição do Itaguá. Sede Municipal de Brumadinho* (rel. técn.) [(acessado em 20/11/2022). Relatório de fiscalização operacional nº 063/2021. COPASA-MG]. Sistema de abastecimento de água. Distrito de Conceição do Itaguá. Sede Municipal de Brumadinho. Relatório de fiscalização operacional nº 063/2021. COPASA-MG. ARSAE-MG. http://www.arsae.mg.gov.br/images/documentos/rf_tec_op_saa_conceicao_do_itagua.pdf

Almeida, F. F. M. (1977). O Cráton do São Francisco. *Revista Brasileira de Geociências*, v. 7n. 4, 349–364.

Almeida, F. F. M., Hasui, Y., Brito de Neves, B. B., & Fuck, R. A. (1981). Brazilian structural provinces: An introduction. *Earth-Sciences Reviews*, v. 17, 1–29.

Alves, C. B. M. (2012). A ictiofauna e a escada experimental para peixes do Rio Paraopeba – UTE Igarapé, Bacia do Rio São Francisco (Minas Gerais). Em *Transposição de Peixes* (pp. 59–75). Companhia Energética de Minas Gerais, Cemig (Org.)

Bakker, K. (2012). Water: political, biopolitical, material. *Social Studies of Science*, v. 42n. 4, 616–623. https://doi.org/10.1177/0306312712441396

Bakker, K., & Morinville, C. (2013). The governance dimensions of water security: a review. *Phil Trans R Soc A*, v. 371, 1–18. https://doi.org/10.1098/rsta.2013.0116

Beek, E. V., & Arriens, W. L. (2014). *Water Security: Putting the Concept into Practice. n. 20* (rel. técn.) [(acessado em 20/11/2022)]. Global Water Partnership Technical Committee (TEC). https://aquadoc.typepad.com/files/gwp_tec20_web.pdf

Prefeitura Municipal de Belo Horizonte (PBH). (2016). *Plano Municipal de Saneamento de Belo Horizonte 2016/2019* (rel. técn.) [Atualização 2014. Volume I/II]. PBH. https://prefeitura.pbh.gov.br/sites/default/files/estrutura-de-governo/obras-e-infraestrutura/2018/documentos/volumei_final_pms2016_2019_agosto.pdf

Boltz, F., Poff, N. L., Folke, C., Kete, N., Brown, C. M., Freeman, S. S. G., Matthews, J. H., Martinez, A., & Rockström, J. (2019). Water is a master variable: Solving for resilience in the modern era. *Water Security*, v. 8, 1–7. https://doi.org/10.1016/j.wasec.2019.100048

Boxer, C. R. (2000). *A Idade de Ouro do Brasil (dores de crescimento de uma sociedade colonial)* (3ª ed.). Nova Fronteira.

Comissão Parlamentar de Inquérito (CPI). (2019). *Rompimento da Barragem de Brumadinh. Relatório Final da CPI* (rel. técn.). Câmara dos Deputados do Brasil. https://www.camara.leg.br/internet/comissoes/cpi/cpibruma/RelatorioFinal.pdf

Button, G., & Oliver-Smith, A. (2008). Disaster, Displacement, and Employment: Distortion of Labor Markets during Post-Katrina Reconstruction. Em N. Gunewardena & M. Schuller (Ed.), *Capitalizing on Catastrophe Neoliberal Strategies in Disaster Reconstruction* (pp. 123–145). AltaMira Press.

Cardona, O. D. (2011). Disaster Risk and Vulnerability: Concepts and Measurement of Human and Environmental Insecurity. Em H. Brauch, U. O. Spring, C. Mesjasz, J. Grin, P. Kameri-Mbote, B. Chourou, P. Dunay & J. Birkmann (Ed.), *Coping with Global Environmental Change, Disasters and Security. Threats, Challenges, Vulnerabilities and Risks* (pp. 107–121). Springer.

Cardona, O. D. (2019). Gestión del riesgo y adaptación en Manizales: Una estrategia de desarrollo para lograr que una ciudad en transición sea resiliente, sostenible y competitiva. *Medio Ambiente y Urbanización*, v. 90n. 1, 127–168.

Carmo, F. F., & Kamino, L. H. Y. (2015). *Geossistemas Ferruginosos do Brasil: áreas prioritárias para conservação da diversidade geológica e biológica, patrimônio cultural e serviços ambientais.* 3i Editora.

Carrara, A. A. (2000). A capitania de Minas Gerais (1674-1835): modelo de interpretação de uma sociedade agrária. *História Econômica & História de Empresas*, v. 3n. 2, 47–63. https://doi.org/10.29182/hehe.v3i2.138

Carrara, A. A. (2001). Espaços urbanos de uma sociedade rural; Minas Gerais, 1808-1835. *Varia Historia*, v. 25, 144–164.

Carvalho, A. (2014). *Processos morfogenéticos e condicionantes associados aos eventos de entulhamento dos fundos de vales de afluentes do médio/baixo Rio Paraopeba/MG* (tese de dout.) [Dissertação de Mestrado]. Instituto de Geociência da Universidade Federal de Minas Gerais.

Carvalho, A., Júnior, M., P., A., & Oliveira, L. A. F. (2020). Eventos quaternários de entulhamento e configuração de fundos de vale na Bacia do Rio Paraopeba – Cráton do São Francisco, Sudeste do Brasil. *Revista Brasileira de Geomorfologia*, v. 21n. 4, 847–869.

Companhia de Saneamento de Minas Gerais (COPASA). (2009). *Sistema Produtor de Água do Rio Manso Brumadinho/MG. Ampliação do sistema de produção de água tratada.* (rel. técn.) [(acessado em 20/11/2022)]. COPASA. http://www.siam.mg.gov.br/siam/lc/2009/0003719880052009/3254702009.pdf

Companhia de Saneamento de Minas Gerais (COPASA). (2019). *Sistema Integrado de Abastecimento de Água da Região Metropolitana de Belo Horizonte – RMBH.* (rel. técn.) [(acessado em 20/11/2022). Relatório da Administração]. COPASA. http://jornal.iof.mg.gov.br/xmlui/bitstream/handle/123456789/215066/caderno1_2019-03-01%2025.pdf?sequence=1

Assembleia Legislativa do Estado de Minas Gerais (ALMG). (2011). *Constituição do Estado de Minas Gerais de 1989* (14ª ed.) [(acessado em 20/11/2022). Atualizada e acompanhada dos textos das Emendas à Constituição nºs 1 a 89]. ALMG. https://dspace.almg.gov.br/xmlui/bitstream/handle/11037/6620/6620.pdf?sequence=3

Custodio, E. (2000). Effects of groundwater development on the environment. *Boletín Geológico y Minero*, v. 111n. 6, 107–120.

De Jong, P., Tanajura, C. A. S., Sánchez, A. S., Dargaville, R., Kiperstok, A., & Torres, E. A. (2018). Hydroelectric production from Brazil's São Francisco River could cease due to climate change and inter-annual variability. *Science of The Total Environment*, v. 634, 1540–1553. https://doi.org/10.1016/j.scitotenv.2018.03.256

Estado de Minas Gerais. (1938). *Decreto estadual nº 148, de 17 de dezembro de 1938: Fixa a divisão territorial do Estado, que vigorará, sem alteração, de 1º de janeiro de 1939 a 31 de dezembro de 1943, e dá outras providências* (rel. técn.). Governo do Estado de Minas Gerais.

Diniz, C. C. (1987). *Capitalismo, recursos naturais e espaço* (tese de dout.) [Tese de Doutorado]. Instituto de Economia da Universidade Estadual de Campinas.

Fonseca, C. D. (2011). Do sertão dos cataguases às Minas Gerais: As modalidades e o léxico da ocupação. Em M. J. G. Teixeira & C. D. Fonseca (Ed.), *Arraiais e vilas d'el rei: espaço e poder nas Minas setecentistas* (pp. 51–81). Editora UFMG.

Fundação Centro Tecnológico de Minas Gerais (CETEC). (1996). *Diagnóstico ambiental do Vale do Paraopeba* (rel. técn.). Instituto de Geociências Aplicadas (CETEC/IGA).

Fundação Cultural Palmares. (2021). *Certidões expedidas às comunidades remanescentes de Quilombos (CRQS) publicada no DOU de 15/06/2021* (rel. técn.). Fundação Cultural Palmares. http://www.palmares.gov.br/wp-content/uploads/2015/07/tabela-crq-completa-certificadas-15-06-2021.pdf

Fundação Estadual do Meio Ambiente (FEAM). (2016). *Estudo para gestão do monitoramento de efluentes industriais na Bacia Hidrográfica do Rio Paraopeba* (rel. técn.) [(acessado em 20/11/2022)]. FEAM. http://www.feam.br/images/stories/2018/TRATA_ESGOTO/Estudo_para_Gest%C3%A3o_do_Monitoramento_de_Efluentes_Industriais_na_Bacia_Hidrogr%C3%A1fica_do_Rio_Paraopeba.pdf

Godoy, M. M., & Barbosa, L. S. (2008). Uma outra modernização: transportes em uma província não exportadora - Minas Gerais, 1850-1870. *Economia e Sociedade*, v. 17n. 2, 159–186. https://doi.org/10.1590/S0104-06182008000200007

Grey, D., & Sadoff, C. W. (2007). Sink or swim? Water security for growth and development. *Water Policy*, v. 9, 545–71. https://doi.org/10.2166/wp.2007.021

Gunda, T., Benneyworth, L., & Burchfield, E. (2015). Exploring water indices and associated parameters: a case study approach. *Water Policy*, v. 17n. 1, 98–111. https://doi.org/10.2166/wp.2014.022

Guimarães, C. M., Assis, A. P., Pereira, A. B. A., Groenner, D., Reis, F. M. M., & Souza, J. B. (2002). *Projeto Arqueológico: Prospecção e Topografia do Forte de Brumadinho e Entorno.* UFMG.

Habiba, U., Abedin, M. A., & Shaw, R. (2014). Defining Water Insecurity. Em M. A. Abedin, U. Habiba & R. Shaw (Ed.), *Water Insecurity: A Social Dilemma, 13* (pp. 3–20). Emerald Group Publishing Limited. https://doi.org/10.1108/S2040-7262(2013)0000013007

Hewitt, K. (2013). Environmental disasters in social context: toward a preventive and precautionary approach. *Natural Hazards*, v. 66, 3–14. https://doi.org/10.1007/s11069-012-0205-6

Holanda, S. B. (2003). *História Geral da Civilização Brasileira. Tomo I: A Época Colonial. Administração, economia e sociedade* (Vol. 2).

Instituto Brasileiro de Geografia e Estatística (IBGE). (1951). *Anuário Estatístico do Brasil. Ano XI-1950* (rel. técn.). IBGE.

Instituto Brasileiro de Geografia e Estatística (IBGE). (2010). *Censo Demográfico IBGE.* IBGE. https://cidades.ibge.gov.br/

Instituto Brasileiro de Geografia e Estatística (IBGE). (2017). *Censo Agropecuário - Resultados definitivos.* IBGE. https://cidades.ibge.gov.br/

Instituto Brasileiro de Geografia e Estatística (IBGE). (2020). *Produção Agrícola Municipal 2019.* IBGE. https://cidades.ibge.gov.br/

Instituto do Patrimônio Histórico e Artístico Nacional (IPHAN). (2018). *Patrimônio Ferroviário em Minas Gerais – Bens imóveis* (rel. técn.) [(acessado em 20/11/2022)]. IPHAN. http://portal.iphan.gov.br/uploads/ckfinder/arquivos/Patrim%C3%B4nio%20Ferrovi%C3%A1rio%20-%20MG.pdf

Instituto Mineiro de Gestão das Águas (IGAM). (2013). *Identificação de municípios com condição crítica para a qualidade de água na bacia do Rio Paraopeba* (rel. técn.) [(acessado em 20/11/2022)]. IGAM. http://www.igam.mg.gov.br/images/stories/ARQUIVO_SANEAMENTO/estudo-saneamento-rio-paraopeba.pdf

Instituto Mineiro de Gestão das Águas (IGAM). (2017). *Boletim Anual de Qualidade das Águas na Bacia Hidrográfica do Rio Paraopeba* (rel. técn.). IGAM. http://www.repositorioigam.meioambiente.mg.gov.br/bitstream/123456789/2410/1/SF3_Boletim%20Qualidade%20das%20%c3%81guas%202017.pdf

Instituto Mineiro de Gestão das Águas (IGAM). (2020). *Áreas de Conflito Declaradas em Minas Gerais - 2020* (rel. técn.). IGAM. http://www.repositorioigam.meioambiente.mg.gov.br/bitstream/123456789/3064/4/Mapa.pdf

Instituto Mineiro de Gestão das Águas (IGAM). (2021). *Informativo da avaliação dos sedimentos do Rio Paraopeba nos locais monitorados ao longo do Rio Paraopeba, após o desastre na barragem B1 no município de Brumadinho – Minas Gerais. Período de*

27 de janeiro de 2019 a 16 de julho de 2020 (rel. técn.) [(acessado em 20/11/2022). Informativo nº 6.]. IGAM. http://www.feam.br/component/content/article/15/1991-informativo-de-avaliacao-dos-sedimentos-do-rio-paraopeba

Instituto Mineiro de Gestão das Águas, Companhia de Saneamento de Minas Gerais, Serviço Geológico do Brasil. (2021). Qualidade das águas do Rio Paraopeba, após o desastre na barragem B1 no complexo da Mina Córrego Feijão da Mineradora Vale/SA no município de Brumadinho – Minas Gerais. http://www.meioambiente.mg.gov.br

Câmara Municipal de Brumadinho. (2004). *Lei Ordinária nº 1438, de 09 de setembro de 2004* (rel. técn.). Câmara Municipal de Brumadinho - MG. https://www.cmbrumadinho.mg.gov.br/legislacao/pesquisa

Lima, R. E., Picanço, J. L., Silva, A. F., & Acordes, F. A. (2020). An anthropogenic flow type gravitational mass movement: the Córrego do Feijão tailings dam disaster, Brumadinho, Brazil. *Landslides*, v. 17, 2895–2906. https://doi.org/10.1007/s10346-020-01450-2

Linton, J. (2008). Is the Hydrologic Cycle Sustainable? A Historical–Geographical Critique of a Modern Concept. *Annals of the Association of American Geographers*, v. 98n. 3, 630–649. https://doi.org/10.1080/00045600802046619

Linton, J., & Budds, J. (2014). The hydrosocial cycle: Defining and mobilizing a relational-dialectical approach to water. *Geoforum*, v. 57, 170–180. https://doi.org/10.1016/j.geoforum.2013.10.008

Marini, R. M. (1973). *Dialéctica de la dependencia.* Era.

Martinez, C. E. P. M. (2006). *Cinzas do passado. Riqueza e Cultura Material no Vale do Paraopeba/MG (1840/1914)* (tese de dout.) [Tese de Doutorado]. Faculdade de Filosofia, Letras e Ciências Humanas da Universidade de São Paulo.

Martinez, C. E. P. M. (2011). Legados de um passado escravista: cultura material e riqueza em Minas Gerais. *Varia Historia*, v. 27n. 46, 415–442. https://doi.org/10.1590/S0104-87752011000200002

Martin, G. O. (1998). Povoamento pré-histórico do vale do São Francisco (Brasil). *Clio Arqueológica*, v. 13, 9–40.

Martins, R. B. (1980). *Economia escravista de Minas Gerais no século XIX.* Cedeplar/UFMG.

Secretaria Estadual do Desenvolvimento Econômico de Minas Gerais (SEDE-MG). (2020). *Diagnóstico do Setor Mineral de Minas Gerais. Documento-base para Formulação do Plano Estadual da Mineração.* [(acessado em 20/11/2022)]. SEDE-MG. http://www.desenvolvimento.mg.gov.br/assets/projetos/1081/130fd1adf19cc74be83c7c6c829c53b9.pdf

Ministério Público do Estado de Minas Gerais (MPMG). (2019). *Ação civil pública com pedido principal em aditamento ao pedido de tutela provisória cautelar em caráter antecedente e com pedido de tutelas de urgência e evidência* (rel. técn.). Força-Tarefa Brumadinho, MPMG.

Munanga, K. (2010). Nova legislação e política de cotas desencadeariam ascensão econômica e inclusão dos negros, diz professor [Trecho de entrevista publicada online]. *Pambazuka News.* https://www.pambazuka.org/pt/security-icts/nova-legisla%C3%A7%C3%A3o

-e-pol%C3%ADtica-de-cotas-desencadeariam-ascens%C3%A3o-econ%C3%B4mica-e-inclus%C3%A3o-dos

Nunes, A. A., Bruschi, D. M., Morais, G. A. B. S., Marques, K. D. S. P., Castro, L. A., Prates, L. F. S., Betim, L. S., Bastos, M. M., Oliveira, M. D., Hamdan, O. H. C., & Pessoa, V. C. S. (2020). Saneamento básico, resíduos especiais, industriais e da mineração e a segurança hídrica [(acessado em 20/11/2022)]. Em M. Fonseca & C. M. C. Correia (Ed.), *Gestão e situação das águas de Minas Gerais.* Instituto Mineiro de Gestão das Águas. http://repositorioigam.meioambiente.mg.gov.br/handle/123456789/3506

Palha, F. P. (2019). *Campo e rural idílicos como falácia: minério-dependência, incompletude urbana e injustiça ambiental-hídrica em Brumadinho (MG)* (tese de dout.) [Tese de Doutorado]. Instituto de Geociências da Universidade Federal de Minas Gerais.

Parente, C. E. T., Lino, A. S., Carvalho, G. O., Pizzochero, A. C., Azevedo-Silva, C. E., Freitas, M. O., Teixeira, C., Moura, R. L., Ferreira Filho, V. J. M., & Malm, O. (2021). First year after the Brumadinho tailings' dam collapse: Spatial and seasonal variation of trace elements in sediments, fishes and macrophytes from the Paraopeba River, Brazil. *Environmental Research*, v. 193, n. 110.526. https://doi.org/10.1016/j.envres.2020.110526

Pimenta, D. J. (1971). *Caminhos de Minas Gerais.* Imprensa Oficial.

Resende, M. L. C., & Langfur, H. (2007). Minas Gerais indígena: a resistência dos índios nos sertões e nas vilas de El-Rei. *Tempo*, v. 12n. 23, 5–22. https://doi.org/10.1590/S1413-77042007000200002

Robertson, P. K., Melo, L., Williams, D. J., & Wilson, G. W. (2019). *Report of the Expert Panel on the Technical Causes of the Failure of Feijão Dam I* (rel. técn.) [(acessado em 20/11/2022)]. Technical Report. http://www.b1technicalinvestigation.com/

Rotta, L. H. S., Alcântara, E., Park, E., Negri, R. G., Lin, Y. N., Bernardo, N., Mendes, T. S. G., & Souza Filho, C. R. (2020). The 2019 Brumadinho tailings dam collapse: Possible cause and impacts of the worst human and environmental disaster in Brazil. *International Journal of Applied Earth Observation and Geoinformation*, v. 90, 1–12. https://doi.org/10.1016/j.jag.2020.102119

Santos, M. (1996). *O Espaço do Cidadão. 3ª edição.* Nobel.

Santos, M. (2007). O dinheiro e o território. Em *Território, territórios: Ensaios sobre o ordenamento territorial. (3 ed.)* (Pp. 13–21). Lamparina.

Secretaria de Estado de Saúde de Minas Gerais (SES/MG). (2021). *Boletim informativo: Qualidade da água para consumo humano em soluções alternativas de abastecimento em municípios atingidos pelo desastre da Vale S.A. em Brumadinho, Minas Gerais (2019 – 2020)* (rel. técn.) [(acessado em 20/11/2022).]. SES/MG. https://saude.mg.gov.br/images/Boletim_Brumadinho.pdf

Secretaria de Estado de Meio Ambiente e Desenvolvimento Sustentável (SEMAD), Fundação Estadual do Meio Ambiente (FEAM), Instituto Mineiro de Gestão das Águas (IGAM), Instituto Estadual de Florestas (IEF). (2019). *Rompimento das Barragens da Vale em Brumadinho. Bacia do Rio Paraopeba. Caderno 1 ano.* (rel. técn.) [(acessado em 20/11/2022)]. SEMAD, FEAM, IGAM, IEF. http://www.meioambiente.mg.gov.br/i

mages/stories/2020/ACOES_RECUPERACAO_PARAOPEBA/Caderno_1_ano _-_Rompimento_das_barragens_de_Brumadinho.pdf

Serviço Geológico do Brasil (SGB-CPRM). (2019). *Monitoramento especial da Bacia do Rio Paraopeba. Relatório I. Monitoramento Hidrológico e Sedimentométrico* (rel. técn.) [(acessado em 20/11/2022)]. CPRM. https://www.cprm.gov.br/sace/conteudo/monitoramento_especial/paraopeba/RT_01_2019_PARAOPEBA.pdf

Serviço Geológico do Brasil (SGB-CPRM). (2020). *Monitoramento especial da Bacia do Rio Paraopeba. Relatório V. Monitoramento Hidrológico, Sedimentométrico e Geoquímico.* (rel. técn.). CPRM. https://www.cprm.gov.br/sace/conteudo/monitoramento_especial/paraopeba/RT_05_2020_PARAOPEBA.pdf

Scott, C. A., Meza, F. J., Varady, R. G., Tiessen, H., McEvoy, J., Garfin, G. M., Wilder, M., Farfán, L. M., Pablos, N. P., & Montaña, E. (2013). Water security and adaptive management in the arid Americas. *Annals of the Association of American Geographers*, v. 103, 2. https://doi.org/10.1080/00045608.2013.754660

Scott, C. A., Zilio, M. I., Harmon, T., Zuniga-Teran, A., Díaz-Caravantes, R., Hoyos, N., Perillo, G. M. E., Meza, F., Varady, R. G., Neto, R., A., V., I., M., Martín, F., Escobar, J., Piccolo, M. C., Mussetta, P., Montenegro, S., Rusak, J. A., & Pineda, N. (2021). Do ecosystem insecurity and social vulnerability lead to failure of water security? *Environmental Development*, v. 38, 1–13. https://doi.org/10.1016/j.envdev.2020.100606

Silva, A. A., Lunas, D. A. L., Bicalho, P. S. S., & Maciel, R. M. T. (2019). O impacto do rompimento da barragem de Brumadinho na aldeia Naô Xohã. *Sustentabilidade em Debate*, v. 10n. 3, 195–211. https://doi.org/10.18472/SustDeb.v10n3.2019.24017

Soyapi, C. B. (2017). Water Security and the Right to Water in Southern Africa: An Overview. *Potchefstroom Electronic Law Journal (PELJ)*, v. 20n. 1, 1–26. https://dx.doi.org/10.17159/1727-3781/2017/v20n0a1650

Strang, V. (2006). Substantial Connections: Water and Identity in an English Cultural Landscape. *Worldviews*, v. 10n. 2, 155–177. https://doi.org/10.1163/156853506777965820

Teramoto, E. H., Gemeiner, H., Zanatta, M. B. T., Menegário, A. A., & Chang, H. K. (2021). Metal speciation of the Paraopeba river after the Brumadinho dam failure. *Science of The Total Environment*, v. 757, 1–14. https://doi.org/10.1016/j.scitotenv.2020.143917

Thompson, F., Oliveira, B. C., Cordeiro, M. C., Masi, B. P., Rangel, T. P., Paz, P., Freitas, T., Lopes, G., Silva, B. S., Cabral, A. S., Soares, M., Lacerda, D., Vergilio, C. S., Lopes-Ferreira, M., Lima, C., Thompsom, C., & Rezende, C. E. (2020). Severe impacts of the Brumadinho dam failure (Minas Gerais, Brazil) on the water quality of the Paraopeba River. *Science of The Total Environment*, v. 705. https://doi.org/10.1016/j.scitotenv.2019.135914

Tundisi, J. G., Matsumura-Tundisi, T., Ciminelli, V. S., & Barbosa, F. A. (2015). Water availability, water quality water governance: the future ahead. *Proc. IAHS*, v. 366, 75–79. https://doi.org/10.5194/piahs-366-75-2015

Universidade Federal de Minas Gerais/CEDEPLAR. (2014). *Plano Metropolitano Macrozoneamento RMBH. Avaliação das tendências recentes da dinâmica territorial da RMBH e identificação preliminar das zonas de interesse metropolitano.* (rel. técn.) [Produto 02]. UFMG/CEDEPLAR.

Vergilio, C., Lacerda, D., Oliveira, B. C. V. D., et al. (2020). Metal concentrations and biological effects from one of the largest mining disasters in the world (Brumadinho, Minas Gerais, Brazil). *Sci Rep*, v. 10, n. 5.936. https://doi.org/10.1038/s41598-020-62700-w

Wisner, B., Blaikie, P., Cannon, T., & Davis, I. (2004). *At Risk: Natural Hazards, People's Vulnerability and Disasters*. Routledge.

Worster, D. (1985). *Rivers of Empire: Water, Aridity, and the Growth of the American West.* Pantheon Books.

5

O uso da Internet das Coisas (IoT) para segurança de barragens e da comunidade

José Roberto Emiliano Leite[1]

5.1 Introdução

A internet consagrou-se como uma "rede de redes" e uma ferramenta de comunicação globalizada, inicialmente possibilitando a ligação entre pessoas e entre pessoas e computadores (máquinas) (Leite *et al.*, 2017). Foi criada nos anos 1960 com o objetivo de interligar os ambientes acadêmicos e de pesquisas. Com seu crescimento, a internet foi expandida para as áreas empresarial e comercial, aumentando ainda mais o seu uso com o surgimento da forma de busca WEB (WWW) e das redes sociais. Atualmente, é difícil imaginar a vida sem o uso da internet, das redes sociais e comerciais.

A diminuição do custo e do tamanho dos componentes de acesso à internet possibilitou que equipamentos e aparelhos mais simples de nosso cotidiano pudessem também acessar a rede global (TV, geladeira, fogão, ar-condicionado, alarmes residenciais, lâmpadas, automóveis, aparelhos hospitalares), dando origem à Internet das Coisas (IoT). Essa nova forma de utilização da internet visa interligar esses instrumentos, permitindo uma comunicação entre coisas/objetos/aparelhos por meio do celular e, assim, uma maior automatização do cotidiano. Possibilita também o incremento de inteligência em diversos setores da economia: *Smart Grid* (setor elétrico), *City, Building, House,* logística, indústria, hospital, saúde e automatização comercial (atacado e varejo), entre outros. A inteligência e a automação são decorrentes dos acréscimos de processamento, memória e comunicação nos objetos envolvidos.

A IoT permite uma transformação digital, conectando dispositivos, incrementando valores de negócios, redefinindo organizações e gerando enorme quantidade de oportunidades. Sem dúvida, essa é uma nova onda tecnológica, criando uma nova fronteira do mundo conectado com pessoas, computadores, dispositivos (objetos/coisas), ambientes e objetos virtuais, todos interligados e capazes de interagir entre si.

---

[1] FT/Unicamp.

Este capítulo mostra como o uso de tecnologias da Internet das Coisas (IoT) pode auxiliar a evitar um acidente com uma barragem, ou minimizar os impactos caso este ocorra. Entre as tecnologias, podem ser citados: sensores, redes de sensores, medidores, atuadores, etiquetas RFIDs, mediadores, celulares, internet, aplicações com predição, armazenamento em base de dados na nuvem e sistemas de alarmes.

Finalmente, será apresentada uma proposta de projeto de uma Rede Internet das Coisas para Segurança de Barragens e da Comunidade.

5.2 Arquiteturas, modelos, tecnologias e protocolos selecionados pela IoT

A Arquitetura IoT foi padronizada internacionalmente em (IDA, 2012) e está mostrada na Figura 5.1. O artigo de Leite *et al.* (2019) apresenta uma visão geral sobre a IoT: arquitetura, modelos, tecnologias, protocolos e aplicações. A Arquitetura IoT (Figura 5.1) utiliza tecnologias abertas, baratas e conceituadas no mercado, dentre elas: Ethernet, WiFi, Ad-Hoc, Zigbee, Bluetooth, RFID (*Radio-Frequency Identification*), WSS (*Wireless Signal Solutions*) e rede de sensores, além de soluções cabeadas como Ethernet/*Wired*. A Arquitetura IoT utiliza outras arquiteturas consagradas como Comunicação TCP/IP e SOA (*Service Oriented Architecture*). A Arquitetura IoT (Figura 5.1) separa a comunicação nas seguintes camadas: conectividade de sensores e redes; *Gateway* e redes; serviços de gerenciamento de rede com segurança da informação, e aplicações.

A IoT escolheu também aplicações de utilização direta na sociedade e na economia mundial, como: ambiental, energia (*Smart Grid*), transporte, saúde, comércio varejo/atacado, cadeia de produção, acompanhamento de pacientes (*Healthcare*) e segurança (*Smart Home, Building, City*), entre outras. O Modelo de Referência IoT, conforme o entendimento de telecomunicações de ITU-T, ISO e IEC, também segue o modelo de camadas: *Application*, *Service* and *Application Support*, *Network* e *Device*. Como todos os modelos de referência da ITU-T, possui duas colunas referentes a gerenciamento de rede e segurança, colunas essas que têm funcionalidades espalhadas em todas as camadas do modelo.

O modelo de comunicação IoT foi baseado no modelo OSI (*Open System Interconnection*) da ISO. O foco principal é a informação transportada ("*Data*") entre o objeto e a aplicação. A maior parte dos protocolos utilizados na IoT e na WEB foi aproveitada da Arquitetura TCP/IP. A IoT selecionou diversas tecnologias padronizadas e já utilizadas internacionalmente. Assim sendo, muito dos novos ambientes IoT são parecidos com os atuais existentes na internet residencial e empresarial. A maioria das tecnologias é por rádio e sem fio (*Radio Access Technologies*), ou seja, utiliza os padrões IEEE 802.11, IEEE 802.15 e IEEE 802.16, por questões de flexibilidade e alcance.

5.3 Aplicações selecionadas pela IoT

A IoT pode ser aplicada em diversos setores da economia mundial, entre eles: cliente e residência (conforto e conveniência) (Leite *et al.*, 2019); prédios (comercial e institucional); indústria (automação); cuidado com a saúde; comodidades (energia, água, gás e telecomunicações); mercado (atacado e varejo); transporte; segurança pública; tecnologia da informação e comunicações (TICs). A seguir, apresentam-se as principais aplicações atualmente em pesquisa.

- *Smart Home* visa oferecer automação residencial usando o *smartphone* ou *tablet* para acesso remoto, como: alarmes, acender e apagar luzes, saber o tempo de vida das lâmpadas, abrir e fechar portas e portões, ligar e desligar TV/ar-condicionado, receber a lista de mantimentos faltantes na geladeira, disparar compras no supermercado, receber informações via *Smart TV* e vídeos etc.

- *Smart Building* visa à automatização de um edifício, tornando-o *green* em termos de energia elétrica, água, aquecimento solar, sistemas de baterias etc. Equipamentos de alto consumo (ar-condicionado e iluminação) poderão ser ajustados dinamicamente em função de temperatura/umidade/claridade interna e externa do prédio. Sistemas de baterias poderão ser supervisionados visando à antecipação de troca em caso de futura falha.

- *Smart Cities* trata de troca de informações entre carros, celulares, prédios e semáforos, visando melhorar o trânsito e o fluxo de carros em uma cidade. A *Smart City* abrange as seguintes áreas: saúde das estruturas de prédios e pontes, monitoramento de lixo, monitoramento da qualidade do ar, monitoramento de ruído, monitoramento do congestionamento de tráfego, consumo de energia na cidade, estacionamentos inteligentes, semáforos inteligentes, automação e salubridade em prédios públicos. O ITS (*Intelligent Transportantion System*) é parte funcional da *Smart City* em estradas.

- *Smart Grid* (energia e utilidades): cuida da automatização do setor elétrico visando colocar nas residências leitores inteligentes (*Smart Meters*) que passam as informações de consumo diretamente para as empresas fornecedoras, as quais utilizam a própria rede para gerenciar seus equipamentos e falhas. Utiliza uma rede específica do setor elétrico com tecnologia PLC (*Power Line Communication*), por questões de confiabilidade e tempo de resposta. Seus principais componentes são: geração, transmissão, automação da distribuição, carros elétricos e gerenciamento da energia elétrica na residência.

- *Healthcare* (assistência médica remota): possibilita o monitoramento e o acompanhamento remoto de pacientes em suas casas, através da coleta de informações de sensores (no paciente) de temperatura/pressão arterial/batimentos cardíacos/nível de glicose/nível de oxigenação, sensores ambientais de presença/temperatura/pressão/movimento, RFIDs de crachás de paciente, enfermeira, cuidadora, funcionários, remédios, equipamentos, entre outros; essas informações são enviadas para a nuvem e são acessadas pelos

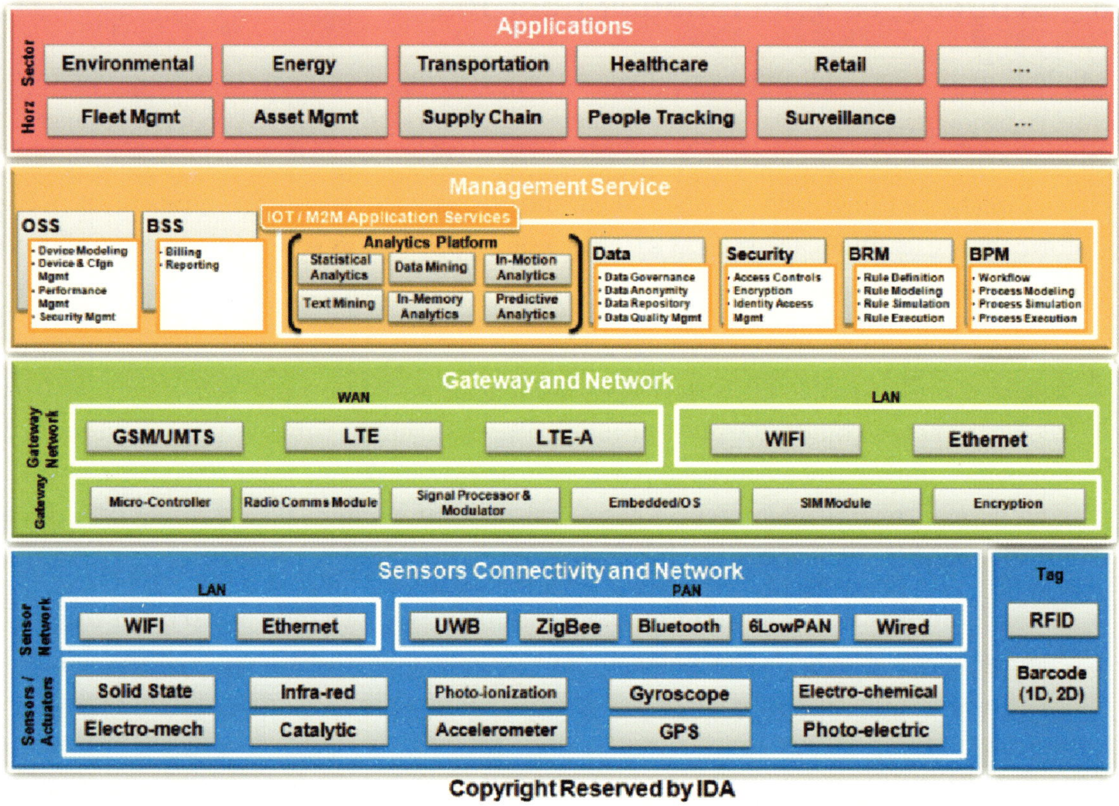

Figura 5.1: Arquitetura IoT da IDA (International Digital Asset Management). Fonte: IDA (2012).

médicos, enfermeiros e hospitais. O médico poderá acessá-las através de seu *Smartphone* e solicitar que o paciente seja deslocado para o hospital em caso de valores perigosos nos seus sinais vitais. Essa aplicação possibilita um novo modelo de negócio para planos de saúde, em que o paciente só vai ao hospital em situações graves.

- *Smart Manufacturing (Industry 4.0)* é responsável pelo controle e automação de processos fabris reais sobre dispositivos industriais (tornos, prensas, controladores numéricos, controladores de lógica programáveis (PLCs), robôs, dentre outros), requerendo tempos de reação curtos (*Real Time*), com pouco atraso e *jitter*, e pouca quantidade de dados produzida. Adaptadores, *Bridges* e *Gateways* são necessários devido ao grande número de ilhas (aplicações) existentes com protocolos proprietários.

- *Smart Farming* automatiza a fazenda, através da sua interconexão com o mundo global. Possibilita a interconexão de tratores, colheitadeiras, *drones*, sede da fazenda, cooperativas, entidades da agricultura e aviões pulverizadores. Os funcionários e os animais são identificados através de etiquetas RFIDs. É necessária a instalação de uma Estação Rádio Base na fazenda, permitindo a interconexão dessas diversas partes, o que possibilita construir uma fazenda *on-line*. Essa aplicação é de grande importância para o Brasil por ser um país fortemente agropecuário.

- *Transporte e Logística* têm três maiores aspectos incluídos: 1) a otimização de desempenho de veículo, 2) operações flexíveis, e 3) gerenciamento de tráfego. A inclusão da IoT nos veículos permite a instalação de novas funcionalidades como predição e monitoramento de desempenho de veículo. Vanets (*Vehicle Area Networks*) são redes AdHocs criadas para a integração desses objetos e dispositivos que suportam as funcionalidades dos veículos. O uso de sensores, processamento e comunicação, possibilita que os veículos e mercadorias sejam monitorados e acompanhados em todos os lugares das ruas, estradas e estacionamentos.

- *Outras aplicações* potenciais estão surgindo: catástrofe e recuperação de desastre, automação comercial (atacado e varejo), carro conectado, canteiro de obras conectado, monitoramento de tanques industriais, monitoramento de oleodutos/gasodutos, medidor inteligente (luz, água, gás, internet), segurança pública, dentre outras. Estas demandarão muito esforço de padronização, especificação, desenvolvimentos e testes. Cada aplicação precisará ter a sua própria padronização aberta, que deverá ser gerada pelos grupos técnicos associados.

5.4 O uso das tecnologias da IoT em segurança de barragens e de comunidades

Logo após o rompimento de uma barragem, surgem questionamentos sobre a possibilidade de aquele desastre ter sido evitado e a respeito do que fazer para diminuir as suas consequências. As principais perguntas feitas são:

1. Por que aconteceu o rompimento? Tinha como ser evitado?
2. Quantas pessoas morreram e quantas estão desaparecidas?
3. Existiam sensores e instrumentação de medições na barragem? Quantos? Estavam funcionando?
4. Refletiram o perigo iminente de rompimento da barragem?
5. A empresa sabia dos valores críticos medidos pelos sensores e medidores?
6. A empresa informou esses valores críticos aos órgãos governamentais, à Agência Nacional de Mineração (ANM) e à Defesa Civil?
7. Existiam atuadores (sirenes, alto-falantes, celulares, painéis com rota de fuga, *drones* etc) na barragem e nas localidades próximas, para aviso aos funcionários e à população vizinha? Quantos? Estavam funcionando?
8. As redes de telecomunicações da barragem e da vizinhança estavam funcionando? Existia uma rede de telecomunicações redundante de garantia da comunicação mesmo em situações de falhas?

9. Existiam mecanismos de predição e inteligência artificial para antecipar a ocorrência do desastre e dar tempo de salvar a comunidade vizinha?

10. Seria possível diminuir o número de mortes com o uso intensivo de tecnologias de sensoriamento, medição, atuação e predição?

Os instrumentos de medição em uma barragem são de grande importância, pois permitem, em tempo real, observar e acompanhar a situação da estrutura da barragem. Esses instrumentos evoluíram muito nas últimas décadas, aproveitando as tecnologias que foram surgindo (Machado, 2007).

A evolução da instrumentação começou com equipamentos de visualização, sensores e medidores mecânicos, elétricos, eletrônicos e ópticos. Os três últimos possibilitam o monitoramento remoto com computadores, os quais armazenam as informações para posterior processamento. A análise das informações e o controle de processo com os atuadores são feitos a distância e em tempo real.

O uso da instrumentação geotécnica em barragens iniciou-se na década de 1930 (Machado, 2007). Na década de 1950 apareceram os medidores de vazão. Na década de 1960 apareceram as células de pressão e os medidores de deslocamentos, os quais permitem a medição de deslocamentos horizontais e verticais através dos inclinômetros. Na década de 1970 apareceram os medidores de tensões e deformações. Na década de 1980 apareceram os instrumentos nacionais, fabricados no Brasil, visando baratear o custo da solução de segurança. Na década de 90 ocorreu a automatização do processo de medidas (Figura 5.2) através do uso de informática e telecomunicações (TIC), permitindo o monitoramento remoto dos dados coletados em sensores e medidores; essas soluções, inicialmente foram aplicadas nas redes locais de computadores e posteriormente levadas para as redes de telecomunicações; atualmente, estão sendo implantadas também nos setores elétrico (*smart grid*) e de mineração.

O uso de sensores e medidores permitiu que a solução de segurança pudesse ser expandida com as ferramentas da Internet das Coisas (IoT), em nível de sensoriamento (monitoramento), tomada de decisões com os dados coletados e disparo de ações para os atuadores. A evolução nesse processo vem ocorrendo nos últimos anos através do uso de sistemas GPS, *drones*, fibra óptica (como sensores) e celulares (como atuadores e acesso aos dados também).

As principais tecnologias IoT aplicadas em barragens são: rede de sensores Adhoc e Zigbee, RFID (identificação de crachás e equipamentos), sensores, medidores e atuadores, e análise dos dados armazenados para tomada de decisão. Os dados coletados pelos sensores, medidores e RFID são enviados através das redes de telecomunicações (AdHoc, RFID, Internet) até as bases de dados com aplicações na nuvem, onde os dados são analisados e, com preditores, detecta-se a iminente ocorrência de alguma falha na estrutura, a qual deve ser imediatamente avisada à Defesa Civil e órgãos governamentais (agências regulatórias). Adicionalmente, avisos sonoros e indicativos devem ser disparados nos atuadores visando à evacuação total do ambiente da barragem e da comunidade vizinha, através do uso de sirenes, alto-falantes, *drones*, painéis e celulares com indicação de rotas de fugas. Temos as seguintes definições:

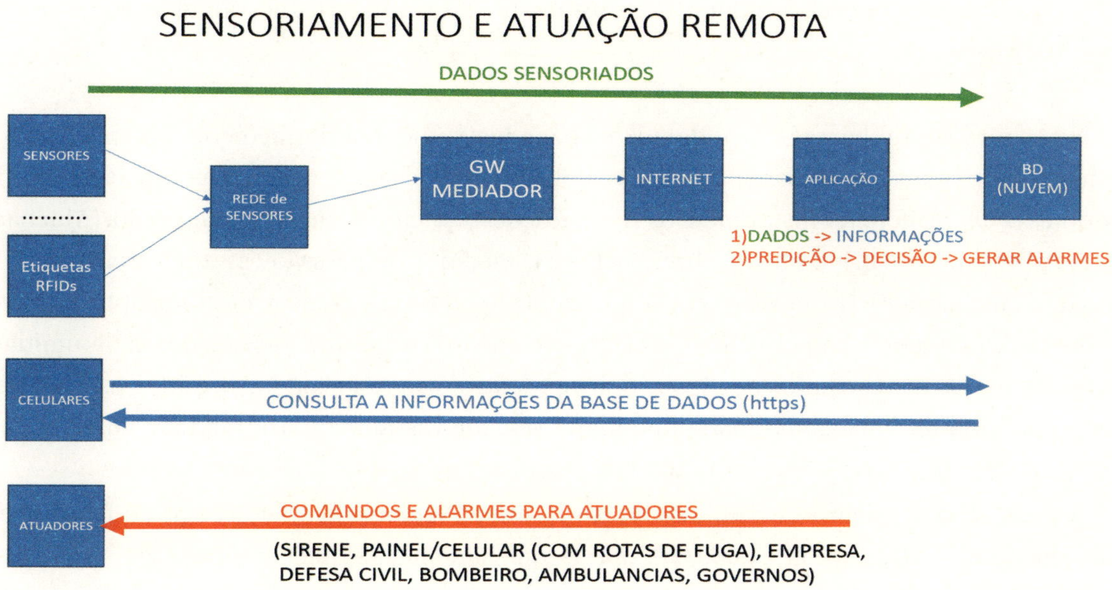

Figura 5.2: Sistema de Sensoriamento e Atuação Remota. Fonte: Autoria própria.

- Sensor é um dispositivo (Leite *et al.*, 2017) que responde a um estímulo físico ou químico de maneira específica, produzindo um sinal que pode ser transformado em outra grandeza física para fins de medição e/ou monitoramento. A fibra óptica é exemplo de um sensor para medir umidade, temperatura, pressão, esticamento, rompimento etc.;

- Instrumento de medição é um dispositivo (Machado, 2007) que efetua a medida simultânea de vários valores físicos e que registra em papel, ou através de meios eletrônicos, a sua evolução;

- Atuador é um dispositivo que executa um comando recebido de outro dispositivo e que produz movimento, convertendo energia pneumática, hidráulica ou elétrica, em energia mecânica. Os atuadores auxiliam no aviso de alerta à comunidade quando do possível rompimento da barragem, visando à segurança da comunidade; os seguintes sistemas podem ser utilizados (Machado, 2007): sirenes, alto-falantes, painéis com rotas de fuga, mapas em celulares com rotas de fuga, *drones* avisando as rotas de fuga;

- *Drone*: é uma aeronave não tripulada utilizada para inspeções visuais remotas, como visualização de fissuras e obstrução em canais de drenagem em barragens, e localização de pessoas durante resgate em desastres. Permite também que a comunidade seja avisada através de alarmes sonoros de rompimento de barragem;

- GPS (*Global Positioning System*): sistema de navegação por satélite que fornece a um aparelho receptor móvel a sua posição (latitude e longitude), assim como o horário, sob quaisquer condições atmosféricas, a qualquer momento e em qualquer lugar na Terra, desde que o receptor se encontre no campo de visão de três satélites GPS (quatro ou mais para precisão maior). Permite medir deslocamentos no talude e ombreiras da barragem.

Na segurança de barragem podemos utilizar instrumentos de medições (piezômetros) e de medidas (réguas), sensores (fibra óptica), atuadores (sirenes) e sistemas específicos (GPS e *drones*). Os principais instrumentos de medições aplicados em barragens são (Machado, 2007): pluviômetro (mede altura pluviométrica), medidor de pressão (piezômetros), medidor de vazão, inclinômetros (movimentação horizontal e vertical), sensor de fibra óptica (sensor de pressão, umidade, temperatura, torção, esticamento, rompimento), medidor de umidade, entre outros. Os instrumentos de medição ficam dentro e ao redor da barragem, e os atuadores ficam em volta da barragem e na comunidade (local e distante), para auxiliar na evacuação imediata dos empregados e da comunidade vizinha, em caso de rompimento.

A legislação brasileira "Lei n. 12334/10, Política Nacional de Segurança de Barragens", atualizada em 2020 pela Lei 14.066/20, obriga que "anomalias que ensejam risco à segurança do barramento, têm que ser reportadas imediatamente à Agência Regulatória". Para tal, a Portaria 70.389/17 (segurança de barragens de mineração) de 2017 diz que os empreendedores são obrigados a reportar quinzenalmente à ANM, a partir de 24/01/2020, a situação de suas barragens, informando itens como conservação dos taludes, situação das estruturas extravasoras, níveis de percolação no interior do maciço etc., via um sistema de informação chamado SIGBM (Sistema Integrado de Gestão de Segurança de Barragens de Mineração) (ANM, 2020); o responsável por cadastrar as barragens nesse sistema é o órgão fiscalizador.

5.5 Sistema de monitoramento de segurança de barragens de rejeitos

O objetivo da instrumentação e de seu monitoramento é reduzir o risco de acidentes em barragens de rejeitos e de água (Machado, 2007). Os seguintes fenômenos físicos podem ser observados: tensões, deformações, subpressão, percolação, vazão, sismos, deslocamentos horizontais (inclinômetros) e pressão na água (piezômetros). Os instrumentos podem ser transdutores do tipo mecânico, hidráulico, pneumático, elétrico, eletrônico e óptico; os sinais elétricos/eletrônicos/ópticos têm a vantagem de poderem ser monitorados remotamente através de redes de telecomunicações (monitoramento remoto automatizado).

A grandeza medida pode ser o nível de água, a pressão de água, a tensão total no barramento, o deslocamento do barramento, a temperatura, a vazão e a aceleração. O monitoramento permite observar a deformação do maciço em função de tensões aplicadas e granulometria do rejeito. A vida útil do empreendimento é de aproximadamente 20 a 30 anos.

As principais causas e preocupações em acidentes de ruptura de barragem referem-se a (Machado, 2007): enchentes, seca prolongada, falhas no sistema de extravasão, colmatação (entupimento) do sistema de drenagem, erosão regressiva interna (*piping*), atividades sísmicas, liquefação (processo de tornar a lama líquida), deficiências de compactação, escorregamentos internos ao entorno do reservatório, pressão excessiva no aterro ou fundação, e processos erosivos em longo prazo; as maiores consequências para o barramento são: transbordamento (*overtopping*) e/ou deformação do maciço.

Os tipos de instrumentações de medição e sistemas existentes em uma barragem de rejeito são mostrados na Figura 5.3:

- Estação Total Robotizada (ETR) com marcos superficiais;
- Câmeras de vídeo;
- Pluviômetro;
- Medidor de nível de água;
- Medidor de vazão de água;
- Piezômetros (tipos: *standpipe*, corda vibrante e fibra óptica);
- Inclinômetros (instrumentação de deslocamento horizontal e vertical para detecção de deformações do maciço);
- Tapetes drenantes com drenos superficiais horizontais (DHP), para calhas e escadas de evacuação de água;
- Monitores de infiltração.
- Sistemas recentes: GPS, *drones* e fibra óptica. A fibra óptica é considerada um sensor e tem a vantagem de não sofrer interferência eletromagnética na ocorrência de raios e trovões; pode detectar: pressão, alongamento, rupturas, rachaduras, rompimento, esticamento, torção, esmagamento, umidade no concreto, temperatura (DTS: *Distributed Temperature System*), atenuação no *loop* e pressão do líquido.

Os principais sistemas de avisos de alertas utilizados em barragens são: video direcional, sirenes, alto-falantes, painéis e celulares com rotas defuga, *drones* com avisos sonoros e avisos às autoridades.

5.6 Proposta de projeto de uma rede de IoT para segurança de barragens e da comunidade

A seguir, apresenta-se uma proposta de aplicação de gerência de desastres ambientais em barragens. Resumidamente, ela precisa receber os dados dos sensores e medidores, armazená-los na nuvem, trabalhar com lógica de predição usando esses dados, tomada de decisão, disparo de alarmes em atuadores (sirenes, alto-falantes, *drones*, painéis de controle e celulares com avisos de rotas de fugas), aviso à empresa, aviso de autoridades (ANM/ANA), Defesa Civil, bombeiros, ambulâncias, governos (municipal, estadual e federal).

Para antecipar a detecção do desastre, é importante que a aplicação acompanhe os dados monitorados, comparando-os de tempos em tempos, e observando se seus valores estão

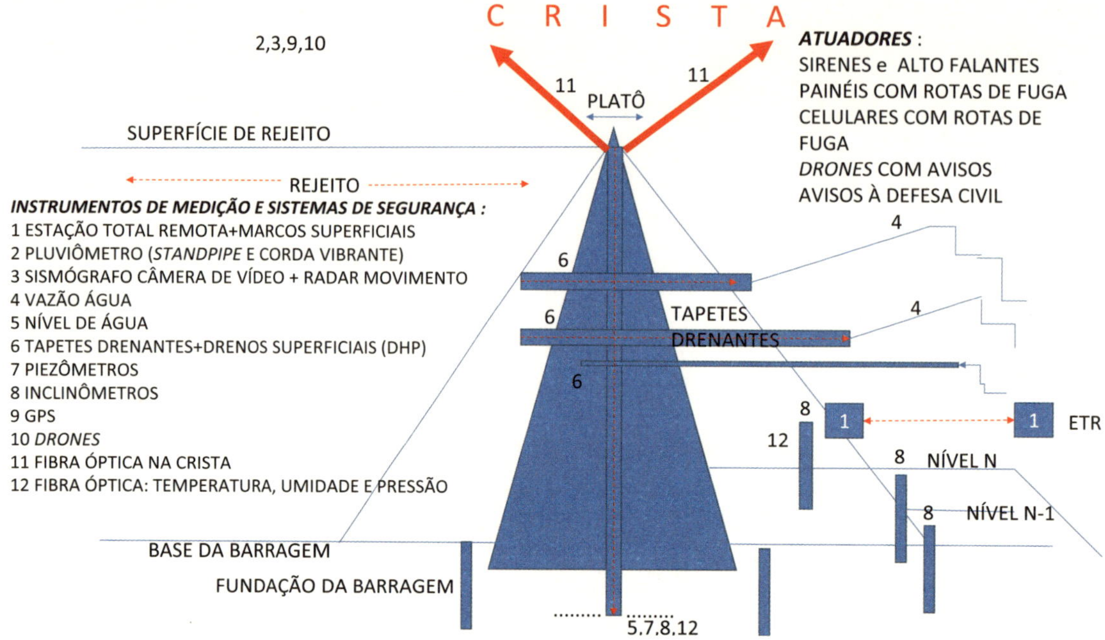

Figura 5.3: Instrumentação de medições e sistemas de segurança em barragem de rejeitos. Fonte: Autoria própria.

passando para limites críticos. Lógicas de predição e de Inteligência Artificial podem ser usadas. O plano de fuga, previamente testado pela empresa e pela Defesa Civil, tem que ser aplicado imediatamente entre os funcionários e a comunidade.

O aviso aos empregados da barragem e à comunidade vizinha deve ocorrer por meio de atuadores:

- Disparo de sirenes e alto-falantes (dezenas, com e sem fio);
- Disparos de avisos em painéis, com indicação de rotas de fuga (dezenas, com e sem fio);
- Disparos de avisos em celulares com indicação de rotas de fuga (milhares);
- Uso de *drones* para alertar com avisos sonoros à comunidade do acidente, mostrando a melhor rota de fuga (direita, esquerda, em frente, para trás, subindo).

A Figura 5.4 mostra os blocos funcionais propostos na solução. Os ambientes de alarmes dentro da barragem são de responsabilidade da empresa; já nos córregos e localidades próximas e remotas, os alarmes são de responsabilidade da Defesa Civil.

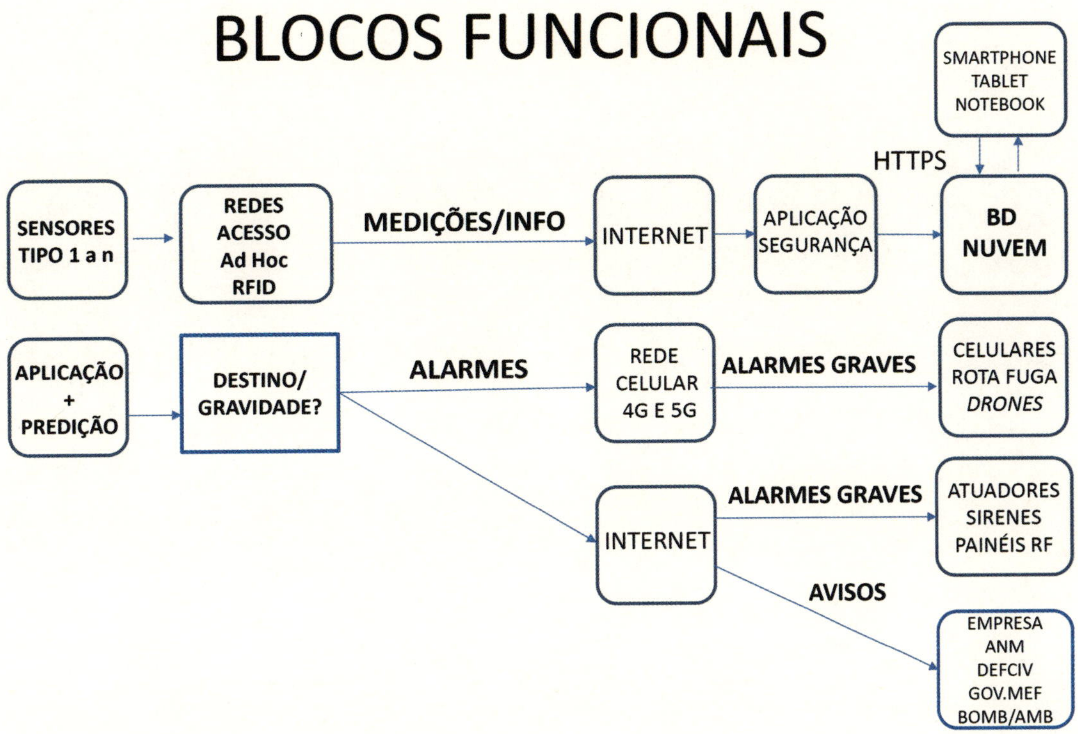

Figura 5.4: Blocos funcionais do projeto da rede IoT para barragens. Fonte: Autoria própria.

Referências

Emiliano Leite, J. R., Martins, P. S., & Ursini, E. L. (2017). A INTERNET das COISAS (IoT): Tecnologias e Aplicações [ISSN 2447-8326]. *Brazilian Technology Symposium (BTSYM).*

Emiliano Leite, J. R., Martins, P. S., & Ursini, E. L. (2019). Internet of Things: An Overview of Architecture, Models, Technologies, Protocols and Applications. *Proceedings of the 3rd Brazilian Technology Symposium – Emerging Trends and Challenges in Technology.*

International Digital Asset Management (IDA). (2012, julho). The Internet of Things (IoT).

Machado, W. G. F. (2007). *Monitoramento de Barragens de Contenção de Rejeitos de Mineração* (tese de dout.) [Dissertação de Mestrado]. Escola Politécnica da USP.

Agência Brasil. (2020). ANM lança sistema público de monitoramento de barragem de mineração (24/01/2020). *Empresa Brasil de Comunicação (EBC).*

6

Segurança de barragens e a legislação brasileira

Willian Leandro Henrique Pinto[1]
André Luis Sotero Salustiano Martim[2]
Laura Maria Canno Ferreira Fais[3]

6.1 Legislações

O direito de todos ao meio ambiente ecologicamente equilibrado, como um bem de uso comum e de caráter essencial à saúde e à qualidade de vida, é previsto no artigo 225 da Constituição Federal de 1988, sendo de responsabilidade da coletividade e do Poder Público sua defesa e sua preservação à presente e às futuras gerações. Tal artigo fornece, de maneira programática, garantias de proteção ao meio ambiente em âmbito constitucional; entretanto, não fornece os instrumentos e diretrizes necessários. Pimenta (1999) afirma que regras jurídicas programáticas são constituídas de linhas diretivas nas quais o Poder Público deve se orientar, não se tratando de regras de aplicação direta.

Legislar sobre segurança de barragens já era pauta em outros países quando o Brasil iniciou sua preocupação com a temática. No território nacional, somente em 2010 foi publicada a lei federal n. 12.334, que estabelece a Política Nacional de Segurança de Barragens (PNSB), destinada a barragens de acumulação de água para quaisquer usos, à disposição final ou temporária de rejeitos e à acumulação de resíduos industriais, e cria o Sistema Nacional de Informações sobre Segurança de Barragens (Snisb).

Assim, considerando a segurança de barramentos, apenas em 2010, através da PNSB, foi institucionalizado o comando especificado no artigo 225 da Constituição Federal de 1988, com diretrizes específicas e concretas. Embora o cenário tenha melhorado com a inserção de outras regulações, ainda são necessárias ações para a melhoria da avaliação de segurança de barragens.

[1]FT/Unicamp – Mestre em Tecnologia – pwillianleandro@gmail.com.
[2]FEC/Unicamp – Professor Doutor – sotero@fec.unicamp.br.
[3]FT/Unicamp – Professor Doutor – laura@ft.unicamp.br.

Freiria (2010) define política como "um conjunto de ações ou medidas que visam realizar objetivos, metas" e destaca sua capacidade de orientar processos de tomada de decisão. Assim, políticas públicas são assim denominadas quando tais medidas percorrem o cenário público, enquanto políticas públicas ambientais (PPA) estão associadas à temática ambiental.

Iniciada nos anos 1970 e impulsionada no processo preparatório à Conferência Global sobre Desenvolvimento e Meio Ambiente no Rio de Janeiro, em 1992, a institucionalização das políticas públicas ambientais é relativamente recente na história (Rydin, 2008).

Assim, com o propósito de monitorar e disciplinar as ações necessárias à segurança de barramentos no Brasil, a PPA institucionalizada pela lei federal n. 12.334, de 20 de setembro de 2010 (PNSB), recentemente alterada pela lei federal n. 14.066, de 30 setembro de 2020, utiliza como instrumentos o Plano de Segurança de Barragens, o sistema de classificação de barragens por categoria de risco e dano potencial associado, o Snisb, o Relatório de Segurança de Barragens, entre outros.

A resolução n. 144, de 10 de julho de 2012, alterada pela resolução n. 178, de 29 de junho de 2016, do Conselho Nacional de Recursos Hídricos (CNRH), é também uma importante ferramenta, uma vez que estabelece diretrizes para implementação da PNSB, aplicação de seus instrumentos e atuação do Snisb. Essa resolução, entre outras coisas, dispõe sobre as diretrizes de implementação da PNSB, determina os itens mínimos que devem estar contidos no Plano de Segurança de Barragens (PSB) e no Relatório de Segurança de Barragens (RSB) e designa como órgão gestor e fiscalizador do Snisb a Agência Nacional de Águas e Saneamento Básico (ANA).

O artigo 7º da lei 12.334/2010 estabelece que as barragens devem ser classificadas pelos agentes fiscalizadores, por categorias de risco, por dano potencial e pelo seu volume com base em critérios estabelecidos pelo CNRH. Com isso, entrou em vigor a resolução CNRH n. 143 de 10 de julho de 2012 que estabelece os critérios de classificação de barragens quanto à categoria de risco (CR), que abrange aspectos da própria barragem que possam ocasionar possíveis acidentes, ao dano potencial associado (DPA) à área afetada e ao volume do reservatório. Os quadros das Tabelas 6.1 e 6.2 apresentam os critérios de classificação das barragens.

Os valores de CR e DPA são calculados e classificados de acordo com os quadros das Tabelas 6.3 e 6.4 após a atribuição de notas para cada subcritério conforme apresentado no quadro da Tabela 6.1. Os quadros das Tabelas 6.3 e 6.4 são um guia para as inspeções em campo e posterior classificação da estrutura.

CLASSIFICAÇÃO	**CRITÉRIOS DE CLASSIFICAÇÃO**	
	CRITÉRIOS GERAIS	**SUBCRITÉRIOS**
CR das Barragens de Acumulação de Água	Características Técnicas (CT)	Altura, Comprimento, Tipo de Barragem quanto a Material de Construção, Tipo de Fundação, Idade da Barragem, Tempo de Recorrência da vazão de Projeto.
	Estado de Conservação (EC)	Confiabilidade das Estruturas Extravasoras, Confiabilidade das Estruturas de Adução, Percolação, Deformações e Recalques, Deterioração dos Taludes/Paramentos, Eclusa.
	Plano de Segurança de Barragem (PSB)	Documentação de Projeto, Estrutura Organizacional e Qualificação dos Profissionais na Equipe de Segurança da Barragem, Manuais de Procedimentos para Inspeções de Segurança e de Monitoramento, Regra Operacional dos Dispositivos de Descarga da Barragem, Relatórios de Inspeção de Segurança com Análise e Interpretação.
DPA das Barragens de Acumulação de Água	–	Volume Total do Reservatório, Potencial de Perdas de Vidas Humanas, Impacto Ambiental, Impacto Socioeconômico.
	Características Técnicas (CT)	Altura, Comprimento e Vazão de Projeto.
	Estado de Conservação (EC)	Confiabilidade das Estruturas Extravasoras, Percolação, Deformações e Recalques e Deterioração dos Taludes/Paramentos.
CR das Barragens para Disposição de Resíduos e Rejeitos	Plano de Segurança de Barragem (PSB)	Documentação de Projeto, Estrutura Organizacional e Qualificação dos Profissionais na Equipe de Segurança da Barragem, Manuais de Procedimentos para Inspeções de Segurança e de Monitoramento, Plano de Ação Emergencial – PAE (quando exigido) e Relatórios de Inspeção e Monitoramento da Instrumentação e da Análise de Segurança.
DPA das Barragens para Disposição de Resíduos e Rejeitos	–	Volume Total do Reservatório, Existência de População a Jusante, Impacto Ambiental e Impacto Socioeconômico.

Tabela 6.1: Classificação das barragens segundo a CR e o DPA. Fonte: Adaptado de Brasil (2012a).

CLASSIFICAÇÃO	CATEGORIAS DE CLASSIFICAÇÃO	
Volume das Barragens de Acumulação de Água	Pequena	Volume $<$ 5 milhões m^3
	Média	5 milhões $m^3 \leq$ volume $\leq$ 75 milhões de m^3
	Grande	75 milhões $m^3 <$ volume$\leq$ 200 milhões m^3
	Muito grande	Volume $>$ 200 milhões m^3
Volume das Barragens para Disposição de Resíduos e Rejeitos	Muito pequena	Volume $\leq$ 500 mil m^3
	Pequena	500 mil $m^3 <$ volume $\leq$ 5 milhões de m^3
	Média	5 milhões de $m^3 <$ volume $\leq$ 25 milhões de m^3
	Grande	25 milhões de $m^3 <$ volume $\leq$ 50 milhões de m^3
	Muito grande	Volume $>$ 50 milhões m^3

Tabela 6.2: Classificação das barragens segundo o volume do reservatório. Fonte: Adaptado de Brasil (2012a).

Nome da barragem:		
Nome do empreendedor:		
Data:		
II.1 - Categoria de Risco		**Pontos**
Características Técnicas (CT)		
Estado de Conservação (EC)		
Plano de Segurança de Barragens (PS)		
Pontuação Total (CRI) = CT + EC + OS		
Faixas de classificação	**Categoria de Risco**	**CRI**
	Alto	$\geq$ 60 ou EC* $\geq$ 8 (*)
	Médio	35 a 60
	Baixo	$\leq$ 35
(*) Pontuação $\geq$ 8 em qualquer coluna de Estado de Conservação (EC) implica automaticamente CR alta e necessidade de providências imediatas pelo responsável da barragem.		
II.2 - Dano Potencial Associado		**Pontos**
Dano Potencial Associado		
Faixas de classificação	**Dano Potencial Associado**	**DPA**
	Alto	$\geq$ 16
	Médio	10 $<$ DPA $<$ 16
	Baixo	$\leq$ 10
Resultado final da avaliação		
Categoria de Risco		Alto / Médio / Baixo
Dano Potencial Associado		Alto / Médio / Baixo

Tabela 6.3: Quadro para classificação das barragens de acumulação de água. Fonte: Adaptado de Brasil (2012a).

<table>
<tr><td colspan="3">Nome da barragem:</td></tr>
<tr><td colspan="3">Nome do empreendedor:</td></tr>
<tr><td colspan="3">Data:</td></tr>
<tr><td colspan="2">II.1 - Categoria de Risco</td><td>Pontos</td></tr>
<tr><td colspan="2">Características Técnicas (CT)</td><td></td></tr>
<tr><td colspan="2">Estado de Conservação (EC)</td><td></td></tr>
<tr><td colspan="2">Plano de Segurança de Barragens (PS)</td><td></td></tr>
<tr><td colspan="2">Pontuação Total (CRI) = CT + EC + OS</td><td></td></tr>
<tr><td>Faixas de classificação</td><td>Categoria de Risco</td><td>CRI</td></tr>
<tr><td colspan="2">Alto</td><td>$\geq$ 60 ou EC*=10 (*)</td></tr>
<tr><td colspan="2">Médio</td><td>35 a 60</td></tr>
<tr><td colspan="2">Baixo</td><td>$\leq$ 35</td></tr>
<tr><td colspan="3">(*) Pontuação = 8 em qualquer coluna de Estado de Conservação (EC) implica automaticamente CR alta e necessidade de providências imediatas pelo responsável da barragem.</td></tr>
<tr><td colspan="2">II.2 - Dano Potencial Associado</td><td>Pontos</td></tr>
<tr><td colspan="2">Dano Potencial Associado</td><td></td></tr>
<tr><td>Faixas de classificação</td><td>Dano Potencial Associado</td><td>DPA</td></tr>
<tr><td colspan="2">Alto</td><td>$\geq$ 13</td></tr>
<tr><td colspan="2">Médio</td><td>7 < DPA < 13</td></tr>
<tr><td colspan="2">Baixo</td><td>$\leq$ 7</td></tr>
<tr><td colspan="3">Resultado final da avaliação</td></tr>
<tr><td colspan="2">Categoria de Risco</td><td>Alto / Médio / Baixo</td></tr>
<tr><td colspan="2">Dano Potencial Associado</td><td>Alto / Médio / Baixo</td></tr>
</table>

Tabela 6.4: Quadro para classificação de barragens para disposição de resíduos e rejeitos. Fonte: Adaptado de Brasil (2012a).

6.2 Fiscalização

As resoluções CNRH n. 143/2012 e n. 144/2012 regulamentam a classificação de todos[4] os tipos de barragens do território nacional, sejam elas para acumulação de água para quaisquer usos, sejam para a disposição final ou temporária de rejeitos de mineração e de resíduos industriais.

Porém, no Brasil, há diferentes órgãos fiscalizadores para diferentes tipos de barragens, tanto na esfera federal como estadual.

O artigo 5º da lei n. 12.334/2010 estabelece que, sem prejuízo das ações fiscalizatórias dos órgãos ambientais integrantes do Sistema Nacional do Meio Ambiente (Sisnama), cabe:

[4] É importante ressaltar que foram publicadas legislações específicas dos órgãos fiscalizadores de cada tipo de barragem após o ano de 2012, as quais são discutidas posteriormente. Tais legislações apresentam as matrizes de classificação, com as devidas particularidades de cada tipo de barramento, porém, em consonância com o que é estabelecido pelas resoluções CNRH n. 143/2012 e n. 144/2012.

I - *à entidade que outorga o direito de uso dos recursos hídricos, observado o domínio do corpo hídrico, quando o objeto for de acumulação de água, exceto para fins de aproveitamento hidrelétrico;*

II - *à entidade que concede, autoriza ou registra o uso do potencial hidráulico, quando se tratar de uso preponderante para fins de geração hidrelétrica;*

III - *à entidade que regula e fiscaliza as atividades minerárias, para fins de disposição de rejeitos, observado o disposto no inciso V do caput deste artigo;*

IV - *à entidade que concede a licença ambiental, para fins de disposição de resíduos industriais;*

V - *à entidade que regula, licencia e fiscaliza a produção e o uso da energia nuclear, quando se tratar de disposição de rejeitos de minérios nucleares (Brasil, 2010).*

A redação do artigo 5º supracitado passou por redefinição conforme a lei n. 14.066/2020, sendo incluído o inciso V, além de outras pequenas alterações no texto original.

Barragens de acumulação de água

Compete à ANA, no âmbito de suas atribuições, fiscalizar as barragens para as quais outorgou o direito de uso dos recursos hídricos, quando o objeto for de acumulação de água (ANA, 2016).

A ANA possui duas resoluções que regulamentam a fiscalização das barragens sob sua responsabilidade. São elas: a resolução n. 132/2016, de 22 de fevereiro de 2016, que estabelece critérios complementares de classificação de barragens reguladas pela ANA, quanto ao Dano Potencial Associado – DPA, referentes ao Impacto Ambiental e ao Impacto Socioeconômico; a resolução n. 236/2017, que estabelece, entre outras coisas, a periodicidade de execução e atualização, o conteúdo mínimo do Plano de Segurança da Barragem (PSB), das Inspeções de Segurança Regular e Especial (ISR e ISE), da Revisão Periódica de Segurança de Barragem (RPSB) e do Plano de Ação de Emergência (PAE).

No caso de barragens de água localizadas em rios não federais, a fiscalização é responsabilidade do órgão fiscalizador estadual gestor de recursos hídricos (RSB, 2020). Assim, no estado de São Paulo o responsável é o Departamento de Águas e Energia Elétrica (DAEE) através da portaria n. 3.907/2015, que dispõe sobre os critérios e procedimentos para classificação, implantação e revisão periódica de segurança de barragem.

Barragens de exploração de potencial de energia hidráulica

Conforme dispõe a resolução normativa n. 696/2015 da Agência Nacional de Energia Elétrica (Aneel), esta é responsável pela fiscalização de barragens cujo objetivo é a exploração de potencial de energia hidráulica. Essa legislação apresenta os critérios de classificação dos barramentos, dispõe sobre a formulação do PSB e da RPSB e aponta quais os intervalos para a classificação quanto ao CR e ao DPA em alto, médio e baixo, e como deve ser a matriz de avaliação, evidentemente, em concordância com as legislações de caráter federal.

Barragens para disposição de resíduos industriais

A fiscalização de barragens para disposição de resíduos industriais é de responsabilidade do órgão que forneceu as licenças ambientais. O Instituto Brasileiro Meio Ambiente e dos Recursos Naturais Renováveis (Ibama) é o responsável pela fiscalização das barragens cujo licenciamento ambiental se deu em âmbito federal, enquanto a Companhia Ambiental do Estado de São Paulo (Cetesb) fiscaliza os barramentos de empreendimentos licenciados no estado de São Paulo (RSB, 2020).

Conforme a lei federal n. 7.804/1990, que alterou a lei federal n. 6.938/1981 (Política Nacional do Meio Ambiente), compete ao Ibama o licenciamento ambiental "no caso de atividades e obras com significativo impacto ambiental, de âmbito nacional ou regional". Com relação a isso, a resolução Conama n. 237/1997 define que os impactos ambientais que exerçam influência direta, no todo ou em parte, no território de dois estados brasileiros ou mais são considerados impactos ambientais regionais.

No que diz respeito aos empreendimentos licenciadas no estado de São Paulo, a Cetesb, por meio da decisão de diretoria n. 279/2015/C, de 18 de novembro de 2015, estabelece dispositivos para a implantação do PSB, da RPSB, das ISR e ISE de segurança de barragens de resíduos industriais.

Barragens para disposição de rejeitos de mineração

Todas as barragens de contenção de rejeitos de mineração são fiscalizadas pela Agência Nacional de Mineração (ANM) conforme disposto na portaria DNPM n. 70.389/2017. A portaria cria o Cadastro Nacional de Barragens de Mineração, e o Sistema Integrado de Gestão em Segurança de Barragens de Mineração e estabelece a periodicidade de execução ou atualização, a qualificação dos responsáveis técnicos, o conteúdo mínimo e o nível de detalhamento do Plano de Segurança da Barragem, das Inspeções de Segurança Regular e Especial, da Revisão Periódica de Segurança de Barragem e do Plano de Ação de Emergência para Barragens de Mineração.

Barragens para disposição de rejeitos de minérios nucleares

Conforme a resolução Cnen n. 257/2019, a Comissão Nacional de Energia Nuclear do Ministério da Ciência, Tecnologia e Inovações é responsável pela fiscalização de barragens destinadas à disposição de rejeitos de mineração de urânio e tório. A Resolução cria o Cadastro de Barragens de Rejeitos Radioativos Resultantes da Operação de Mineração e Beneficiamento de Minérios Nucleares, o Sistema Gestão Segurança Barragens Rejeitos Radioativos Resultantes da Operação de Mineração e Beneficiamento Minérios Nucleares e estabelece a periodicidade de execução ou atualização, a qualificação dos responsáveis técnicos, o conteúdo mínimo e o nível de detalhamento do Plano de Segurança da Barragem, das

Inspeções de Segurança Regular e Especial, da Revisão Periódica de Segurança de Barragem e do Plano de Ação de Emergência para Barragens de Mineração.

Órgãos fiscalizadores

Atualmente há 44 fiscalizadores no Brasil, sendo ANA, Aneel, ANM, Cnem e Ibama em nível federal, e em cada estado e no Distrito Federal existem os órgãos estaduais, conforme se vê nos quadros das Tabelas 6.5 e 6.6. O quadro da Tabela 6.5 apresenta estados que possuem o órgão gestor de recursos hídricos diferente do órgão ambiental, e o quadro da Tabela 6.6 aqueles cuja gestão de recursos hídricos e ambientais é realizada pelo mesmo órgão.

A Figura 6.1 apresenta um fluxograma para a identificação do órgão responsável pela fiscalização de determinada barragem no estado de São Paulo, dependendo da sua finalidade.

A lei n. 14.066/2020 e as principais alterações da PNSB

A lei federal n. 14.066/2020, entre outras disposições, altera a PNSB trazendo dispositivos mais severos à fiscalização de barragens em território nacional. As modificações foram propostas a partir do projeto de lei 550/2019, após o rompimento da barragem de rejeitos de mineração ocorrido no Brasil em janeiro de 2019, que trouxe prejuízos ao meio ambiente, entre eles o comprometimento de recursos hídricos, impactos à fauna e à flora, além da perda de vidas humanas.

A lei federal n. 12.334/2010, que instituiu a PNSB, foi um marco para as discussões acerca de segurança de barragens e trouxe diversos dispositivos legais para garantia da segurança de barramentos. Entretanto, a necessidade de instrumentos mais rígidos com relação à fiscalização e às obrigações dos empreendedores impulsionou sua alteração pela Lei n. 14.066/2020, uma década após sua publicação.

A seguir, será apresentada uma discussão acerca das principais alterações da PNSB trazidas pela Lei n. 14.066/2020 e as mudanças positivas para a segurança de barragens.

Das características de enquadramento

> *Art. 1º. I – altura do maciço, medida do encontro do pé do talude de jusante com o nível do solo até a crista de coroamento do barramento, maior ou igual a 15 (quinze) metros (Brasil, 2020);*

Antes da modificação, a altura de 15 m era medida a partir do ponto mais baixo da fundação até a crista. A essa alteração podem-se associar um ponto negativo e outro positivo. Muitos barramentos não possuem documentação de projeto ou esta se encontra incompleta e, por isso, há a dificuldade da determinação da altura das barragens dificultando a verificação de seu enquadramento. Dessa forma, ao se definir a altura como sendo a medida entre o pé do talude e a crista, isso pode ser obtido com certa facilidade, e, assim, as barragens podem ser devidamente caracterizadas e enquadradas ou não na PNSB. Em contrapartida, à medida que novas barragens passam a ter informações suficientes, outras que já estavam inseridas

ESTADO	ÓRGÃOS GESTORES DE RECURSOS HÍDRICOS	ÓRGÃOS AMBIENTAIS
Alagoas	Secretaria de Estado do Meio Ambiente e dos Recursos Hídricos – Semarh	Instituto do Meio Ambiente de Alagoas – IMA
Ceará	Secretaria dos Recursos Hídricos do Ceará – SRH	Superintendência Estadual do Meio Ambiente – Semace
Distrito Federal	Agência Reguladora de Águas, Energia e Saneamento Básico do DF – Adasa	Brasília Ambiental – Ibram
Espírito Santo	Agência Estadual de Recursos Hídricos – Agerh	Instituto Estadual do Meio Ambiente e Recursos Hídricos – Iema
Minas Gerais	Instituto Mineiro de Gestão das Águas – Igam	Secretaria de Estado de Meio Ambiente e Desenvolvimento Sustentável – Semad
Paraíba	Agência Executiva de Gestão das Águas da Paraíba – Aesa	Superintendência de Administração do Meio Ambiente – Sudema
Pernambuco	Agência Pernambucana de Águas e Clima – Apac	Agência Estadual de Meio Ambiente – CPRH
Rio Grande do Norte	Instituto de Gestão das Águas do Estado do Rio Grande do Norte – Igarn	Instituto de Desenvolvimento Sustentável e Meio Ambiente – Idema
Rio Grande do Sul	Secretaria de Meio Ambiente e Infraestrutura – Sema	Fundação Estadual de Proteção Ambiental Henrique Luiz Roessler – Fepam
Santa Catarina	Secretaria de Estado do Desenvolvimento Econômico Sustentável – SDE	Instituto do Meio Ambiente de Santa Catarina – IMA
São Paulo	Departamento de Águas e Energia Elétrica – Daee	Companhia Ambiental do Estado de São Paulo – Cetesb
Sergipe	Secretaria de Estado de Desenvolvimento Urbano e Sustentabilidade – Sedurbs	Administração Estadual do Meio Ambiente – Adema

Tabela 6.5: Órgãos fiscalizadores de cada estado e do Distrito Federal. Fonte: Adaptado de RSB (2020).

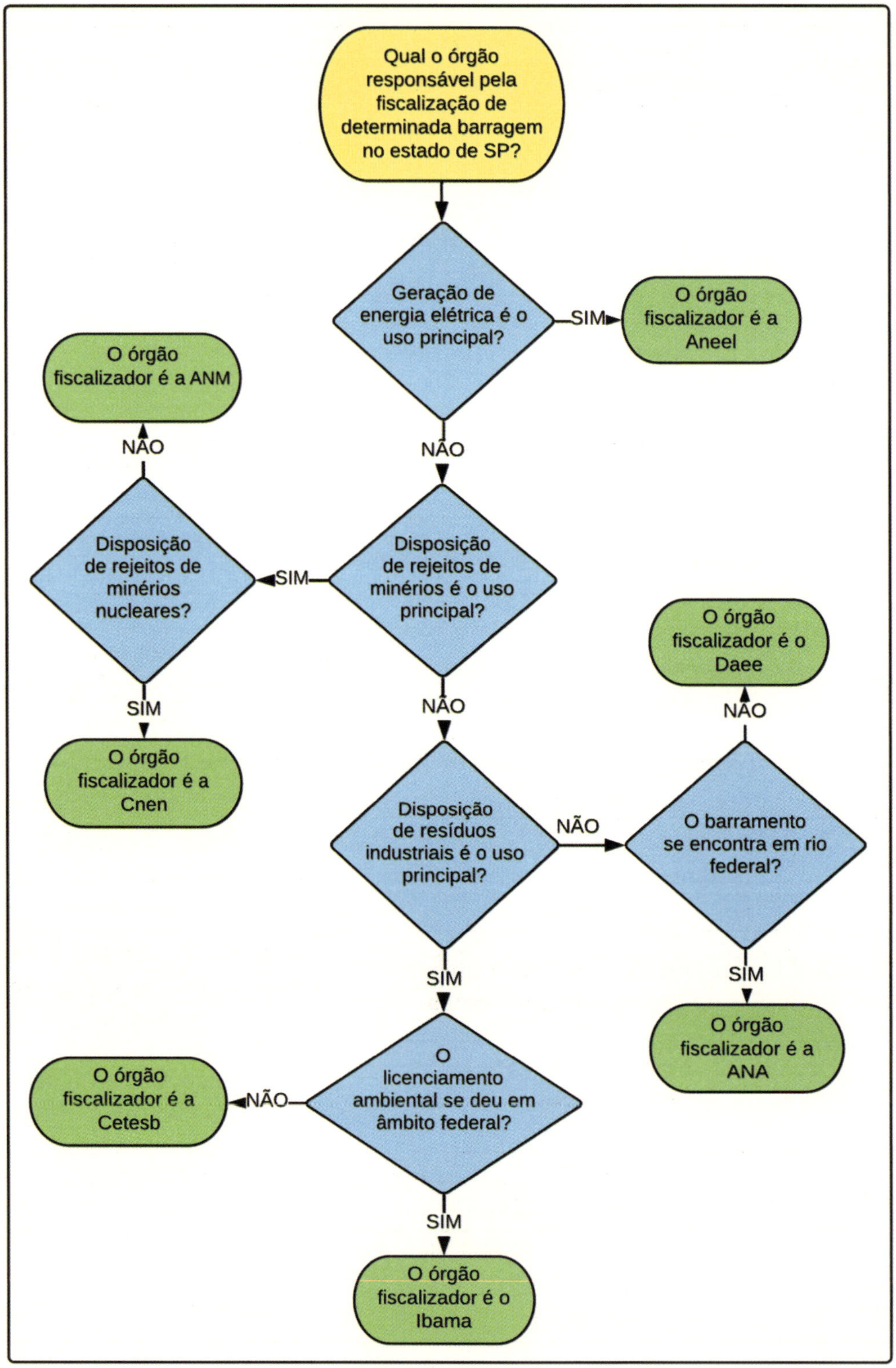

Figura 6.1: Fluxograma para identificação do órgão responsável pela fiscalização de barragens no estado de São Paulo. Fonte: Autoria própria.

ESTADO	ÓRGÃOS GESTORES DE RECURSOS HÍDRICOS E AMBIENTAIS
Acre	Instituto de Meio Ambiente do Acre – Imac
Amapá	Secretaria de Estado do Meio Ambiente – Sema
Amazonas	Instituto de Proteção Ambiental do Amazonas – Ipaam
Bahia	Instituto do Meio Ambiente e Recursos Hídricos – Inema
Goiás	Secretaria de Meio Ambiente e Desenvolvimento Sustentável – Semad
Maranhão	Secretaria de Estado do Meio Ambiente e Recursos Naturais – Sema
Mato Grosso	Secretaria de Estado do Meio Ambiente – Sema
Mato Grosso do Sul	Instituto de Meio Ambiente do Mato Grosso do Sul – Imasul
Pará	Secretaria de Estado de Meio Ambiente e Sustentabilidade – Semas
Paraná	Instituto Água e Terra – IAT
Piauí	Secretaria Estadual de Meio Ambiente e Recursos Hídricos do Piauí – Semar
Rio de Janeiro	Instituto Estadual do Ambiente – Inea
Rondônia	Secretaria de Estado do Desenvolvimento Ambiental – Sedam
Roraima	Fundação Estadual do Meio Ambiente e Recursos Hídricos – Femarh
Tocantins	Instituto Natureza do Tocantins – Naturatins

Tabela 6.6: Órgão fiscalizador de cada estado e do Distrito Federal. Fonte: Adaptado de RSB (2020).

na PNSB por possuírem mais de 15 m de altura agora podem deixar de ser incorporadas à política pela não contabilização da altura de sua fundação.

A título de exemplo, considerando a existência de um barramento com 17 m de altura, e que foi enquadrado na PNSB de acordo com a definição da Lei n 12.334/2010, pois possui mais do que 15 m de altura; e considerando ainda que, além disso, esse barramento possui documentações de projeto, e que estas indicam que sua fundação tem a medida de 3 m; nesse caso, a alteração em questão, considera agora a altura de 14 m à barragem e, dessa forma, desobriga o empreendedor do cumprimento de todos os dispositivos legais propostos pela PNSB.

Do método de construção das barragens

> *Art. 2º-A. Fica proibida a construção ou o alteamento de barragem de mineração pelo método a montante (Brasil, 2020).*

O rompimento da barragem de rejeitos de mineração em Mariana (MG) em 2015 e o de

Brumadinho (MG) em 2019 causaram inúmeros impactos negativos ao meio ambiente, entre eles a contaminação de recursos hídricos, prejuízos à fauna e à flora, além da perda de vidas humanas.

Ambas as barragens foram construídas pelo método de alteamento a montante, que, segundo Icold (1996), é o mais suscetível a rupturas, já que esse método construtivo aumenta a probabilidade de ocorrência de liquefação do material. Dessa forma, o § 2º desse artigo dispõe que, até 25 de fevereiro de 2022, todas as barragens construídas por alteamento a montante devem ser descaracterizadas por seus respectivos empreendedores. Tal alteração é uma garantia legal de que novos empreendimentos não poderão utilizar o método a montante, diminuindo, assim, a probabilidade de ocorrência de acidentes.

Das responsabilidades e obrigações do empreendedor

> *Art. 4º. III - a responsabilidade legal do empreendedor pela segurança da barragem, pelos danos decorrentes de seu rompimento, vazamento ou mau funcionamento e, independentemente da existência de culpa, pela reparação desses danos (Brasil, 2020).*

O inciso em questão altera um dos fundamentos da PNSB que, anteriormente, definia que o empreendedor era o responsável legal pelo desenvolvimento de ações para a garantia de segurança da barragem. A alteração tornou explícita a responsabilidade legal do empreendedor pelos danos ocorridos em caso de acidentes, além da garantia de que todos os danos ocasionados pelo rompimento da barragem deverão ser reparados pelo empreendedor, independentemente da existência de culpa.

Além das inclusões sobre a responsabilidade legal do empreendedor no artigo 4, no artigo 17 também foram incluídos incisos (XIV a XXII) explicitando outras responsabilidades do empreendedor, entre elas a elaboração de mapas de inundação, a avaliação de alternativas locacionais e métodos construtivos, a declaração periódica de estabilidade da barragem, entre outros, visando à garantia de maior segurança da estrutura.

> *Art. 17º. § 2º Sem prejuízo das prerrogativas da autoridade licenciadora do Sisnama, o órgão fiscalizador pode exigir, nos termos do regulamento, a apresentação não cumulativa de caução, seguro, fiança ou outras garantias financeiras ou reais para a reparação dos danos à vida humana, ao meio ambiente e ao patrimônio público, pelo empreendedor de:*
>
> I – *barragem de rejeitos de mineração ou resíduos industriais ou nucleares classificada como de médio e alto risco ou de médio e alto dano potencial associado;*
>
> II – *(VETADO);*
>
> III – *barragem de acumulação de água para fins de aproveitamento hidrelétrico classificada como de alto risco (Brasil, 2020).*

Esse parágrafo, incluído no artigo 17, fornece ao órgão fiscalizador garantias financeiras para reparação de danos gerados em caso de rompimento de barragem, sobretudo, para estruturas com elevado risco de rompimento. Obviamente, o intuito principal da PNSB é evitar qualquer tipo de acidente; entretanto, caso isso ocorra é necessário que o empreendedor tenha condições de arcar com todos os danos gerados. Entende-se que essa garantia deve ser devidamente comprovada para que empreendimentos como esses possam continuar a operar.

> *Art. 17-A. Sem prejuízo das cominações na esfera penal e da obrigação de, independentemente da existência de culpa, reparar os danos causados, considera-se infração administrativa o descumprimento pelo empreendedor das obrigações estabelecidas nesta Lei, em seu regulamento ou em instruções dela decorrentes emitidas pelas autoridades competentes;*
>
> *Art. 17-B. O processo administrativo para apuração de infração prevista no artigo 17-A desta Lei deve observar os seguintes prazos máximos:*
>
> *Art. 17-D. (VETADO);*
>
> *Art. 17-E. O valor das multas de que trata este Capítulo deve ser fixado por regulamento e atualizado periodicamente, com base nos índices estabelecidos na legislação pertinente, observado o mínimo de R$ 2.000,00 (dois mil reais) e o máximo de R$ 1.000.000.000,00 (um bilhão de reais) (BRASIL, 2020).*

Os artigos em questão e seus respectivos incisos e parágrafos trazem definições importantes quanto às infrações administrativas e multas geradas pelo não cumprimento das obrigações estabelecidas pela PNSB, que não eram trazidas pela lei n. 12.334/2010, mas que foram incorporadas através da lei n. 14.066/2020. A aplicação de punições pelo desrespeito das obrigatoriedades da PNSB é mais uma ferramenta importante que contribui para a manutenção da segurança de barragens.

Vale lembrar que no Brasil existe o Código Penal, além da Lei de Crimes Ambientais, onde já existem punições para o caso de crimes contra o meio ambiente. Porém, a validação das infrações administrativas, com multas e penas específicas para o caso de rompimento de barragem, deixa evidente e mais clara a responsabilidade tanto penal como administrativa do empreendedor. E, além disso, permite ao órgão fiscalizador aplicação de infração e multa pelo desatendimento de qualquer item relativo à lei, ou seja, se o PSB estiver incompleto ou desatualizado, ou qualquer obrigação legal não tiver sido cumprida, tal como algum instrumento de medição e monitoramento inoperante, haverá punição.

Da fiscalização

> *Art. 5º. V – à entidade que regula, licencia e fiscaliza a produção e o uso da energia nuclear, quando se tratar de disposição de rejeitos de minérios nucleares (Brasil, 2020).*

A Lei 12.334/2010 previa que a fiscalização deveria ser realizada pelas entidades que outorgam o uso de recursos hídricos para acumulação de água para fins hidrelétricos ou não; que outorgam os direitos minerários no caso de barragens para disposição de rejeitos; e pela que concede a licença ambiental de empreendimentos com barragens para disposição de resíduos industriais. Nesse contexto, foram incluídas na PNSB as barragens para disposição de rejeitos de minérios nucleares e a entidade responsável por sua regulação. Uma vez que se identificam propriedades intrínsecas aos barramentos de rejeitos de mineração e houve a publicação da Resolução Cnen n. 257/2019, a inclusão do inciso V no artigo 5º é importante para que empreendimentos que possuam esse tipo de barragem também cumpram com as disposições da legislação.

> *Art. 5º. § 1º Os órgãos fiscalizadores referidos no caput deste artigo devem dar ciência ao órgão de proteção e defesa civil das ações de fiscalização que constatarem a necessidade de adoção de medidas emergenciais relativas à segurança de barragens (Brasil, 2020).*

A inclusão desse parágrafo é importante para a garantia da segurança das estruturas, uma vez que dispõe sobre a obrigatoriedade dos órgãos fiscalizadores de repassarem as devidas informações ao órgão de proteção e defesa civil. Caso seja identificada a necessidade de adoção de medidas emergenciais em determinado barramento, a defesa civil deve ter conhecimento para que possa prestar o devido auxílio e se preparar para ações de emergências acarretadas por possíveis rompimentos.

> *Art. 5º. § 2º A fiscalização prevista no caput deste artigo deve basear-se em análise documental, em vistorias técnicas, em indicadores de segurança de barragem e em outros procedimentos definidos pelo órgão fiscalizador (Brasil, 2020).*

Esse parágrafo tem função importante para definir parâmetros de como a fiscalização das estruturas deve ocorrer. Nesse contexto, a análise de documentos do barramento fornece ao órgão fiscalizador um panorama legal da situação do empreendimento; nas vistorias técnicas é constatada a veracidade de informações declaradas, bem como o apontamento de possíveis melhorias com relação às estruturas implantadas; e os indicadores de segurança são essenciais para o monitoramento das ações executadas e da suscetibilidade à ruptura decorrente das condições encontradas.

> *Art. 5º. § 3º O órgão fiscalizador deve manter canal de comunicação para o recebimento de denúncias e de informações relacionadas à segurança de barragens (Brasil, 2020).*

Também foi incluída na PNSB a necessidade da existência de canal específico para denúncias, o qual é capaz de complementar as ações de fiscalização e contribuir para a segurança.

Dos Relatórios de Inspeção de Segurança

> *Art. 9º. § 4º O órgão fiscalizador deverá estabelecer prazo para que o empreendedor cumpra as ações previstas nos relatórios de inspeção de segurança (Brasil, 2020).*

Conforme artigo 6º, o Relatório de Segurança de Barragens é instrumento da PNSB. Assim, o parágrafo 4º do artigo 9º dispõe sobre a obrigatoriedade de o empreendedor cumprir todas as ações previstas nos relatórios de inspeção nos prazos preestabelecidos. Essa obrigatoriedade é importante para que as ações de segurança levantadas não sejam negligenciadas e para que, em caso de descumprimento de exigência, as devidas medidas administrativas possam ser executadas.

Do Plano de Ação de Emergência (PAE)

> *Art. 11º. A elaboração do PAE é obrigatória para todas as barragens classificadas como de:*
>
> I – *médio e alto dano potencial associado; ou*
>
> II – *alto risco, a critério do órgão fiscalizador.*
>
> *Art. 11º. Parágrafo único. Independentemente da classificação quanto ao dano potencial associado e ao risco, a elaboração do PAE é obrigatória para todas as barragens destinadas à acumulação ou à disposição de rejeitos de mineração.*
>
> *Art. 12º. O PAE estabelecerá as ações a serem executadas pelo empreendedor da barragem em caso de situação de emergência, bem como identificará os agentes a serem notificados dessa ocorrência, devendo contemplar, pelo menos: (BRASIL, 2020).*

A Lei 12.334/2010 determinava que o PAE era obrigatório para todos os barramentos classificados com dano potencial associado (DPA) alto. As alterações no artigo 11º trazem a obrigatoriedade também às barragens de água com DPA médio e às estruturas com alto risco, além de tornar obrigatória a elaboração do PAE para as barragens de rejeitos, independentemente da sua classificação de risco.

Além disso, o artigo 12 trouxe modificações no conteúdo que deve ser contemplado pelo PAE, com a alteração dos incisos I a IV e a inclusão dos incisos V a XIII e dos parágrafos 1º a 8º. Todas essas alterações trazem um detalhamento maior e mais específico sobre o conteúdo do PAE, definindo com clareza e eficiência as ações necessárias em caso de ruptura.

6.3 Conclusões

O marco legal de segurança de barragens, instituído pela lei federal n. 12.334/2010, é ferramenta essencial para a garantia de segurança das estruturas construídas em território nacional. Doze anos após a promulgação da PNSB, o cenário encontrado revela a existência de comandos legais aprimorados, sobretudo, com a publicação da lei federal n. 14.066/2020 a qual, entre outras disposições importantes, traz responsabilidades mais bem estruturadas aos empreendedores e órgãos fiscalizadores.

Uma vez que o rompimento de barramentos causa inúmeros impactos negativos, os esforços para a melhoria contínua de sua situação de segurança devem se manter presentes e atualizados em todas as esferas competentes.

Outrossim, pesquisas relacionadas à temática devem ser incentivadas pela iniciativa pública e privada de modo a contribuir com desenvolvimento de ferramentas, tecnologias e insumos capazes de auxiliar na manutenção da segurança de barragens.

Referências

Agência Nacional de Águas e Saneamento Básico (AMA). (2020). *Relatório de segurança de barragens 2019* (rel. técn.). Brasília: ANA.

Agência Nacional de Águas (ANA). (2017). *Resolução nº 236, de 30 de janeiro de 2017* (rel. técn.) [Estabelece a periodicidade de execução ou atualização, a qualificação dos responsáveis técnicos, o conteúdo mínimo e o nível de detalhamento do Plano de Segurança da Barragem, das Inspeções de Segurança Regular e Especial, da Revisão Periódica de Segurança de Barragem e do Plano de Ação de Emergência, conforme art. 8°, 9°, 10, 11 e 12 da Lei n° 12.334 de 20 de setembro de 2010, que estabelece a Política Nacional de Segurança de Barragens - PNSB]. Brasília: ANA.

Agência Nacional de Águas (ANA). (2016a). *Resolução nº 132, de 22 de fevereiro de 2016* (rel. técn.) [Estabelece critérios complementares de classificação de barragens reguladas pela Agência Nacional de Águas – ANA, quanto ao Dano Potencial Associado - DPA, com fundamento no art. 5°, §3°, da Resolução CNRH n° 143, de 2012, e art. 7° da Lei n° 12.334, de 2010]. Brasília: ANA.

Agência Nacional de Águas (ANA). (2016b). *Manual do Empreendedor sobre Segurança de Barragens: Guia Prático de Pequenas Barragens (Volume VIII)* (rel. técn.). Brasília, ANA.

Agência Nacional de Energia Elétrica (ANEEL). (2015). *Resolução Normativa nº 695, de 15 de dezembro de 2015* (rel. técn.) [Estabelece critérios para classificação, formulação do Plano de Segurança e realização da Revisão Periódica de Segurança em barragens fiscalizadas pela ANEEL de acordo com o que determina a Lei nº 12.334, de 20 de setembro de 2010.]. Brasília: ANEEL.

Agência Nacional de Mineração (ANM). (2017). *Portaria nº 70.389, de 17 de maio de 2017* (rel. técn.) [Cria o Cadastro Nacional de Barragens de Mineração, o Sistema Integrado de Gestão em Segurança de Barragens de Mineração e estabelece a periodicidade de execução ou atualização, a qualificação dos responsáveis técnicos, o conteúdo mínimo e o nível de detalhamento do Plano de Segurança da Barragem, das Inspeções de Segurança Regular e Especial, da Revisão Periódica de Segurança de Barragem e do Plano de Ação de Emergência para Barragens de Mineração, conforme art. 8°, 9°, 10, 11 e 12da Lei n° 12.334 de 20 de setembro de 2010, que estabelece a Política Nacional de Segurança de Barragens - PNSB]. Brasília: ANEEL.

Brasil. (2020). Lei Federal nº 14.066, de 30 de setembro de 2020 [Altera a Lei nº 12.334, de 20 de setembro de 2010, que estabelece a Política Nacional de Segurança de Barragens (PNSB), a Lei nº 7.797, de 10 de julho de 1989, que cria o Fundo Nacional do Meio Ambiente (FNMA), a Lei nº 9.433, de 8 de janeiro de 1997, que institui a Política

Nacional de Recursos Hídricos, e o Decreto-Lei nº 227, de 28 de fevereiro de 1967 (Código de Mineração)]. *Brasília: Diário Oficial da União*, n. 1.

Brasil; Ministério da Ciência, Tecnologia e Inovações; Comissão Nacional de Energia Nuclear (CNEN). (2019). Resolução nº 257, de 19 de dezembro de 2019 [Cria o Cadastro de Barragens de Rejeitos Radioativos Resultantes da Operação de Mineração e Beneficiamento de Minérios Nucleares, o Sistema Gestão Segurança Barragens Rejeitos Radioativos Resultantes da Operação de Mineração e Beneficiamento Minérios Nucleares e estabelece a periodicidade de execução ou atualização, a qualificação dos responsáveis técnicos, o conteúdo mínimo e o nível de detalhamento do Plano de Segurança da Barragem, das Inspeções de Segurança Regular e Especial, da Revisão Periódica de Segurança de Barragem e do Plano de Ação de Emergência para Barragens de Mineração, conforme art. 8º, 9º, 10, 11 e 12 da Lei nº 12.334 de 20 de setembro de 2010, que estabelece a Política Nacional de Segurança de Barragens - PNSB]. *Brasília: Diário Oficial da União*, n. 23.

Brasil; Ministério do Meio Ambiente; Conselho Nacional de Recursos Hídricos. (2019). Resolução nº 178, de 29 de julho de 2016 [Altera a Resolução nº 144, de 10 de julho de 2012, do Conselho Nacional de Recursos Hídricos que estabelece diretrizes para implementação da Política Nacional de Segurança de Barragens, aplicação de seus instrumentos e atuação do Sistema Nacional de Informações sobre Segurança de Barragens, em atendimento ao art. 20 da Lei nº 12.334, de 20 de setembro de 2010, que alterou o art. 35 da Lei nº 9.433, de 8 de janeiro de 1997]. *Brasília: Diário Oficial da União*, n. 18.

Brasil; Ministério do Meio Ambiente; Conselho Nacional de Recursos Hídricos. (2012a). Resolução nº 143, de 10 de julho de 2012 [Estabelece critérios gerais de classificação de barragens por categoria de risco, dano potencial associado e pelo seu volume, em atendimento ao art. 7° da Lei n° 12.334, de 20 de setembro de 2010]. *Brasília: Diário Oficial da União*, n. 10.

Brasil; Ministério do Meio Ambiente; Conselho Nacional de Recursos Hídricos. (2012b). Resolução nº 144, de 10 de julho de 2012 [Estabelece diretrizes para implementação da Política Nacional de Segurança de Barragens, aplicação de seus instrumentos e atuação do Sistema Nacional de Informações sobre Segurança de Barragens, em atendimento ao art. 20 da Lei n° 12.334, de 20 de setembro de 2010, que alterou o art. 35 da Lei nº 9.433, de 8 de janeiro de 1997]. *Brasília: Diário Oficial da União*, n. 4.

Brasil. (2010). Lei Federal nº 12.334, de 20 de setembro de 2010 [Estabelece a Política Nacional de Segurança de Barragens destinadas à acumulação de água para quaisquer usos, à disposição final ou temporária de rejeitos e à acumulação de resíduos industriais, cria o Sistema Nacional de Informações sobre Segurança de Barragens e altera a redação do art. 35 da Lei 9433, de 8 de janeiro de 1997, e do art. 4o da Lei 9984, de 17 de julho de 2000]. *Brasília: Diário Oficial da União*, n. 21.

Brasil; Ministério do Meio Ambiente. (1997). Resolução CONAMA nº 237, de 19 de dezembro de 1997 [Dispõe sobre a revisão e complementação dos procedimentos e critérios utilizados para o licenciamento ambiental]. *Brasília: Diário Oficial da União*, n. 22.

Brasil. (1989). Lei Federal nº 7.804, de 18 de julho de 1989 [Altera a Lei nº 6.938, de 31 de agosto de 1981, que dispõe sobre a Política Nacional do Meio Ambiente, seus fins e mecanismos de formulação e aplicação, a Lei nº 7.735, de 22 de fevereiro de 1989, a Lei nº 6.803, de 2 de julho de 1980, e dá outras providências]. *Brasília: Diário Oficial da União*, n. 20.

Brasil. (1988). *Constituição Federal de 1988.* Senado Federal.

Brasil. (1981). Lei Federal nº 6.938, de 31 de agosto de 1981 [Dispõe sobre a Política Nacional do Meio Ambiente, seus fins e mecanismos de formulação e aplicação, e dá outras providências]. *Brasília: Diário Oficial da União*, n. 2.

Companhia Ambiental Do Estado De São Paulo (CETESB). (2015). *Decisão de Diretoria nº 279/2015/C, de 18 de novembro de 2015* (rel. técn.) [Dispõe sobre procedimentos relativos à segurança de barragens de resíduos industriais]. São Paulo: CETESB.

Departamento De Águas E Energia Elétrica (DAEE). (2015). *Portaria DAEE nº 3907, de 15 de dezembro de 2015* (rel. técn.) [Aprova os critérios e os procedimentos para a classificação, a implantação e a revisão periódica de segurança de barragens de acumulação de água de domínio do Estado de São Paulo, considerando o disposto na Lei Federal nº 12.334, de 20/09/2010]. São Paulo: DAEE.

Freiria, R. C. (2010). *As relações entre direito e gestão ambiental: da integração interdisciplinar à efetividade da política ambiental. 288 p* (tese de dout.) [Tese de Doutorado]. Universidade Estadual de Campinas, Faculdade de Engenharia Civil, Arquitetura e Urbanismo.

International Comission On Large Dams (ICOLD). (1996). *A guide to tailing dams and impoudments (Boletim 106).* ICOLD.

Pimenta, P. R. L. (1999). *Eficácia e aplicabilidade das normas constitucionais programáticas.* Max Limonad.

Pinto, W. L. H. (2020). *Índice de Segurança de Pequenas Barragens (ISPB) como método para a avaliação da segurança de pequenas barragens de água. 188 p* (tese de dout.) [Dissertação de Mestrado]. Universidade Estadual de Campinas, Faculdade de Tecnologia, Limeira-SP.

Rydin, Y. (2008). Sustainable development and governance. Em K. Cox et al. (Ed.), *The Sage Handbook of Political Geography* (pp. 579–593). Sage.

Senado Federal. (2019). Projeto de Lei n° 550, de 2019 [(acessado em 20/11/2022)]. *Senado Federal, PL 550/2019.* https://www25.senado.leg.br/web/atividade/materias/-/materia/135115

7

Introdução à modelagem numérica de canais naturais

Maicon Ribeiro Correa[1]
João Frederico C. A. Meyer[2]
José Mario Martínez[3]

7.1 Introdução

Muitos modelos matemáticos descrevem leis com as quais determinados sistemas evoluem no tempo. Tais modelos expressam o estado do sistema em um instante futuro como uma função do estado no presente de externalidades que ocorrem no devenir temporal, às quais chamamos "condições de contorno". Para que essa expressão dê como resultado uma previsão ao longo do tempo, precisa-se, adicionalmente, da descrição do sistema no "instante inicial". De maneira mais sintética, temos que:

$$\begin{array}{c}\text{Variação do}\\ \text{estado do sistema}\\ \text{em uma unidade de tempo}\end{array} = F(\text{Estado atual do sistema, Cond. de contorno}), \quad (7.1)$$

com conhecimento cabal do estado do sistema no "instante zero".

Uma grande variedade de sistemas é do interesse do Criab. Por exemplo, o rompimento de uma barragem tem como consequência uma mudança abrupta do comportamento do fluido (água, lama) nas proximidades do evento e nos rios e canais que conduzem a água e os rejeitos liberados ao longo de consideráveis distâncias (Birgin *et al.*, 2024). As descrições e previsões deste fenômeno podem ter diferentes níveis de agregação e simplificação. O Criab se ocupa de todos os pontos de vista dos quais o evento pode ser estudado, compreendido, mitigado

[1] IMECC/Unicamp, maicon@ime.unicamp.br. Fomento: Fapesp, processo 2013/07375-0 (Cepid CeMEAI) e CNPq, processos 304192/2019-8 e 307679/2023-3.

[2] IMECC/Unicamp, joni@ime.unicamp.br

[3] IMECC/Unicamp, martinez@ime.unicamp.br, Fomento: Cepid-Cemeai-Fapesp, PRONEX-CNPq/Faperj E-26/111.449/2010-APQ1, Fapesp (processos 2010/10133-0, 2013/03447-6, 2013/05475-7, e 2013/07375-0), e CNPq.

ou até evitado. Do ângulo físico-matemático, preocupam-nos as leis do tipo (7.1) para as quais o estado do sistema é descrito por variáveis como profundidades, velocidades e vazões, enquanto a função de mudança de estado F reflete leis físicas bem estabelecidas.

Em termos matemáticos, o sistema a que se refere a equação (7.1) pode ser representado por uma função $\boldsymbol{u}(\boldsymbol{x}, t)$, com d componentes (por exemplo, profundidade, velocidade, vazão), onde $\boldsymbol{x}$ é o lugar espacial (uni, bi ou tridimensional) e t é o tempo. A variação de $\boldsymbol{u}$ em uma pequena unidade de tempo é essencialmente a derivada $\dfrac{\partial \boldsymbol{u}}{\partial t}$, portanto (7.1) toma a forma

$$\frac{\partial \boldsymbol{u}}{\partial t} = F(\boldsymbol{x}, t, \boldsymbol{u}), \tag{7.2}$$

entendendo que a aparição de $\boldsymbol{u}$ no membro da direita envolve não apenas o valor $\boldsymbol{u}(\boldsymbol{x}, t)$ mas também suas variações espaciais, ou seja, as derivadas em relação às coordenadas x_i.

O presente capítulo se ocupará do "sistema de equações diferenciais parciais"(7.2) no caso da evolução de um fluido com sucessivos e decrescentes níveis de generalidade. Nosso objetivo mais específico é a modelagem de escoamento em canais naturais e, para isso, consideraremos mais à frente uma única variável espacial x. Entretanto, para colocar um marco mais amplo no nosso problema, começaremos por descrever o caso geral, em que $\boldsymbol{x}$ representa posições no espaço tridimensional. Passaremos, depois, a analisar o caso bidimensional, no qual as variações na terceira dimensão (altura) são condensadas por uma média que permite que apenas duas variáveis espaciais (horizontais) apareçam em (7.2) e, finalmente, consideraremos o caso de canais nos quais a variável espacial transversal pode também ser eliminada através de uma média. Chegaremos assim ao sistema de equações de Saint-Venant, para o qual discutiremos formas aceitáveis de resolução.

As equações de Saint-Venant são consideradas também em outro capítulo deste livro, onde é focada a determinação das condições iniciais usando observações simples. Outro ponto importante que será introduzido no presente capítulo é o do uso de esquemas numéricos para a aproximação da solução das equações de Saint-Venant. Mais especificamente, apresentaremos um método de diferenças finitas inspirado no clássico esquema de Lax-Friedrichs e um método de elementos finitos do tipo Galerkin Descontínuo de baixa ordem para a resolução numérica das equações escritas como leis de balanço. O primeiro método pode ser encontrado em aplicações na engenharia hidráulica (Porto, 2006), enquanto o segundo apresenta soluções mais precisas, sendo utilizado, por exemplo, em aplicações que envolvem escoamentos complexos em meios porosos altamente heterogêneos (Correa e Murad, 2018), além de problemas de modelagem de canais (Xing, 2014; Cockburn, 1999; Lai e Khan, 2012).

7.2 Modelagem do Escoamento em canais

Seja $\Omega \subset \mathbb{R}^d$ o domínio onde um fluido de massa específica ρ escoa com velocidade $\boldsymbol{u}$ em um intervalo de tempo $I = (t_0, T)$, em regime isotérmico. Tal escoamento pode ser modelado por um conjunto de equações composto da equação de conservação da massa

$$\frac{\partial \rho}{\partial t} + \operatorname{div}(\rho \boldsymbol{u}) = 0 \tag{7.3}$$

e da equação da conservação da quantidade de movimento linear

$$\frac{\partial (\rho \boldsymbol{u})}{\partial t} + \operatorname{div}(\rho \boldsymbol{u} \otimes \boldsymbol{u}) = \rho \boldsymbol{f} + \operatorname{div} \boldsymbol{\sigma} \tag{7.4}$$

onde $\otimes$ designa o produto tensorial de dois vetores, $\boldsymbol{\sigma}$ é o tensor de Cauchy e a função $\boldsymbol{f}$ representa forças de ação a distância. Considerando um fluido newtoniano, temos a seguinte representação para o tensor de tensões

$$\boldsymbol{\sigma} = -p\boldsymbol{I} + 2\mu\boldsymbol{\varepsilon}(\boldsymbol{u}) + \lambda (\operatorname{div} \boldsymbol{u}) \boldsymbol{I} \tag{7.5}$$

onde p é a pressão hidrostática, μ é a viscosidade dinâmica do fluido, λ é o segundo coeficiente de viscosidade (ou viscosidade volumétrica) e

$$\boldsymbol{\varepsilon}(\boldsymbol{u}) = \frac{1}{2}\left(\nabla \boldsymbol{u} + (\nabla \boldsymbol{u})^t\right)$$

é o tensor de taxa de deformação linearizado.

As equações de Navier-Stokes

Eliminando $\boldsymbol{\sigma}$ da equação da conservação de momento linear, a partir da substituição de (7.5) em (7.4), temos

$$\frac{\partial (\rho \boldsymbol{u})}{\partial t} + \operatorname{div}\left[\rho \boldsymbol{u} \otimes \boldsymbol{u} - 2\mu\boldsymbol{\varepsilon}(\boldsymbol{u}) - \lambda (\operatorname{div} \boldsymbol{u}) \boldsymbol{I} + p\boldsymbol{I}\right] = \rho \boldsymbol{f} \tag{7.6}$$

O sistema composto das equações (7.3) e (7.6) constitui a forma conservativa das equações de Navier-Stokes. Raramente você a verá nos livros e nas palestras, pois, em geral, são utilizadas formas mais simples. Por exemplo, sob a hipótese de incompressibilidade do fluido (a água, por exemplo, pode ser considerada incompressível para níveis baixos de pressão), é possível mostrar que a equação (7.6) se reduz a

$$\rho\left(\frac{\partial \boldsymbol{u}}{\partial t} + (\nabla \boldsymbol{u})\boldsymbol{u}\right) + \nabla p - 2\mu \operatorname{div} \boldsymbol{\varepsilon}(\boldsymbol{u}) = \rho \boldsymbol{f}.$$

Para a simulação de escoamentos, é necessário o fornecimento de uma condição que descreva o estado inicial do sistema e condições de contorno adequadas. Em alguns casos, como o de fluidos compressíveis, equações adicionais podem ser necessárias para o fechamento do sistema (para que se tenha o número de equações igual ao número de incógnitas).

Equações de Águas Rasas em Duas Dimensões

Diversas aplicações das equações de Navier-Stokes envolvem um processo de redução dimensional no qual médias são tiradas em relação a dimensões selecionadas do problema estudado. Esse é o caso das equações de águas rasas, que são amplamente utilizadas na modelagem de escoamentos em canais abertos. Na dedução dessas equações, é assumida a hipótese de que a variação do campo de velocidades na direção da profundidade é muito menor do que sua variação no plano ortogonal a essa direção, fazendo sentido tomar uma média das equações (7.3) e (7.6) em relação à profundidade. Nesse processo de média, novos

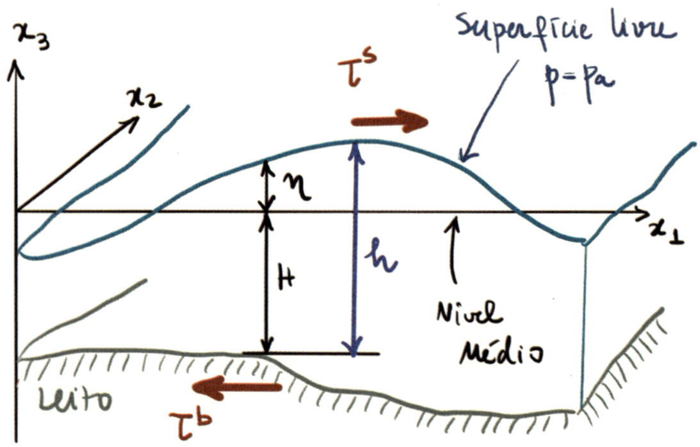

Figura 7.1: Ilustração do equacionamento bidimensional. Fonte: Autoria própria.

termos surgem, representando por exemplo a interação do fluido com o fundo do canal que, no caso das equações originais, é computada via condições de contorno.

Forma conservativa

Uma detalhada descrição do processo para a obtenção das equações médias para o problema de águas rasas bidimensionais, para fluidos com massa específica constante, pode ser encontrada, por exemplo, em Zienkiewicz e Taylor (2000). Seguindo o esquema em coordenadas cartesianas indicado na Figura 7.1, onde identificamos a profundidade com a coordenada x_3 (ver Zienkiewicz & Taylor, 2000), temos que equação do balanço de massa passa a ser dada por

$$\frac{\partial h}{\partial t} + \operatorname{div}(h\boldsymbol{u}) = 0, \tag{7.7}$$

onde h é a profundidade da lâmina d'água e $\boldsymbol{u}$ agora representa um vetor de velocidades médias nas direções de x_1 e x_2, definidas como

$$u_i \equiv \frac{1}{h}\int_h^0 \tilde{u}_i \, \mathrm{d}x_3, \quad i = 1, 2,$$

com $\tilde{u}_i$ representando as velocidades reais, soluções das equações (7.3) e (7.6). Já a equação do balanço de momento linear (7.6), em sua forma conservativa, torna-se

$$\frac{\partial}{\partial t}(h\boldsymbol{u}) + \operatorname{div}\left(h\boldsymbol{u} \otimes \boldsymbol{u} + \frac{g}{2}(h^2 - H^2)\boldsymbol{I}\right) + \frac{\boldsymbol{\tau}^b}{\rho} - g(h - H)\nabla H = \mathbf{0} \tag{7.8}$$

onde H é a profundidade média, g é a magnitude da aceleração da gravidade, ρ é a massa específica do fluido e $\boldsymbol{\tau}^b$ computa a ação cisalhante devido à fricção com o leito. Nessa equação média, foram desprezados os efeitos das tensões cisalhantes na superfície livre (por exemplo, induzidas pela ação do vento), das forças de Coriolis, do tensor de tensões de Reynolds integrado na profundidade e do gradiente da pressão atmosférica. A forma mais geral, considerando esses efeitos, pode ser encontrada em Zienkiewicz e Taylor (2000).

O termo $\boldsymbol{\tau}^b$ é responsável pela perda de energia no sistema, e é possível encontrar diversas fórmulas empíricas para a sua determinação, como função das variáveis do sistema. Por exemplo, em Ding *et al.* (2004) os autores sugerem o uso da seguinte fórmula para $\boldsymbol{\tau}^b$

$$\boldsymbol{\tau}^b = \frac{\rho g \mathrm{n}^2 |\boldsymbol{u}|}{h^{1/3}} \boldsymbol{u}, \tag{7.9}$$

com n representando o coeficiente de rugosidade de Manning. Dada a complexidade dos processos físicos envolvidos, a determinação de valores para parâmetros empíricos, como o coeficiente de Manning, é sujeita a incertezas sendo normalmente obtida pela calibração de modelos a partir de dados diretamente coletados do escoamento, tais como descarga e altura da lâmina d'água (Ding *et al.*, 2004).

Forma não conservativa

Expandindo os termos na derivada em relação ao tempo na equação (7.8), os termos do divergente, utilizando a identidade

$$\operatorname{div}(\rho\boldsymbol{u} \otimes \boldsymbol{u}) = \operatorname{div}(\boldsymbol{u} \otimes \varphi\boldsymbol{u}) = \boldsymbol{u}\operatorname{div}(\rho\boldsymbol{u}) + (\boldsymbol{\nabla}\boldsymbol{u})(\rho\boldsymbol{u}), \tag{7.10}$$

e utilizando a equação da conservação da massa (7.7), temos

$$h\frac{\partial \boldsymbol{u}}{\partial t} + h(\nabla\boldsymbol{u})\boldsymbol{u} + gh\nabla(h - H) + \frac{\boldsymbol{\tau}^b}{\rho} = \mathbf{0}. \tag{7.11}$$

Dividindo por h, usando o fato de que $\eta = h - H$, temos equação da conservação do momento linear na forma apresentada em Ding *et al.* (2004)

$$\frac{\partial \boldsymbol{u}}{\partial t} + (\nabla\boldsymbol{u})\boldsymbol{u} + g\nabla\eta + \frac{\boldsymbol{\tau}^b}{\rho h} = \mathbf{0}. \tag{7.12}$$

Equações de Saint-Venant

As equações de Saint-Venant (Saint-Venant, 1871) são um dos modelos mais populares utilizados no estudo do escoamento em canais abertos, onde o fluido escoa por gravidade e a pressão atmosférica atua em sua superfície livre (Porto, 2006), e consistem em médias das equações de Navier-Stokes, resultando em variações unidimensionais das equações da conservação da massa (7.7) e do momento linear (7.8). Para tal, consideremos um canal cuja seção transversal varia ao longo da coordenada x, conforme indica a Figura 7.2. Consequentemente, para cada seção transversal teremos a variação da área molhada $A(x,t)$

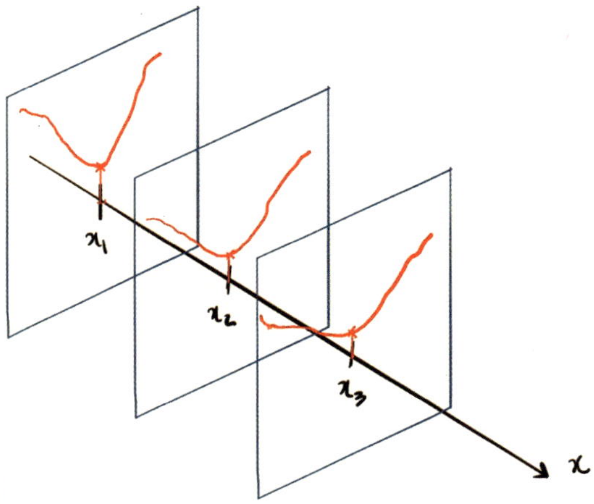

[Forma do canal.]

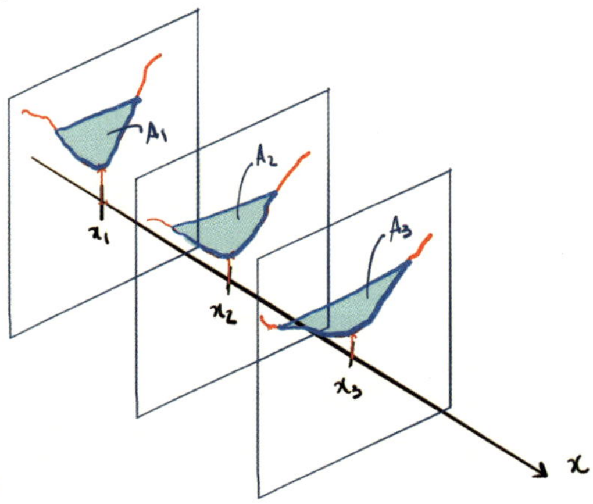

[Área molhada.]

Figura 7.2: Esboço dos cortes transversais. Fonte: Autoria própria.

(área da seção reta do escoamento, normal à direção do fluxo, m^2), que dependerá tanto da descarga hidráulica Q (volume de fluido que cruza a seção transversal A por unidade de tempo, com unidade m^3/s) quanto da forma do canal, como ilustrado na Figura ??. A partir de Q e A, podemos definir a velocidade média u (m/s) como sendo

$$u = \frac{Q}{A}.$$

Sendo assim, tomando como variáveis independentes a posição x e o instante de tempo t, podemos escolher duas dentre as incógnitas Q, A ou u, para representar o sistema.

Equações em termos de Q e A

Segundo Litrico e Fromion (2009), em termos a descarga Q e da área molhada A, as equações de Saint-Venant podem ser escritas como

$$\frac{\partial A}{\partial t} + \frac{\partial Q}{\partial x} = 0 \quad \text{em } \Omega \times I, \tag{7.13a}$$

$$\frac{\partial Q}{\partial t} + \frac{\partial}{\partial x}\left(\frac{Q^2}{A}\right) + gA\left(\frac{\partial h}{\partial x} + S_f + S_b\right) = 0 \quad \text{em } \Omega \times I, \tag{7.13b}$$

onde h (m) é a profundidade da lâmina d'água também denominada altura d'água; S_f(m/m) representa a ação da fricção do canal com o fluido que escoa; $S_b = \partial z_b / \partial x$ (m/m) é a declividade do leito definido por $z_b(x)$; e g (m/s^2) é a magnitude da aceleração da gravidade. O termo de fricção S_f pode ser definido pela equação de Manning

$$S_f = \frac{\mathrm{n}^2|Q|}{A^2 R^{4/3}} Q \tag{7.14}$$

onde, novamente, n é o coeficiente de rugosidade de Manning, cuja unidade SI é s/m$^{1/3}$, e R é o raio hidráulico (área da seção transversal molhada dividida pelo perímetro molhado). As equações (7.13a) e (7.13b) podem ser escritas como o seguinte sistema de primeira ordem

$$\frac{\partial}{\partial t}\begin{bmatrix} A \\ Q \end{bmatrix} + \frac{\partial}{\partial x}\begin{bmatrix} Q \\ \left(\frac{Q^2}{A}\right) \end{bmatrix} = \begin{bmatrix} 0 \\ -gA\left(\frac{\partial h}{\partial x} + S_f(A,Q) - S_b\right) \end{bmatrix}. \tag{7.15}$$

Uma forma alternativa para a equação (7.13b) é:

$$\frac{\partial Q}{\partial t} + \frac{\partial (QV)}{\partial x} + gA\widehat{z_x} + \frac{\xi P V|V|}{8} = 0, \tag{7.16}$$

onde P é o perímetro molhado, $z(x) = z_b(x) + h(x)$, e ξ é o "coeficiente adimensional de Manning". Uma simples manipulação algébrica mostra que (11.2) é equivalente a (7.13b) definindo

$$\xi = \frac{8\mathrm{n}^2 g P^{1/3}}{A^{1/3}}.$$

Canal retangular

A formulação anterior é esta escrita em termos da área da seção transversal A da região molhada do canal e da descarga Q, além da profundidade h. Para o caso de seção retangular com base $b(x,t)$, a área molhada é dada por

$$A(x,t) = b(x,t)h(x,t) \tag{7.17}$$

com perímetro molhado

$$P = b + 2h.$$

Neste caso, o raio hidráulico pode ser facilmente calculado pela expressão

$$R = \frac{A}{b + 2h}.$$

Utilizando (7.17), podemos escrever

$$\begin{aligned} gA\frac{\partial h}{\partial x} &= \frac{\partial}{\partial x}\left(\frac{g}{2b}A^2\right) - \frac{gh^2}{2}\frac{\partial b}{\partial x} \\ &= \frac{\partial}{\partial x}\left(\frac{g}{2b}A^2\right) - \frac{gA^2}{2b^2}\frac{\partial b}{\partial x} \end{aligned}$$

que substituído em (7.15), resulta em

$$\frac{\partial}{\partial t}\begin{bmatrix} A \\ Q \end{bmatrix} + \frac{\partial}{\partial x}\begin{bmatrix} Q \\ \left(\frac{Q^2}{A}\right) + \left(\frac{g}{2b}A^2\right) \end{bmatrix} = \begin{bmatrix} 0 \\ \frac{gA^2}{2b^2}\frac{\partial b}{\partial x} - gA\left(S_f(A,Q) - S_b\right) \end{bmatrix}. \tag{7.18}$$

Finalmente, o sistema (7.18) pode ser escrito na forma vetorial

$$\frac{\partial \boldsymbol{u}}{\partial t} + \frac{\partial \boldsymbol{f}(\boldsymbol{u})}{\partial x} = \boldsymbol{q}(\boldsymbol{u}, x, t) \tag{7.19}$$

onde $u_1 = A(x,t)$, $u_2 = Q(x,t)$,

$$\boldsymbol{u} = \begin{bmatrix} u_1 \\ u_2 \end{bmatrix}, \quad \boldsymbol{f} = \begin{bmatrix} u_2 \\ \frac{u_2^2}{u_1} + \frac{g}{2b}u_1^2 \end{bmatrix} \quad \text{e} \quad \boldsymbol{q}(\boldsymbol{u}, x, t) = \begin{bmatrix} 0 \\ gu_1\left[\frac{u_1}{2b^2}\frac{\partial b}{\partial x} - \left(S_f(u_1, u_2) - S_b\right)\right] \end{bmatrix}.$$

Observação 7.2.1. *O sistema (7.18) representa um sistema de leis de balanço de natureza hiperbólica. De fato, calculando o Jacobiano da $\boldsymbol{f}$ temos*

$$\frac{\partial \boldsymbol{f}}{\partial \boldsymbol{u}} = \begin{bmatrix} 0 & 1 \\ -\left(\frac{u_2}{u_1}\right)^2 + \frac{gu_1}{b} & \frac{2u_2}{u_1} \end{bmatrix} = \begin{bmatrix} 0 & 1 \\ -u^2 + gh & 2u \end{bmatrix} \tag{7.20}$$

e seus autovalores podem ser calculados diretamente como as raízes do polinômio característico $p(\lambda) = \det\left(\frac{\partial \boldsymbol{f}_b}{\partial \boldsymbol{u}} - \lambda \boldsymbol{I}\right)$, fornecendo os valores reais

$$\lambda_1 = \left(u - \sqrt{gh}\right) \quad e \quad \lambda_2 = \left(u + \sqrt{gh}\right). \tag{7.21}$$

Observação 7.2.2. *Para a resolução do sistema (7.18) é necessária a definição de condições iniciais e de contorno. Em relação ao contorno, para um canal com início em $x = 0$ e fim em $x = L$, normalmente se admite que os valores das descargas $Q(0,t)$ e $Q(L,t)$ podem ser controlados e que as profundidades $h(0,t)$ e $h(L,t)$ podem ser medidas. Em Litrico e Fromion (2009) os autores comentam sobre algumas possibilidades de condições de contorno para escoamentos subcríticos, das quais destacamos:*

1. *Descargas prescritas em ambos os extremos do canal:* $Q(0,t)$ *e* $Q(L,t)$*. Representa o caso em que o canal é fechado em seus extremos e duas bombas regulam a vazão. Pode também ser entendido como a existência de comportas que regulam descarga nos extremos do canal.*

2. *Altura (ou profundidade) conhecida nos extremos do canal:* $h(0,t)$ *e* $h(L,t)$*. Corresponde a casos em que os extremos comunicam o canal a corpos d'água de grandes dimensões, como lagos e mares.*

3. *Descarga a montante e altura a jusante:* $Q(0,t)$ *e* $h(L,t)$*. Descrevem, por exemplo, o cenário de um rio que deságua em um lago, cuja descarga a montante é controlada por uma barragem.*

7.3 Resolução Numérica das Equações de Saint-Venant

Nesta seção apresentaremos duas estratégias para a resolução das equações de Saint-Venant. A primeira, mais clássica, é baseada no método de Lax-Friedrichs. Uma variante desta estratégia pode ser encontrada, por exemplo, em Porto (2006). A segunda utiliza o método de Galerkin Descontínuo (DG, do inglês *Discontinuous Galerkin*), que consiste em uma classe de Métodos de Elementos Finitos cuja formulação variacional permite o emprego de polinômios descontínuos por partes para compor os espaços de aproximação (Silva, 2019). Essa característica o torna uma ferramenta interessante para a aproximação de leis de balanço como as equações de Saint-Venant escritas na forma (7.18).

Iniciamos introduzindo a partição do domínio espacial $\Omega = (x_i, x_f)$ em N intervalos (ou células)

$$\mathcal{C}_i = (x_{i-\frac{1}{2}}, x_{i+\frac{1}{2}}) \tag{7.22}$$

de tamanho $\Delta x_i = x_{i+\frac{1}{2}} - x_{i-\frac{1}{2}}$, de $i = 1, \ldots, N$, e denotando $\Delta x \equiv \max\limits_{1\leq i\leq N} \Delta x_i$. Para o intervalo de tempo $I = (t_i, t_f)$, definimos a partição

$$\Delta t_n = t_{n+1} - t_n, \quad \text{com} \quad \sum_n \Delta t_n = t_f - t_i. \tag{7.23}$$

Método de Diferenças Finitas

Para definir o primeiro esquema numérico, assumimos por simplicidade que partição espacial é uniforme, com $\Delta x_i = \Delta x$. Iniciamos pela avaliação da equação (7.19) em um ponto (x_i, t_n) e pelo uso da diferença para frente para aproximar a derivada temporal

$$\left.\frac{\partial \boldsymbol{u}}{\partial t}\right|_{(x_i,t_n)} \approx \frac{\boldsymbol{u}(x_i, t_{n+1}) - \boldsymbol{u}(x_i, t_n)}{\Delta t_n}$$

e da diferença central para aproximar a derivada espacial

$$\left.\frac{\partial \boldsymbol{f}}{\partial x}\right|_{(x_i,t_n)} \approx \frac{\boldsymbol{f}(\boldsymbol{u}(x_{i+1}, t_n)) - \boldsymbol{f}(\boldsymbol{u}(x_{i-1}, t_n))}{2\Delta x}$$

o que fornece o esquema de diferenças finitas explícito

$$\boldsymbol{u}_i^{n+1} = \boldsymbol{u}_i^n - \frac{\Delta t_n}{2\Delta x}\left[\boldsymbol{f}(\boldsymbol{u}_{i+1}^n) - \boldsymbol{f}(\boldsymbol{u}_{i-1}^n)\right] + \Delta t \boldsymbol{q}(\boldsymbol{u}_i^n, x_i, t_n) \tag{7.24}$$

onde $\boldsymbol{u}_i^n$ representa uma *aproximação para* a solução $\boldsymbol{u}$ no ponto (x_i, t_n). Apesar de simples, esse método é incondicionalmente instável (LeVeque, 2007). Uma solução possível para tratar a falta de estabilidade deste esquema, consiste na adição de um termo de dissipação (em azul) conduzindo ao esquema estabilizado

$$\boldsymbol{u}_i^{n+1} = \boldsymbol{u}_i^n - \frac{\Delta t_n}{2\Delta x}\left[\boldsymbol{f}(\boldsymbol{u}_{i+1}^n) - \boldsymbol{f}(\boldsymbol{u}_{i-1}^n)\right] + (1-\alpha)\left(\frac{\boldsymbol{u}_{i+1}^n - 2\boldsymbol{u}_i^n + \boldsymbol{u}_{i-1}^n}{2}\right) + \Delta t_n \boldsymbol{q}(\boldsymbol{u}_i^n, x_i, t_n),$$

com $\alpha \in [0, 1)$, que pode ser escrito como

$$\boldsymbol{u}_i^{n+1} = \alpha \boldsymbol{u}_i^n + (1-\alpha)\left(\frac{\boldsymbol{u}_{i+1}^n + \boldsymbol{u}_{i-1}^n}{2}\right) - \frac{\Delta t_n}{2\Delta x}\left[\boldsymbol{f}(\boldsymbol{u}_{i+1}^n) - \boldsymbol{f}(\boldsymbol{u}_{i-1}^n)\right] + \Delta t_n \boldsymbol{q}(\boldsymbol{u}_i^n, x_i, t_n). \tag{7.25}$$

Uma variação desse esquema é utilizada, por exemplo, em Porto (2006) para a simulação de escoamentos em canais. A escolha $\alpha = 0$ reproduz o clássico método de Lax-Friedrichs (LeVeque, 2007). É possível mostrar que esse termo adicional introduz uma difusão artificial, com coeficiente de difusão

$$\kappa = \frac{(1-\alpha)\Delta x^2}{2\Delta t_n}. \tag{7.26}$$

Logo, para uma discretização espacial fixa, refinar no tempo implica o aumento de κ, o que pode causar uma suavização da excessiva da solução numérica. Esse problema pode ser atenuado pela escolha de valores de α mais próximos de 1. Em contrapartida, menores valores de Δt_n deverão ser adotados, para manter a estabilidade do método. A seguinte condição do tipo CFL pode ser usada como critério para a escolha do passo de tempo

$$\Delta t_n \leq (1-\alpha) c_r \left(\frac{\Delta x}{\max\limits_{\boldsymbol{u}_{\min} \leq \boldsymbol{s} \leq \boldsymbol{u}_{\max}} \rho(\boldsymbol{s})}\right) \tag{7.27}$$

onde c_r é um número de Courant dado (Correa e Murad, 2018) e $\rho(\boldsymbol{s})$ é o raio espectral do jacobiano da função $\boldsymbol{f}$ avaliado em $\boldsymbol{s}$. Esse valor pode ser diretamente calculado pela equação (7.21).

Método de Galerkin Descontínuo

A adoção de espaços polinomiais sobre cada intervalo $\mathcal{C}_i$, porém globalmente descontínuos em Ω, confere aos métodos DG características particularmente interessantes para a resolução de problemas hiperbólicos. Uma descrição profunda de seus fundamentos para problemas de dominância convectiva pode ser encontrada em Cockburn (1999), onde são discutidas versões de alta ordem, obtidas pela combinação de aproximações polinomiais no espaço com esquemas de Runge-Kutta especialmente construídos para garantir propriedades TVD (do ingles *Total Variation Diminishing*).

Para atender aos objetivos de um texto introdutório, aqui, vamos nos deter ao caso de mais baixa ordem, em que aproximações constantes por partes são empregadas para a discretização espacial. Além da simplicidade, essa escolha contorna possíveis problemas de estabilidade, comuns a aproximações de alta ordem (ver, por exemplo Silva, 2019). É importante destacar, contudo, que em cenários mais complexos, tais como a ocorrência de acentuada declividade do leito do canal, de mudanças abruptas em sua largura ou de irregularidades no leito, tais esquemas de baixa ordem podem não ser suficientes para a representação precisa das soluções das equações de Saint-Venant. Nesse caso, métodos de mais alta ordem e com termos de fonte balanceados podem ser adotados (Xing, 2014; Cockburn, 1999; Lai e Khan, 2012; Kurganov, 2018). Evidentemente, esses métodos possuem estrutura de cálculo de fluxos e termos de fonte muito mais complexa do que a do esquema que estudaremos adiante. Um exemplo a ser destacado é o trabalho de Xing (2014), onde é a apresentado o primeiro método de Galerkin Descontínuo da literatura, capaz de aproximar com precisão a solução das equações de Saint-Venant no limite em que o regime permanente tenha sido alcançado com vazão volumétrica não nula.

Espaço de aproximação

Com isso, a aproximação $\boldsymbol{u}_h$ para $\boldsymbol{u}$ é definida de forma que, para cada instante $t \in [t_i, t_f]$, $\boldsymbol{u}_h(t)$ pertença aos espaço de dimensão finita

$$\mathbf{V}_h = V_h^0 \times V_h^0 \tag{7.28}$$

com

$$V_h^0 \equiv \left\{ v \in L^1(\Omega) : v|_{\mathcal{C}_i} \in P^0(\mathcal{C}_i), i = 1 \ldots, N \right\} \tag{7.29}$$

onde $P^0(\mathcal{C}_i)$ denota o espaço de polinômios constantes em $\mathcal{C}_i$.

Forma fraca e fluxo numérico

Multiplicando a equação (7.19) por uma função arbitrária $v \in V_h^0$, integrando em $\mathcal{C}_i$, integrando por partes e notando que $\partial v/\partial x = 0$ no interior de $\mathcal{C}_i$, temos

$$\int_{\mathcal{C}_i} \frac{\partial \boldsymbol{u}}{\partial t} v \,\mathrm{d}x + \boldsymbol{f}(\boldsymbol{u}(x_{i+\frac{1}{2}}, t) v(x^-_{i+\frac{1}{2}}) - \boldsymbol{f}(\boldsymbol{u}(x_{i-\frac{1}{2}}, t) v(x^+_{i-\frac{1}{2}}) = \int_{\mathcal{C}_i} \boldsymbol{q}(\boldsymbol{u}, x, t) v \,\mathrm{d}x$$

A notação $v(x^-_{i+\frac{1}{2}})$ e $v(x^+_{i-\frac{1}{2}})$ é necessária, pois a função v é descontínua entre células vizinhas, o que não é o caso da solução $\boldsymbol{u}$, que assumimos como suave em todo o domínio Ω. Quando substituímos $\boldsymbol{u}$ pela sua aproximação de dimensão finita $\boldsymbol{u}_h$, é necessária também a substituição do fluxo não linear $\boldsymbol{f}(\boldsymbol{u}(x_{i+\frac{1}{2}}, t)$ por um fluxo numérico

$$\boldsymbol{h}(\boldsymbol{u})_{i+\frac{1}{2}}(t) = \boldsymbol{h}(\boldsymbol{u}^-_{i+\frac{1}{2}}, \boldsymbol{u}^+_{i+\frac{1}{2}}), \tag{7.30}$$

que depende dos valores de $\boldsymbol{u}_h$ no ponto $(x_{i+\frac{1}{2}}, t)$, que denotamos por $\boldsymbol{u}^\pm_{i+\frac{1}{2}} = \boldsymbol{u}(x^\pm_{i+\frac{1}{2}}, t)$.

Fluxo de Lax-Friedrichs local. Uma possível escolha é o fluxo de Lax-Friedrichs local, dado por:

$$\boldsymbol{h}^{LLF}_{i+\frac{1}{2}}(\boldsymbol{u}^-_{i+\frac{1}{2}}, \boldsymbol{u}^+_{i+\frac{1}{2}}) = \frac{1}{2}\left[\boldsymbol{f}(\boldsymbol{u}^-_{i+\frac{1}{2}}) + \boldsymbol{f}(\boldsymbol{u}^+_{i+\frac{1}{2}})\right] - \frac{C_{i+\frac{1}{2}}}{2}(\boldsymbol{u}^+_{i+\frac{1}{2}} - \boldsymbol{u}^-_{i+\frac{1}{2}}) \tag{7.31}$$

com

$$C_{i+\frac{1}{2}} = \max_{\min\{\boldsymbol{u}^-_{i+1/2},\boldsymbol{u}^+_{i+1/2}\}\leq \boldsymbol{s}\leq \max\{\boldsymbol{u}^-_{i+1/2},\boldsymbol{u}^+_{i+1/2}\}} \rho(\boldsymbol{s}), \tag{7.32}$$

onde, novamente, $\rho(\boldsymbol{s})$ é o raio espectral do jacobiano da função $\boldsymbol{f}$ avaliado em $\boldsymbol{s}$, que pode ser diretamente calculado pela equação (7.21).

Fluxo Central-Upwind. Outra possibilidade, aparentemente pouco explorada na literatura, é o uso do fluxo Central-Upwind (Correa e Murad, 2018; Kurganov *et al.*, 2001)

$$\boldsymbol{h}^{CUp}_{i+\frac{1}{2}}(\boldsymbol{u}^-_{i+\frac{1}{2}}, \boldsymbol{u}^+_{i+\frac{1}{2}}) = \frac{a^+_{i+\frac{1}{2}}\boldsymbol{f}(\boldsymbol{u}^-_{i+\frac{1}{2}}) - a^-_{i+\frac{1}{2}}\boldsymbol{f}(\boldsymbol{u}^+_{i+\frac{1}{2}})}{a^+_{i+\frac{1}{2}} - a^-_{i+\frac{1}{2}}} + \frac{a^+_{i+\frac{1}{2}}a^-_{i+\frac{1}{2}}}{a^+_{i+\frac{1}{2}} - a^-_{i+\frac{1}{2}}}\left[\boldsymbol{u}^+_{i+\frac{1}{2}} - \boldsymbol{u}^-_{i+\frac{1}{2}}\right] \tag{7.33}$$

onde $a^-_{i+\frac{1}{2}} = \min\{0, \lambda_1, \lambda_2\}$ é a maior velocidade de propagação viajando para a esquerda e $a^+_{i+\frac{1}{2}} = \max\{0, \lambda_1, \lambda_2\}$ é a maior velocidade de propagação viajando para a direita, com autovalores λ_1 e λ_2 calculados por (7.21).

Formulação semidiscreta, discreta no espaço e contínua no tempo

A solução aproximada é então definida como a solução da seguinte formulação semidiscreta: encontrar $\boldsymbol{u}_h(x,t)$ tal que $\forall\, i = 1,\ldots,N$ e $\forall\, v \in P^0(\mathcal{C}_i)$,

$$\int_{\mathcal{C}_i}\frac{\partial}{\partial t}\boldsymbol{u}_h(x,t)v(x)\,\mathrm{d}x + \boldsymbol{h}(\boldsymbol{u}_h)_{i+\frac{1}{2}}(t)v(x^-_{i+\frac{1}{2}}) - \boldsymbol{h}(\boldsymbol{u}_h)_{i-\frac{1}{2}}(t)v(x^+_{i-\frac{1}{2}}) = \int_{\mathcal{C}_i}\boldsymbol{q}(\boldsymbol{u},x,t)\,\mathrm{d}x$$

Como estamos tomando o caso de mais baixa ordem, podemos tomar, sem perda de generalidade, $v|_{\mathcal{C}_i} = 1$, $\boldsymbol{u}_h(x,t)|_{\mathcal{C}_i} = \boldsymbol{u}_i(t)$ ($\boldsymbol{u}_h$ é constante por partes) e escrever

$$\frac{\mathrm{d}\boldsymbol{u}_i(t)}{\mathrm{d}t} = -\frac{\boldsymbol{h}(\boldsymbol{u}_h)_{i+\frac{1}{2}}(t) - \boldsymbol{h}(\boldsymbol{u}_h)_{i-\frac{1}{2}}(t)}{\Delta x_i} + \bar{\boldsymbol{q}}_i(t) \quad \forall\, i = 1,\ldots,N \tag{7.34}$$

com

$$\bar{\boldsymbol{q}}_i(t) = \frac{1}{\Delta x_i}\int_{\mathcal{C}_i}\boldsymbol{q}(\boldsymbol{u},x,t)\,\mathrm{d}x$$

O conjunto de equações (7.34) representa um sistema de $2N$ equações diferenciais ordinárias que pode ser escrito na forma

$$\frac{\mathrm{d}\mathcal{U}}{\mathrm{d}t} = \mathcal{F}(\mathcal{U},t) \quad \text{em } (t_i, t_f). \tag{7.35}$$

Para sua resolução, é necessária a definição de uma condição inicial, que pode ser tomada como sendo a projeção da condição inicial $\boldsymbol{u}(x,t_i)$ sobre o espaço $\mathbf{V}_h$.

Esquema totalmente discreto

O esquema totalmente discreto é obtido após a escolha de um método para a integração de (7.35) no tempo, tais como os métodos SSP Runge-Kutta (Strong Stability Preserving Runge-Kutta, ver Gottlieb *et al.*, 2001), apropriados para problemas advectivos e os esquemas implícitos BDF (Backward Differentiation Formula, ver LeVeque, 2007), indicados quando o problema possui características de alta rigidez. Seguindo a idéia da simplicidade, podemos utilizar o método de Euler Explícito (primeira ordem no tempo) e definir o seguinte esquema, discreto no espaço e no tempo:

$$\mathcal{U}^{n+1} = \mathcal{U}^n + \Delta t_n \mathcal{F}(\mathcal{U}^n, t_n). \tag{7.36}$$

Caso seja de interesse a aplicação de um esquema explícito de segunda ordem no tempo, podemos considerar o seguinte esquema SSP Runge-Kutta de dois estágios, proposto em Shu e Osher (1998)

$$\begin{aligned} \mathcal{U}^{(1)} &= \mathcal{U}^n + \Delta t_n \mathcal{F}\left(\mathcal{U}^n, t_n\right) \\ \mathcal{U}^{n+1} &= \frac{1}{2}\mathcal{U}^n + \frac{1}{2}\mathcal{U}^{(1)} + \frac{1}{2}\Delta t_n \mathcal{F}\left(\mathcal{U}^{(1)}, t_n + \Delta t_n\right). \end{aligned}$$

Em ambos os casos o passo de tempo Δt_n é limitado por uma condição do tipo CFL

$$\Delta t_n \leq c_r \min_{1\leq i\leq N} \left(\frac{\Delta x_i}{\max\{C_{i-\frac{1}{2}}, C_{i+\frac{1}{2}}\}} \right) \tag{7.37}$$

onde $C_{i+\frac{1}{2}}$ é a velocidade de propagação definida em (7.32) e c_r é um número de Courant dado (ver Correa e Murad, 2018).

7.4 Estudos Numéricos

Nesta seção apresentaremos alguns estudos numéricos baseados em um problema modelo de rompimento de um dique, comparando as soluções obtidas pelo esquema de diferenças finitas e pelo método DG, apresentados na Seção 7.3.

Como problema modelo, tomamos então o problema *Dam-Break* apresentado em LeVeque (2002), onde as equações de Saint-Venant (7.18) são resolvidas em um canal retangular horizontal e sem fricção de base unitária. Um dique posicionado em $x = 0\,\text{m}$ divide o canal em uma seção a montante e uma a jusante, com condições iniciais dadas por

$$h(x,0) = \begin{cases} h_l = 3 & \text{se } x < 0, \\ h_r = 1 & \text{se } x > 0, \end{cases} \qquad Q(x,0) = 0, \tag{7.38}$$

Em $t_0 = 0$ o dique se rompe, criando uma onda de choque que viaja a jusante e uma onda de rarefação que viaja a montante. Para a resolução deste problema consideramos o domínio $\Omega = (-5, 5)$ discretizado em $N = 100$ subintervalos, sem atrito (n = 0), $S_b = 0$ e $g = 1$. A solução de referência foi calculada usando o Método de Galerkin Descontínuo (7.36) com o fluxo Central-Upwind (7.33), em uma malha de 10000 células.

Método de Diferenças Finitas para diferentes α

Iniciamos pela análise de soluções do método de diferenças finitas (7.25) obtidas para o caso $\alpha = 0$, que representa o esquema de Lax-Friedrichs. Pela equação (7.26) vemos que esse esquema, para uma malha espacial fixa, possui difusão artificial inversamente proporcional ao tamanho do passo de tempo. Com isso, o emprego de Δt_n pequenos pode levar a um aumento significativo na difusão numérica, causando uma deterioração da qualidade da solução. Para ilustrar tal fenômeno, apresentamos na Figura 7.3 os resultados em $T = 2.0$, obtidos pelo método de Lax-Friedrichs com a malha de $N = 100$ subintervalos e passos de tempo uniformes $\Delta t_n = (T - t_0)/n_t$ calculados para diferentes números de passos de tempo, designados por n_t. A estrutura "serrilhada" da solução é típica deste esquema.

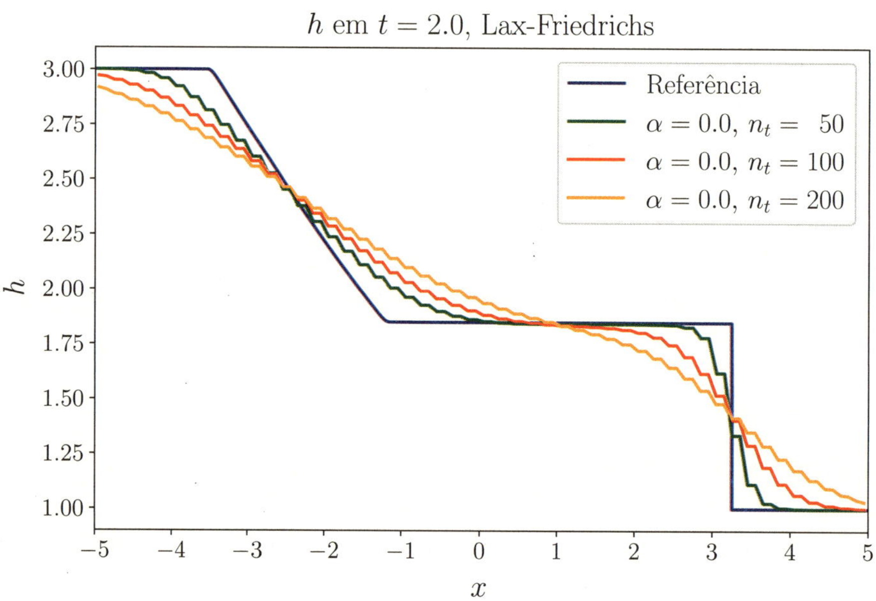

Figura 7.3: Soluções em $t = 2.0$ obtidas pelo método de Lax-Friedrichs com uma malha de 100 células e diferentes valores de Δt_n. Fonte: Autoria própria.

É importante observar que em diversas aplicações o tamanho do passo de tempo é controlado dinamicamente através de restrições como a condição (7.27) e, para uma malha espacial fixa, passos pequenos podem ser necessários caso o raio espectral (que indica uma medida da maior velocidade de propagação do sistema) assuma valores altos durante a simulação. O fenômeno difusivo ilustrado na Figura 7.3 pode controlado pelo parâmetro α, como indica a equação (7.26). Para estudar o comportamento do método de diferenças finitas (7.25) para diferentes valores de α, prescrevemos o número de Courant $c_r = 0.45$ e calculamos o passo de tempo Δt_n de forma adaptativa ao longo da simulação, de forma a satisfazer a equação

$$\Delta t_n = (1-\alpha)c_r\left(\frac{\Delta x}{\max\limits_{x\in\Omega,t=t_n}\left(|u|+\sqrt{gh}\right)}\right),$$

para cada instante t_n. Este é maior passo de tempo que satisfaz a relação (7.27). Os resultados estão apresentados na Figura 7.4. Como nesta simulação c_r está prescrito, mas Δt_n muda, indicamos na figura o número total de passos de tempo utilizados para cada valor de α.

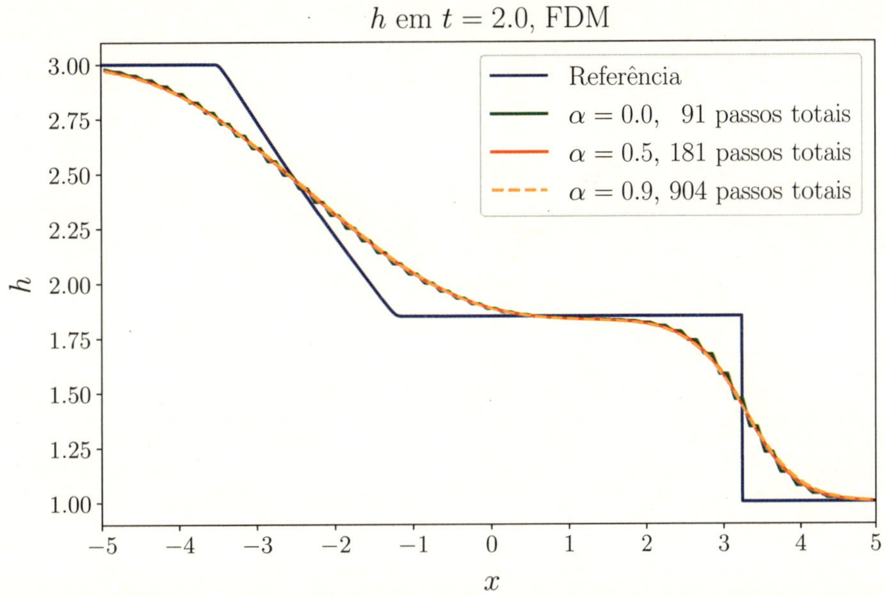

Figura 7.4: Método de diferenças finitas para uma malha de 100 células e diferentes valores de α, para $c_r = 0.45$. Fonte: Autoria própria.

Podemos observar que o método mantém a precisão inicial do esquema de Lax-Friedrichs para os diferentes valores de α analisados, não sofrendo da excessiva difusão que este esquema apresenta à medida que passos de tempo menores são utilizados. Contudo, o controle da difusão vem com um preço: para valores de α pequenos, a relação (7.27) pode impor que um número alto de passos no tempo seja usado, mesmo para valores razoáveis do raio espectral. Em termos de custo computacional, o número total de passos no tempo necessário para a resolução do problema satisfazendo a condição (7.27), é aproximadamente $n_{\text{LxF}}/(1-\alpha)$ onde n_{LxF} é o número de passos do esquema Lax-Friedrichs ($n_{\text{LxF}} = 91$ para esta simulação).

Método DG com diferentes fluxos

Agora testamos o Método de Galerkin Descontínuo (7.36) com os fluxos de Lax-Friedrichs local (7.31) e Central-Upwind (7.33), para a mesma discretização de $N = 100$ subintervalos e com $c_r = 0.45$. Os resultados apresentados na Figura 7.5 indicam que ambas as escolhas de fluxo conduzem a uma boa resolução das ondas de choque e rarefação, com uma precisão ligeiramente maior para o método DG com o fluxo Central-Upwind. A simulação se deu em 93 e 92 passos no tempo, com os fluxos Central-Upwind e Lax-Friedrichs local, respectivamente.

Em termos de passos totais, o método DG compara-se ao método de Lax-Friedrichs, neste experimento. É importante ressaltar que cada passo do método DG demanda a avaliação de fluxos locais, sendo assim substancialmente mais elaborado do que um passo do clássico esquema de Lax-Friedrichs.

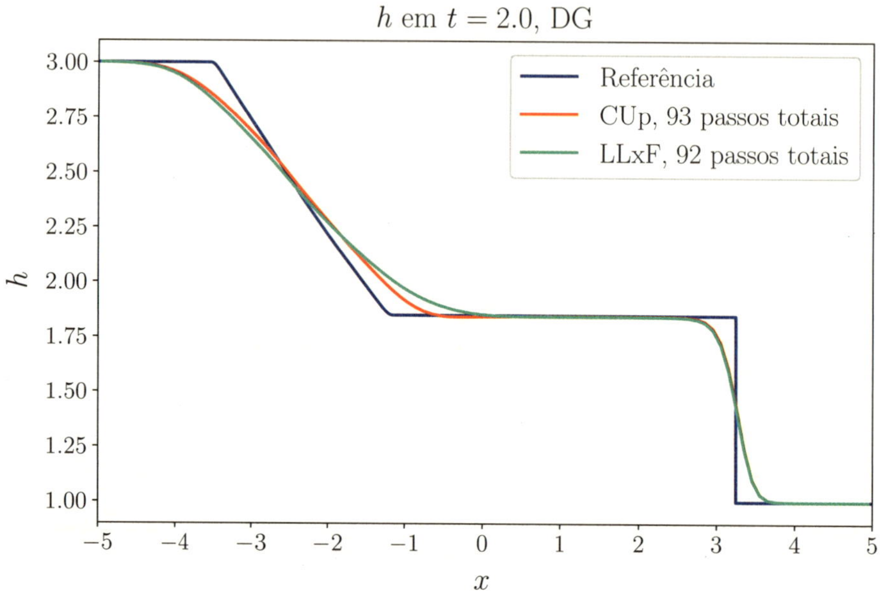

Figura 7.5: Método de Galerkin Descontínuo para uma malha de 100 células, $c_r = 0.45$ e diferentes fluxos numéricos. Fonte: Autoria própria.

Comparação entre os Métodos

Finalizamos este estudo com a comparação dos resultados obtidos pelo método de Galerkin Descontínuo com o fluxo Central-Upwind e o Método de Diferenças Finitas para $\alpha = 0.0$ (Lax-Friedrichs) e $\alpha = 0.9$. O resultado comparativo, para uma malha de 100 células e $c_r = 0.45$, é apresentado na Figura 7.6 onde vemos que o método de Galerkin Descontínuo conduz a uma solução menos difusiva.

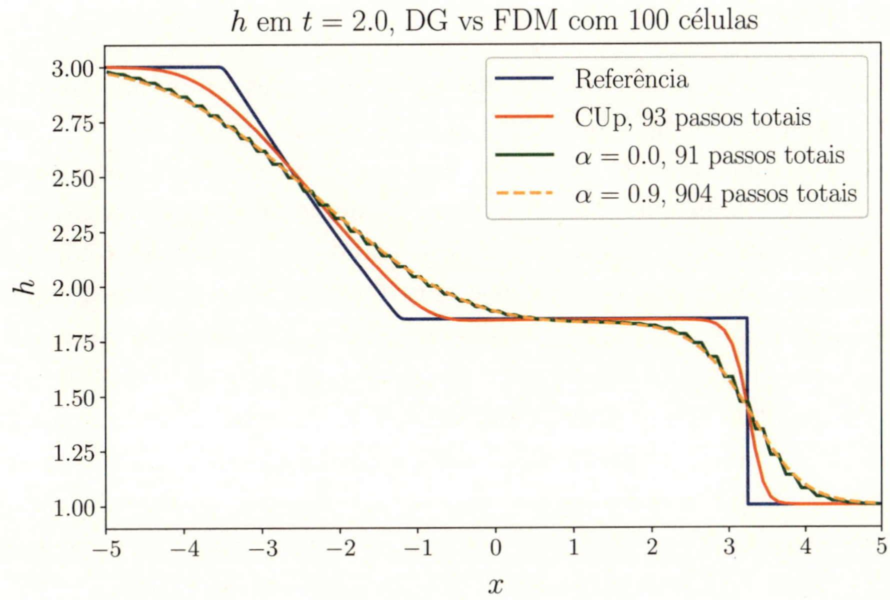

Figura 7.6: Comparação entre o Método de Galerkin Descontínuo com o fluxo Central-Upwind e o Método de Diferenças Finitas para $\alpha = 0.0$ (Lax-Friedrichs) e $\alpha = 0.9$, em uma malha de 100 células e $c_r = 0.45$. Fonte: Autoria própria.

Finalmente, para investigar a sensibilidade ao refinamento espacial, apresentamos na Figura 7.7 os resultados para uma malha de 1000 células. Percebemos que o método de Galerkin Descontínuo continua mais preciso, mas é importante destacar que o método de Diferenças Finitas também fornece boa resolução.

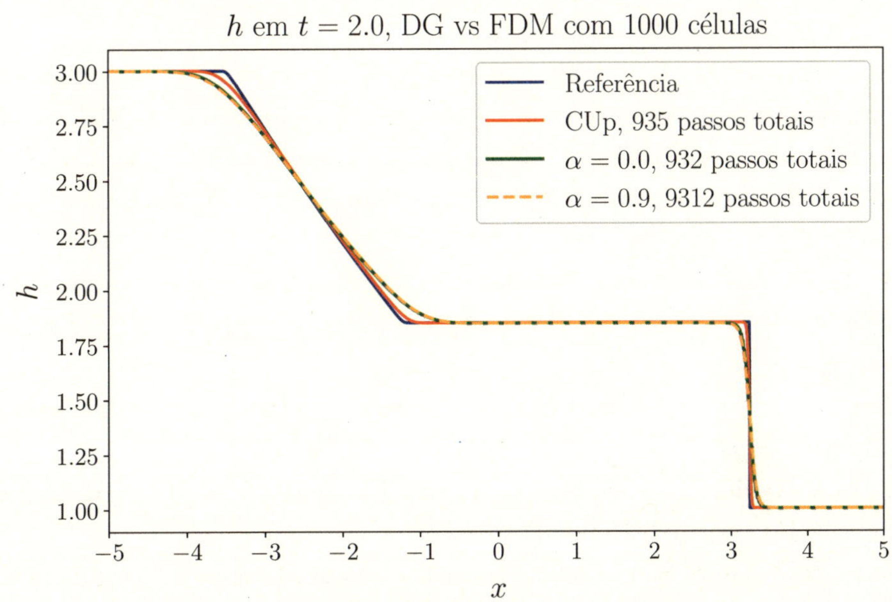

Figura 7.7: Comparação entre o Método de Galerkin Descontínuo com o fluxo Central-Upwind e o Método de Diferenças Finitas para $\alpha = 0.0$ (Lax-Friedrichs) e $\alpha = 0.9$, em uma malha de 1.000 células e $c_r = 0.45$. Fonte: Autoria própria.

7.5 Conclusões

No caminho em direção a um modelo realista para descrever o rompimento de barragens e suas consequências a consideração de fluidos unidimensionais é vital, porque o deslocamento de água e lama ocorre, breve tempo depois do desastre, através de rios e córregos na beira dos quais tem-se um rico ecossistema que inclui o abrigo de populações humanas. A viabilidade desse tipo de modelos depende de sua adequação à realidade e da rapidez computacional com a qual chegam a previsões razoáveis. Por esse motivo se fazem necessárias a experimentação com métodos numéricos estabelecidos e a introdução de novos métodos visando à eficiência e à robustez. Neste capítulo consideramos a alternativa dada pelo método de Galerkin Descontínuo em paralelo com a abordagem clássica dada pelo método de Lax-Friedrichs, avaliando características de precisão numérica e custo computacional que podem balizar a escolha da metodologia numérica a ser incorporada na fase unidimensional de modelos complexos para rompimento de barragens. O texto aqui apresentado aborda apenas o caso de mais baixa ordem, de forma a manter o foco em um contexto introdutório, e deve ser entendido como um convite para o estudo do método de Galerkin Descontínuo em suas formas mais gerais, capazes de lidar com problemas complexos como os estudados no âmbito do Criab.

Referências

Birgin, E. G., Correa, M. R., Gonzalez-Lopez, V. A., Martinez, J. M., & Rodrigues, D. S. (2024). Randomly supported variation of deterministic models and its application to one-dimensional shallow water flows. *Journal of Hydraulic Engineering*, v. 150n. 5, 04024026.

Porto, R. (2006). *Hidráulica Básica* (4th). EESC USP.

Correa, M. R., & Murad, M. A. (2018). A new sequential method for three-phase immiscible flow in poroelastic media. *Journal of Computational Physics*, v. 373, 493–532.

Xing, Y. (2014). Exactly well balanced discontinuous Galerkin methods for the shallow water equations with moving water equilibrium. *Journal of Computational Physics*, v. 257, 536–553.

Cockburn, B. (1999). Discontinuous Galerkin Methods for Convection-Dominated Problems. Em *High-Order Methods for Computational Physics* (pp. 69–224). Springer Berlin Heidelberg.

Lai, W., & Khan, A. A. (2012). A discontinuous Galerkin method for two-dimensional shallow water flows. *Int. J. Numer. Meth. Fluids*, v. 70, 939–960.

Zienkiewicz, O., & Taylor, R. (2000). *The Finite Element Method* (5ª ed.) [Vol. 3: Fluid Dynamics]. Butterworth-Heinemann-2000.

Ding, Y., Jia, Y., & Wang, S. S. Y. (2004). Identification of Manning's Roughness Coefficients in Shallow Water Flows. *Journal of Hydraulic Engineering*, v. 130n. 6, 501–510.

Saint-Venant, A. J. C. (1871). Théorie du mouvement non-permanent des eaux, avec application aux crues des rivière at à l'introduction des marées dans leur lit. *Comptes Rendus des Séances de Académie des Sciences*, v. 73, 147–154.

Litrico, X., & Fromion, V. (2009). *Modeling and Control of Hydrosystems.* Springer.

Silva, F. (2019). *Métodos de Galerkin Descontínuo de mais alta ordem para leis de conservação hiperbólicas* (tese de dout.). IMECC-Unicamp.

LeVeque, R. J. (2007). *Finite Difference Methods for Ordinary and Partial Differential Equations.* SIAM.

Kurganov, A. (2018). Finite-volume schemes for shallow-water equations. *Acta Numerica*, v. 27, 289–351.

Kurganov, A., Noelle, S., & Petrova, G. (2001). Semidiscrete Central-Upwind Schemes for Hyperbolic Conservation Laws and Hamilton-Jacobi Equations. *SIAM J. Sci. Comput.*, v. 23n. 3, 707–740.

Gottlieb, S., Shu, C.-W., & Tadmor, E. (2001). Strong Stability-Preserving High-Order Time Discretization Methods. *SIAM Review*, v. 43n. 1, 89–112.

Shu, C.-W., & Osher, S. (1998). Efficient implementation of essentially non-oscillatory shock-capturing schemes. *Journal of Computational Physics*, v. 77, 439–471.

LeVeque, R. J. (2002). *Finite Volume Methods for Hyperbolic Problems.* Cambridge University Press.

8

Modelos matemáticos de brechas em barragens

Maicon R. Correa
Giuseppe Romanazzi
Cassio M. Oishi
Laura M. C. F. Fais
Verónica A. González-López
André L. S. S. Martim
Samuel Rocha
Diego Samuel Rodrigues
José Mario Martínez

8.1 Introdução

A investigação das causas, da evolução e da reparação de falhas em barragens abrange recursos multidisciplinares que envolvem geofísica, engenharia mecânica, modelagem matemática, ciência da computação e análise estatística. O impacto dessas falhas, quando levam ao rompimento da barragem, costuma ser enorme em termos de perdas de vidas humanas, patrimônio e meio ambiente. Entre as ferramentas usadas para estudar as falhas em barragens se encontram os "modelos físicos", produzidos em laboratório, que simulam em pequena escala os efeitos de falhas e rompimentos em situações reais.

O presente trabalho teve origem na proposta do *6th Workshop on River and Sedimentation Hydrodynamics and Morphodynamics* (6º Workshop sobre Hidrodinâmica e Morfodinâmica de Rio e Sedimentação), organizado pelo Instituto Superior Técnico de Lisboa em 2021. No Laboratório de Hidráulica desse Instituto foi construído um modelo físico para uma barragem de água cujas morfologia e dimensões são descritas na Seção 2 e nas Figuras 8.2 e 8.1 do presente artigo, assim como os materiais que foram usados para a construção do modelo. No experimento laboratorial, uma pequena brecha na crista do aterro foi manualmente incorporada. Além disso, o abastecimento de água a montante foi controlado de maneira que, aproximadamente, a altura da superfície da água a montante ao longo do experimento coincidisse com a altura inicial da barragem. Foi observado que, dessa maneira, a brecha aumentava com o transcurso do tempo, tanto em termos de largura como de profundidade. O objetivo do presente trabalho é fornecer modelos matemáticos e numéricos para simular a evolução da brecha, segundo o experimento laboratorial, buscando a descrição do fluxo e do processo de erosão com o consequente desenvolvimento da brecha.

Usaremos duas metodologias para simular a evolução da brecha e o rompimento da barragem. Primeiramente, empregamos um modelo simplificado de ruptura, baseado no *software* DLBreach (Dam-Levee Breach, ver Wu (2016)), que é disponibilizado na forma de um código aberto. Em particular, essa ferramenta computacional permite a simulação da vazão e o processo de erosão interna das brechas em barragens. Em seguida, apresentamos uma análise alternativa, desenvolvida pelos autores, para investigar a erosão do solo e o desenvolvimento de brechas através de um modelo matemático unidimensional simplificado e uma estratégia de otimização.

Apesar de se tratar de um modelo bastante simplificado, o DLBreach pode ser adotado com sucesso para estimar a variação temporal de largura e profundidade da brecha no aterro durante o processo de erosão (Zhong *et al.*, 2016). Para esse fim, uma etapa importante é a escolha e o pré-processamento dos parâmetros de entrada. Usando o material disponibilizado pelo workshop, foi calculada a maioria dos parâmetros de entrada necessários para o DLBreach, conforme descrito na Seção 2 do presente capítulo. Entretanto, alguns parâmetros foram obtidos utilizando um processo de calibração com as imagens e os dados de descarga também fornecidos em Iarh (2021a). Detalhes técnicos, resultados numéricos e dificuldades na aplicação do DLBreach serão apresentados na Seção 2.

Nossa segunda estratégia modela a brecha como um canal sujeito a erosão e se baseia no sistema unidimensional de Saint-Venant, que é amplamente utilizado para estudar a dinâmica temporal da profundidade da água e da velocidade de escoamento em processos de ruptura de barragens. Adicionalmente, introduzimos equações diferentes para a dinâmica da largura e a elevação do leito do canal, o que é discutido na Seção 3. O modelo matemático, finalmente, é aprimorado pela adoção de uma estratégia de otimização para determinar todos os parâmetros envolvidos nas simulações.

Quanto aos principais resultados obtidos por nossas metodologias numéricas para resolver o desafio proposto no 6º Workshop sobre Hidrodinâmica e Morfodinâmica de Rio e Sedimentação, concluímos que:

- Com base nas informações experimentais do nível da água e dos parâmetros do material, foi possível determinar os dados de entrada para DLBreach, considerando três alternativas diferentes. Apesar da concordância qualitativa com o comportamento observado nas imagens, observamos uma transição não suave para as larguras inferior e superior da ruptura, bem como para a elevação do leito da brecha. Os resultados indicam que é importante melhorar a calibração dos parâmetros utilizados como entrada. Além disso, uma nova investigação sobre o modelo de erosão seria muito bem-vinda para descrever mais corretamente o cenário real do rompimento por galgamento em barragens de terra construídas com materiais coesivos.

- Nosso código baseado nas equações de Saint-Venant ajustadas por um processo de otimização foi usado com sucesso para estimar a evolução da largura da brecha e a elevação do leito. Resumidamente, a estratégia proposta pode ser considerada uma metodologia baseada em dados, uma vez que usamos a observação experimental (informações de imagens) do processo de quebra e a dinâmica de erosão para estabelecer as entradas do código. Em particular, com base nas saídas do código, propusemos uma representação tridimensional do processo de rompimento para esclarecer a dinâmica geométrica envolvida na configuração experimental. Os resultados são coerentes com as imagens fornecidas (ver Iarh, 2021b), confirmando a necessidade de incorporar um processo de otimização para uma melhor estimativa dos parâmetros durante a solução dos modelos matemáticos simplificados.

8.2 Primeira metodologia: DLBreach

O *software* DLBreach (Wu, 2016) corresponde a um modelo simplificado (Task Committee on Dam/Levee Breach, 2011) para simular a evolução de uma brecha originada na crista da barragem. Esse sistema modela a formação da brecha a jusante e a montante (ver Figura 8.1), assim como a migração do corte vertical (*headcut migration*). No entanto, não fornece nenhuma informação de saída a respeito da geometria da brecha a montante nem a jusante. De fato, durante o processo de galgamento, o DLBreach somente fornece as dimensões da brecha no plano da crista. Vale ressaltar que o DLBreach modela os processos de galgamento considerando materiais coesivos e não coesivos homogêneos, assim como barragens heterogêneas envolvendo núcleo de argila e vertedouros. Além disso, o DLBreach modela também a erosão interna para fluxos unidirecionais ou bidirecionais. Para o galgamento é possível modelar dois tipos de erosão: uma "erosão de superfície" formalmente sugerida para barragens não coesivas e uma "erosão de corte" sugerida para barragens coesivas.

Observamos nas fotografias fornecidas (Iarh, 2021b), aqui reproduzidas na Figura 8.8, uma migração evidente do corte vertical (*headcut*) com paredes laterais quase verticais, o que é comum para materiais coesivos. Dado que o solo de areia SM (*silty sand*) mostra uma coesão aparente no teste, apesar de ser um material não coesivo, decidimos executar o DLBreach com o modelo de erosão de corte.

Há muitos parâmetros de entrada que o usuário deve fornecer ao DLBreach através de um arquivo de texto escrito em um formato específico. Analisaremos extensivamente esses parâmetros de entrada nos parágrafos seguintes desta seção. O processo modelado por DLBreach em nossos testes pode ser condensado da seguinte maneira: trata-se de uma brecha de sentido único (*one-way*) numa barragem homogênea sujeita a uma erosão de corte, onde são dadas as dimensões geométricas da barragem e do entalhe inicial, as características do solo, da vazão e a profundidade da água do reservatório a montante ao longo de toda a simulação. No arquivo de saída do DLBreach podemos analisar os seguintes resultados: largura do fundo da brecha (B_{bottom}), largura do topo de brecha (B_{top}), declive lateral de ruptura ($Brchsideslope$), elevação do leito da brecha z_b e área transversal A. Essas dimensões geométricas são fornecidas na parte superior plana da barragem para tempos equidistantes. O DLBreach também fornece a descarga do fluxo de ruptura (Q), o volume de água que sai da ruptura (Vol_{watout}) e a descarga de sedimentos a jusante ($DSSedRate$).

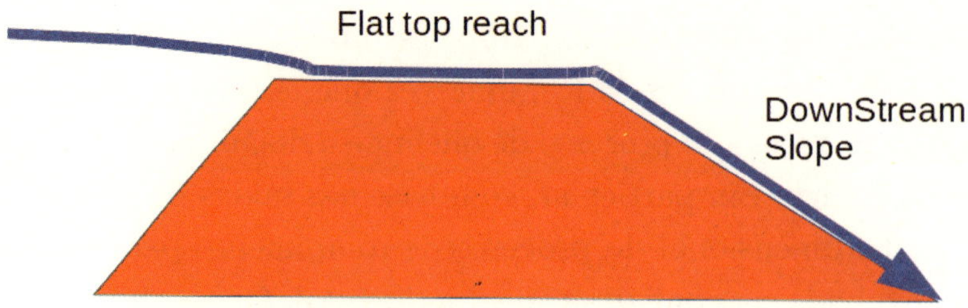

Figura 8.1: Corte longitudinal da barragem. Fonte: Autoria própria.

Nosso objetivo é modelar e prever a descarga na brecha, a erosão da barragem e a morfologia da brecha ao longo de 1,2 h depois da conformação da brecha inicial.

Brecha inicial e estabilidade da inclinação dos lados

O DLBreach requer, como um de seus dados iniciais, a geometria da brecha inicial com corte transversal retangular definido por profundidade e largura. Os dados fornecidos no "Teste T1" indicam um canal de seção triangular com largura de 3 cm e altura de 1,5 cm. Em nosso estudo computacional, decidimos considerar um canal retangular de largura e altura iguais a 1,5 cm, de modo que a seção transversal possua a mesma área de 2,25 cm^2. Essa escolha de utilizar seções transversais retangulares está também justificada pelo fato de que o solo da barragem (*SM Silty Sand*) é coeso e, portanto, espera-se que o canal de ruptura tenha declives laterais verticais. Além disso, um processo que levasse de uma pequena seção transversal triangular a uma seção transversal retangular poderia exigir uma análise precisa da estabilidade da inclinação lateral que está fora do escopo na nossa modelagem.

Por essas razões, forçamos a DLBreach a manter seções transversais de ruptura retangulares, usando a opção Breach_Side_Slope_Constant=10.000. Os parâmetros de entrada fornecidos à DLBreach para as dimensões do entalhe inicial são, então, os seguintes:

- Altura inicial da brecha 0,015 m;
- Largura inicial de brecha 0,015 m;
- Breach_Side_Slope_Constant=10.000.

Dimensões da barragem

Usando as dimensões fornecidas em Iarh (2021a), estabelecemos:

- Altura da barragem 0,45 m;
- Largura de crista da barragem 0,17 m;
- Inclinação a montante 0,5;
- Inclinação a jusante 0,5;
- Largura máxima de fundo da brecha permitida 1,20 m.

Profundidade da água e fluxo de descarga de entrada no reservatório

O "Teste T1" fornece medições do nível de água e do fluxo de descarga no reservatório ao longo de quase 1,2 h. No entanto, na nossa modelagem usamos somente as informações de profundidade da água. A razão disso é que o fluxo de descarga de entrada é necessário no DLBreach quando a modelagem da ruptura da barragem é acompanhada por uma modelagem do volume de água no reservatório a montante, o que está fora do escopo do Teste T1. A profundidade da água do reservatório é útil juntamente com toda a simulação de ruptura da represa e nos permite saber que uma falha significativa na barragem ocorre depois de 2.650 s (quase $t_{hc} = 0{,}7361\,\mathrm{h}$), ver Figura 8.6. Essa informação será usada na modelagem M2 para calibrar a taxa de migração do corte vertical como discutido no parágrafo 8.2.

Parâmetros relativos a sedimentos

Há algumas características do solo do aterro que devem ser usadas como entrada em DLBreach e que são fornecidas no Teste T1 (Iarh, 2021a):

- Diâmetro do sedimento $d_{50} = 0{,}00032\,\mathrm{m}$;
- Gravidade específica do sedimento= $G = 2{,}69$;
- Tangente do Ângulo de Atrito= 0,6388 (média entre a tangente do ângulo de atrito mínimo de 30 graus e a tangente do ângulo de atrito máximo de 35 graus);
- Tensão de cisalhamento crítica (*Critical Shear Stress*) $\tau_c = 36{,}7\,\mathrm{Pa}$;
- Peso específico do solo seco (*Bulk Dry Unit Weight*) $\gamma_{\mathrm{bulkdry}} = 17{,}56\,\mathrm{kN/\,m^3}$.

Outros parâmetros relativos a sedimentos necessários para rodar o DLBreach são o conteúdo de argila nos sedimentos, a porosidade do sedimento p, o coeficiente de coesão do sedimento c, o coeficiente de erosão do solo k_d, e o coeficiente de manning n. Descrevemos a seguir a forma como estimamos estes parâmetros (que não são fornecidos diretamente no Teste T1). A lista correspondente é apresentada no final desta seção.

Conteúdo de argila nos sedimentos

Analisando a Figura 8.5 em Iarh (2021a), e sabendo que a argila tem um diâmetro de partícula de, no máximo, 0,002 mm, podemos estimar um conteúdo de argila nos sedimentos igual a 0,11, ou seja de 11%.

Porosidade

A fim de estimar a porosidade p, usamos a fórmula fornecida em DLBreach:

$$p = 1 - \frac{\gamma_{\mathrm{bulkdry}}}{Gg\rho_w}.$$

Usando os dados $\gamma_{\mathrm{bulkdry}} = 17{,}56\,\mathrm{kN/\,m^3}$, gravidade específica (ou peso) do solo $G = 2{,}69$, e peso específico da água $g\rho_w = 9{,}807\,\mathrm{kN/\,m^3}$, obtemos $p = 0{,}3344$.

Coesão

Usamos uma coesão do solo $c = 20\,\text{kPa}$. Esse valor foi encontrado em tabelas disponíveis em Navfac (1986) e corresponde à coesão para "SM Silty Sand Compacted".

Coeficiente de Manning n

Várias fórmulas e tabelas podem ajudar para determinar o coeficiente de Manning. Usamos a fórmula sugerida no manual do DLBreach (Wu, 2016) e em Wu (2007):

$$\mathrm{n} = \frac{d_{50}^{1/6}}{A_n} \tag{8.1}$$

com diâmetro do sedimento d_{50} em metros. A fim de selecionar um coeficiente de material apropriado A_n, em Wu (2016) é sugerido que o melhor desempenho é obtido com $A_n = 16$ nos testes de falha de laboratório. Assim, utilizando esse valor de A_n e $d_{50} = 0{,}32\,\text{mm}$ obtemos, por (8.1), o coeficiente de Manning $\mathrm{n} = 0{,}0163\ \mathrm{s/\,m^{1/3}}$.

Coeficiente de erosão do solo k_d

Usamos o índice de erosão $IHET = 4{,}0$ e o associado coeficiente $C_e = 10^{-IHET} = 10^{-4}\,\mathrm{s/\,m}$ presente na equação de erosão $m' = C_e(\tau - \tau_c)$ onde m' é a taxa de erosão expressa como massa erodida na unidade do tempo por unidade de área e por unidade de tensão aplicada, τ é a tensão de cisalhamento do leito e τ_c é a tensão crítica de cisalhamento.

Na verdade, sendo que a taxa de erosão ϵ' expressa em uma base volumétrica satisfaz

$$\epsilon' = k_d(\tau - \tau_c) \tag{8.2}$$

com k_d medido em $\mathrm{m^3/(N)}$ e é válida a seguinte relação entre C_e e k_d:

$$C_e = k_d \rho_d \tag{8.3}$$

(ver Wahl, 2010), onde $\rho_d = \gamma_{\text{bulkdry}}/g = 1{,}7906 \times 10^3$ é a densidade do solo seco expressa em $\mathrm{kg/\,m^3}$. Agora usando (8.3) podemos obter k_d expressos em $\mathrm{m^3/(N\,s)}$ como segue:

$$k_d = \frac{C_e}{\rho_d} = \frac{10^{-7}}{1{,}7906}\,\frac{\mathrm{m^3}}{\mathrm{N\,s}} \approx 0{,}5585\ 10^{-7}\,\frac{\mathrm{m^3}}{\mathrm{N\,s}} = 0{,}5585\,\frac{\mathrm{cm^3}}{\mathrm{N\,s}}.$$

Observamos que esse valor é pequeno com respeito aos valores usuais de k_d usados para testar DLBreach em outros trabalhos que o situam na faixa $2{,}5 - 30\ \frac{\mathrm{cm^3}}{\mathrm{N\,s}}$ e, como discutido em Hanson e Simon (2001) e em Zhong *et al.* (2016), pode variar em várias ordens de magnitude dependendo do teste usado para medi-lo.

Em Hanson e Simon (2001), por exemplo, foi deduzida uma lei empírica $k_d = 0{,}2\tau_c^{-0{,}5}$ que liga a tensão de cisalhamento crítica τ_c em Pascal com a taxa de desprendimento k_d. Aplicando esta última fórmula, usando o conhecido $\tau_c = 36{,}7\,\text{Pa}$, obtemos $k_d = 0{,}033$.

Portanto, é difícil afirmar um valor bem determinado para o parâmetro k_d. De fato, DLBreach recomenda fortemente a realização de alguma análise inversa para calibrar o valor de k_d.

Um resumo dos parâmetros de sedimentos obtidos usados em DLBreach para alguns de nossos primeiros testes (ver parágrafo 8.2) é apresentado abaixo:

Conteúdo de argila nos sedimentos	0,11
Porosidade	$p = 0{,}3344$
Coesão	$c = 20\,\text{kPa}$
Coeficiente de erosão do solo	k_d está na faixa $0{,}033 - 0{,}5585\ \frac{\text{cm}^3}{\text{N s}}$
Coeficiente de Manning	$\text{n} = 0{,}0163\ \frac{\text{s}}{\text{m}^{1/3}}$

Modelo para a migração do corte vertical

Em DLBreach, se for escolhida a opção "Headcut erosion", a erosão do plano superior do aterro segue a equação de erosão do solo (8.2) enquanto na encosta a jusante é utilizado um modelo de migração para o corte vertical. Ver Figura 8.2.

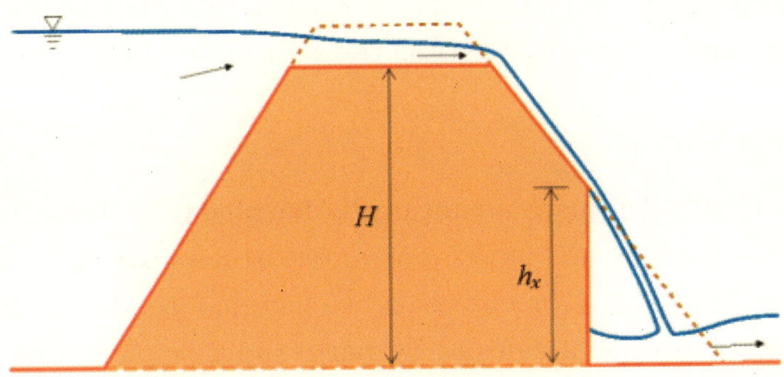

(a) Estágio inicial

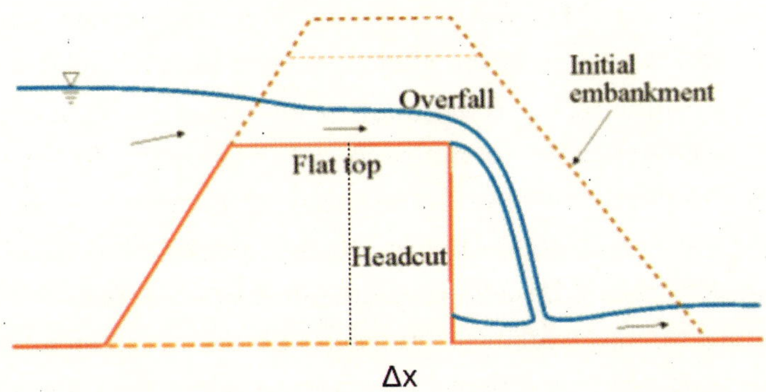

(b) Estágio posterior

Figura 8.2: Migração do corte vertical. a) Estado inicial. b) Estado posterior à migração do corte vertical, com o próximo corte de comprimento Δx. As figuras foram modificadas de acordo com Wu (2016). Fonte: Autoria própria.

O DLBreach permite selecionar três modelos diferentes para o corte vertical. Aqui, optamos pelo modelo mais bem testado (Temple, 1992):

$$\frac{\mathrm{d}x}{\mathrm{d}t} = C_{hc}(qH)^{1/3} \tag{8.4}$$

onde $x = x(t)$ é o local de corte vertical medido em m no tempo t em segundos; H é a altura do corte vertical medido em m; q é o fluxo de descarga por unidade de largura medido em m^2/s; e C_{hc} é um coeficiente dependente do material medido em $\mathrm{m}^{-1/6}\,\mathrm{s}^{-2/3}$ que o usuário deve fornecer como parâmetro de entrada. No DLBreach, o valor sugerido para C_{hc} está na faixa $0{,}0025 - 0{,}0049\,\mathrm{m}^{-1/6}\,\mathrm{s}^{-2/3}$.

Resultados numéricos e discussão

Nesta seção, descrevemos os resultados de três modelos M1, M2, M3, onde:

M1 utiliza apenas os parâmetros de dados de entrada obtidos na seção anterior;

M2 utiliza os parâmetros de M1 e também a informação de que a profundidade da água no momento 2.650 s diminui consideravelmente no reservatório sem qualquer mudança no fluxo de descarga de entrada;

M3 usa alguns dados de entrada e saída da modelagem M1, M2 e as informações de largura de ruptura provenientes das imagens de teste T1 (Iarh, 2021b) aos 1.800 segundos.

Modelando o caso M1

Nossa primeira modelagem para a ruptura da barragem no Teste T1 utiliza os valores dos parâmetros determinados nos parágrafos anteriores com $k_d = 0{,}033$ e $C_{hc} = 0{,}0025$. Alguns resultados obtidos para as dimensões da brecha estão listados na Tabela 8.1 e plotados na Figura 8.3. Observamos que a ruptura da parte superior plana não muda de tamanho até o tempo $t0_{hc} = 0{,}60715\,\mathrm{h}$ (2.186 s). Em seguida, a largura do topo da parte superior plana aumenta repentinamente, atingindo uma largura de 0,3863 m com a largura da base permanecendo fixa em 0,015 m. Mais tarde, a largura superior continua a aumentar até chegar a 0,4508 m em $t1_{hc} = 0{,}97556\,\mathrm{h}$, quando também a largura inferior se iguala à largura superior. Nesse momento aparece uma forma retangular da brecha. Em seguida, ambas as larguras se ampliam e, em poucos segundos, uma erosão cada vez maior do leito de ruptura ocorre. Portanto, z_b começa a diminuir somente depois de quase uma hora do tempo computacional.

Acreditamos que essa erosão repentina na parte superior está associada à migração do corte vertical aqui implementada. De fato, quando aumentamos a taxa de crescimento do corte vertical C_{hc} observamos rápidas mudanças da geometria da brecha superior que começam em tempos inversamente proporcionais à taxa C_{hc}, como mostrado na Tabela 8.2. No modelo M2 descrito no parágrafo seguinte determinamos o parâmetro C_{hc} que nos permite prever uma falha igual à observada no Teste T1.

Não é possível uma representação adequada do corte longitudinal ao longo da brecha porque o DLBreach não fornece na saída nenhuma informação sobre a migração do corte

$t(h)$	z_b	B_{bot}	B_{top}	Q
0,00026	0,435	0,015	0,015	5e-05
0,1	0,435	0,015	0,015	8e-05
0,5 (1.800 s)	0,435	0,015	0,015	5e-05
0,60687	0,435	0,015	0,015	9e-05
0,60715	0,435	0,015	0,3863	9e-05
0,7361 ($t_1 = 2.650\,\text{s}$)	0,4350	0,0150	0,4296	7e-05
0,97528	0,435	0,0150	0,4508	2e-05
0,97556	0,435	0,4508	0,4509	61e-05
0,9906 ($t_2 = 3.566\,\text{s}$)	0,4323	0,4540	0,4541	48e-05
1,0000	0,4323	0,4541	0,4541	<1e-05
1,199 ($t_3 = 4.317\,\text{s}$)	0,2845	0,5516	0,5517	5601e-05

Tabela 8.1: Dimensões da brecha e fluxo de descarga no plano superior usando M1 em diferentes tempos, incluindo $t_1 = 2.650\,\text{s}$, $t_2 = 3.566\,\text{s}$, $t_3 = 4.317\,\text{s}$ (Iarh, 2021c); z_b é a altura do leito; B_{bot}, B_{top} são a profundidade e a largura da brecha, respectivamente; e Q é a vazão de descarga na brecha.

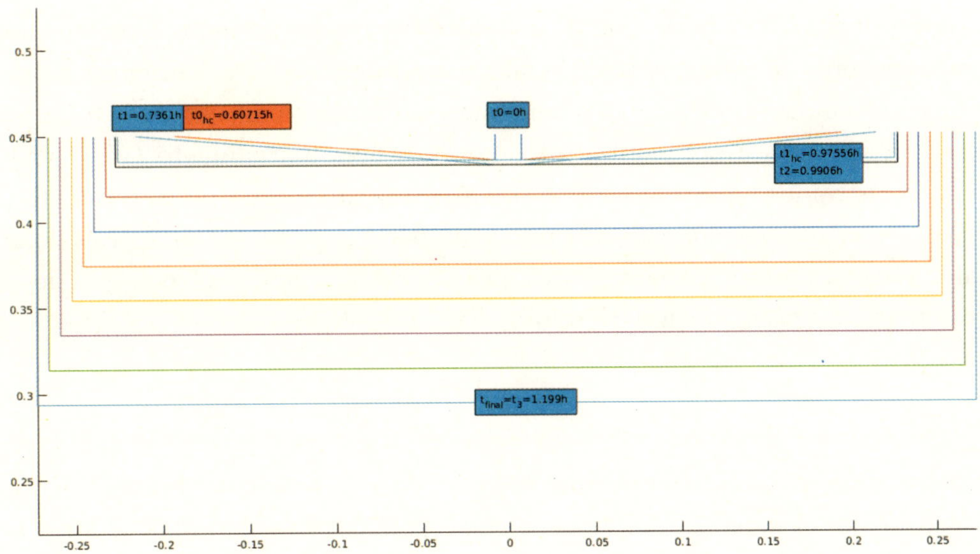

Figura 8.3: Seção transversal em diferentes instantes, utilizando o *headcut model* (8.4) com $C_{hc} = 0{,}0025$, n $= 0{,}0163$, $k_d = 0{,}033\ \text{cm}^3/(\text{N s})$. Fonte: Autoria própria.

vertical. As tentativas de implementar diretamente o modelo de corte vertical para traçar a seção longitudinal nem sempre são bem-sucedidas devido, provavelmente, à implementação no DLBreach do critério de estabilidade do corte vertical. Em casos críticos, pode ocorrer uma fratura localizada na base da barragem, o que acelera a migração do corte vertical. Como esse critério de estabilidade não está bem definido no manual do DLBreach (Wu, 2016), não conseguimos emular a migração do corte vertical implementada no código.

Também testamos o que acontece quando substituímos o parâmetro k_d pelo maior valor da faixa recomendada, isto é, $k_d = 0{,}5585 \frac{\text{cm}^{1/3}}{\text{N s}}$. Nesse caso, resultados semelhantes são obtidos.

C_{hc}	$t0_{hc}$ [h]; B_{top} [m] ;B_{bot} [m]	$t1_{hc}$; B_{top} ; B_{bot}	$C_{hc} \times t0_{hc}$
0,0049 (default)	0,3041 0,3864 0,015	0,413 0,4508 0,4509	0,0015
0,0025	0,60715 0,3863 0,015	0,9756 0,4508 0,4508	0,0015
0,0022	0,6845 0,3863 0,015	—	0,0015

Tabela 8.2: Usando o modelo do corte vertical (8.4) variando C_{hc}, com n = 0,0163, $k_d = 0{,}033\,\mathrm{cm}^3/(\mathrm{N\,s})$.

Portanto, a erosão observada não é devida à equação de erosão, mas depende apenas do modelo de corte vertical e seu coeficiente C_{hc}. Podemos também deduzir que a tensão de cisalhamento crítica dada ($\tau_c = 36{,}7\,\mathrm{Pa}$) é muito grande para que esta modelagem permita uma erosão precoce na parte superior plana do aterro.

Nossos resultados de modelagem M1 não são então capazes de reproduzir o comportamento mostrado nas fotos de Iarh (2021b). De fato, nas fotografias é evidente uma erosão da parte superior plana em $t = 1.800\,\mathrm{s} = 0{,}5\,\mathrm{h}$, enquanto em nossa simulação após 0,5 h não é visível nenhuma erosão desse tipo, nem aprofundamento nem alargamento (ver Tabela 8.1). De fato, não registramos erosão antes que o corte vertical chegue perto da crista. Em nossa modelagem, podemos ter uma erosão precoce da parte superior plana através do aumento do fluxo de descarga de ruptura Q ou do coeficiente de Manning n. A equação de erosão (8.2) usa uma tensão de cisalhamento do solo τ

$$\tau = \frac{\rho g \mathrm{n}^2 Q^2}{A^2 R^{\frac{1}{3}}} \tag{8.5}$$

que é diretamente proporcional ao quadrado de Q e do coeficiente de Manning n. Em (8.5), ρ é a densidade da água, A é a área de fluxo e R é o raio hidráulico. Mais adiante, na modelagem M3, testamos o DLBreach com coeficientes de Manning maiores para forçar uma erosão precoce, como a observada no teste T1.

Modelagem M2

Analisando a profundidade da água fornecida no reservatório, podemos detectar que uma falha significativa da barragem acontece em torno de $t = 2.650\,\mathrm{s}$ (0,7361 h). Acreditamos que esse efeito se deve à migração do corte vertical que, uma vez que chega ao topo plano, leva a uma mudança significativa da área de ruptura e, em seguida, da profundidade da água no reservatório. Na modelagem M1 (ver Tabela 8.2), observamos uma falha brusca na represa no tempo $t = 0{,}413\,\mathrm{h}$ com $C_{hc} = 0{,}0049$ e no tempo $t = 0{,}976\,\mathrm{h}$ com $C_{hc} = 0{,}0025$, mas não observamos tal falha se $C_{hc} = 0{,}0022$. Portanto, podemos afirmar que a falha da barragem é causada pelo efeito de migração do corte vertical, simplesmente ajustando C_{hc} com um valor entre 0,0049 e 0,0025. Usando uma simples média ponderada entre esses valores obtemos

$$C_{hc} = \frac{1}{2}\left[0{,}0049\,(0{,}413/0{,}7364) + 0{,}0025\,(0{,}976/0{,}7364)\right] = \frac{0{,}0027 + 0{,}0033}{2} = 0{,}003.$$

Assim, usando $C_{hc} = 0{,}003$ obtemos em DLBreach uma falha na barragem em $t = 0{,}67110\,\mathrm{h}$. Diminuindo C_{hc} para 0,002726 obtemos a falha na barragem acontecendo exatamente a $t = 0{,}7361\,\mathrm{h}$ (2.650 segundos), o que corresponde ao tempo esperado da formação da brecha. Na Tabela 8.3 e na Figura 8.4 listamos algumas dimensões geométricas e a descarga de fluxo na ruptura da seção transversal localizada na região superior plana em momentos diferentes, incluindo $t_1 = 2.650\,\mathrm{s}$, $t_2 = 3.566\,\mathrm{s}$, $t_3 = 4.317\,\mathrm{s}$ como requerido no teste (Iarh, 2021c).

$t(\mathrm{h})$	$z_b(\mathrm{m})$	$B_{bot}(\mathrm{m})$	$B_{top}(\mathrm{m})$	$Q(\mathrm{m}^3/\mathrm{s})$
0,00026	0,435	0,015	0,015	5e-05
0,1	0,435	0,015	0,015	8e-05
0,5 (1.800 s)	0,435	0,015	0,015	5e-05
0,561	0,435	0,015	0,3864	10e-05
0,735	0,435	0,015	0,4505	9e-05
0,7361 ($t_1 = 2.650\,\mathrm{s}$)	0,435	0,4508	0,4508	211e-05
0,7364	0,435	0,4509	0,4510	41e-05
0,9906 ($t_2 = 3.566\,\mathrm{s}$)	0,1968	0,6095	0,6096	0,1239
1,0000	0,185	0,6172	0,6173	0,12773
1,199 ($t_3 = 4.317\,\mathrm{s}$)	0,0023	0,7378	0,7379	0,35994

Tabela 8.3: Corte transversal e fluxo na brecha para M2.

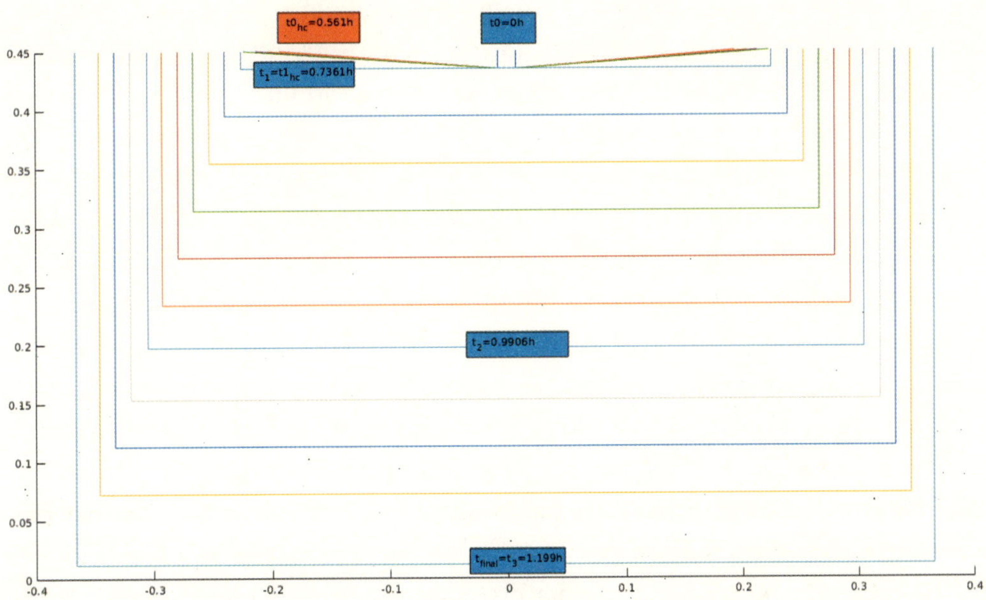

Figura 8.4: Corte transversal da brecha usando M2. Fonte: Autoria própria.

Observamos na Tabela 8.2 e na Figura 8.4 que antes de o corte vertical atingir a região da parte superior plana, como discutido anteriormente, não temos nenhuma erosão na parte superior plana. Ali, a erosão começa no tempo $t0_{hc} = 0{,}561\,\mathrm{h}$, que é quando a migração do corte vertical se aproxima o suficiente da região do topo plano, permitindo um aumento da largura do topo da seção transversal da ruptura. Isso deforma a seção transversal retangular inicial, levando a uma geometria trapezoidal. O alargamento do topo da ruptura continua até o tempo de falha $t1_{hc}$, quando a largura inferior subitamente aumenta, levando a uma seção transversal retangular. Essa falha acontece, como discutido no parágrafo anterior, quando o corte vertical atinge o meio da região superior plana. Nessa modelagem, o tempo de falha é exatamente igual a $t_1 = 0{,}7361\,\mathrm{h}$ (2.650 s) e tem uma quebra retangular na parte superior plana de 0,4508 m de largura. Observamos que tal largura é uma boa aproximação do que é observado em Iarh (2021b) a 3.000 s, onde uma largura da brecha entre 0,30 m e 0,60 m pode ser observada.

Após o tempo em que ocorre a falha, o DLBreach gera canais retangulares na parte superior plana com a mesma dimensão da ruptura vertical no meio da região do topo plano, começa a se aprofundar e avança rapidamente para zero, indicando que a sobrecarga elimina quase toda a região de superfície plana depois de $t_3 = 1{,}199\,\mathrm{h}$ com uma largura da brecha final de 0,7378 m.

Modelagem M3

Nos resultados anteriores, conseguimos reproduzir quase corretamente um tempo de falha da represa, interpretado como o tempo em que o corte vertical atinge a região do topo plano que coincide com o tempo $t_1 = 2.650\,\mathrm{s}$, quando uma grande diminuição da profundidade da água é medida no reservatório. Conseguimos também obter uma boa aproximação da largura observada da brecha na região do topo plano nos últimos tempos $t \geq 3.000\,\mathrm{s}$. Ao utilizarmos o DLBreach, não observamos nenhuma erosão no início da modelagem na parte superior plana, como mostrado nas fotos fornecidas Iarh (2021b) onde, por exemplo, depois de 1.800 s, o corte vertical ainda não chegou à região superior, embora já esteja presente uma erosão significativa da ruptura da parte superior plana. De fato, analisando essas imagens, observamos que o canal da brecha na parte superior plana em $t = 1.800\,\mathrm{s}$ tem uma seção transversal retangular de 0,23 m de largura e mais de 1,5 cm de profundidade.

Para obtermos uma erosão rápida da crista do aterro, e em particular uma erosão com quase 20 cm de largura, tentamos como primeiro passo aumentar o coeficiente de Manning n. Isso permite aumentar a tensão de cisalhamento do leito, definida em DLBreach por (8.5), e assim obter uma tensão de cisalhamento maior que a tensão crítica de cisalhamento do leito $\tau_c = 36{,}7\,\mathrm{Pa}$ (veja a Equação (8.2)), o que permitirá a erosão do leito e das paredes da brecha. Então, aumentando o coeficiente de Manning n com respeito ao valor obtido anteriormente $\mathrm{n} = 0{,}0163\,\mathrm{s/m^{1/3}}$ podemos obter uma erosão precoce na parte superior plana, antes do tempo do corte vertical. Depois disso, devemos calibrar o valor k_d junto com o parâmetro C_{hc}, para que o tempo de falha se aproxime o mais possível de $t = 2.650\,\mathrm{s}$ (0,7361 h). Esse procedimento de otimização foi implementado utilizando um processo iterativo para avaliar os três parâmetros n, k_d, C_{hc} em que, em cada iteração, fixamos dois parâmetros diferentes e modificamos o terceiro. Ou seja, em cada ciclo, substituímos o parâmetro a ser alterado por um daqueles fixados na iteração anterior.

Usando essa modelagem obtemos uma erosão evidente com um alargamento de quase 20 cm e um aprofundamento de 10 cm em $t = 1.800$ s por n = 0,0705 , $k_d = 4{,}9$ e com o corte vertical atingindo a parte superior plana a $t = 2.325$ s (0,6458 h) (ver Tabela 8.4).

t(h)	z_b(m)	B_{bot}(m)	B_{top}(m)	Q(m^3/s)
0,00026	0,435	0,015	0,015	5e-05
0,1	0,434	0,0171	0,0171	10e-05
0,5 (1.800 s)	0,3432	0,1985	0,1985	0,01181
0,6249	0,0789	0,7270	0,7271	0,28552
0,6252	0,078	0,729	0,3864	0,28735
0,6458	0	0,8875	0,8876	0,46530
0,7361 ($t_1 = 2.650$ s)	0	1,2	1,2	0,59983
0,9906 ($t_2 = 3.566$ s)	0	1,2	1,2	0,59449
1,199 ($t_3 = 4.317$ s)	0	1,2	1,2	0,59006

Tabela 8.4: Seção transversal e fluxo na brecha para M3 no topo da cresta em diferentes pontos t; z_b é a altura do leito; B_{bot}, B_{top} são, respectivamente, as larguras da brecha na base e no topo; Q é a vazão de descarga.

Dessa maneira, conseguimos capturar a erosão inicial da largura da brecha antes que o corte vertical alcance o topo, mas, infelizmente, não a profundidade, que parece ser quase 10 vezes maior do que o observado nas fotografias (Iarh, 2021b). Além disso, o tempo de falha acontece quase 300 segundos antes do caso real ($t = 2.650$ s) e tem uma largura de ruptura de 89 cm que parece ser muito grande em comparação com a observada em $t = 3.000$ (25 cm) em Iarh (2021b). Isso significa que com esses novos parâmetros aceleramos a migração do corte vertical, bem como o processo de erosão, com respeito às observações (Iarh, 2021b) e também com respeito aos resultados da modelagem M2 em que, em vez disso, a etapa final da quebra do aterro foi bem aproximada.

Conclusões para o emprego do DLBreach

Os melhores resultados para essas estratégias DLBreach são obtidos usando M3 nos primeiros tempos porque garante uma erosão precoce na parte superior plana e depois M2 para reproduzir o tempo de falha e a dimensão de ruptura na parte superior plana até o final da simulação de 1,2 h. Assim, fornecemos como nossa melhor aproximação ao modelo físico, a modelagem M2, quando os tempos requeridos correspondem a $t \geq 2.650$ s.

Melhorando os resultados obtidos com o DLBreach

Há diferentes maneiras de melhorar os resultados obtidos com DLBreach apresentados nos parágrafos anteriores. A primeira é variar as inclinações laterais de ruptura. De fato, como observado nas fotos disponíveis, o canal na parte superior plana apresenta brecha com cortes transversais trapezoidais nos primeiros tempos. Isso exigiria um valor de coesão acurado que deveria variar dependendo do espaço e do tempo ao longo do canal de ruptura. Como isso não é possível na versão (2016.3) de DLBreach utilizada que usa apenas um valor fixo para a inclinação lateral, não é viável implementar essa estratégia.

Outro problema que aparece com o DLBreach é que esse programa fornece como saída apenas o canal de ruptura da parte superior plana (a crista). Isso pode ser melhorado mediante um procedimento de pós-processamento que pode auxilia o usuário a visualizar as dimensões do canal de ruptura a jusante. Isso já foi testado, mas atualmente mostra uma calibração errada com a migração do corte vertical produzido em DLBreach. Uma razão para esse comportamento é provavelmente explicada pelo critério de estabilidade ainda não implementado em nossa modelagem. Quando esse critério falha no DLBreach, temos uma instabilidade no corte vertical que, posteriormente, pode acelerar a migração do corte vertical para o topo da crista plana. Outra característica que não foi bem testada aludiria a um fator de correção no modelo de corte vertical.

Da análise da modelagem M3, deduzimos que o DLBreach pode ser melhorado permitindo que o método mude o coeficiente de Manning n e a taxa de erosão de descolamento k_d ao longo do processo. Isso nos permitirá ajustar melhor as dimensões de um canal de ruptura real, especialmente nos primeiros tempos do processo de erosão. Em consequência, faz-se necessária a introdução de um novo algoritmo inspirado no DLBreach que será construído e implementado em um futuro próximo.

8.3 Segunda metodologia: modelando a brecha como um canal

Nesta segunda metodologia, postulamos que a brecha pode ser modelada como um canal utilizando as equações de Saint-Venant combinadas com equações gerais para a evolução da largura do canal e da elevação do seu leito. As equações de erosão são escritas em termos de parâmetros livres, incluindo o coeficiente de Manning, que são determinados através de um processo de otimização baseado na observação da largura da brecha no experimento físico em pontos selecionados, para diferentes instantes de tempo. Iniciamos pela descrição das hipóteses básicas que sustentam o modelo matemático, o domínio de interesse, as condições de fronteira e as condições iniciais. Na sequência, apresentamos as equações do modelo matemático, incluindo as equações de erosão, e comentamos brevemente a metodologia numérica empregada para a solução do modelo matemático. A partir desse ponto, discutimos a estratégia de otimização adotada na determinação dos parâmetros envolvidos nas simulações. Finalmente, apresentamos algumas experiências numéricas utilizando dois conjuntos diferentes de equações para a erosão.

Domínio e geometria inicial da brecha

Aqui, consideramos um canal retangular de 1,30 m de comprimento com domínio $\Omega = (0{,}0; 1{,}3)$ e largura inicial de 1,5 cm, alinhado com o entalhe inicial que guia o canal-piloto, como mostrado na Figura 8.5. A cota de referência é tomada como sendo o pé da barragem, e a elevação inicial do leito do canal $z_b(x,0)$ está a 1,5 cm abaixo da superfície da barragem, com a restrição $z_b \geq 0$ para todo $x \in \Omega$ e $t \geq 0$. Essas dimensões são compatíveis com a área da seção transversal do entalhe inicial definido em Iarh (2021a), que tem seção triangular, com declives laterais de 1 : 1 e profundidade de 1,5 cm.

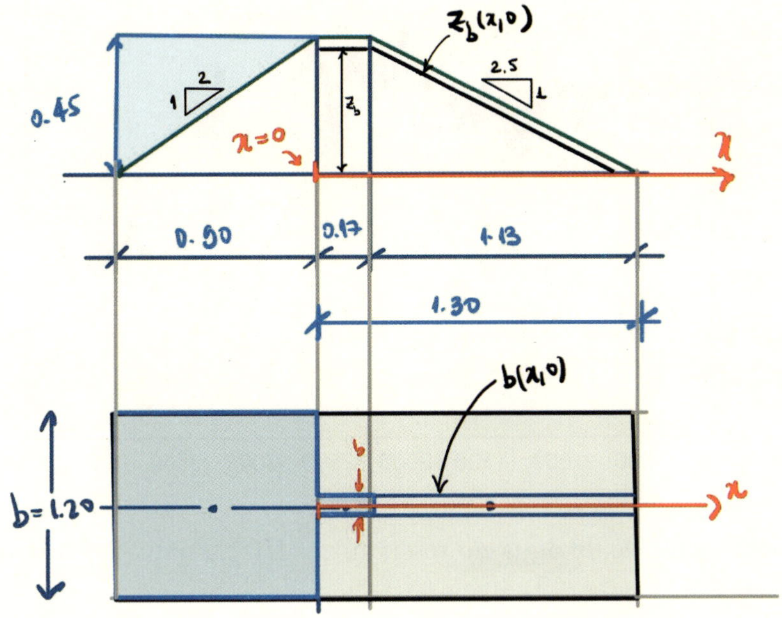

Figura 8.5: Corte longitudinal, corte transversal e vista planar, indicando origem do eixo x, elevação inicial do leito do canal, $z_b(x, 0)$ e largura inicial $b(x, 0)$. O domínio do canal é $\Omega = (0{,}0; 1{,}3)$. Fonte: Autoria própria.

Hipóteses básicas

- Corte transversal retangular. As paredes permanecem verticais ao longo do processo de erosão;
- A largura do canal $b(x, t)$ aumenta com a erosão;
- A elevação do leito do canal $z_b(x, t)$ diminui com a erosão.

Condições de contorno

- $h(0, t)$ é dada como a diferença entre a altura da água no reservatório $H(t)$ (dado descrito na Figura 8.6) e a elevação do leito do canal em $x = 0$

$$h(0, t) = H(t) - z_b(0, t);$$

- Vazão de entrada $Q(0, t)$ descrita na Figura 8.7;

- Fluxo livre no final do canal ($x = 1{,}30\,\mathrm{m}$).

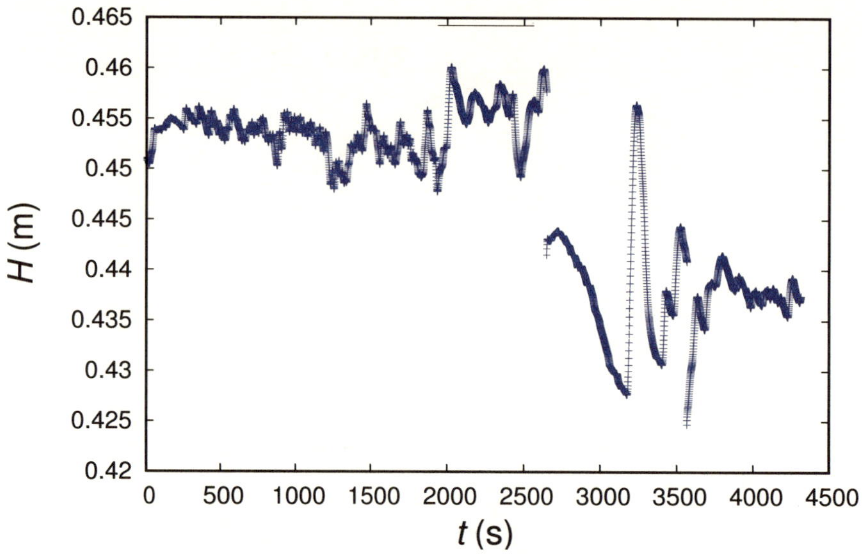

Figura 8.6: Profundidade da água no reservatório $H(t)$. Fonte: Autoria própria.

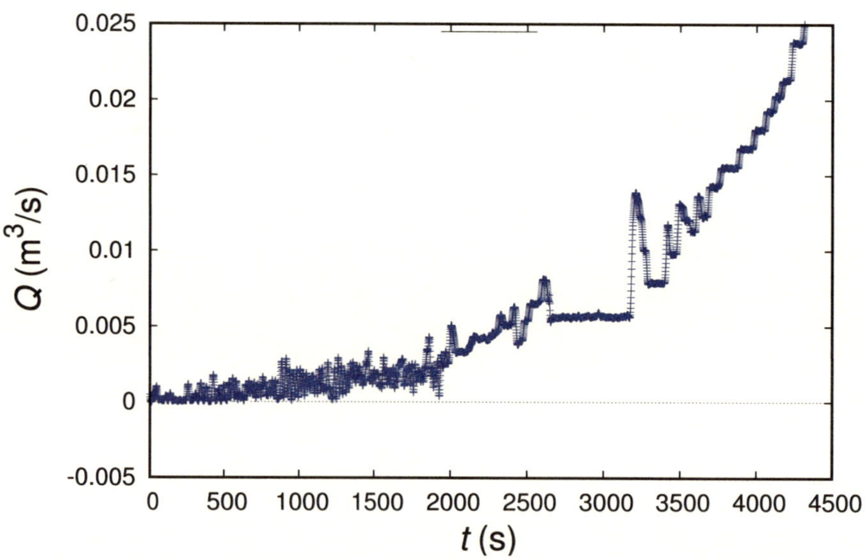

Figura 8.7: Vazão de entrada $Q(0,t)$. Fonte: Autoria própria.

Condições iniciais

- $h(x,0) = 1{,}5\,\mathrm{cm}$ para todo $x \in \Omega$ em $t = 0\,\mathrm{s}$.
- Velocidade da água $V(x,0) = 0\,\mathrm{m/s}$ para todo $x \in \Omega$ em $t = 0\,\mathrm{s}$.

Modelando a brecha como um canal

Consideramos o fluxo de água em um canal retangular com largura $b(x,t)$ e elevação do leito $z_b(x,t)$ variando com a coordenada espacial x no domínio Ω e com $t \geq 0$ como na Figura 8.5, governado pelas equações de Saint-Venant (Saint-Venant, 1871):

$$\frac{\partial A}{\partial t} + \frac{\partial Q}{\partial x} = 0 \tag{8.6}$$

e

$$\frac{\partial Q}{\partial t} + \frac{\partial}{\partial x}\left(\frac{Q^2}{A}\right) = -gA\left[\frac{\partial z}{\partial x} + S_f\right], \tag{8.7}$$

onde $A = A(x,t)$ é a área transversal molhada; $Q = Q(x,t)$ é a vazão; g é a aceleração da gravidade (aproximada por 9,81 m/s^2); $z(x,t)$ é o nível da água, a soma da profundidade $h(x,t)$ e a elevação do leito do canal $z_b(x,t)$; e S_f designa um termo de fricção dado por:

$$S_f = \frac{\mathrm{n}^2 Q|Q|}{R^{4/3}A^2}, \tag{8.8}$$

onde R é o raio hidráulico (quociente entre área transversal e perímetro molhado) e n (s/m$^{1/3}$) é o coeficiente de rugosidade de Manning.

Modelando a erosão

A evolução da brecha está definida pelos valores da largura e da elevação do leito do canal ao longo do tempo. Aqui, usaremos as seguintes equações para descrever essa evolução:

$$\left.\frac{\mathrm{d}b}{\mathrm{d}t}\right|_{\bar{x}} = B(\mathbf{c}, A, Q, b, z_b, \bar{x}, t) \tag{8.9}$$

$$\left.\frac{\mathrm{d}z_b}{\mathrm{d}t}\right|_{\bar{x}} = -Z(\mathbf{c}, A, Q, b, z_b, \bar{x}, t) \tag{8.10}$$

onde $\mathbf{c} = (c_1, c_2, \cdots, c_{n_\mathrm{p}})$ é um vetor de parâmetros desconhecidos, cuja determinação será descrita mais adiante. Consideraremos dois conjuntos diferentes de equações, como indicado a seguir.

Caso de sedimento coesivo. Neste caso, a taxa de erosão no leito pode ser determinada usando a seguinte função linear para a tensão de cisalhamento, dada em Wu (2016)

$$\frac{\mathrm{d}\varepsilon}{\mathrm{d}t} = k_d \max\{\tau_b - \tau_c\,;\,0\} \tag{8.11}$$

onde $\mathrm{d}\varepsilon/\,\mathrm{d}t$ é a taxa de erosão; τ_c é a tensão crítica de cisalhamento, k_d é o coeficiente de erosão; e τ_b é a tensão de cisalhamento no leito do canal. Essa tensão é determinada usando a equação de Manning:

$$\tau_b = \rho g \mathrm{n}^2 \frac{V^2}{R^{1/3}} \tag{8.12}$$

onde ρ é a densidade da água. Baseados nas equações (8.11) e (8.12), propomos as seguintes equações para a erosão das paredes do canal e do seu leito, respectivamente, para cada ponto $\bar{x} \in \Omega$,

$$\left.\frac{\mathrm{d}b}{\mathrm{d}t}\right|_{\bar{x}} = \alpha_b \max\{\tau_b(\mathrm{n}) - \tau_c\,;\,0\}\,\varphi(\bar{x}), \tag{8.13}$$

$$\left.\frac{\mathrm{d}z_b}{\mathrm{d}t}\right|_{\bar{x}} = -\alpha_z \max\{\tau_b(\mathrm{n}) - \tau_c\,;\,0\}\,\psi(\bar{x}), \tag{8.14}$$

onde α_b, α_z, n e τ_c são parâmetros livres e $\varphi(x)$ e $\psi(x)$ são funções de x dadas. A determinação destes parâmetros livres é discutida na Seção "Processo de otimização dos parâmetros".

Caso de sedimento coesivo modificado. Neste caso, multiplicamos cada uma das equações anteriores por h^{β}:

$$\left.\frac{\mathrm{d}b}{\mathrm{d}t}\right|_{\bar{x}} = \alpha_b \max\{\tau_b(\mathrm{n}) - \tau_c\,;\,0\}\,h^{\beta_b}\varphi(\bar{x}), \tag{8.15}$$

$$\left.\frac{\mathrm{d}z_b}{\mathrm{d}t}\right|_{\bar{x}} = -\alpha_z \max\{\tau_b(\mathrm{n}) - \tau_c\,;\,0\}\,h^{\beta_z}\psi(\bar{x}). \tag{8.16}$$

Desta maneira, temos sete parâmetros α_b, α_z, β_b, β_z, n e τ_c que precisam ser determinados. Ver Seção "Processo de otimização dos parâmetros".

Solução numérica das equações de Saint-Venant

As equações de Saint-Venant (8.6)-(8.7) foram resolvidas numericamente usando um método Galerkin Descontínuo de primeira ordem baseado em aproximações constantes por partes da área molhada e da vazão, além do esquema de Euler Explícito de primeira ordem para a integração no tempo. O domínio espacial foi discretizado usando n_x elementos:

$$\mathcal{C}_i = (x_{i-\frac{1}{2}}, x_{i+\frac{1}{2}}), \quad i = 1, \ldots, n_x, \tag{8.17}$$

com comprimento $\Delta x_i = x_{i+\frac{1}{2}} - x_{i-\frac{1}{2}}$, onde $\Delta x \equiv \max\limits_{1 \le i \le n_x} \Delta x_i$. O domínio temporal $I = (0, T]$ foi particionado em passos de tamanho

$$\Delta t_n = t_{n+1} - t_n, \tag{8.18}$$

restritos por uma condição de estabilidade do tipo CFL (*Courant-Friedrichs-Lewy*), satisfazendo:

$$\sum_n \Delta t_n = T.$$

Depois de calcular a solução aproximada em t_{n+1}, (digamos, A_i^{n+1} e Q_i^{n+1} para $i = 1, \ldots n_x$), a largura do canal e a elevação do leito são atualizadas usando o método de Euler para a integração de (8.9) e (8.10).

$$b(x_i, t_{n+1}) = b(x_i, t_n) + \Delta t_n B(\mathbf{c}, A_i^{n+1}, Q_i^{n+1}, b(x_i, t_n), z_b(x_i, t_n), x_i, t_n) \tag{8.19}$$

$$z_b(x_i, t_{n+1}) = z_b(x_i, t_n) - \Delta t_n Z(\mathbf{c}, A_i^{n+1}, Q_i^{n+1}, b(x_i, t_n), z_b(x_i, t_n), x_i, t_n) \tag{8.20}$$

com a restrição $0 \le b(x,t) \le 1{,}20\,\mathrm{m}$ e $z_b(x,t) \ge 0$ $\forall x \in \Omega$ e $t > 0$.

Processo de otimização para a determinação de parâmetros

O modelo apresentado neste relatório depende de quatro parâmetros α_b, α_z, n e τ_c para o primeiro conjunto de equações de erosão (8.13)-(8.14) e de seis parâmetros α_b, α_z, β_b, β_z, n e τ_c para o segundo conjunto (8.15)-(8.16). Estes parâmetros foram calculados de forma a ajustar os dados sobre larguras da brecha estimadas a partir das imagens fornecidas pelos organizadores para instantes diferentes, como mostrado na Figura 8.8. A fim de obter uma grande quantidade de dados, processamos as imagens de tal forma que, como resultado, temos informações razoáveis sobre as larguras de ruptura para todos os tempos t e todas as posições espaciais x em Ω. Em outras palavras, temos tantos dados de largura quanto desejamos para uso no procedimento de otimização.

Para a otimização, procuramos minimizar a diferença entre as larguras observadas e as computadas para todos os x e t em uma malha suficientemente refinada. Além disso, em nossa função objetivo, incorporamos dados sobre z_b, mais uma vez com base nas fotografias fornecidas pelos organizadores do *workshop*. Por exemplo, a função objetivo penalizou o desvio do valor previsto de z_b, de acordo com:

$$\text{penalizar se} \begin{cases} x > 0{,}65 \text{ e } z_b > 0, & \text{para } t > 1.800 \\ x > 0{,}35 \text{ e } z_b > 0, & \text{para } t > 3000 \\ x > 0{,}25 \text{ e } z_b > 0, & \text{para } t > 3929. \end{cases}$$

Essa penalização se torna mais forte para os maiores valores de x. Como resultado, temos um problema de otimização que tenta ajustar tanto larguras como elevações do leito da brecha.

É importante notar que os procedimentos de otimização-padrão não podem ser usados neste caso porque as derivadas da função objetivo com respeito aos parâmetros não estão disponíveis (e talvez não existam). De fato, a função objetivo depende de executar o modelo que resolve equações Saint-Venant usando o procedimento numérico descrito na Seção "Solução númerica das equações de Saint-Venant" sem o uso de informação sobre derivadas.

O método de otimização sem derivados que melhor funcionou para a estimativa dos parâmetros foi baseado na busca coordenada (CS). Recordemos que o vetor $\boldsymbol{c} = (c_1, c_2, \cdots, c_{n_p})$ contém os n_p parâmetros, identificados com as variáveis α, β, etc., como descrito na Seção 8.3.

Em cada ciclo de CS, modificamos, sequencialmente, as variáveis $c_1, \ldots, c_{n_p}$, parando cada busca individual somente quando um valor menor da função de erro não pode ser mais encontrado. O processo para definitivamente quando não é possível diminuir o erro ao longo de qualquer variável para um ciclo completo. Dessa forma, pudemos obter simulações do desenvolvimento da brecha que parecem ser compatíveis com as fotografias fornecidas pelos organizadores do *workshop*.

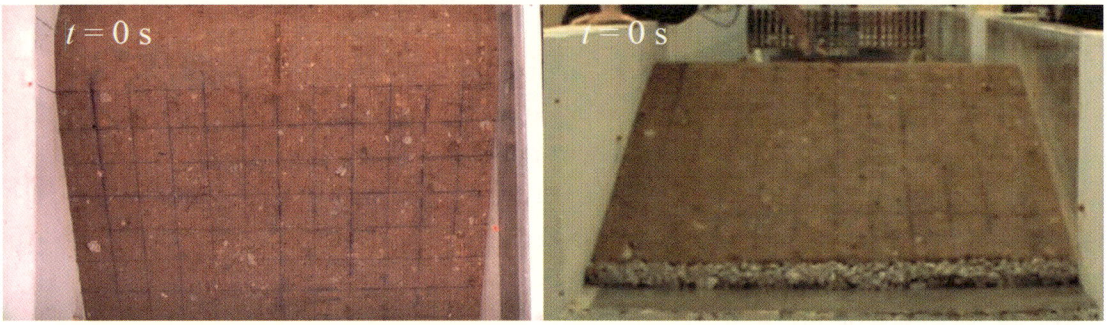

(a) $t = 0\,\mathrm{s}$.

(b) $t = 1.800\,\mathrm{s}$.

(c) $t = 3.000\,\mathrm{s}$.

(d) $t = 3.929\,\mathrm{s}$.

Figura 8.8: Imagens da barragem em diferentes instantes. Fonte: Iarh (2021b).

Resultados numéricos e discussão

Apresentaremos alguns experimentos computacionais do processo de formação e evolução da brecha usando a metodologia descrita em seções anteriores. O domínio $\Omega = (0{,}0; 1{,}30)$ foi discretizado usando uma malha uniforme de 50 elementos. O tempo final das simulações foi $T = 4.000\,\mathrm{s}$ e as funções seguintes foram usadas nas leis de erosão.

$$\phi(x) = 1 + \frac{1}{2}(x - 0{,}17)^4, \quad x \in \Omega \tag{8.21}$$

$$\psi(x) = 2x + x^2, \quad x \in \Omega. \tag{8.22}$$

Para a avaliação dos parâmetros das leis de erosão, 13 pontos de observação (Tabela 8.5) foram selecionados, e os dados foram coletados usando 40 instantes do tempo uniformemente distribuídos.

j	$x_{\mathrm{obs},j}$ (m)	j	$x_{\mathrm{obs},j}$ (m)
1	0,00000	8	0,75833
2	0,10833	9	0,86667
3	0,21667	10	0,97500
4	0,32500	11	1,08333
5	0,43333	12	1,19167
6	0,54167	13	1,30000
7	0,65000		

Tabela 8.5: Pontos de observação.

Primeiro caso

Aqui, simulamos o processo da brecha usando as equações de Saint-Venant (8.6)-(8.7) combinadas com as equações (8.13) e (8.21) para a largura da brecha, além de (8.14) e (8.22) para a erosão do leito do canal. Os parâmetros obtidos pelo processo de otimização foram:

$$\alpha_b = 2{,}6135999360121783 \times 10^{-5}, \quad \alpha_z = 1{,}1388600032660172 \times 10^{-4},$$

$$\mathrm{n} = 3{,}6287999711930750 \times 10^{-3}, \quad \tau_c = 0{,}0.$$

Na Figura 8.9 apresentamos a evolução da largura da brecha, computada nos mesmos instantes registrados nas imagens de Iarh (2021b), reproduzidas em Figura 8.8. A evolução no tempo da elevação do leito $z_b(x,t)$ é mostrada na Figura 8.10. Finalmente, essas soluções foram usadas para criar representações tridimensionais do processo de formação da brecha, apresentado na Figura 8.11. Esses resultados exibem boa semelhança com respeito às imagens efetivamente observadas no laboratório.

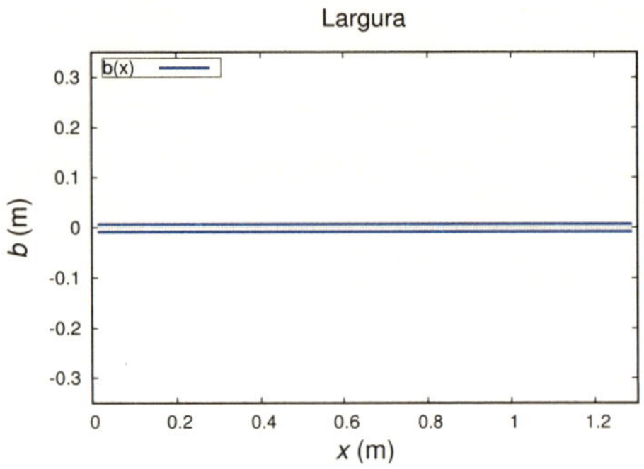

(a) $t = 0\,\text{s}$.

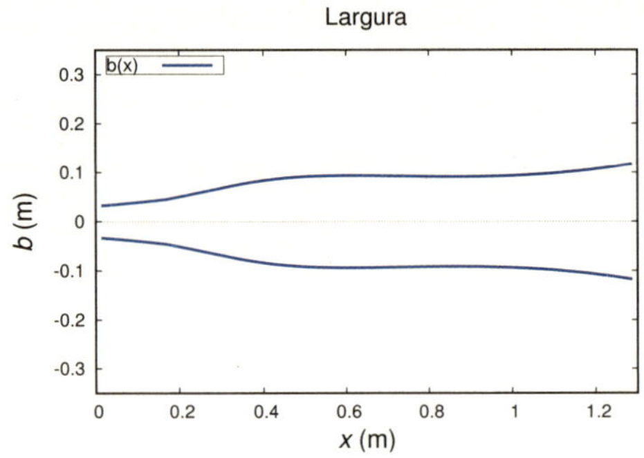

(b) $t = 1.800\,\text{s}$.

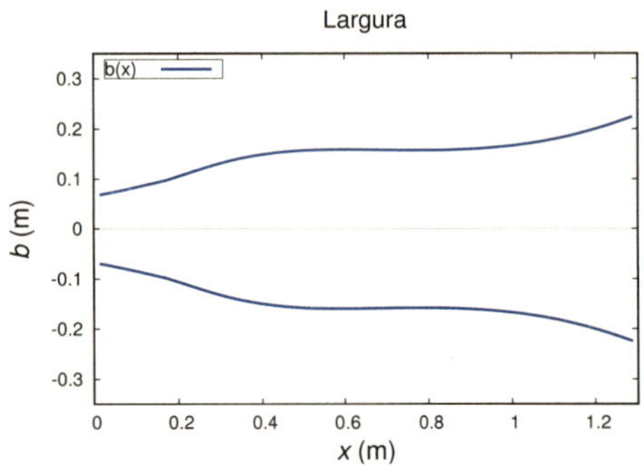

(c) $t = 3.000\,\text{s}$.

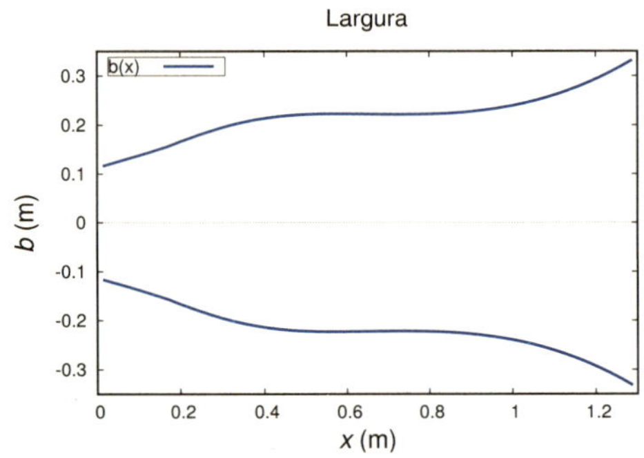

(d) $t = 3.929\,\text{s}$.

Figura 8.9: Primeiro caso: Largura computada para diferentes instantes do tempo. Fonte: Autoria própria.

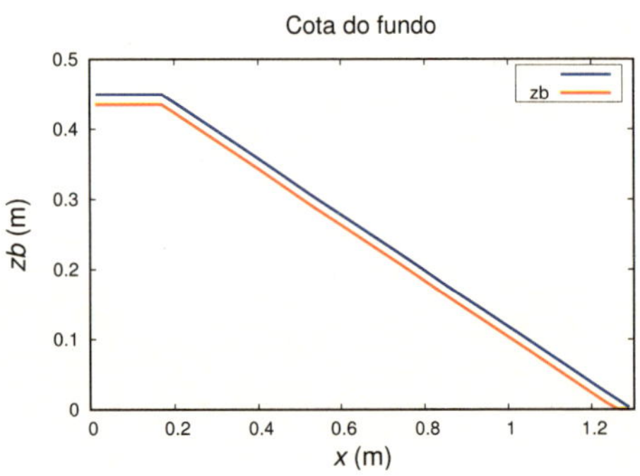

(a) $t = 0\,\text{s}$.

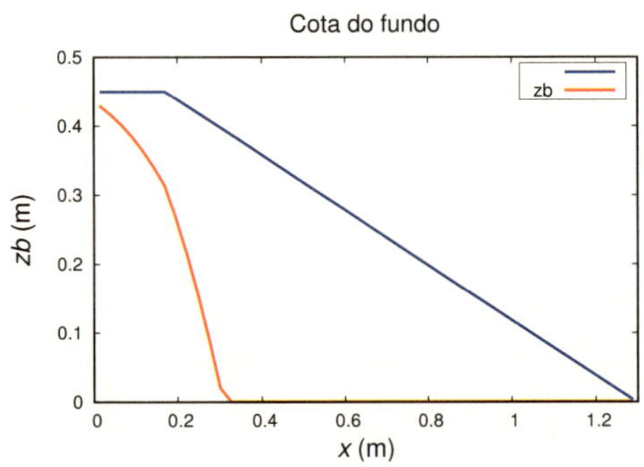

(b) $t = 1.800\,\text{s}$.

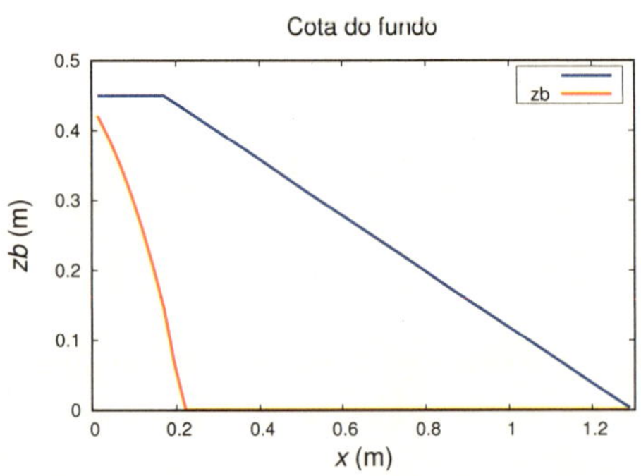

(c) $t = 3000\,\text{s}$.

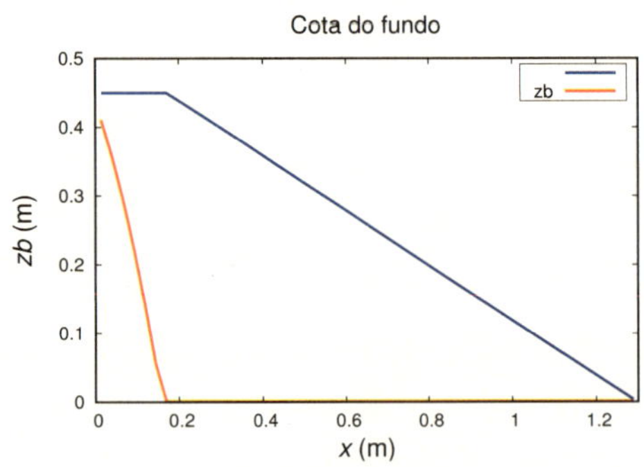

(d) $t = 3.929\,\text{s}$.

Figura 8.10: Primeiro caso: Elevação do canal computada para diferentes instantes. Fonte: Autoria própria.

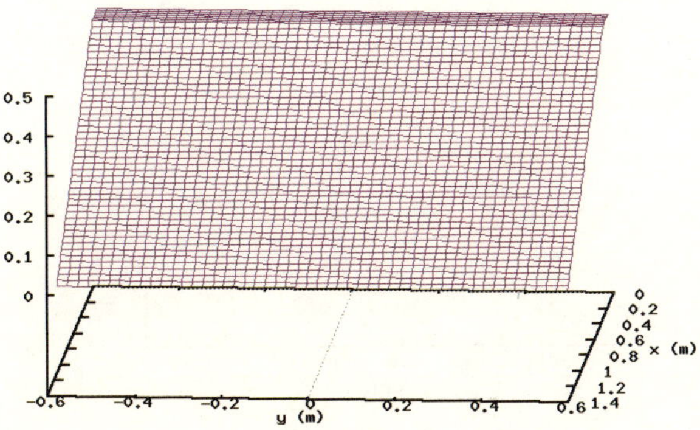

(a) $t = 0\,\text{s}$.

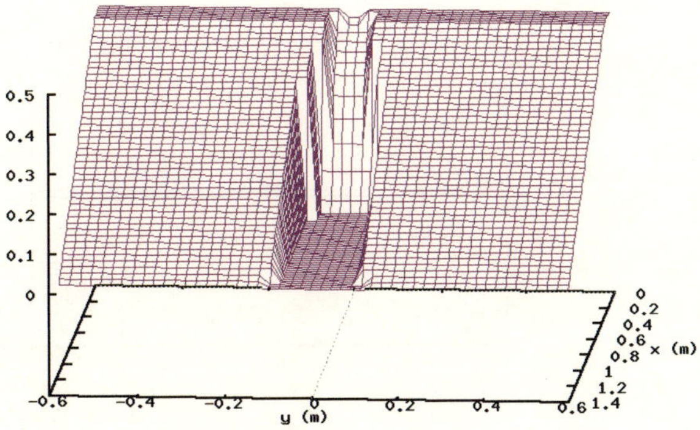

(b) $t = 1.800\,\text{s}$.

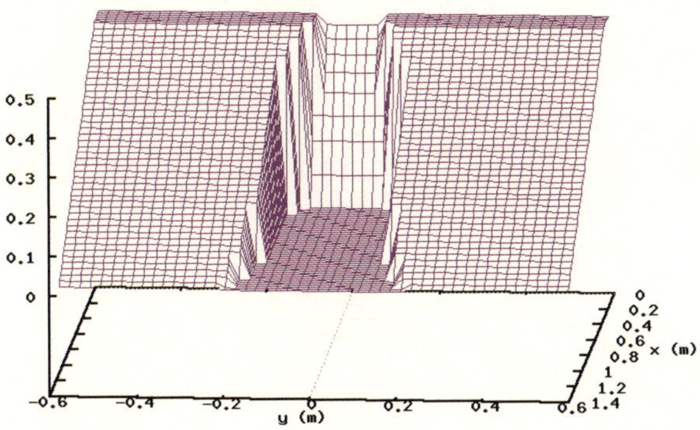

(c) $t = 3.000\,\text{s}$.

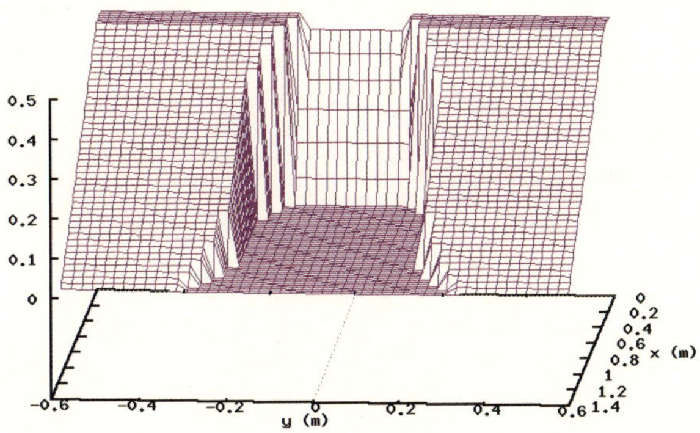

(d) $t = 3.929\,\text{s}$.

Figura 8.11: Primeiro caso: Representação da barragem e a brecha para diferentes instantes. Fonte: Autoria própria.

Segundo caso

Nesse segundo caso simulamos o processo de formação da brecha usando as equações de Saint-Venant (8.6)-(8.7) combinadas com as equações (8.15) e (8.21) para a evolução da largura da brecha, e (8.16)–(8.22) para a erosão do leito do canal. Os parâmetros obtidos pelo processo de otimização foram:

$$\alpha_b = 1{,}4701499640068506 \times 10^{-5}, \quad \beta_b = -0{,}14350000061094767$$

$$\alpha_z = 4{,}7955240734154359 \times 10^{-4}, \quad \beta_z = 0{,}21999999508261697$$

$$\text{n} = 0{,}2255999743938443 \times 10^{-3}, \quad \tau_c = 0{,}0.$$

Os resultados para a evolução da largura da brecha e a elevação do leito são mostrados nas Figuras 8.12 e 8.13, respectivamente, e a representação tridimensional é dada na Figura 8.14. Nessas figuras observamos resultados para o processo de evolução da brecha que são similares aos obtidos no primeiro caso.

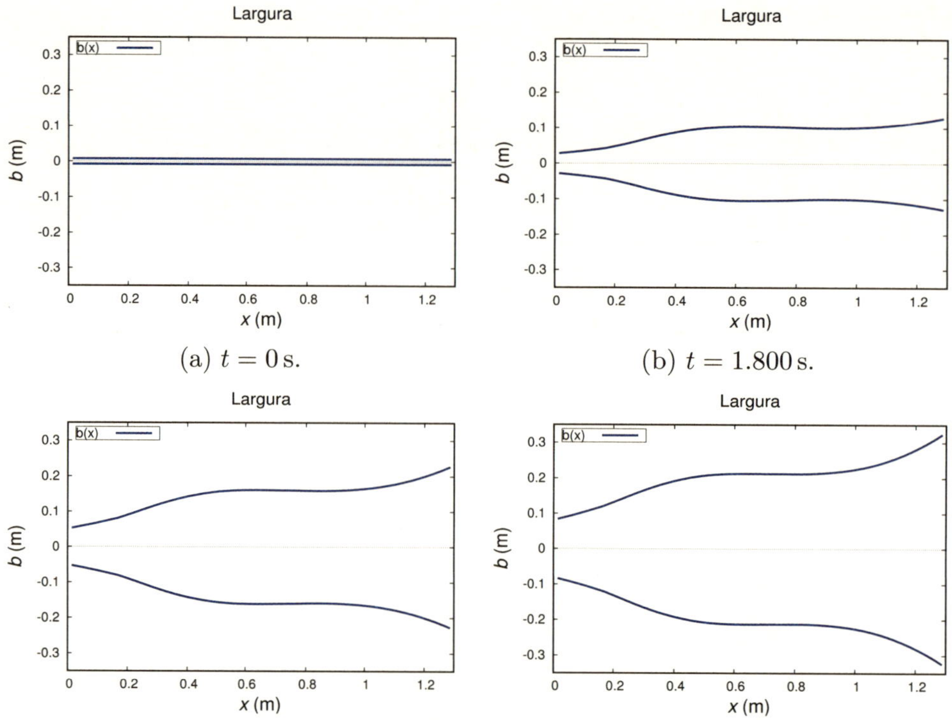

(a) $t = 0\,\text{s}$. (b) $t = 1.800\,\text{s}$.

(c) $t = 3.000\,\text{s}$. (d) $t = 3.929\,\text{s}$.

Figura 8.12: Segundo caso: Largura computada para diferentes instantes. Fonte: Autoria própria.

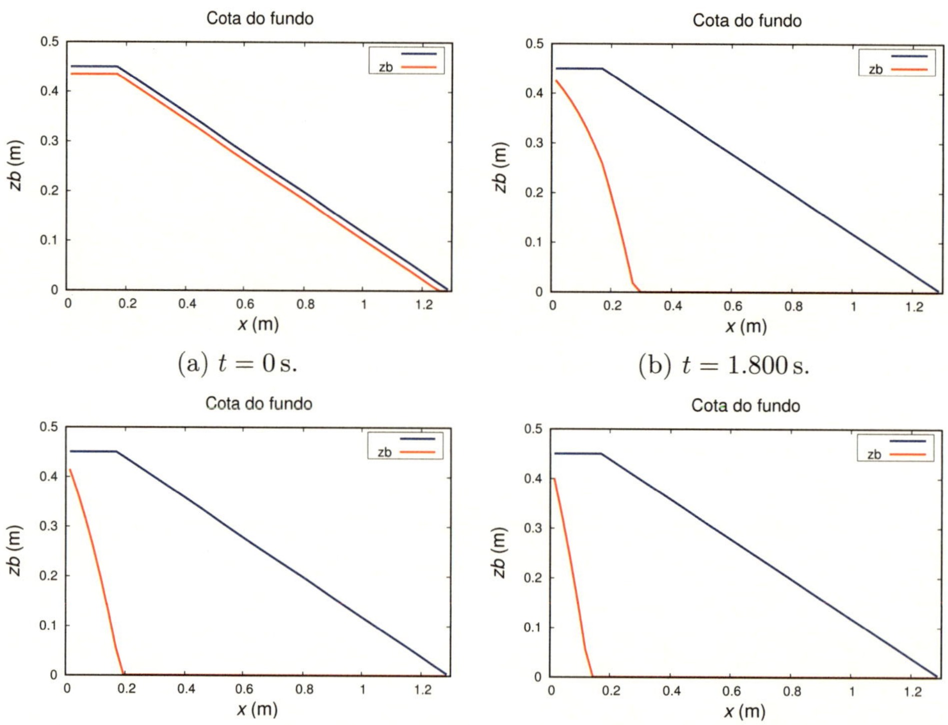

(a) $t = 0\,\text{s}$. (b) $t = 1.800\,\text{s}$.

(c) $t = 3000\,\text{s}$. (d) $t = 3929\,\text{s}$.

Figura 8.13: Segundo caso: Elevação do leito do canal computada para diferentes instantes. Fonte: Autoria própria.

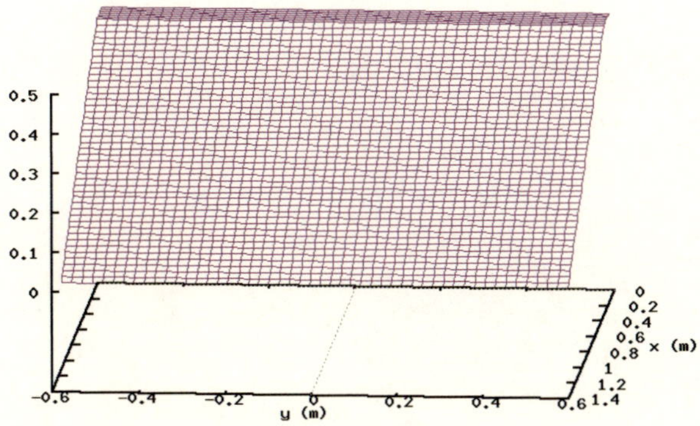

(a) $t = 0\,\text{s}$.

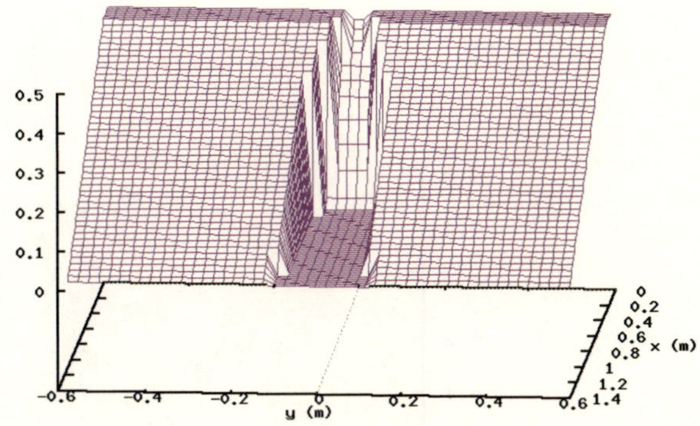

(b) $t = 1.800\,\text{s}$.

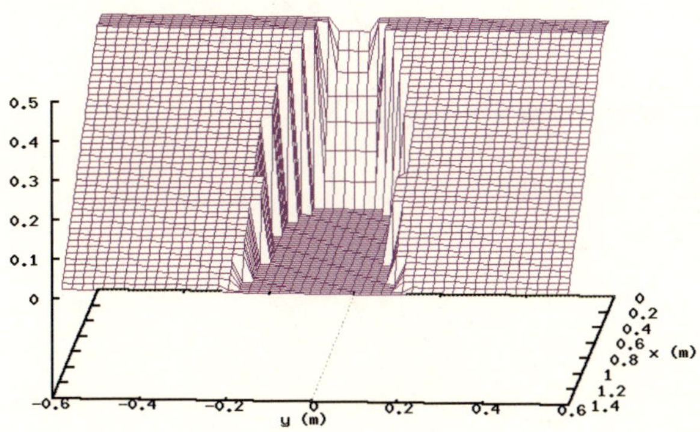

(c) $t = 3.000\,\text{s}$.

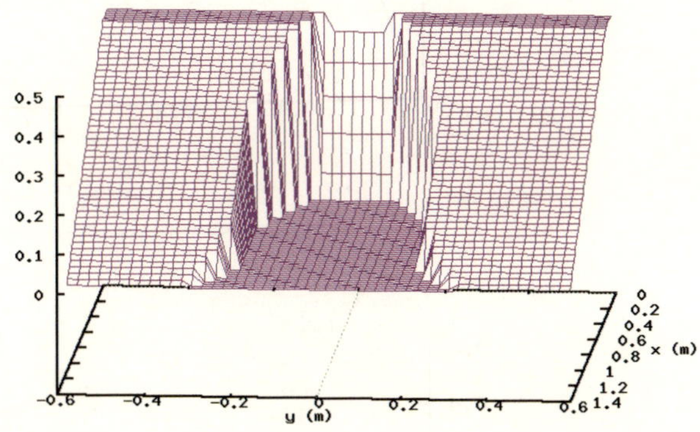

(d) $t = 3.929\,\text{s}$.

Figura 8.14: Segundo caso: Representação da barragem e a brecha para diferentes instantes. Fonte: Autoria própria.

Comparação dos resultados

Finalmente, produzimos algumas comparações qualitativas entre os resultados descritos nas Seções “Primeiro caso” e “Segundo caso”, incluindo agora a superfície da água, e as observações experimentais da Figura 8.8, apresentadas nas Figs. 8.15–8.17. A partir dessas figuras, podemos confirmar que o modelo Saint-Venant, melhorado por um processo de otimização para estimar os parâmetros, foi capaz de produzir uma simulação realista do processo de evolução da brecha em diferentes momentos. Embora nossos modelos (primeiro e segundo casos) não tenham sido capazes de determinar o processo de erosão interna observado na barragem, o processo físico dominante relacionado com a ruptura da barragem foi bem capturado.

Os resultados do processo de rompimento apresentados nesta seção são um primeiro passo para o desenvolvimento de métodos baseados em dados, combinando imagens fornecidas por testes de laboratório e modelos numéricos.

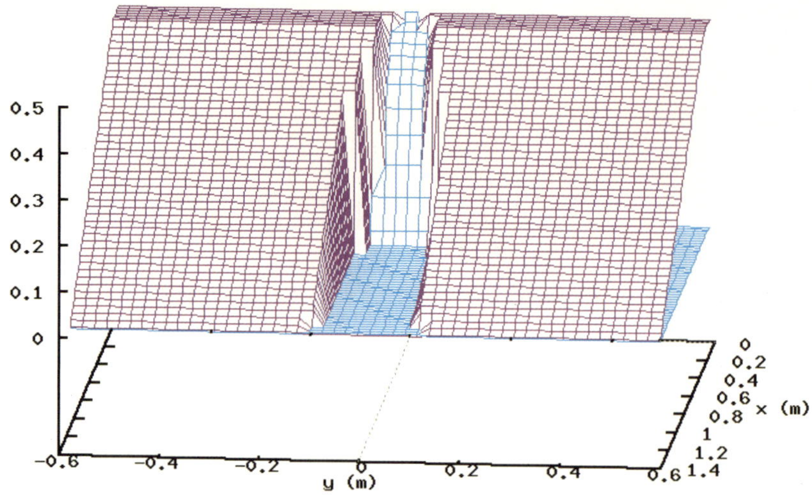

(a) Primeiro Caso, $t = 1.800\,\text{s}$.

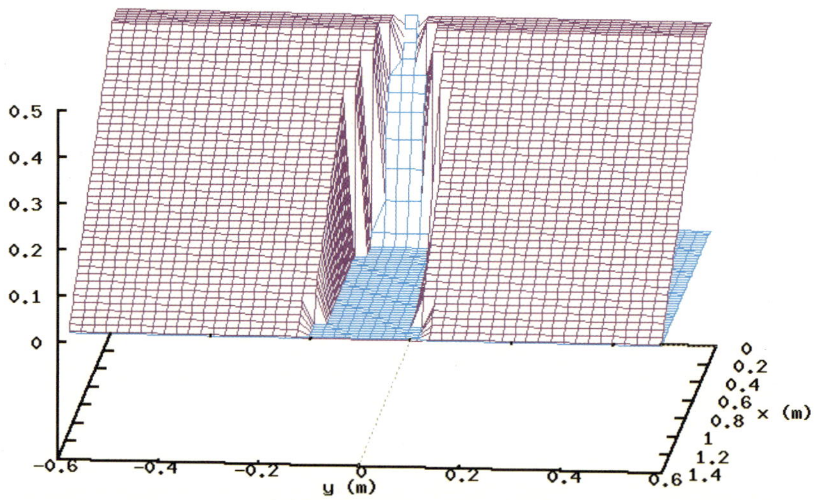

(b) Segundo Caso, $t = 1.800\,\text{s}$.

(c) Obervação em laboratório (Iarh, 2021b).

Figura 8.15: Comparação entre as brechas com a superfície da água no primeiro e no segundo caso, e a imagem de laboratório para $t = 1.800\,\text{s}$.

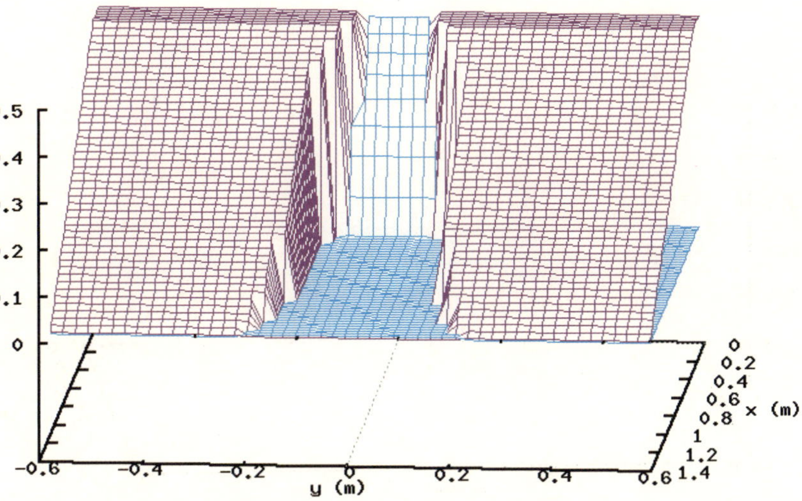

(a) Primeiro caso, $t = 3.000\,\mathrm{s}$.

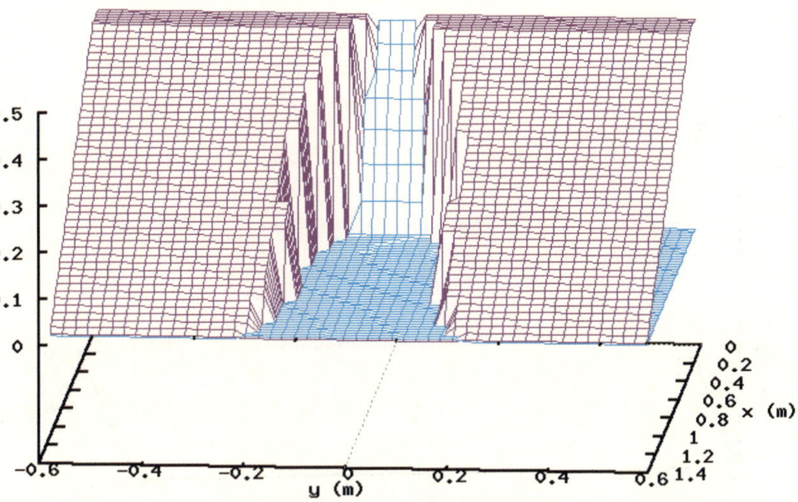

(b) Segundo caso, $t = 3.000\,\mathrm{s}$.

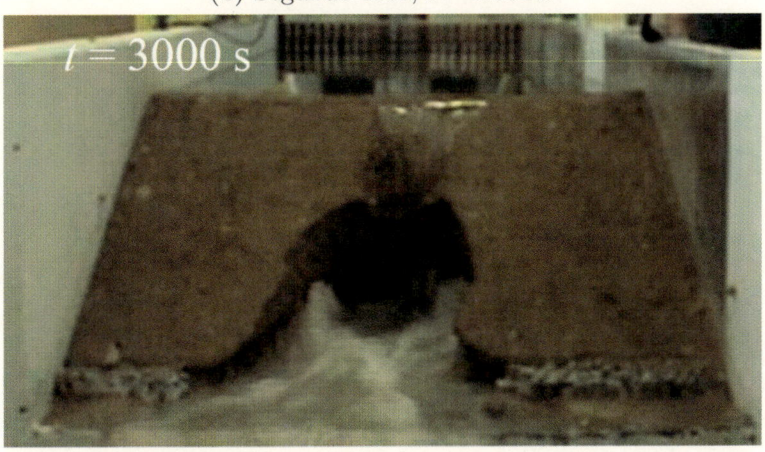

(c) Observação em laboratório (Iarh, 2021b).

Figura 8.16: Comparação entre as brechas com a superfície da água no primeiro e no segundo caso, e a imagem de laboratório para $t = 3.000\,\mathrm{s}$.

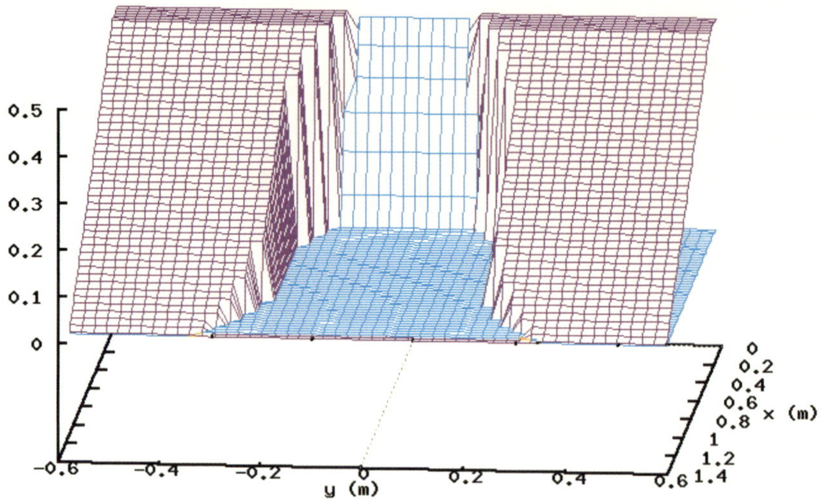

(a) Primeiro Caso, $t = 3.929\,\text{s}$.

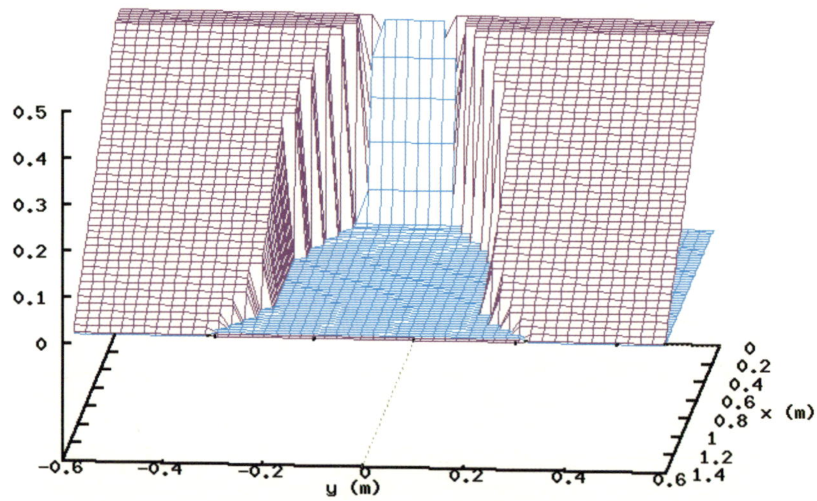

(b) Segundo Caso, $t = 3.929\,\text{s}$.

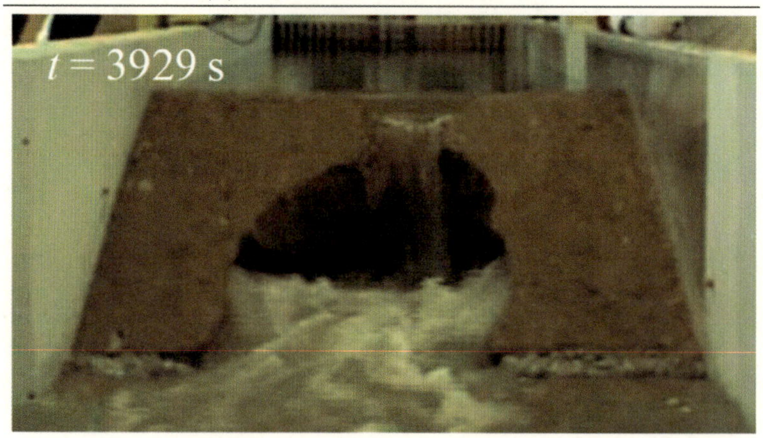

(c) Observação em laboratório (Iarh, 2021b).

Figura 8.17: Comparação entre as brechas com a superfície da água no primeiro e no segundo caso, e a imagem de laboratório para $t = 3.929\,\text{s}$.

Referências

Wu, W. (2016). *Introduction to DLBreach – A Simplified Physically-Based Dam/Levee Breach Model, version 2016.4*. [Technical Report, Department of Civil and Environmental Engineering, Clarkson University, NY].

Zhong, Q., et al. (2016). *Nat Hazards*, v. 84n. 1385, 1385–1418.

Iarh. (2021a). Information to specify initial boundary conditions and dam characteristics. *6th Workshop on River and Sedimentation Hydrodynamics and Morphodynamics.*

Iarh. (2021b, junho). *Visualization of Test T1 – overtopping of homogeneous dam.* http://groups.ist.utl.pt/hydroevents/wp-content/uploads/2021/06/Test_T1_visual_info.pdf

Task Committee on Dam/Levee Breach. (2011). Earthen embankment breaching. *Journal of Hydraulic Engineering*, v. 137n. 12, 1549–1564.

Navfac. (1986). NAVFAC Design Manual 7.2 – Foundations and Earth Structures [Revalidated by change 1], n. SN 0525-LP-300-7071.

Wu, W. (2007). *Computational River Dynamics* [p. 494]. Taylor; Francis.

Wahl, T. L. (2010). Relating HET and JET test results to internal erosion field tests. *Joint Federal Interagency Conference on Sedimentation and Hydrologic Modeling.*

Hanson, G. J., & Simon, A. (2001). Erodibility of cohesive streambeds in the loess area of the midwestern USA. *Hydrological Processes*, v. 15, 23–38.

Temple, D. M. (1992). Estimating flood damage to vegetated deep soil spillways. *Applied Engineering in Agriculture*, v. 8n. 2, 237–242.

Iarh. (2021c, setembro). *Guidelines for the submission of numerical model outputs Test T1 – overtopping of homogeneous dam.*

Saint-Venant, A. J. C. (1871). Théorie du mouvement non-permanent des eaux, avec application aux crues des rivière at à l'introduction des marées dans leur lit. *Comptes Rendus des Séances de Académie des Sciences*, v. 73, 147–154.

9

Identificação do impacto da ruptura de barragens de rejeitos

V. A. González-López[1]
R. Rodrigues de Moraes[2]

9.1 Introdução

No presente capítulo desenvolvemos uma estratégia de estimação não paramétrica destinada à análise de prevenção de catástrofes. A estratégia é construída neste texto a partir de uma base de dados disponível em Larrauri e Lall (2018), podendo no entanto ser adaptada a qualquer base de dados do tipo.

A proposta é poder utilizar tal estratégia para que, a partir de dados disponíveis pré-catástrofe sejam apresentadas estimações que permitam mensurar a magnitude de uma possível catástrofe. O tipo de problema investigado é o rompimento de barragens de rejeitos e o impacto que tal evento pode trazer no seu entorno, fornecendo estimações do volume de material despejado e da distância atingida pelo material.

Ambos os aspectos têm implicações severas no solo, nas fontes de água da região e, naturalmente, em toda forma de vida presente no local. Os efeitos de um evento dessa natureza podem durar anos, implicando elevados custos para a região atingida. Muitos dos efeitos ainda podem ser considerados desconhecidos, pois eles dependem do tipo de rejeitos alojado pela barragem.

Uma das questões que se colocam é a de poder prever o impacto do rompimento de uma barragem, tomando como informações básicas o volume e a altura do material alojado pela barragem. Consideramos para a presente pesquisa uma base de dados de 35 barragens de rejeitos situadas em diversas cidades do mundo, disponível em Larrauri e Lall (2018), e reproduzida adiante na Tabela 9.1.

A análise envolve os seguintes registros:

V_T o volume total do material alojado na barragem,

V_F o volume do material liberado pela barragem nos casos de rompimento,

H a altura atingida pelo material alojado na barragem, e

D_{max} a distância máxima atingida pelo material despejado após ocorrer o rompimento;

e, quanto às unidades, os volumes dos registros são reportados em milhões de metros cúbicos ($\times 10^6\ m^3$), enquanto H é dada em metros (m) e D_{max} em quilômetros (km). A Tabela 9.1 apresenta os dados que fundamentam o presente estudo.

Caso	Ano	H	V_T	D_{max}	V_F	Barragem (nome internacional)
1	1973	43.0	0.500	25.00	0.1700	(não identificada), Southwestern USA
2	2000	15.0	15.000	5.20	1.8000	Aitik mine, Sweden (Boliden Ltd.)
3	1978	25.0	1.700	0.30	0.0211	Arcturus (Zimbawe)
4	1974	20.0	13.000	45.00	3.0000	Bafokeng, South Africa
5	1981	25.0	27.000	1.30	3.5000	Balka Chuficheva, Russia
6	1965	20.0	0.450	0.80	0.0700	Bellavista, Chile
7	1985	6.0	0.038	0.80	0.0110	Bonsal, North Carolina, USA
8	1965	20.0	0.500	5.00	0.0850	Cerro Negro No. (3 of 5)
9	1985	40.0	2.000	8.00	0.5000	Cerro Negro No. (4 of 5)
10	1979	11.0	0.370	110.00	0.3700	Churchrock, New Mexico, United Nuclear
11	1971	15.0	12.340	120.00	9.0000	Cities Service, Fort Meade, Florida
12	1974	18.0	0.300	0.03	0.0380	Deneen Mica Yancey County, North Carolina, USA
13	1965	19.0	0.350	12.00	0.3500	El Cobre New Dam
14	1965	35.0	4.250	12.00	1.9000	El Cobre Old Dam
15	2015	90.0	55.000	637.00	32.0000	Fundão-Santarem, Minas Gerais, Brazil (Samarco)
16	1974	9.0		0.61	0.0038	Galena Mine (1974)
17	1966	11.0	7.000	0.30	0.0850	Gypsum Tailings Dam (Texas, USA)
18	1968	12.0	0.300	0.15	0.0900	Hokkaido, Japan Imperial Metals, Mt
19	2014	40.0	74.000	7.00	23.6000	Polley, British Columbia, Canada
20	1986	30.0		12.00	0.1000	Itabirito (Brazil)
21	1965	15.0		5.00	0.0350	La Patagua New Dam (Chile)
22	1998	27.0	15.000	41.00	6.8000	Los Frailes, near Seville, Spain (Boliden Ltd.)
23	1965	15.0	0.043	5.00	0.0210	Los Maquis No. 3
24	1994	31.0	7.040	4.00	0.6000	Merriespruit, South Africa (Harmony)-No. 4A Tailings Complex
25	1978	28.0	0.480	8.00	0.0800	Mochikoshi No. 1, Japan (1 of 2)
26	1978	19.0		0.15	0.0030	Mochikoshi No. 2, Japan
27	1985	5.0	0.120	1.50	0.0250	Olinghouse, Nevada, USA
28	1995	44.0	5.250	80.00	4.2000	Omai Mine, No. 1,2,Guyana (Cambior)
29	1985	29.5	0.300	8.00	0.2000	Prestavel Mine-Stava, North Italy,2,3 (Prealpi Mineraria)
30	1996	45.0	1.520	6.00	0.2200	Sgurigrad, Bulgaria
31	1989	9.0	0.074	0.10	0.0380	Stancil, Maryland, USA
32	2008	50.7	0.290	2.50	0.1900	Taoshi, Linfen City, Shanxi province, China (Tahsan Mining Co.)
33	1994	24.0		0.18		Tapo Canyon (USA)
34	1980	66.0	2.500	8.00	2.0000	Tyrone, New Mexico (Phelps Dodge)
35	1985	24.0	0.700	5.00	0.2800	Veta de Agua (Chile)

Tabela 9.1: Base de dados original de quebras de barragens provenientes de Larrauri e Lall (2018).

Tais indicadores permitem descrever o fenômeno do rompimento de uma barragem, possibilitando a estimação do volume vazado V_F e a distância máxima percorrida pelo material despejado D_{max}.

O propósito que se coloca é o de descrever a relação de dependência entre tais variáveis de modo a traçar o perfil do fenômeno via um modelo estatístico e utilizar tal descrição ou modelo para construir uma ferramenta de predição que permita estimar, por exemplo, V_F e D_{max}, com base em elementos observáveis pré-rompimento, no caso: V_T e H.

Na Tabela 9.1 encontramos os dados do vazamento de uma barragem usada pela mina de ouro Omai, na Guiana, na costa norte da América do Sul. Controlada em 1995 pela empresa de mineração Cambior, a barragem continha um material de rejeitos correspondente a uma altura de 44 metros ($H = 44$), sendo o volume alojado 5.25×10^6 metros cúbicos ($V_T = 5.25$). Pós-rompimento, os rejeitos contendo cianeto, atingiram uma distância máxima de 80 quilômetros ($D_{max} = 80$), liberando na região um volume de 4.2×10^6 metros cúbicos de rejeitos ($V_F = 4.2$), atingindo o maior rio da Guiana, o rio Essequibo.

Outro exemplo dramático contido na base de dados e também ocorrido na América do Sul aconteceu em 2015, em Mariana (Minas Gerais, Brasil); trata-se do rompimento da barragem de rejeitos de mineração denominada Fundão, controlada pela Samarco Mineração S.A. O material armezenado pela mesma correspondia a uma altura de 90 metros ($H = 90$), e o material alojado por ela tinha um volume de 55×10^6 de metros cúbicos ($V_T = 55$). Pós-ruptura, foi despejado sobre o vale do córrego Santarém um volume de 32×10^6 de metros cúbicos de rejeitos ($V_F = 32$) atingindo 637 quilômetros de distância ($D_{max} = 637$). O rompimento espalhou pela região rejeitos de minério de ferro relacionados com o trabalho de mineração da região, e, dado que os rejeitos atingiram fontes de água, entre elas o rio Doce e, posteriormente, o oceano Atlântico, se estima que os efeitos do evento permanecerão por mais de cem anos.

Observamos que para alguns casos reportados na Tabela 9.1 (*vide* Larrauri e Lall, 2018) são relatadas certas divergências, quanto a valores de V_T, V_F e D_{max}. Tal fato mostra a dificuldade presente na construção de bases de dados precisas e que disponham do consenso acadêmico, desse modo se esperam futuras revisões da base de dados da Tabela 9.1.

Um exemplo desse fato é o caso da barragem de Mariana, para a qual inicialmente o volume despejado foi calculado como sendo 43×10^6 de metros cúbicos e posteriormente corrigido para 32×10^6 de metros cúbicos, *vide* Larrauri e Lall (2018). Por tais motivos, no presente capítulo não incluímos casos como o de Brumadinho (Minas Gerais, Brasil) e ocorrido em 2019, posterior à elaboração da Tabela 1 em Larrauri e Lall (2018).

A barragem de Brumadinho continha parte dos rejeitos da mina Córrego do Feijão, sendo uma das maiores tragédias desse tipo de evento, despejando um volume aproximado de 12×10^6 de metros cúbicos na região e levando consigo mais de 250 vidas humanas, só se comparando nesse quesito ao evento da barragem do norte da Itália, de 1985 (*vide* linha 29 da Tabela 9.1). Essa barragem, gerenciada pela Prealpi Mineraria, com um volume despejado de 0.2×10^6 de metros cúbicos ($V_F = 0.2$), atingiu uma distância máxima de 8 quilômetros ($D_{max} = 8$), o que custou a vida de aproximadamente 300 pessoas.

De acordo com os registros na literatura, a base de dados fornecida pela Tabela 9.1 mostra vários registros de H, V_T, V_F e D_{max} previamente documentados na base fornecida pelo Icold (2001).

A título de ilustração quanto ao conceito de D_{max}, são considerados os registros da barragem de Los Frailes, em Aznalcóllar, Sevilha (Espanha), em 1998, reportada na Tabela 9.1, em que se observa que, após o rompimento, foi despejado um volume de rejeitos que percorreu aproximadamente 41 quilômetros para todos os lados ($D_{max} = 41$), chegando aos rios Agrio e Guadiamar e avançando por pelo menos mais 10 quilômetros, com uma largura média de 400 metros. Estima-se que a superfície afetada superou 4 mil hectares (*vide* http://edafologia.ugr.es/donana/aznal.htm[3]).

A definição de D_{max}, embora seja um padrão como citado no caso de Los Frailes, oferece espaço para questionamentos que radicam em fatos e*vid*entes, por exemplo no nível de concentração de determinados materiais na composição dos rejeitos.

Em literatura mais recente, por exemplo em Ghahramani *et al.* (2020), é apresentada uma nova classificação por zonas de impacto, estabelecendo duas zonas de interesse para o cômputo de D_{max}: a zona 1, que é a zona primária de impacto pós-rompimento, e a zona 2, uma região secundária de impacto.

A zona 1 é definida como a extensão do principal depósito de rejeitos sólidos, caracterizada por sedimentação visível ou confirmada em campo, acima dos níveis de água típicos, estendendo-se para córregos a jusante.

Já a zona 2 é a zona de impacto secundária, definida como a área a jusante da zona 1 que ainda é impactada pelo fluxo de rejeitos, e inclui o limite distal do fluxo.

Vemos então que o debate sobre o melhor modo de definir D_{max} permanece no campo científico até a presente data.

Na Tabela 9.2 são apresentadas três barragens que afetam o cotidiano de Minas Gerais no Brasil, cujas informações complementares podem ser obtidas no endereço[4]

https://app.anm.gov.br/SIGBM/Publico/ClassificacaoNacionalDaBarragem.

Barragem	Mina	Município	Altura (m)	Volume de rejeitos ($\times 10^6$ m^3)
Sul Superior	Gongo Soco	Barão de Cocais/MG	85	6.02
Forquilha III	Fábrica	Ouro Preto/MG	77	19.48
B3/B4	Mar Azul	Nova Lima/MG	55	2.69

Tabela 9.2: Casos especiais de barragens não rompidas e em nível de emergência 3 (registros de fevereiro de 2021), em Minas Gerais, Brasil.

A primeira delas, a barragem Sul Superior associada a trabalhos da mina Gongo Soco, apresenta uma altura de 85 metros e aloja um volume de rejeitos de 6,02 milhões de metros cúbicos de minério de ferro. A barragem se encontra na região de Barão de Cocais sendo atualmente gerenciada pela empresa Vale S.A. Ela teve seu nível de emergência elevado ao nível 3 (o maior dos três níveis possíveis) em fevereiro de 2019, devido ao risco de rompimento,

[3]Acessado em 9/2/2021.

[4]Acessado em 9/2/2021.

o que afetou toda a população da região, levando moradores de vários povoados a abandonar suas residências. Entre tais povoados se encontram Socorro, Piteiras e Tabuleiro.

A barragem denominada Forquilha III situa-se em Ouro Preto, próxima a outras quatro barragens, Forquilha I, II, IV e a barragem Grupo, todas elas gerenciadas pela empresa Vale S. A. Em junho de 2020, Ouro Preto, Itabirito e região entraram em alerta pela classificação em nível 3 de emergência de duas das barragens, Forquilha I e Forquilha III. A barragem Forquilha III, associada à mina Fábrica, apresenta uma altura de 77 metros e aloja um volume de rejeitos de 19,48 milhões de metros cúbicos de rejeitos de minério de ferro. Depois do alerta, a empresa realizou obras para estabilizar o complexo de barragens; no entanto, a Forquilha III permanece até hoje em nível de emergência 3.

A terceira barragem da tabela é a B3/B4, localizada no município de Nova Lima. Ela entrou em estado de risco de rompimento em 2019, recebendo o nível 3 de alerta que mantém até hoje. A barragem é mantida por Minerações Brasileiras Reunidas S. A. e está associada às atividades da mina Mar Azul. A B3/B4 colocou em risco a comunidade de Macacos, situada em Nova Lima, com uma altura de 55 metros e um volume de 2,69 milhões de metros cúbicos de rejeitos. Atualmente se encontra em processo de estabilização a cargo da empresa Vale S.A.; assim mesmo, a região permanece sob alerta.

Em cada uma dessas situações estão disponíveis os valores de H e V_T. Dispor de uma estimativa do volume que pode vir a ser despejado pela barragem (V_F) assim como da distância máxima que o material de rejeitos pode percorrer (D_{max}) possibilita a elaboração de estratégias de contenção de danos em caso de quebra de barragem.

Em literatura da área (Rico *et al.*, 2008;Larrauri e Lall, 2018;Fais *et al.*, 2020) se pode encontrar a proposta de usar V_T, que é determinado pré-rompimento, como preditor de V_F, sendo também possível identificar o *fator de risco* da barragem, cuja noção incorpora o valor de H às variáveis V_F e V_T para que, finalmente, D_{max} possa ser estimado.

Na Figura 9.1 (a) é exposto o gráfico de dispersão de V_T *versus* V_F, da base de dados presente em Larrauri e Lall (2018) (*vide* Tabela 9.1).

No presente artigo, analisamos duas noções frequentes de *fator de risco* de uma barragem, que levam em consideração H e os volumes, a dizer: (i) $R := H \times V_F$, *vide* Rico *et al.* (2008) e (ii) $R_f := H \times \frac{V_F}{V_T} \times V_F$ (fator de risco relativo à razão entre os volumes $\frac{V_F}{V_T}$, *vide* Larrauri e Lall (2018).

Na Figura 9.1 (b) e (c) são expostos os gráficos de dispersão de R *versus* D_{max} e de R_f *versus* D_{max}, da base de dados presente em Larrauri e Lall (2018) (*vide* Tabela 9.1).

Nota-se que (i) e (ii) requerem a determinação de V_F, que é observado somente após o rompimento da barragem, devendo, portanto, ser determinado previamente à estimação do fator de risco de uma barragem, para que *a posteriori* seja fornecido um estimador de D_{max} ou de alguma característica de D_{max} como será feito neste capítulo.

De acordo com a literatura de cunho estatístico que investiga as relações dos dados da Tabela 9.1, podemos encontrar as contribuições de Rico *et al.* (2008) e de Larrauri e Lall (2018), que seguem uma linha baseada na ideia de procurar um ajuste linear nas situações

V_T *versus* V_F – Figura 9.1 (a) e

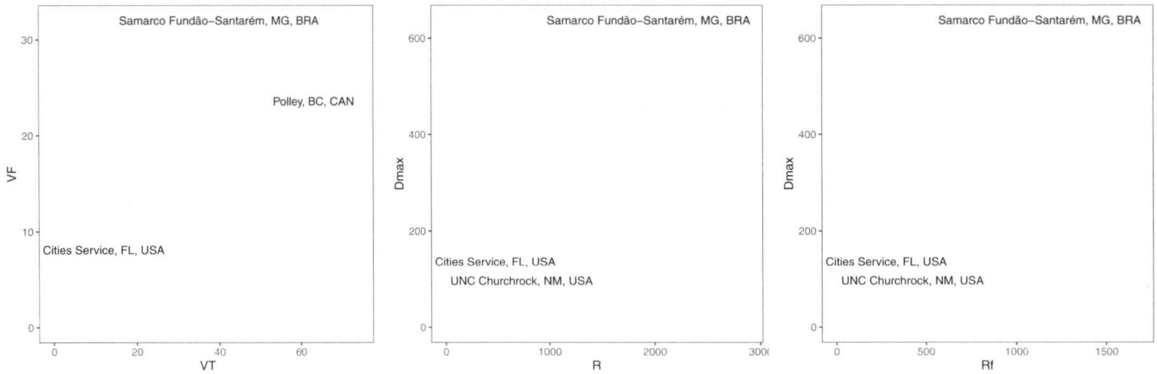

(a) V_T *versus* V_F (b) R *versus* D_{max} (c) R_f *versus* D_{max}

Figura 9.1: Gráficos de dispersão dos três pares de observações conforme exposto em Fais *et al.* (2020). Fonte: Autoria própria.

R *versus* D_{max} (ou R_f *versus* D_{max}) – Figura 9.1 (b) (ou (c)).

Os autores buscam identificar (predizer) valores de V_F a partir de valores de V_T e a predição de D_{max} a partir de valores do fator de risco R (ou R_f). Larrauri e Lall (2018) mostram que, embora exista um melhoramento do modelo linear proposto em Rico *et al.* (2008), os resultados e a técnica de predição precisam ser considerados com cautela, já que indicadores de bondade de ajuste mostram que a linearidade pode não ser o melhor caminho.

Os autores exploram uma abordagem estatística que pode estar limitando o leque das possibilidades para tratar as relações de dependência nos cenários ilustrados na Figura 9.1, decorrente de partir do pressuposto da relação ser linear. Tal fato leva Fais *et al.* (2020) a postularem uma modelagem mais abrangente, implementada mediante modelos de cópulas, já que tais modelos incluem como casos particulares a linearidade.

Os resultados de Fais *et al.* (2020) mostram que a suposição de linearidade como imposto em Rico *et al.* (2008) e Larrauri e Lall (2018) pode ser muito restritiva para os casos da Figura 9.1, diante da base de dados da Tabela 9.1. Vários ajustes na técnica via cópulas são incorporados mais tarde em González–López *et al.* (2020), de modo a aumentar a flexibilidade do modelo levando em conta o tamanho moderado da base de dados.

Quando observamos todos esses estudos, que, com base na Tabela 9.1, debatem os possíveis tipos de dependências nas situações apresentadas pela Figura 9.1, colocamos em foco a seleção de modelos (que retratam a dependência), peça-chave das propostas em Fais *et al.* (2020) e em González–López *et al.* (2020), e do presente artigo também.

A seleção do modelo é levada adiante através do Critério de Informação Bayesiano (BIC), consagrado na estatística (*vide* Schwarz, 1978). Seu uso permite comparar modelos distintos e selecionar aquele que apresenta o melhor desempenho para uma determinada base de dados (no caso em questão, os fornecidos pela Tabela 9.1).

O BIC é composto de dois termos relacionados a conceitos estatísticos fundamentais: (i) o conceito de máxima verossimilhança, que é estabelecido pelo melhor desempenho do modelo nos dados, e (ii) a complexidade (também conhecida como parcimônia), que é mensurada pelo número de parâmetros do modelo. Dessa maneira, o BIC aponta como melhor modelo aquele que mostre a maior máxima verossimilhança (i), penalizada por (ii), selecionando aquele modelo que apresente um valor de máxima verossimilhança elevado após a devida penalização pelo custo da sua construção (total de parâmetros).

Diferentemente das propostas feitas em Fais *et al.* (2020) e González–López *et al.* (2020), no presente artigo a seleção de modelos é feita dentro do marco dos modelos não paramétricos. A escolha dessa abordagem busca oferecer maior flexibilidade na adequação do modelo à base de dados da Tabela 9.1, mas sem perder a economia desejável no processo de seleção, levada adiante pelo BIC.

As propostas do presente capítulo são

1. identificar o modelo entre V_T e V_F,
2. identificar o modelo entre R e D_{max} (ou R_f e D_{max}),
3. postular, com base em 1., uma estimação de V_F dado um valor de V_T e
4. postular, com base em 2., estimações das chances de D_{max} ultrapassar um limiar preestabelecido, dado um fator de risco (R ou R_f) estimado a partir de dados de uma barragem que ainda não experimentou o rompimento, no caso H e V_T.

Note que 1. e 2. permitem identificar o desempenho das variáveis e descrever o fenômeno. Além disso, 3. permite a elaboração de uma ferramenta de predição de V_F, para barragens que ainda não experimentaram o rompimento, e finalmente 4. permite a predição da distância máxima percorrida pelos rejeitos em caso de rompimento da barragem.

Este capítulo está organizado como descrito a seguir. A Seção 9.2 apresenta o desenvolvimento teórico que embasa a previsão de risco e nela são introduzidas as equações que permitem tal controle e análise. A Seção 9.3 fundamenta o processo de estimação, introduzindo-o nas equações do controle e da análise de risco. A Seção 9.4 mostra como realizar predições dos valores de V_F e das probabilidades de D_{max} ultrapassar determinados limiares de interesse, para as barragens não rompidas em nível de emergência 3, reportadas na Tabela 9.2. A Seção 9.5 resume as conclusões do artigo.

9.2 Fundamentos

Na abordagem desse capítulo seguimos a linha de raciocínio aplicada em Fais *et al.* (2020) e González–López *et al.* (2020), sendo a contribuição da presente produção a de estabelecer um procedimento de estimação em etapas completamente não paramétrico. A expectativa é oferecer modelos mais acurados para a representação dos dados.

Primeiramente descrevemos a ideia geral das estimações que se baseia no resultado de Sklar (1959), peça-chave da teoria de cópulas.

O resultado permite a decomposição da dependência entre variáveis aleatórias em distribuições que irão compor as diferentes etapas do processo de estimação. Se H é a função de distribuição acumulada de (X_1, X_2), em que $X_i, i = 1, 2$ são variáveis aleatórias contínuas, então, existe uma única função C, denotada por 2-cópula de (X_1, X_2), tal que $\forall(x_1, x_2) \in \text{Imagem}(X_1, X_2)$,

$$H(x_1, x_2) = C(F_1(x_1), F_2(x_2)), \text{ com } F_1(x_1) = H(x_1, \infty) \text{ e } F_2(x_2) = H(\infty, x_2). \quad (9.1)$$

A função $C : [0,1]^2 \to [0,1]$ é uma distribuição acumulada de distribuições marginais univariadas uniformes no intervalo $[0,1]$. E, se a função C é a 2-cópula de (X_1, X_2),

$$C(u, v) = \Pr(F_1(X_1) \leq u, F_2(X_2) \leq v), \ \forall u, v \in [0,1], \quad (9.2)$$

então, C é a distribuição conjunta das variáveis $U := F_1(X_1)$ e $V := F_2(X_2)$. Isto é, a dependência entre X_1 e X_2 é representada pela função H, a qual pode ser decomposta nas distribuições C, F_1 e F_2, (*vide* Nelsen, 2007). O resultado sugere que o problema de estimação de H pode ser decomposto em 3 estimações: a estimação das distribuições marginais $F_i, i = 1, 2$ e a estimação da 2-cópula C.

Referimo-nos a essa linha de raciocínio como estimação por etapas, já que tal princípio facilita a modelagem ao permitir destrinchar o problema da estimação de H em processos mais simples, nos quais a estimação das marginais é computacionalmente menos sofisticada e a estimação da 2-cópula é facilitada, pois seu domínio e sua imagem estão em regiões fechadas.

Aplicaremos a noção de cópula em dois pares distintos de variáveis aleatórias:

(a) para identificar a relação entre os volumes $(X_1, X_2) := (V_T, V_F)$,

(b) para identificar a relação entre o fator de risco e a distância máxima percorrida pelo material despejado $(X_1, X_2) := (R, D_{max})$ ou $(X_1, X_2) := (R_f, D_{max})$.

Mediante as estimações das relações acima, ou seja, mediante as estimações de F_1, F_2 e C em cada caso é possível estimar a distribuição H, dada na equação (9.1), para cada par de variáveis considerada acima, ou seja, para $(V_T, V_F), (R, D_{max})$ e para (R_f, D_{max}), respectivamente. Assim, qualquer característica de interesse pode ser determinada.

Por simplicidade e para que o leitor possa facilmente estimar o volume de rejeitos despejados e a probabilidade de D_{max} ultrapassar determinado limiar de interesse, simplificamos o processo ao apresentar mais adiante tabelas produzidas com tais estimações, podendo ser usadas em barragens que ainda não experimentaram a ruptura. Tal proposta é meramente ilustrativa de modo a apresentar a versatilidade da estratégia para o leitor.

Chamamos a atenção para o fato de que naturalmente ocorre uma perda de informação devido à simplificação explicada no parágrafo anterior. A versatilidade das análises trazida pelo uso de cópulas é, entretanto, muito grande, de modo que apontamos mais adiante, na Seção 9.4, um exemplo de como podemos refinar as estimativas para as barragens em nível de emergência com base em simulações estocásticas produzidas diretamente a partir do ajuste não paramétrico da função de cópula conforme a equação (9.2).

Para tanto, no caso (a), e para a construção do estimador de V_F aplicamos a relação deduzida em González-López e de Moraes (2020), a qual permite a construção de um estimador para V_F sujeito a intervalos de valores de V_T.

Segundo González-López e de Moraes (2020), para cada intervalo $(a, b] \subseteq [0, 1]$ o valor $\mathbb{E}(V|U \in (a, b])$, que representa o valor esperado de V condicionado a valores de U no intervalo $(a, b]$, pode ser escrito como

$$\mathbb{E}(V|U \in (a, b]) = 1 - \frac{1}{b-a}\left(\int_0^1 C(b, v)dv - \int_0^1 C(a, v)dv\right), \tag{9.3}$$

no qual C é dada pela equação (9.2). Notemos que no condicionante da equação (9.3), lado esquerdo, o evento condicional é $\{U \in (a, b]\}$, que pode ser escrito como $\{F_1^{-1}(U) \in (F_1^{-1}(a), F_1^{-1}(b)]\}$, já que F_1 é contínua e crescente. Esse fato permite o retorno dos valores de U para a escala original do volume total pois $V_T = F_1^{-1}(U)$ (*vide* caso (a) acima).

Analogamente, usando F_2 e a partir do valor dado pela equação (9.3), é possível retornar à escala original de V_F, determinando seu valor médio

$$V^*_{F;(a,b]} = F_2^{-1}\Big(\mathbb{E}(V|U \in (a, b])|U \in (a, b]\Big) \tag{9.4}$$

e definindo concretamente o volume médio a ser despejado por uma barragem diante do volume que ela aloja. A equação (9.4) é a que possibilita idealizar um estimador do volume despejado conhecendo o volume alojado pela barragem.

É claro que tal processo pode ser também aplicado para o caso (b), porém naquela situação o que precisamos é computar probabilidades de que D_{max} ultrapasse limiares preestabelecidos de interesse, levando em conta locais que podem ser atingidos pelo material despejado após um rompimento de barragem.

Segundo apresentado em Fais *et al.* (2020), para cada valor $v \in [0, 1]$ e intervalo $(a, b] \subseteq [0, 1]$

$$\Pr(V > v|U \in (a, b]) \quad = \quad 1 - \frac{C(b, v)}{b-a} + \frac{C(a, v)}{b-a}, \tag{9.5}$$

em que C é dada pela equação (9.2).

Assim, para valores de U restritos a $(a, b]$, no qual U representa o fator de risco (R ou R_f) reescalado a $[0, 1]$, é possível computar a probabilidade de que V, que representa a variável D_{max} reescalada no intervalo $[0, 1]$, ultrapasse o limiar v. Finalmente, por meio de F_1 e F_2 é possível retornar à escala original dos valores de R (ou R_f) e D_{max}, respectivamente.

Como as funções F_i $(i = 1, 2)$ são contínuas e crescentes, também suas funções inversas F_i^{-1} $(i = 1, 2)$ são contínuas e crescentes, e, portanto,

$$\begin{aligned}\Pr\Big(D_{max} > F_2^{-1}(v)|R \in (F_1^{-1}(a), F_1^{-1}(b)]\Big) &= \Pr\Big(F_2^{-1}(V) > F_2^{-1}(v)|F_1^{-1}(U) \\ &\qquad \in (F_1^{-1}(a), F_1^{-1}(b)]\Big) \\ &= \Pr(V > v|U \in (a, b])\end{aligned} \tag{9.6}$$

pois $D_{max} = F_2^{-1}(V)$ e $R = F_1^{-1}(U)$ e de modo análogo pode ser também feito para $X_1 = R_f$.

A equação (9.6) permite então estimar a probabilidade de os rejeitos ultrapassarem um limiar específico $F_2^{-1}(v)$, uma vez que se sabe que o fator de risco da barragem se encontra no intervalo $\left(F_1^{-1}(a), F_1^{-1}(b)\right]$.

Perceba que ambas as equações (9.4) e (9.6), pilares da estratégia a ser proposta, dependem da estimação das funções F_1, F_2 e C. A seguir então, apresentamos a proposta de estimação.

9.3 Estimações e estratégia

Nessa seção, formalizamos as noções de estimação das distribuições marginais, das cópulas que relacionam as variáveis e, consequentemente, das equações (9.4) e (9.6) que permitem delinear a estratégia de estimação de V_F, a partir de V_T, assim como das probabilidades de alcance do material despejado baseado no fator de risco da barragem.

Estimação das distribuições marginais

A estimação não paramétrica das distribuições marginais geralmente é feita utilizando os postos das observações originais (denominadas *pseudo-observações*) ou através de funções de Kernel, que é o método sob estudo neste artigo e é descrito a seguir.

Dada uma amostra da variável aleatória contínua Z, $\{z_i\}_{i=1}^n$, e se a densidade verdadeira e desconhecida for denotada por f, o seu estimador, denotado por $\widehat{f}_K$, é determinado como sendo

$$\widehat{f}_K(z) := \frac{1}{n\xi}\sum_{i=1}^{n} K\left(\frac{z - z_i}{\xi}\right) \tag{9.7}$$

no qual ξ é um parâmetro de alisamento e K é a função Kernel, positiva, simétrica, de variância finita e definida de modo tal que integra 1 (*vide* Gramacki, 2017).

Existem diversas opções para a escolha de K e neste capítulo inspecionamos algumas das formas mais populares:

Uniform $\frac{1}{2}1_{\{|x|\leq 1\}}$,

Triangular $(1-|x|)1_{\{|x|\leq 1\}}$,

Epanechnikov $\frac{3}{4}\left(1-x^2\right)1_{\{|x|\leq 1\}}$,

Quartic $\frac{15}{16}\left(1-x^2\right)^2 1_{\{|x|\leq 1\}}$,

Triweight $\frac{35}{32}\left(1-x^2\right)^3 1_{\{|x|\leq 1\}}$,

Tricube $\frac{70}{81}\left(1-|x|^3\right)^3 1_{\{|x|\leq 1\}}$,

Gaussian $\frac{1}{\sqrt{2\pi}}e^{-\frac{1}{2}x^2}1_{\{x\in\mathbb{R}\}}$ e

Cosine $\frac{\pi}{4}\cos\left(\frac{\pi}{2}x\right)1_{\{|x|\leq 1\}}$, em que 1_A representa a função indicadora do conjunto A. O valor ideal de ξ pode ser identificado seguindo Fan e Gijbels (1996), no qual é sugerido $\xi := dn^{-1/5}$, $d = (\frac{8\pi}{3})^{1/5} 2.0362 \left(\frac{q_{75\%} - q_{25\%}}{1.349}\right)^{2/3}$ e q_α é o $\alpha\%-$ quantil da distribuição, isto é, verifica $\text{Prob}(Z \leq q_\alpha) = \alpha$.

Com base no exposto, é possível construir uma estimação da função de distribuição acumulada F_K baseada na equação (9.7), estimação denotada por $\widehat{F}_K$ e dada por

$$\widehat{F}_K(z) := \int_{-\infty}^{z} \widehat{f}_K(y)\, dy. \tag{9.8}$$

Neste capítulo, o cômputo de (9.8) é implementado mediante a função kde presente no pacote snpar disponível no *software* GNU R. O argumento kernel estipula a função Kernel a ser utilizada na estimação da função densidade de probabilidade. Um dos valores retornados pela função é o Fhat, o valor da função distribuição acumulada estimado para cada observação original, o qual é utilizado para reescalar as observações originais no intervalo $[0, 1]$, como será visto mais adiante.

A decisão sobre a melhor alternativa de função K é derivada da noção do critério de *Kolmogorov-Smirnov (KS)*, indicando como função Kernel mais apropriada aquela que torne mínimo

$$\text{KS}(F_n, \widehat{F}_K) = \sup_z \left| F_n(z) - \widehat{F}_K(z) \right|, \tag{9.9}$$

no qual $F_n(z)$ é a função de distribuição acumulada empírica da amostra $\{z_i\}_{i=1}^n$ e a função $\widehat{F}_K(z)$ é dada pela equação (9.8).

Na Tabela 9.3 a seguir, são exibidos os resultados das comparações via critério KS para todos os tipos de Kernels aqui considerados. Note que os resultados são registrados para as três combinações de observações, isto é (i) pares de observações de (V_F, V_T), (ii) pares de observações de (R, D_{max}) e (iii) pares de observações de (R_f, D_{max}).

De acordo com os registros (*vide* Tabela 9.1), as variáveis V_F e V_T apresentam valores faltantes em diferentes linhas da base de dados, o que faz com que as observações de D_{max} não sejam as mesmas nos casos (ii) e (iii), já que previamente à estimação das marginais os pares com observações faltantes são ignorados.

Caso	KS	Cosine	Epanechnikov	Gaussian	Quartic	Triangular	Tricube	Triweight	Uniform
(i)	V_T	0.221	0.223	0.266	0.210	0.212	0.213	**0.201**	0.243
	V_F	0.259	0.261	0.301	0.251	0.251	0.254	**0.244**	0.276
(ii)	R	0.217	0.220	0.263	0.206	0.209	0.208	**0.196**	0.242
	D_{max}	0.125	0.126	0.195	0.116	0.119	0.117	**0.110**	0.149
(iii)	R_f	0.183	0.185	0.237	0.172	0.175	0.173	**0.162**	0.211
	D_{max}	0.110	0.112	0.181	0.101	0.104	0.103	**0.095**	0.134

Tabela 9.3: Valores de KS (*vide* equação (9.9)) entre $F_n(x)$ e $\widehat{F}_K(x)$ baseados no Kernel. Em negrito estão marcadas as melhores aproximações. As colunas registram os resultados para cada tipo de Kernel e as linhas reportam as 3 bases de dados, referentes a (i) (V_F, V_T), (ii) (R, D_{max}) e (iii) (R_f, D_{max}), respectivamente.

A título de ilustração, a Figura 9.2 mostra o desempenho do Kernel vencedor de acordo com a Tabela 9.3, Triweight, para o caso (i) V_F. A curva em azul da Figura 9.2 (a) é construída a partir da equação (9.7) e a curva em azul da Figura 9.2 (b) resulta da equação (9.8).

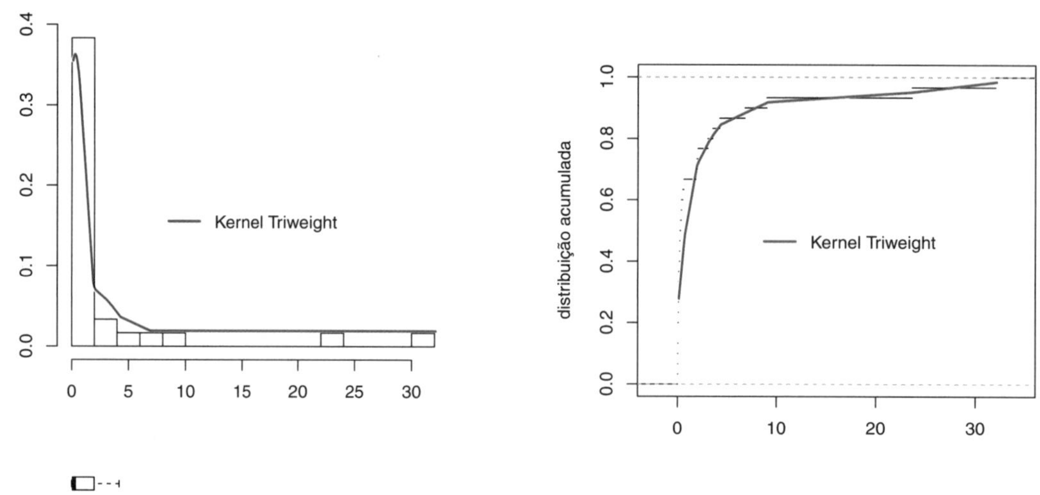

(a) Histograma (em preto) e curva de densidade estimada por Kernel (em azul). Box-plot abaixo.

(b) Função de distribuição acumulada empírica (em preto) e função de distribuição acumulada estimada por Kernel (em azul).

Figura 9.2: Estimação da distribuição de V_F, por Kernel Triweight (em azul) e comparação com a estimação empírica (em preto). Fonte: Autoria própria.

Na subseção seguinte abordamos o processo de estimação não paramétrica de densidades bivariadas, em particular as densidades de 2-cópulas. A literatura na área é vasta, os princípios que norteiam o nosso estudo se encontram em Charpentier *et al.* (2007) e Geenens *et al.* (2017).

Estimação da 2-cópula

Primeiramente consideramos a forma geral de estimação de uma densidade bivariada, levando em conta que ela não precisa ser restrita aos valores contidos no $[0,1]^2$.

Denotando por $\{(x_{1i}, x_{2i})\}_{i=1}^n$ a amostra de (X_1, X_2), a estimação não paramétrica usual da densidade bivariada $h(x_1, x_2)$ segue a forma

$$\widehat{h}_K(x_1, x_2) := \frac{1}{n}\sum_{i=1}^{n} K_b(x_1 - x_{1i})K_b(x_2 - x_{2i}), \quad \forall (x_1, x_2) \in \mathbb{R}^2, \tag{9.10}$$

na qual a função $K_b(x) := \frac{1}{b}K(\frac{x}{b})$, sendo K um Kernel nos moldes dados na Seção 9.3, b é a parâmetro de alisamento que, do mesmo modo que exposto na Seção 9.3, pode ser definido em função do tamanho amostral n.

A simples adaptação da noção apresentada pelo estimador (9.10) no contexto da cópula, que é uma função com domínio em $[0,1]^2$ e imagem em $[0,1]$, implica na construção de um estimador não paramétrico com severas contraindicações reportadas em Charpentier *et al.* (2007), entre elas a possibilidade de obter uma estimação que não seja uma densidade (não integrando 1), além de poder apresentar um viés indesejado. Por tais motivos, adaptações à proposta introduzida na equação (9.10) necessitam ser feitas, todas elas decorrentes do *Método da Transformação* (T) proposto por Geenens *et al.* (2017).

Denotando por K_j a função Kernel identificada como sendo a mais adequada à estimação marginal de $\{x_{ji}\}_{i=1}^{n}$, a equação (9.8) retorna para a variável j o estimador $\widehat{F}_{K_j}(z), j = 1, 2$.

A densidade da 2-cópula C, denotada por c, é estimada através do Método da Transformação por $\widehat{c}_K^T$, em que $\forall (u, v) \in [0, 1]^2$,

$$\widehat{c}_K^T(u, v) := \sum_{i=1}^{n} \frac{K_b\Big(\Phi^{-1}(u) - \Phi^{-1}(\widehat{F}_{K_1}(x_{1i}))\Big) K_b\Big(\Phi^{-1}(v) - \Phi^{-1}(\widehat{F}_{K_2}(x_{2i}))\Big)}{n\phi(\Phi^{-1}(u))\phi(\Phi^{-1}(v))}, \tag{9.11}$$

em que K_b é a função núcleo reescalada pelo parâmetro b do modo apresentado após a equação (9.10), Φ^{-1} é a função inversa da distribuição acumulada normal-padrão e ϕ é a função de densidade da distribuição normal-padrão.

O estimador $\widehat{c}_K^T$ é obtido a partir da equação (9.10) aplicando a equação (9.1) e considerando que h é a densidade associada com a distribuição acumulada H daquela equação. A suposição mais forte desse estimador encontra-se associada às variáveis X_1 e X_2, visto que é considerado que o seu comportamento é aproximadamente normal.

Mediante o estimador (9.11), definimos a estimação de C como

$$\widehat{C}_K^T(u, v) := \int_0^u \int_0^v \widehat{c}_K^T(s, t) dt ds. \tag{9.12}$$

As variantes do estimador proposto na equação (9.11), apresentadas em Geenens *et al.* (2017) e usadas neste capítulo, são baseadas em uma aproximação polinomial do logaritmo da densidade h, representada pela equação (9.10). No presente artigo usaremos duas opções: (a) *Método de Transformação Local da Verossimilhança 1* (TLL1,) baseado na aproximação linear do logaritmo da densidade h, e (b) *Método de Transformação Local da Verossimilhança 2* (TLL2), baseado na aproximação quadrática do logaritmo da densidade h. Os estimadores das densidades de cópulas são denotados, respectivamente, por $\widehat{c}_K^{TLL1}$ e $\widehat{c}_K^{TLL2}$.

A escolha do valor ideal de b implica considerar estudos de bondade de ajuste, e para os três tipos de estimações o parâmetro de alisamento ideal depende de S que é a covariância obtida a partir dos pares $\Big\{(\Phi^{-1}(\widehat{F}_{K_1}(x_{1i})), \Phi^{-1}(\widehat{F}_{K_2}(x_{2i})))\Big\}_{i=1}^{n}$.

Para o estimador $\widehat{c}_K^T$ proposto em Charpentier *et al.* (2007), e de acordo com Nagler (2014), $b := n^{-1/6}S^{1/2}$, já para o estimador $\widehat{c}_K^{TLLi}$, proposto em Geenens *et al.* (2017), o valor é $b := 3n^{-1/(4i+2)}S^{1/2}$ para o caso TLL$i, i = 1, 2$. Para detalhes, *vide* Nagler (2018).

A justificativa para considerar este método (T) e suas variantes (TLL1, TLL2) é a sua relação próxima com a normalidade, já que, por um lado, em trabalhos preliminares (*vide* Fais *et al.*, 2020) o desempenho das dependências sob investigação (i) (V_F, V_T), (ii) (R, D_{max}) e (iii) (R_f, D_{max}) mostra indícios de *gaussianidade*. Além disso, o método T e suas variantes TLL1 e TLL2 mostram um desempenho destacado nesses casos, de acordo com Nagler (2018) e utilizando por Kernel:

$$\frac{1}{\sqrt{2\pi}}e^{-\frac{1}{2}x^2}1_{\{x\in\mathbb{R}\}}.$$

Todo processo de comparação e seleção de modelos precisa da definição de um contraponto. No presente capítulo, a comparação do desempenho da equação (9.10) pode ser feita com uma alteração de tal equação. Mais precisamente, e no caso do método da *Transformação*, a equação (9.10) pode ser substituída por

$$\widehat{c}_K^{T,\prime}(u,v) := \sum_{i=1}^{n} \frac{K_b\Big(\Phi^{-1}(u)-\Phi^{-1}(\widehat{F}_n(x_{1i}))\Big)K_b\Big(\Phi^{-1}(v)-\Phi^{-1}(\widehat{F}_n(x_{2i}))\Big)}{n\phi(\Phi^{-1}(u))\phi(\Phi^{-1}(v))}. \tag{9.13}$$

Isto é, podemos usar as pseudo-observações no lugar das estimações por Kernel, nas marginais. Essa ideia pode ser também aplicada nos casos das variantes TLL$i, i = 1,2$.

A estimação computacional da cópula não paramétrica fica a cargo da função kdecop do pacote kdecopula do *software* GNU R. O argumento method determina o método a ser utilizado na estimação da densidade e função de cópula, de modo que o método da transformação é obtido via method= 'T' e suas variantes TLL1 e TLL2 via method='TLL1' e method='TLL2', respectivamente.

Para a determinação do modelo ideal utilizamos o Critério de Informação Bayesiano (BIC), *vide* Schwarz (1978). Quanto maior o valor do BIC, mais indicado é o modelo.

Na Tabela 9.4 a seguir são reportados os resultados dos ajustes quanto aos valores do BIC.

Na última coluna, as estimações das funções de cópulas baseiam-se em $\{(\widehat{F}_{K_1}(x_{1i}), \widehat{F}_{K_2}(x_{2i}))\}_{i=1}^n$, as marginais ajustadas por Kernel, enquanto na penúltima coluna, elas são baseadas nas pseudo-observações $\{(\widehat{F}_n(x_{1i}), \widehat{F}_n(x_{2i}))\}_{i=1}^n$, conforme abordado previamente em Fais *et al.* (2020). Para cada caso (par de variáveis) são apresentados dois tipos de estimações: (1) *semiparamétrica* e (2) *não paramétrica completa.*

Para o grupo (1) reportam-se o BIC, o parâmetro de associação estimado por máxima pseudoverossimilhança e a família da cópula paramétrica, cujo critério BIC é o maior entre as seguintes cópulas (*vide* Nelsen, 2007) avaliadas neste artigo

(i) Normal,

(ii) Clayton,

(iii) Gumbel,

(iv) T-student,

(v) Frank e

(vi) Joe.

No grupo (2) são exibidos os BICs decorrentes da estimação $\widehat{c}_K^T$ (*vide* equação (9.11)) e variantes $\widehat{c}_K^{TLL1}$ e $\widehat{c}_K^{TLL2}$, calculados ora com base em marginais reescaladas pelas

Caso	Tipo de estimação	Critério de Informação Bayesiano (BIC) Padronização das marginais via pseudo-observações	 via função de Kernel Triweight
(V_T, V_F)	Semiparamétrica	17.619 $(\widehat{\rho}_{\text{normal}} = 0.875)$	26.083 $(\widehat{\theta}_{\text{clayton}} = 6.339)$
	Não paramétrica completa	21.218 (T) 16.589 (TLL1) 12.92 (TLL2)	**29.68** (T) 25.196 (TLL1) 23.334 (TLL2)
(R_f, D_{max})	Semiparamétrica	11.306 $(\widehat{\rho}_{\text{normal}} = 0.799)$	11.365 $(\widehat{\theta}_{\text{clayton}} = 2.694)$
	Não paramétrica completa	**14.392** (T) 9.88 (TLL1) 6.673 (TLL2)	13.663 (T) 9.233 (TLL1) 5.801 (TLL2)
(R, D_{max})	Semiparamétrica	9.84 $(\widehat{\rho}_{\text{normal}} = 0.744)$	10.503 $(\widehat{\theta}_{\text{clayton}} = 2.386)$
	Não paramétrica completa	11.379 (T) 5.899 (TLL1) 0.898 (TLL2)	**12.1** (T) 7.437 (TLL1) 4.182 (TLL2)

Tabela 9.4: Valores do BIC para as estimações (1) não paramétricas completas, (2) semiparamétricas. A coluna 3 reporta os resultados utilizando pseudo-observações; a coluna 4 reporta os resultados utilizando Kernel Triweight. Em negrito, os maiores valores do BIC.

pseudo-observações (penúltima coluna), ora com base em marginais reescaladas por meio das funções de distribuição acumulada obtidas a partir das funções de Kernel Triweight nas marginais (última coluna), esta última constituindo-se na principal proposta de análise do presente artigo.

Tal diversidade de estimações foi considerada para estabelecer um marco de comparação quanto à adequação da proposta do artigo ao problema de interesse sob estudo.

Os valores de BIC e do parâmetro de associação obtidos via estimação semiparamétrica foram calculados por meio do pacote copula do *software* GNU R. Já os valores de BIC obtidos via estimação não paramétrica completa foram calculados por meio do pacote kdecopula do *software* GNU R.

Uma simples inspeção dos ajustes por cópulas paramétricas aponta o impacto da escolha das marginais (por pseudo-observações ou por Kernel). No caso, a escolha pela cópula de Clayton expõe uma maior concentração das observações nos valores inferiores (dependência caudal inferior).

A partir dos resultados da Tabela 9.4 percebemos que os ajustes vencedores são aqueles desenvolvidos através do método da *Transformação* em todos os casos $(V_T, V_F), (R, D_{max})$ e (R_f, D_{max}). Já o ajuste fornecido pela equação (9.11) é o apontado para os pares (V_T, V_F) e (R, D_{max}), sendo que a equação (9.13) é apontada como o melhor ajuste para o caso (R_f, D_{max}). Neste último caso, o segundo melhor modelo é o determinado pela equação (9.11).

Esses indicadores apontam o bom desempenho que a técnica não paramétrica mostra, nesse problema real, quando comparada com outras técnicas da área.

Com o intuito de manter uma linha de raciocínio ao longo da próxima seção e levando em conta o desempenho da estimação via a equação (9.11), utilizaremos tal abordagem para os cômputos das quantidades de interesse, seja a esperança condicional dada pela equação (9.3), seja a probabilidade condicional dada pela equação (9.5).

A título de ilustração, a Figura 9.3 mostra a superfície da densidade de cópula estimada para o caso (R, D_{max}) (a) pela equação (9.11) e (b) pela equação (9.13) (esta última utilizando pseudo-observações).

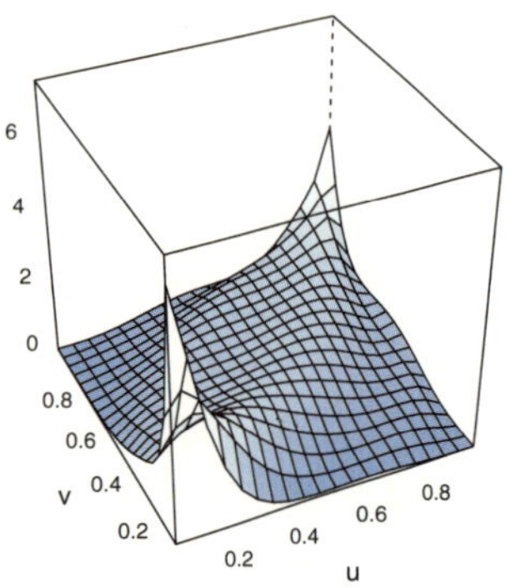

(a) marginais D_{max} e R (Kernel Triweight)

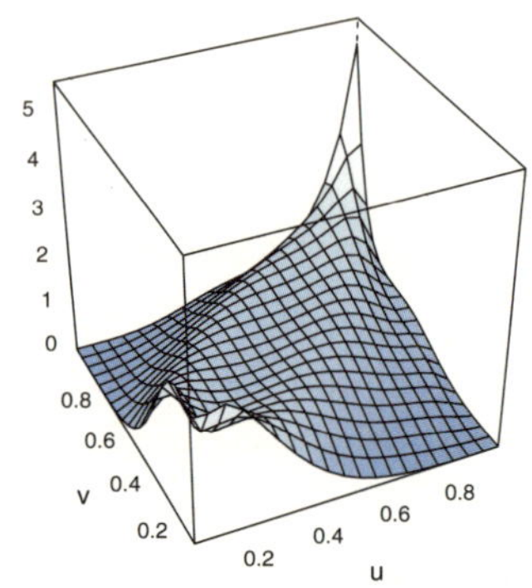

(b) marginais D_{max} e R (pseudo-observações)

Figura 9.3: Caso (R, D_{max}), densidades de cópula estimadas (a) via equação (9.11) e (b) via equação (9.13). Fonte: Autoria própria.

Estimações das equações (9.4)–(9.6) e estratégia

Dados os valores observados de (X_1, X_2) e representados por $\{(x_{1i}, x_{2,i})\}_{i=1}^n$, os valores de (U, V) são representados por $\left\{(\widehat{F}_{K_1}(x_{1i}), \widehat{F}_{K_2}(x_{2i}))\right\}_{i=1}^n$, onde $\widehat{F}_{K_i}, i = 1, 2$ são as estimações de $F_i, i = 1, 2$.

Se $\widehat{C}_K$ é a estimação da 2-cópula de (X_1, X_2), C, então a equação (9.3) pode ser estimada por

$$\widehat{\mathbb{E}}(V|U \in (a, b]) = 1 - \frac{1}{b-a}\left(\int_0^1 \widehat{C}_K(b, v)dv - \int_0^1 \widehat{C}_K(a, v)dv\right). \tag{9.14}$$

Analogamente, mediante a estimação $\widehat{C}_K$ podemos definir a estimação da equação (9.5) como

$$\widehat{\Pr}(V > v|U \in (a, b]) \quad = \quad 1 - \frac{\widehat{C}_K(b, v)}{b-a} + \frac{\widehat{C}_K(a, v)}{b-a}. \tag{9.15}$$

A seguir detalhamos o processo de estimação baseado nas equações (9.14) e (9.15) que permite abordar o problema discutido neste artigo, descrito pelas equações (9.4) e (9.6).

Primeiramente abordamos a estratégia de estimação do volume a ser despejado, com base no volume alojado pela barragem, no seu estado pré-rompimento. Em segunda instância abordamos o problema de estimar as chances do material despejado por uma barragem ultrapassar determinado limiar, tendo como informação o *fator de risco* da barragem.

Percebe-se que os estimadores acima propostos podem ser construídos com os diversos métodos explorados nas subseções (9.3) e (9.3), mas por simplicidade e tendo em vista os resultados das seções citadas, é feita a proposta de abordar o problema de modo completamente não paramétrico.

Restringiremo-nos ao uso de K_1 e K_2 dados pelo Kernel Triweight e ao uso do método da transformação para as cópulas, isto é, a estimação da cópula é a dada pela equação (9.11), com estimações marginais via Kernel Triweight (equação 9.8).

Estimação do volume a despejar (V_F)

Denotemos por $\{(x_{1i}, x_{2i})\}_{i=1}^{n}$ as observações pareadas do volume total alojado pela barragem (representado por cada x_{1i}) e do volume despejado pela barragem após o rompimento (representado por cada x_{2i}), isto é: $(X_1, X_2) := (V_T, V_F)$.

Para determinar o estimador de V_F, previamente especificamos um intervalo $(a, b]$ que representa o percentual (reescalado a $[0, 1]$) onde se encontra o valor observado do volume alojado pela barragem. Definimos, então, o estimador condicional do volume despejado após o rompimento $V^*_{F;(a,b]}$, denotado por $\widehat{V}^*_{F;(a,b]}$,

$$\widehat{V}^*_{F;(a,b]} := \widehat{F}^{-1}_{K_2}\Big(\widehat{\mathbb{E}}(V|U \in (a, b])|U \in (a, b]\Big). \tag{9.16}$$

Ou seja, mediante a estimação $\widehat{F}_{K_2}$ é possível recuperar o valor do domínio da distribuição acumulada que corresponde ao valor estimado por $\widehat{\mathbb{E}}(V|U \in (a, b])$.

Na prática, para a utilização do estimador dado pela equação (9.16) em barragens não colapsadas, e dispondo do volume de material alojado pela barragem, digamos $V_{T_{obs}}$ (V_T observado), devemos computar $\widehat{F}_{K_1}(V_{T_{obs}})$ e identificar o intervalo $(a, b]$ tal que $\widehat{F}_{K_1}(V_{T_{obs}}) \in (a, b]$, então procedemos a computar a equação (9.14) e o estimador do volume a ser despejado é fornecido pela equação (9.16), especificamente

$$\widehat{V}^*_{F;(a,b]} = \widehat{F}^{-1}_{K_2}\Big(\widehat{\mathbb{E}}(V|\widehat{F}_{K_1}(V_{T_{obs}}) \in (a, b])|\widehat{F}_{K_1}(V_{T_{obs}}) \in (a, b]\Big).$$

Isto é, a equação fornece uma estimação média do volume a ser despejado, que depende do volume alojado pela barragem $V_{T_{obs}}$ e é formulada com base em dados que permitem estimar as funções envolvidas: F_1, F_2 e C.

A Tabela 9.5 mostra os resultados obtidos. Nas primeiras linhas são apresentados os diferentes intervalos $(a, b]$ no $[0, 1]$ onde podemos encontrar valores de U, no caso, $U = \widehat{F}_{K_1}(V_T)$, ou seja, corresponde a valores do volume alojado pela barragem transformados pela estimação $\widehat{F}_{K_1}$. A segunda linha reporta o valor esperado de V condicionado a cada intervalo $(a, b]$ onde $V = \widehat{F}_{K_2}(V_F)$, sendo V_F o volume despejado pela barragem.

A tabela reporta nas últimas duas linhas os valores correspondentes às variáveis V_T e V_F na escala original e amparados pelas observações da Tabela 9.1. Isto é, na quarta linha são reportados os valores esperados do volume a ser despejado $\widehat{V}^*_{F;(a,b]}$ dependendo do intervalo $(a, b]$ onde se encontre $\widehat{F}_{K_1}(V_T)$, ou mais diretamente para os intervalos de V_T reportados na terceira linha e relacionados a casos da Tabela 9.1.

Exemplo: se o volume alojado pela barragem é 3×10^6 metros cúbicos, dado que 3 pertence ao intervalo $[2.5, 12.34)$, a expectativa quanto ao volume a despejar após um colapso, é $\widehat{V}^*_{F;(2,7.04]} = 2$, ou seja, 2×10^6 metros cúbicos.

Escala $[0, 1]$	$U \in$	(0, 0.25]	(0.25, 0.5]	(0.5, 0.75]	(0.75, 1]
	$\widehat{\mathbb{E}}(V \vert U \in (a, b]) =$	0.122	0.442	0.626	0.818
Escala original	$V_T \in$	(0.038, 0.29)	[0.29, 2.5)	[2.5, 12.34)	[12.34, 74]
	$\widehat{V}^*_{F;(a,b]} =$	0.011	0.170	2.000	23.600

Tabela 9.5: Estimação da esperança condicional via a equação (9.14) (acima). Valores esperados condicionais de V_F via equação (9.16) (abaixo). Estimação da densidade de cópula via a equação (9.11), com estimações marginais via Kernel Triweight. Os valores de V_T estão disponíveis na Tabela 9.1.

Note que, embora fuja do escopo deste capítulo, a estimação do volume despejado depende da escolha dos intervalos $(a, b] \subseteq [0, 1]$. Esta pode sim ser feita de modo estratégico e para tal orientamos o leitor a consultar de Moraes (2020).

Sobre o alcance do material despejado

Denotemos por $\{(x_{1i}, x_{2i})\}_{i=1}^n$ as observações pareadas do fator de risco da barragem (dado por R ou R_f e representado por cada x_{1i}) e do alcance máximo de material despejado pela barragem após o rompimento (representado por cada x_{2i}), isto é: $(X_1, X_2) := (R, D_{max})$ ou $(X_1, X_2) := (R_f, D_{max})$.

Uma vez determinadas as estimações das distribuições acumuladas marginais $\widehat{F}_{K_i}, i = 1, 2$ e da cópula $\widehat{C}_K$, é possível definir o estimador condicional de $\text{Prob}(V > v|U \in (a, b])$ dado pela equação (9.15), para cada limiar $v \in [0, 1]$. Logo,

$$\widehat{\Pr}\Big(D_{max} > L|R \in (\widehat{F}_{K_1}^{-1}(a), \widehat{F}_{K_1}^{-1}(b)]\Big) \quad := \quad \widehat{\Pr}(V > v|\widehat{F}_{K_1}(R) \in (a, b]). \qquad (9.17)$$

em que $v = \widehat{F}_{K_2}(L)$.

A equação (9.17) possibilita então que, para limiares de interesse, possamos estimar o alcance do material despejado condicionado ao risco da barragem em determinado intervalo $(\widehat{F}_{K_1}^{-1}(a), \widehat{F}_{K_1}^{-1}(b)]$. Idêntica equação pode ser construída em relação ao risco R_f, e por tal motivo não a incluímos.

Em barragens que não experimentaram o rompimento, para identificar as probabilidades nos moldes da equação (9.5), devemos estimar o fator de risco R (ou R_f), digamos por um valor $\widehat{R}$ (ou $\widehat{R}_f$), e logo identificar o intervalo $(a, b]$ tal que $\widehat{F}_{K_1}(\widehat{R}) \in (a, b]$ (ou $\widehat{F}_{K_1}(\widehat{R}_f) \in (a, b]$), e, para um limiar de interesse L, computar a equação (9.15), com $v = \widehat{F}_{K_2}(L)$.

Note que em barragens que ainda não experimentaram o rompimento o fator de risco precisa ser estimado, pois não foi observado o valor de V_F, necessário para a definição do risco; então é possível estimar ambas as versões do *fator de risco* a partir da equação (9.16) como sendo

$$\widehat{R} := H_{obs} \times \widehat{V}^*_{F;(a,b]}, \tag{9.18}$$

$$\widehat{R}_f := H_{obs} \times \frac{\widehat{V}^*_{F;(a,b]}}{V_{T_{obs}}} \times \widehat{V}^*_{F;(a,b]}, \tag{9.19}$$

tal que $\widehat{F}_{K1}(V_{T_{obs}}) \in (a, b]$, sendo $V_{T_{obs}}$ o volume total alojado pela barragem e H_{obs} a altura dos rejeitos na barragem antes do rompimento.

Dessa forma, podemos computar a equação (9.15), nesse caso $\widehat{\Pr}(V > v|\widehat{F}_{K_1}(\widehat{R}) \in (a, b])$, e, pela equação (9.6), podemos identificar tal probabilidade com a quantidade D_{max} ainda não observada na barragem que não experimentou o rompimento, digamos,

$$\widehat{\Pr}\Big(D_{max} > L|\widehat{R} \in (\widehat{F}^{-1}_{K_1}(a), \widehat{F}^{-1}_{K_1}(b)]\Big) := \widehat{\Pr}(V > v|\widehat{F}_{K_1}(\widehat{R}) \in (a, b]).$$

A equação fornece a probabilidade de o material vazado pela barragem superar um limiar preestabelecido (L) dado o *fator de risco* estimado mediante a altura H_{obs} e o volume $V_{T_{obs}}$ tomados pelo material alojado na barragem. Além disso, ela é formulada com base em dados que permitem estimar as funções envolvidas: F_1, F_2 e C. Como já especificado nesta seção, a estimação da cópula é a dada pela equação (9.11), com estimações marginais via Kernel Triweight e equação (9.8).

A Tabela 9.6 mostra os resultados obtidos mediante a estimação proposta (veja equação (9.17)).

Para cada caso: (1) (R, D_{max}) e (2) (R_f, D_{max}), à esquerda são reportados os intervalos de risco, provenientes dos intervalos em $[0, 1], (a, b]$, ou seja, reportam-se os intervalos $(\widehat{F}^{-1}_{K_1}(a), \widehat{F}^{-1}_{K_1}(b)]$ e consideram-se os intervalos $(a, b] = (0, 0.25], (0.25, 0.5], (0.5, 0.75]$ e $(0.75, 1]$.

A segunda coluna lista os limiares em D_{max} que resultam de considerar

$$\widehat{F}_{K_2}(D_{max}) = 0.75, 0.8, 0.85, 0.9, 0.95.$$

Já a terceira coluna reporta as probabilidades estimadas via a equação (9.17) implementada de modo não paramétrico seguindo a equação (9.11), com estimações marginais via Kernel Triweight e equação (9.8).

Como esperado, à medida que aumentamos o limiar L a probabilidade de $D_{max} > L$ é menor.

A Tabela 9.6 permite apontar cenários possíveis para barragens que ainda não reportaram uma quebra, isto é, basta considerar a altura H_{obs} e o volume V_{obs} da barragem para computar a equação (9.17), a qual pode ser determinada pela tabela.

R vs D_{max}			R_f vs D_{max}		
Intervalo $(c,d]$	Limiar L	$\widehat{\Pr}(D_{max} > L \mid R \in (c,d])$	Intervalo $(c,d]$	Limiar L	$\widehat{\Pr}(D_{max} > L \mid R_f \in (c,d])$
(0.0342, 0.684]	12.0	0.046	(0.01, 0.37]	12.0	0.027
	25.0	0.037		25.0	0.023
	41.0	0.030		45.0	0.020
	80.0	0.023		80.0	0.019
	120.0	0.019		120.0	0.018
(0.684, 7.31]	12.0	0.152	(0.37, 3.93]	12.0	0.102
	25.0	0.107		25.0	0.067
	41.0	0.069		45.0	0.038
	80.0	0.038		80.0	0.015
	120.0	0.012		120.0	0.000
(7.31, 60]	12.0	0.277	(3.93, 13.85]	12.0	0.297
	25.0	0.208		25.0	0.215
	41.0	0.139		45.0	0.141
	80.0	0.075		80.0	0.078
	120.0	0.024		120.0	0.024
(60, 2880]	12.0	0.531	(13.85, 1675.64]	12.0	0.579
	25.0	0.454		25.0	0.501
	41.0	0.368		45.0	0.406
	80.0	0.269		80.0	0.294
	120.0	0.151		120.0	0.163

Tabela 9.6: Estimações não paramétricas completas das probabilidades condicionais: $\Pr(D_{max} > L|R \in (c,d])$ (esquerda) e $\Pr(D_{max} > L|R_f \in (c,d])$ (direita). $(c,d]$ representa o intervalo do fator de risco, e L, o limiar de interesse para a distância máxima percorrida. A estimação é dada pela equação (9.17).

Exemplo: se a barragem tem um risco estimado $\widehat{R} = 5$ (*vide* (9.18)), e se o limiar de interesse é $L = 41km$, a probabilidade estimada de D_{max} ultrapassar L é 0.069. Já se o risco estimado for $\widehat{R} = 70$, tal probabilidade sobe para 0.368.

9.4 Casos especiais

Retomando os casos das barragens listadas na Tabela 9.2, é possível estimar V_F e computar as probabilidades de D_{max} superar determinados limiares.

Vejamos por exemplo o caso da barragem Sul Superior, a qual registra um volume alojado igual a 6,02 milhões de metros cúbicos de rejeitos; tal valor corresponde a um V_T igual a 6,02, que pertence ao intervalo $[2.5, 12.34)$ e, de acordo com a Tabela 9.5 permite determinar a estimação de V_F condicional, como

$$\widehat{V}^*_{F;(2.5,7.04]} = 2,$$

o que, na escala original do volume, equivale a 2 milhões de metros cúbicos, os quais poderiam ser liberados pela barragem caso ocorresse o rompimento.

As equações (9.18) e (9.19) de estimação dos riscos indicam

$$\hat{R} = H \times \widehat{V}^*_{F;(2.5,7.04]} = 85 \times 2 = 170 \in (60, 2880],$$

risco próximo à barragem associada à mina Omai (na Guiana), *vide* linha 28 na Tabela 9.1, que experimentou o rompimento em 1995 com $R = 184.8$. E,

$$\hat{R}_f = H \times \frac{\widehat{V}^*_{F;(2.5,7.04]}}{V_T} \times \widehat{V}^*_{F;(2.5,7.04]} = 85 \times \frac{2}{6.02} \times 2 = 56.48 \in (13.85, 1675.64].$$

Os riscos estimados correspondem à parte inferior da Tabela 9.6, lado esquerdo referente a $\hat{R}$ e lado direito referente a $\hat{R}_f$.

Assim, por exemplo, se os limiares de interesse são $L = 12$ km e $L = 80$ km, as probabilidades de D_{max} ultrapassar L são dependentes da noção de fator de risco escolhida, ou seja, se escolhermos $\hat{R}$, que se encontra no intervalo $(60, 2880]$, segue que

$$\Pr(D_{max} > 12 | R \in (60, 2880]) = 0.531 \text{ e } \Pr(D_{max} > 80 | R \in (60, 2880]) = 0.269.$$

Equivalentemente, se escolhermos $\hat{R}_f$ como noção de fator de risco, e dado que o valor estimado se encontra em $(13.85, 1675.64]$, temos

$$\Pr(D_{max} > 12 | R \in (13.85, 1675.64]) = 0.579 \text{ e } \Pr(D_{max} > 80 | R \in (13.85, 1675.64]) = 0.294.$$

Isto é, dada qualquer noção de fator de risco, a chance de o material despejado percorrer uma distância que ultrapasse 12 quilômetros supera os 50%, enquanto, se tomamos como limiar 80 quilômetros, a chance ronda os 30%.

O limiar $L = 80$ km pode ser de especial interesse para a barragem, já que, no caso da barragem associada à mina Omai, com um fator de risco $R = 184.8$, o material despejado conseguiu atingir um $D_{max} = 80$, constatando, então, que tal limiar tem chances não desprezíveis de ser atingido e superado, por uma barragem como a Sul Superior.

No caso da barragem B3/B4 listada na Tabela 9.2, e seguindo passos análogos aos aplicados para a barragem Sul Superior, o volume de rejeitos que pode despejar é estimado em 2 milhões de metros cúbicos, coincidindo com o caso anterior. Seu fator de risco é estimado por $\hat{R} = 110$ (e $\hat{R}_f = 81.48$). Note que, o valor de $\hat{R}$ é um pouco menor que o atribuído à barragem Tyrone, New Mexico (Phelps-Dodge), presente na linha 34 da Tabela 9.1.

Em 1980, a barragem Tyrone experimentou a quebra, com fator de risco $R = 132$, despejando um volume de 2 milhões de rejeitos, coincidindo com o potencial volume a despejar estimado para a barragem B3/B4.

Se o interesse é computar a probabilidade de o rejeito vazado pela B3/B4 ultrapassar 12 quilômetros (o D_{max} experimentado pela barragem Tyrone foi 8 km), com base na Tabela 9.6 concluímos que tal probabilidade é superior a 0.50, para qualquer tipo de noção de fator de risco considerada.

Os casos das barragens Sul Superior e B3/B4 ilustram como o leitor pode facilmente obter uma estimativa do volume a ser liberado por uma barragem que ainda não experimentou o rompimento, *vide* Tabela 9.5, assim como pode também, com o auxílio da Tabela 9.6, determinar probabilidades de o material liberado ultrapassar limiares preestabelecidos.

A estimação aqui obtida por marginais ou cópulas pode ser todavia muito mais precisa para a determinação do volume de rejeitos que uma barragem pode despejar (e também do alcance de D_{max}). Isto é, mediante a equação (9.11) indicada como a mais eficiente (via o BIC) para a modelagem de dependência (*vide* Tabela 9.4) podemos inferir o volume a despejar. A subseção a seguir destina-se ao leitor interessado nesta abordagem.

Estimativas usando simulação e método de aceitação-rejeição

Como descrito anteriormente na Seção 9.2, a simplificação dos resultados presentes na Tabela 9.5 implica perda de informação e pode impactar na precisão das estimativas.

Apresentamos a seguir uma alternativa para determinação de estimativas de V_F para as barragens listadas na Tabela 9.2, utilizando a estrutura de dependência modelada pela função de cópula. Embora não apresentemos aqui as estimativas para D_{max} com base no fator de risco da barragem, ressaltamos que o método é igualmente aplicável à estimação de D_{max}.

Por meio da geração de pares de observações, cuja dependência é fornecida pelo ajuste não paramétrico da função de cópula, especificamente pela equação (9.11), é possível produzir estimativas com níveis de precisão e estabilidade numéricas desejadas pelo analista.

Utilizamos o método denominado *aceitação-rejeição* conforme descrito em Robert & Casella (2013), cuja ideia básica neste caso específico é gerar pares de variáveis aleatórias diretamente da função densidade de cópula (*vide* equação (9.11)) e aceitar somente aqueles pares que respeitem uma condição imposta a uma de suas variáveis.

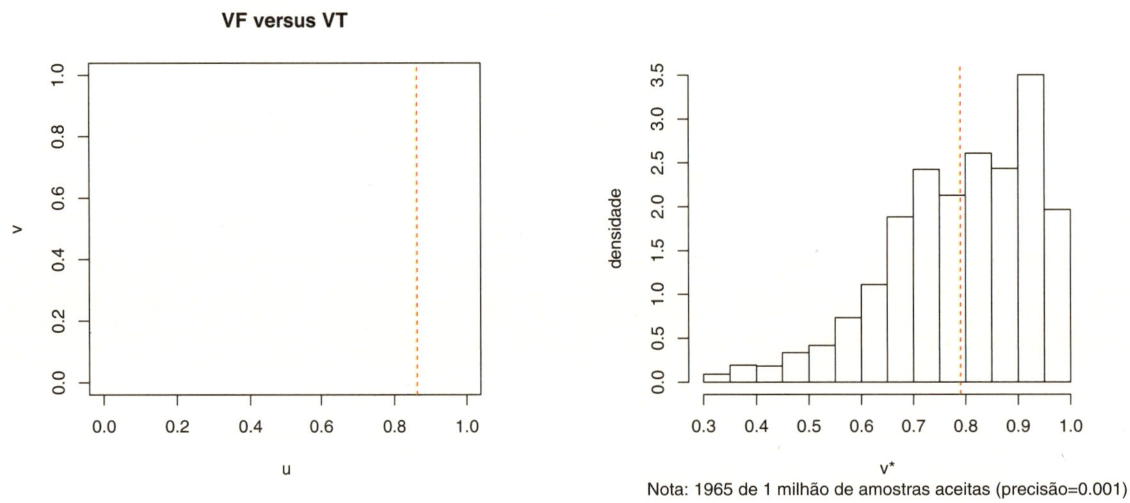

(a) $\{\widehat{F}_{K_1}(x_{1i}), \widehat{F}_{K_2}(x_{2i}))\}_{i=1}^{30}$ (em vermelho) sobrepostos a 1.000 pares aleatórios de $\{(u_j, v_j)\}_{j=1}^{10^6}$ (em cinza) gerados via equação (9.11), no qual x_{1i} (x_{2i}) é o valor de V_T (V_F) observado para a barragem na linha i da Tabela 9.1 e K_1 e K_2 denotam o Kernel Triweight.

(b) Distribuição dos 1965 valores v^* "aceitos" pelo método de aceitação-rejeição, ou seja, $v^* = \{v_i \in \{(u_j, v_j)\}_{j=1}^{10^6} | u_i \in [\widehat{F}_{K_1}(V_T) - \varepsilon, \widehat{F}_{K_1}(V_T) + \varepsilon]\}$, com $\widehat{F}_{K_1}(V_T) = 0.862$ e $\varepsilon = 10^{-3}$.

Figura 9.4: Método de aceitação-rejeição usado para estimar o volume vazado V_F em caso de quebra da barragem Forquilha III (*vide* Tabela 9.2). Fonte: Autoria própria.

Tomemos como exemplo a barragem de Forquilha III (*vide* Tabela 9.2).

Seja $\widehat{F}_{K_1}(V_T) = 0.862$ o valor reescalado no intervalo $(0, 1)$ correspondente a $V_T = 19.48$, usando a função de Kernel *triweight* (*vide* Seção 9.3 e equação (9.8)), para o qual a distância entre V_T da barragem de Forquilha III e o V_T das barragens presentes da Tabela 9.1 é mínima[5].

Geramos então $N = 10^6$ pares de variáveis aleatórias (u, v), cuja dependência provém da função densidade de cópula definida na equação (9.11).

Adicionalmente, denotamos por $\varepsilon = \frac{1}{1000}$ a *precisão*, de maneira a criar um intervalo $[\widehat{F}_{K_1}(V_T) - \varepsilon, \widehat{F}_{K_1}(V_T) + \varepsilon]$ contra o qual serão comparados os N valores de u gerados via simulação estocástica.

O leitor deve imaginar uma banda de variação com amplitude 2ε centrada em $\widehat{F}_{K_1}(V_T)$, este último representado pela linha pontilhada vermelha na Figura 9.4(a).

"Aceitamos" aqueles pares gerados cuja variável u pertence ao intervalo $[\widehat{F}_{K_1}(V_T) - \varepsilon, \widehat{F}_{K_1}(V_T) + \varepsilon]$ e coletamos consequentemente os valores correspondentes à variável v daqueles pares aceitos. Na Figura 9.4(b) apresentamos o histograma das simulações de v "aceitas" pelo método de aceitação-rejeição.

A linha tracejada vermelha na Figura 9.4(b) representa a média ($\bar{v}^* = 0.789$) das 1.965 amostras v^* aceitas de um total de $N = 10^6$ valores gerados de v.

De posse da média $\bar{v}^*$ das amostras aceitas, basta utilizar a equação (9.8) para retornar à escala original de V_F, resultando na estimativa $\widehat{V}_F = 3 \times 10^6 m^3$, obtida via simulações da função densidade de cópula ajustada aos dados de quebras de barragens.[6]

Apresentamos na Tabela 9.7 a seguir os resultados das estimativas de V_F, com base no método de aceitação-rejeição, para as demais barragens listadas na Tabela 9.2.

Barragem	H	V_T	$\widehat{F}_{K_1}(V_T)$	Amostras aceitas	$\bar{u}^*$	$\bar{v}^*$	$\widehat{V}_F$	$\hat{R}$	$\hat{R}_f$
Sul Superior	85	6.017	0.682	1998	0.682	0.662	1.800	153	45.77
Forquilha III	77	19.476	0.862	1965	0.862	0.789	3.000	231	35.58
B3/B4	55	2.686	0.547	1975	0.548	0.564	0.600	33	7.37

Tabela 9.7: Estimativas de $\widehat{V}_F$ para as barragens da Tabela 9.2 usando simulações estocásticas e o método de aceitação-rejeição. À direita, os fatores de risco $\hat{R}$ e $\hat{R}_f$.

Note que a estimativa do volume vazado em caso de quebra da barragem de Sul Superior usando simulação, $\widehat{V}_F = 1.8 \times 10^6$ metros cúbicos, é ligeiramente inferior à estimação simplificada apresentada na seção anterior, $\widehat{V}_F = 2 \times 10^6$, metros cúbicos.

Já no caso da barragem B3/B4, a estimação mais precisa passa a ser bastante inferior, fato que expõe a necessidade de trabalhar se possível com uma maior precisão, utilizando o

[5]O valor de V_T na Tabela 9.1 mais próximo a 19.48×10^6 metros cúbicos, volume atual referente à barragem Forquilha III (*vide* Tabela 9.2), é 15×10^6 metros cúbicos, referente ao volume total tanto da barragem *Aitik mine, Sweden (Boliden Ltd.)* quanto da barragem *Los Frailes, near Seville, Spain (Boliden Ltd.)* no momento da quebra (*vide* linhas 2 e 22 na Tabela 9.1, respectivamente), cujo valor U reescalado no intervalo $(0, 1)$ via função de distribuição acumulada aproximada pelo Kernel Triweight é 0.862.

[6]O valor de V, referente à variável original V_F reescalada no intervalo $(0, 1)$ usando funções de Kernel *triweight*, mais próximo da média $\bar{v} = 0.789$, obtida via simulação e método de aceitação-rejeição, é 0.787. Esse valor corresponde ao valor na escala original $V_F = 3 \times 10^6$ metros cúbicos da barragem de *Bafokeng, South Africa* (*vide* linha 4 da Tabela 9.1).

modelo apontado pelo Critério de Informação Bayesiano, dado pela equação (9.11) no lugar de uma simplificação à qual temos acesso de modo instantâneo (oferecida pela Tabela 9.5).

As estimações de V_F permitem o cômputo dos riscos, como reportados na Tabela 9.7 (à direita).

A Tabela 9.6 permite estimar as probabilidades de D_{max} ultrapassar um determinado limiar. Para as barragens Sul Superior e Forquilha III, notamos que os valores a usar constam na parte inferior da tabela, o que já mostra que ambas as barragens apresentam riscos elevados quando comparadas com a base de dados da Tabela 9.1, já a barragem B3/B4 se associa ao penúltimo bloco de riscos (para ambas as versões, R e R_f).

Para o caso de Forquilha III, e considerando um limiar $L = 80$ ($D_{max} = 80$ atingido pela barragem associada à mina Omai de risco $R = 184,8$; *vide* linha 28 na Tabela 9.1), temos

$$\Pr(D_{max} > 80|R \in (60, 2880]) = 0.269 \text{ e } \Pr(D_{max} > 80|R_f \in (13.85, 1675.64]) = 0.294,$$

magnitudes não desprezíveis e que devem ser consideradas no planejamento e na diminuição do risco da barragem.

9.5 Conclusão

O presente capítulo soma-se às linhas de desenvolvimento de Rico *et al.* (2008), de Larrauri e Lall (2018), de Fais *et al.* (2020), de González–López *et al.* (2020) e de González-López e de Moraes (2020), visando fornecer ferramentas estatisticamente validadas para a determinação do risco de uma barragem de rejeitos, do volume de material que uma barragem pode despejar e da probabilidade de o material despejado por uma barragem ultrapassar determinado limiar.

A técnica amplia os modelos propostos em Rico *et al.* (2008) e Larrauri e Lall (2018), já que incorpora a noção de cópula na estimação, a qual já contempla o caso de dependência linear imposto pela escolha dos modelos de análise em Rico *et al.* (2008) e Larrauri e Lall (2018).

O método de estimação estatística proposto neste capítulo é completamente não paramétrico, e mostra o melhor desempenho quando comparado com técnicas tradicionais e técnicas de modelagem via cópulas, *vide* Fais *et al.* (2020). O processo de seleção do modelo é implementado via o Critério de Informação Bayesiano (BIC), mediante o qual se identifica o modelo que melhor se desempenha face à base de dados disponível e presente na Tabela 9.1. Apresentamos um estudo de desempenho de diversos modelos de modo a identificar o mais apropriado, que é o dado pela equação (9.11). A Tabela 9.4 reporta a comparação entre diversos modelos e mostra o destaque do referido modelo. Os resultados dos ajustes aqui reportados permitem criar ferramentas estatisticamente competitivas para a análise de risco de barragens de rejeitos.

Ressaltamos a versatilidade desse método que, mesmo sem impor qualquer estrutura paramétrica formal aos dados e à estrutura de dependência (abordagem adotada em Fais *et al.*, 2020), fornece modelos com bondade de ajuste superiores àqueles estudados em profundidade em de Moraes (2020) utilizando o critério BIC.

Embora existam diversos métodos de transformação para estimar a cópula não paramétrica, Nagler (2018) documenta através de um estudo de simulação que dados radialmente simétricos e com dependência forte (τ de Kendall com valor superior a 0.50) apresentam resultados satisfatórios em decorrência do uso dos métodos de transformação T, TLL1 e TLL2, como discutido ao longo da Seção 9.3. Deste modo, podemos explicar o desempenho destacado do método da transformação T, identificado como o vencedor pelo critério BIC e descrito pela equação (9.11).

A grande vantagem para o usuário da estimação não paramétrica completa é a possibilidade de prescindir dos passos formais necessários à estimação paramétrica completa ou semiparamétrica: testes estatísticos formais de permutabilidade, independência e simetria radial, bem como análise detida da estrutura de dependência, o que em última instância contribuirá para a escolha e a determinação das famílias de cópulas mais adequadas ao ajuste (*vide* Fais *et al.*, 2020 e González–López *et al.*, 2020). Em conjuntos de dados de tamanho reduzido, como é o caso neste capítulo, essa opção é particularmente sensata por não impor qualquer estrutura aos dados e à natureza de sua dependência.

Se oferece neste contexto uma equação para a determinação do volume de material a ser liberado por uma barragem no pós-rompimento (*vide* equação (9.16)). Tal equação permite mapear rapidamente o desempenho de barragens reportadas na Tabela 9.1 (*vide* Tabela 9.5).

Mediante a equação (9.17) é possível determinar a probabilidade de o material liberado por uma barragem ultrapassar um limiar de interesse e com ela é traçado o desempenho de barragens reportadas na literatura, *vide* Tabela 9.6.

Embora tenhamos utilizado os quantis determinísticos para servirem de base de determinação dos intervalos e limiares nas análises, outros métodos podem ser empregados para fornecer intervalos e limiares com base em suas próprias distribuições marginais, deixando os dados "falarem por si". Em de Moraes (2020) é apresentado um método baseado na análise de aglomerados conhecido como *método do cotovelo* para sugestão de intervalos cujas observações neles sejam homogêneas entre si, porém heterogêneas quando consideradas observações de intervalos distintos.

A equação (9.16) possibilita a estimação do fator de risco de uma barragem (*vide* equações (9.18) e (9.19)), de modo a ser possível estabelecer as chances de o material despejado por uma barragem ultrapassar determinada distância, no caso de uma barragem que ainda não experimentou o rompimento. Isto é, a partir das técnicas desenvolvidas neste capítulo é possível estimar o risco de uma barragem e também as chances de que, caso ocorra o rompimento, o material liberado poder ultrapassar limiares de interesse.

Na Seção 9.4 consideramos uma seleção de barragens não colapsadas e reportadas na Tabela 9.2 e aplicamos as ferramentas desenvolvidas neste capítulo. Oferecemos para cada uma das barragens uma avaliação de risco baseada nas simplificações ofertadas pelas Tabelas 9.5 e 9.6, assim como pelo uso detalhado do modelo vencedor dado pela equação (9.11).

Por fim, em https://github.com/hafermoraes/tailings_dams_fullnonpar são disponibilizados o registro de todos os *scripts*, a base de dados original, as análises exploratórias e, principalmente, as estimações semiparamétrica e não paramétrica completa que servem de base às conclusões e análises presentes neste capítulo.

Referências

Larrauri, P. C., & Lall, U. (2018). Tailings dams failures: updated statistical model for discharge volume and runout. *Environments*, v. 5n. 2, 28.

Ghahramani, N., Mitchell, A., Rana, N. M., McDougall, S., Evans, S. G., & Take, W. A. (2020). Tailings-flow runout analysis: examining the applicability of a semi-physical area–volume relationship using a novel database. *Natural Hazards and Earth System Sciences*, v. 20n. 12, 3425–3438.

Rico, M., Benito, G., & Diez-Herrero, A. (2008). Floods from tailings dam failures. *Journal of hazardous materials*, v. 154n. 1-3, 79–87.

Fais, L. M. C. F., González–López, V. A., Rodrigues, D. S., & de Moraes, R. R. (2020). A Copula Based Representation for Tailings Dam Failures. *4open*, v. 3n. 12.

González–López, V. A., Picanço, J. L., & de Moraes, R. R. (2020). Semi-Parametric Copula-Based Estimation of Risk of Tailings Dams. *AIP Conference Proceedings*.

Schwarz, G. (1978). Estimating the dimension of a model. *The annals of statistics*, v. 6n. 2, 461–464.

Sklar, M. (1959). Fonctions de repartition an dimensions et leurs marges. *Publ. inst. statist. univ. Paris*, v. 8, 229–231.

Nelsen, R. B. (2007). *An introduction to copulas*. Springer Science & Business Media.

González-López, V. A., & de Moraes, R. R. (2020). A Copula-Based Quantifying of the Relationship between Race Inequality among Neighbourhoods in S ao Paulo and Age at Death. *4open*, v. 3n. 11.

Gramacki, A. (2017). *Nonparametric kernel density estimation and its computational aspects*. Springer International Publishing.

Fan, J., & Gijbels, I. (1996). *Local polynomial modelling and its applications*. CRC Press.

Charpentier, A., Fermanian, J. D., & Scaillet, O. (2007). The estimation of copulas: theory and practice. Em J. Rank (Ed.), *Copulas: from theory to application in finance* (pp. 35–64). Risk Books.

Geenens, G., Charpentier, A., & Paindaveine, D. (2017). Probit transformation for nonparametric kernel estimation of the copula density. *Bernoulli*, v. 23n. 3, 1848–1873.

Nagler, T. (2014). *Kernel methods for vine copula estimation* (diss. de mestr.). Master's Thesis. Technische Universität München.

Nagler, T. (2018). kdecopula: An R Package for the Kernel Estimation of Bivariate Copula Densities. *Journal of Statistical Software*, v. 84n. 1, 1–22.

de Moraes, R. R. (2020). *Eventos caudais na prática: modelagem bayesiana via cópulas* (diss. de mestr.). Dissertação (Mestrado em Estatística). Universidade Estadual de Campinas.

10

Modelos matemáticos de rompimento das barragens de aterro, uma revisão

Giuseppe Romanazzi

10.1 Introdução

Este capítulo apresenta uma revisão dos modelos matemáticos de rompimento das barragens de aterro. As barragens de aterro constituem a maioria das barragens presentes no mundo, o seu número global não é conhecido, estima-se somente que aqueles de grandes dimensões (mais que 15 metros de largura ou altura) são da ordem de dezenas de milhares no mundo (West *et al.*, 2018). A dimensão das barragens pode ir de menos de 1 metro até mais de 100 metros de altura e largura. As barragens de aterro têm características diferentes daquelas de concreto, comumente presentes nas centrais hidroelétricas, apresentando material de construção que resulta ser menos coesivo e mais erodível. Essas características levam as barragens de aterro a serem propícias a rompimentos decorrentes de erosão interna ou da erosão da sua crista ocasionada pelo galgamento (*overtopping*) que podem ambas levar sucessivamente a um rompimento total da barragem. A modelagem permite simular o rompimento da barragem, o fluxo do líquido vazado e os possíveis desastres consequentes. Assim, após a coleta dos dados de um rompimento inicial, podemos prever, por exemplo, o que acontecerá nos instantes seguintes e quando e se o rompimento será total. Modelar rompimentos é um trabalho para engenheiros/geólogos/físicos e até matemáticos, podendo salvar vidas e proteger o ambiente natural agreste e industrial ao lado da barragem, além de prevenir o vazamento a jusante da barragem das substâncias às vezes poluentes contidas em seus reservatórios a montante.

Este estudo apresenta uma caracterização de vários modelos presentes na literatura científica e que são usados hoje em dia para modelar o rompimento das barragens de aterro. Os modelos são baseados na utilização de algum parâmetro que cateteriza a geometria e os tempos do processo de rompimento. Uma descrição dos parâmetros mais usados nos modelos matemáticos de rompimento é apresentada na Seção 10.2. Na Seção 10.3 descreveremos os dois processos mais comuns que levam ao rompimento das barragens de aterro: o galgamento e a erosão interna. Baseando-se nesses processos foram desenvolvidos, a começar dos anos 1980, vários modelos matemáticos, que serão aqui classificados como:

- Simples ou também chamados "feitos nas unhas"; ver Seção 10.4,
- Paramétricos; Seção 10.5,
- Físicos; Seção 10.6.

Essa classificação baseia-se nos trabalhos de revisão (Visser *et al.*, 2004; Asce/Ewri, 2011; Zhong *et al.*, 2017) nos quais são listados alguns dos modelos paramétricos e físicos aos quais adicionamos os modelos simples como sugerido em West *et al.* (2018). Serão discutidas, a seguir, as diferenças entre os modelos, e fornecidas, nas conclusões, algumas dicas sobre sua adequada utilização.

10.2 Parâmetros utilizados nos modelos

Neste capítulo, os dados necessários para modelar o rompimento são chamados parâmetros de *input* dos modelos. Esses parâmetros descrevem a geometria da barragem e do reservatório analisado. Conhecidos esses parâmetros é possível determinar as características geométricas do processo do rompimento, que são normalmente: a largura média B_{ave} e a inclinação das paredes laterais do rompimento $h : v$. Esses dois parâmetros são chamados parâmetros geométricos de *output* dos modelos. Os modelos simples e paramétricos são utilizados para descrever o rompimento somente nas suas fases finais, portanto os parâmetros geométricos de *output* descrevem somente a dimensão final do rompimento. Nos modelos físicos, os parâmetros geométricos de *output* são variáveis que dependem do tempo decorrido desde início do rompimento, sendo, portanto, construídos como funções no tempo. Os outros parâmetros de *output* não descrevem mais a geometria do rompimento, mas suas outras características, talvez mais importantes, como: o pico da vazão Q_p do reservatório através do rompimento e o tempo de formação do rompimento t_f.

Na Tabela 10.1 elencamos as notações usadas neste capítulo para os parâmetros geométricos de *input* e de *output*. As notações são aquelas utilizadas em Brunner (2014) e Wahl (1998). Uma representação destes parâmetros geométricos é presente na Figura 10.1.

Os parâmetros geométricos representados na Figura 10.1 são aqueles necessários nos modelos para determinar a maior vazão Q_p do líquido contido no reservatório, assim como o tempo da formação do rompimento t_f. Esse tempo t_f, às vezes referenciado simplesmente como tempo de rompimento, é definido como o tempo corrido da primeira ruptura da barragem a jusante até que o rompimento resulte ser completo (Brunner, 2014), ou seja, até que o rompimento não se alargue mais. Mas, em particular para as rupturas causadas por galgamento (ver parágrafo 10.3), o tempo de rompimento começa quando parte da jusante da barragem é erodida com a crista da barragem no lado a montante. Nas seguintes fases, ver Figuras 10.3-10.4, a crista continua a ser erodida até quebrar completamente, e nesse instante o fluxo toma o seu valor máximo Q_p (ver Figura 10.2).

input:

h_d altura da barragem "height of dam", medida em metros;

h_w altura do líquido "height of water" contido no reservatório partindo da base da brecha final no tempo de rompimento, medida em metros;

V_w volume de líquido "water volume" contido no reservatório e sobre a base da brecha final, em metros cúbicos;

V_r volume de líquido "reservatory volume" contido no reservatório, em metros cúbicos;

h_b altura final do rompimento "height of breach", em metros.

output:

B_{ave} Largura média do rompimento "average width", em metros;

$h : v$ Inclinação das paredes laterais do rompimento "side slope", horizontal/vertical.

t_f tempos da formação do rompimento, "breach formation time"ou "failure time", definido na Seção 10.3 para dois tipos de rompimento, é medido em horas;

t_i tempo de iniciação do rompimento, medido em horas;

Q_p pico do fluxo volumétrico (vazão) através o rompimento da barragem, medido em metros cúbicos sobre segundos $\frac{m^3}{s}$.

Tabela 10.1: Lista de parâmetros de *input* e de *output* dos modelos

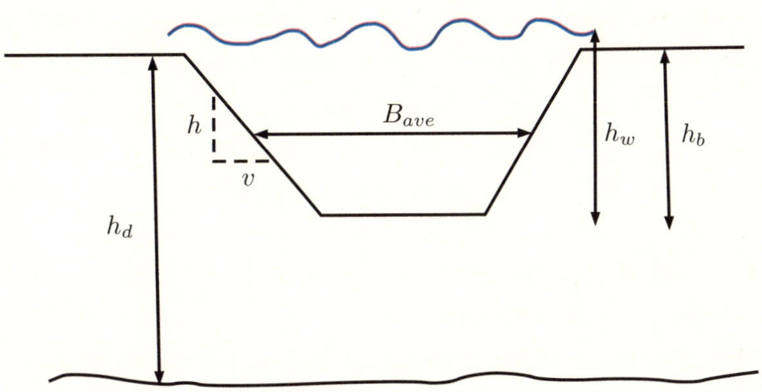

Figura 10.1: Parâmetros geométricos dos modelos de rompimento das barragens. Fonte: Autoria própria.

Existe também outro parâmetro temporal chamado tempo de inicialização t_i do rompimento que, embora não seja muito comum nos modelos, é bastante relevante. Esse tempo t_i mede de fato a duração temporal entre a primeira observação do vazamento do

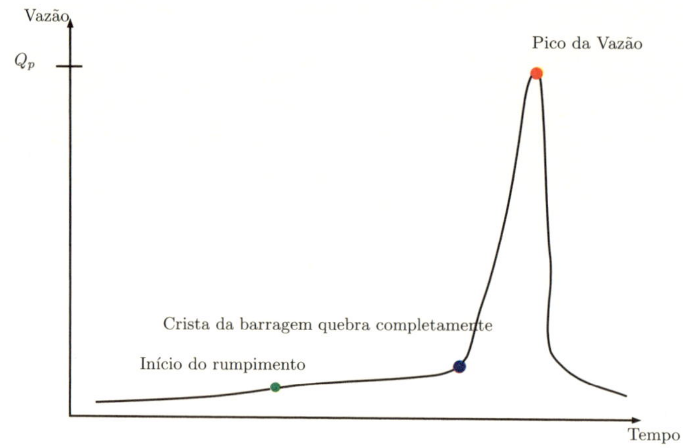

Figura 10.2: Vazão através o rompimento em função do tempo. Fonte: Autoria própria.

fluido do rompimento da barragem até o começo da formação do rompimento descrito antes. Ou seja, mede o tempo até que a crista da barragem comece a quebrar levando a um aumento significativo da vazão. O tempo t_i é importante porque pode ser visto como o tempo necessário para lançar um alerta de perigo e de evacuação perto da barragem antes que o rompimento chegue a um nível em que a vazão pode ser devastadora. Além disso, conhecido o tempo t_i, pode ser possível implementar ações que evitem a quebra completa da barragem reforçando, por exemplo, a sua estrutura ou simplesmente fixando o rompimento. Embora seja uma informação temporal importante, esse tempo não é modelado na maioria dos modelos. A razão disso são as dificuldades para modelar a estabilidade e a sensibilidade do material que forma a barragem no que diz respeito às microinfiltrações na barragem e às propriedades do fluido em si. Além disso, faltam medições dos casos históricos da fase de iniciação que possam guiar a estimação desse tempo t_i. Um dos poucos modelos para t_i é apresentado em Dewey e Gillette (1993). Há, portanto, espaço para novas pesquisas científicas, de engenharia e estatística que possam fornecer um modelo acurado para esse tempo de inicialização do rompimento.

O conhecimento do pico da vazão Q_p é também importante para poder prevenir eventuais desastres após a ruptura. Ela tem a vantagem, diferentemente do tempo t_i, de ser bem modelado. Como já dito, o seu valor informa-nos sobre o máximo de vazão do líquido que sai da ruptura para a jusante da barragem, podendo criar danos ao vale. Com essa informação na mão, pode-se atuar a jusante da barragem para evitar possíveis desastres. Por exemplo: podem-se construir habitações e estruturas que distam bastante da barragem, limitando assim os danos causados por eventual rompimento. A Figura 10.2 mostra na escala do tempo como varia a vazão a jusante da barragem. Como se pode entender, se for possível medir o fluxo durante o rompimento, podemos conhecer em qual fase se encontra o rompimento, e assim descrever todo o seu processo do início até o fim.

Existem modelos que permitem medir essa vazão no tempo? A resposta é Sim, mas cada modelo pode dar uma resposta diferente e parcial a essa pergunta. Isso é devido ao fato de que não existe uma regra única universal que descreve todo o processo de rompimento. A explicação para as diferentes respostas decorre das diferentes simplificações do processo de rompimento usados nos modelos ou das diferentes hipóteses sobre as propriedades dos materiais usados no aterro ou do líquido contido no reservatório. Observamos que as propriedades físicas dos materiais ou do fluido durante o rompimento são normalmente estimadas baseando-se em rompimento passados ou em experimentos feitos em laboratório ou no campo (West *et al.*, 2018; Impact, 2005; Hanson *et al.*, 2005; Hanson *et al.*, 2010), e isso complica o objetivo de ter uma única modelagem da vazão.

Agora, para poder introduzir as seções seguintes, vamos nos concentrar nas causas que podem levar ao rompimento das barragens de aterro. Na seguinte lista elencamos as principais e as percentagens de frequência nos rompimentos coletados até o 1986 de barragens de grande dimensão (com altura ou largura maior de 15 m, ver Foster *et al.*, 2000):

- galgamento 48%;
- erosão interna 46%;
- estrutural 5%;
- terremoto 1%.

O galgamento e a erosão interna são as causas mais comuns de rompimento das barragens de aterro. Eles constituem processos físicos complexos que, da interação entre o fluido e o aterro levam a uma contínua erosão da barragem até o seu rompimento final. Os principais modelos usados hoje em dia descrevem os rompimentos causados por galgamento e por erosão interna em maneira distinta, quer seja no uso das fórmulas ou nos parâmetros. Na seção seguinte descreveremos esses dois processos de rompimento que serão modelados de várias maneiras, como será visto nas Seções 10.4, 10.5, e 10.6.

10.3 Rompimento por galgamento e erosão interna

Antes de revisar em detalhes os modelos de rompimento das barragens é necessário descrever brevemente as características principais dos processos de galgamento e erosão interna.

Galgamento

O galgamento é caracterizado por um vazamento que ocorre por cima da crista da barragem, (ver Figura 10.3(a)). Neste parágrafo discutiremos as características principais do galgamento nas barragens não coesivas e coesivas.

Galgamento em barragens não coesivas

Nas barragens de aterro não coesivas, a primeira fase do galgamento é associada à erosão da parede a jusante causada pelo vazamento que passa por cima da barragem. Nas fases seguintes, dada a maior vazão por cima da barragem, também a crista da barragem começa a

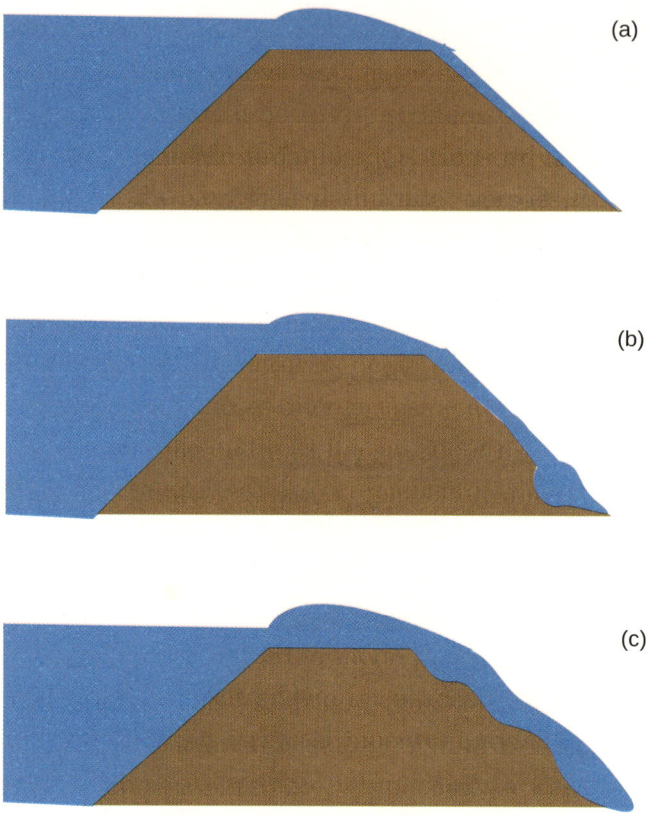

Figura 10.3: Primeiras fases do galgamento nas barragens não coesivas. Fonte: Autoria própria.

ser removida (ver Figura 10.3(b)). O tempo de formação do rompimento t_f por galgamento mede a duração do rompimento que tem ínicio quando a parte superior da barragem começa a quebrar, ou seja, quando estamos no caso representado da Figura 10.3(c).

Nas seguintes fases (ver Figura 10.4), a crista continua a ser erodida até que desaparece. Ver os casos 10.4(a), (b), (c). O tempo de formação termina quando o rompimento estabiliza-se, obtendo uma ruptura da barragem que pode ser total ou parcial (Figura 10.4(c)).

Na Figura 10.5 há algumas imagens de um rompimento por galgamento de uma barragem não coesiva construída para testar vários modelos matemáticos sobre um teste real de rompimento (Impact, 2005).

Galgamento nas barragens coesivas

No caso de barragens coesivas, o galgamento forma um canal na crista e nos lados das barragens que vai ter uma geometria menos regular, em comparação àquela presente nas barragens não coesivas. Isso é devido à quebra completa dos lados do canal do rompimento e da sua base causada da coesão do material da barragem. Esta leva, nas primeiras fases, à

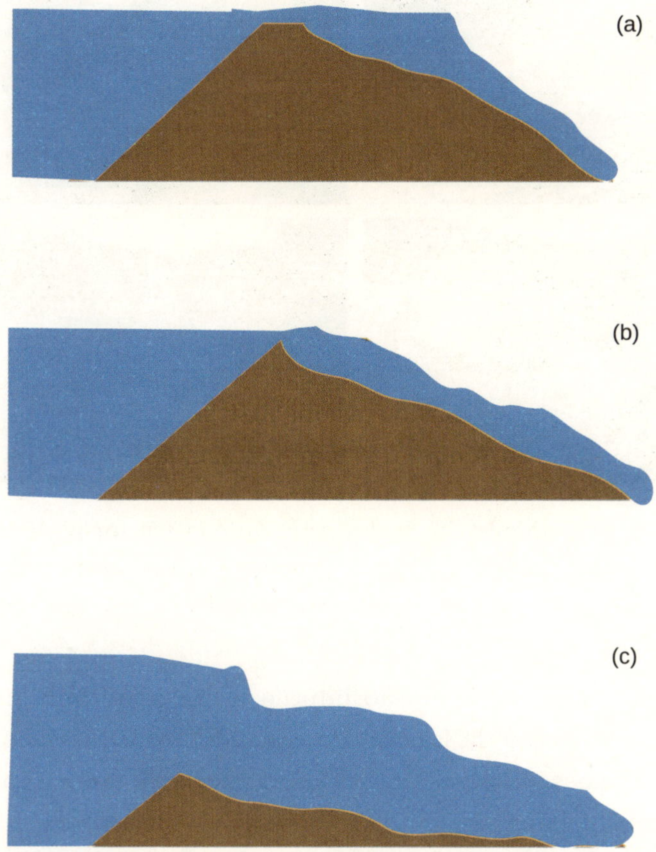

Figura 10.4: Fases finais de galgamento nas barragens não coesivas. Fonte: Autoria própria.

formação de escadas e cascatas a jusante da barragem (ver Figuras 10.6(a) e (b)). Somente nas fases sucessivas (Figuras 10.6(c)-(f)), quando a crista da barragem é completamente erodida, o processo segue os mesmos passos de um galgamento regular como aquele observado nas barragens não coesivas.

O estudo do rompimento por galgamento nas barragens coesivas requer uma análise física da estabilidade das paredes do rompimento, que é implementada com resolução das equações que modelam a erosão e a vazão no canal do rompimento. Essa análise de estabilidade é usada em todos os modelos físicos mais recentes. Uma breve lista desses modelos está presente na Seção 10.6.

Erosão interna

A erosão interna, diferentemente do galgamento, é causada pelas infiltrações na barragem do líquido contido no reservatório. Esse processo pode levar à formação de um canal interior à barragem (ver Figura 10.7(a)), até criar nas fases seguintes um único canal principal com abertura a jusante onde o reservatório começa o seu esvaziamento (Figura 10.7(b)).

Figura 10.5: Exemplo de galgamento em barragem não coesiva formada da rochas estudada no Impact Project (Impact, 2005), com agradecimento para a permissão da publicação dos autores do trabalho (West *et al.*, 2018). Fonte: Morris (2011).

Nas fases seguintes, esse processo de erosão interna leva à erosão da parte superficial da barragem, causando um aumento da largura do canal (Figura 10.7(c)). Quando o canal a jusante aumenta a sua dimensão, temos um deterioramento da parte superior do canal que, por gravidade, leva a uma quebra acentuada da parte mais a jusante da parede superior. Esse processo continua até que toda a parte superior da barragem por cima do canal colapsa (ver Figura 10.8(a)-(c)). Nas fases seguintes, o rompimento procede como o galgamento, Figura 10.8(c). O tempo de formação, no caso da erosão interna, começa no instante em que o canal gerado pelas infiltrações no lado da jusante tem um vazamento, e termina quando acontece o rompimento da barragem. Em relação às Figuras 10.7-10.8, começa no caso 10.7(b) e termina no caso 10.8(c). Na Figura 10.9, são representadas algumas fases da erosão interna de um rompimento experimental de uma barragem de aterro (Hanson *et al.*, 2010).

10.4 Modelos "feitos nas unhas" que usam bases de dados

Estes modelos são baseados na estimação dos parâmetros geométricos através da utilização das bases dos dados coletados em rompimentos de barragens registrados no passado. São modelos que podem ser empregados na primeira análise do rompimento porque são simples e de rápida utilização. Porém, para ter uma certa validade é preciso que a avaliação dos resultados desses modelos seja feita por estatísticos/engenheiros/geólogos experientes que saibam comparar a barragem modelada com aquelas presentes nas bases de dados usadas. As características das barragens nas bases de dados (Brunner, 2014) podem mudar muito e podem até apresentar graves faltas como aquela das informações físicas relevantes do material da barragem.

Esses modelos usam valores tabelados dos rompimentos históricos, sem a necessidade de

Figura 10.6: Exemplo real de galgamento em barragem coesiva (ASABE). Fonte: Hanson *et al.* (2005), usada com permissão.

Arquivos	Usace (1980)	Ferc (1987)	Fread (2006)	Usace (2007)	Wahl (1998)
$B_{ave} : h_d$	0.5–3.0	1.0–5.0	2.0–5.0	0.5–5.0	1.0–13
t_f	0.5–5.0	0.1–1.0	0.1–1.0	0.1–4.0	0.25–8.5
$h : v$	0–1.0	0–1.0	0–1.0	0–1	0–6.30

Tabela 10.2: Dados e relações coletadas de vários arquivos com coleção de dados históricos de rompimento de barragens.

usar fórmulas que liguem um dado a outro (ver Tabela 10.2). Essa é a diferença principal em relação aos modelos paramétricos que usam algumas fórmulas para deduzir, a partir dos dados disponíveis, as características faltantes do rompimento, como descrito na próxima seção.

Como se pode entender dos dados na Tabela 10.2, há uma grande variação nos dados medidos, cujos extremos podem ser associados a caso extremos de uso de barragens muito altas ou reservatórios muito volumosos. Por exemplo, na base de dados de Wahl (1998), o valor máximo 13 de $B_{ave} : h_d$ é associado a barragens grandes, com dimensão de altura e largura acima de 100 metros. Removendo essas barragens, teremos que a razão $B_{ave} : h_d$ varie de 1.0 até 5.0. Essa observação, aliada ao fato de que os limites da faixa dos valores tabelados podem variar de dez ou mais vezes, leva a considerar os dados coletados muito sensíveis ao tipo de barragem e de rompimento ocorrido. Além disso, não todos os arquivos dos dados históricos possuem as mesmas informações para todas as barragens analisadas. Por exemplo, nos casos cadastrados no trabalho de Wahl (1998), somente 34 barragens entre as 108 barragens estudadas têm informação da largura média do rompimento.

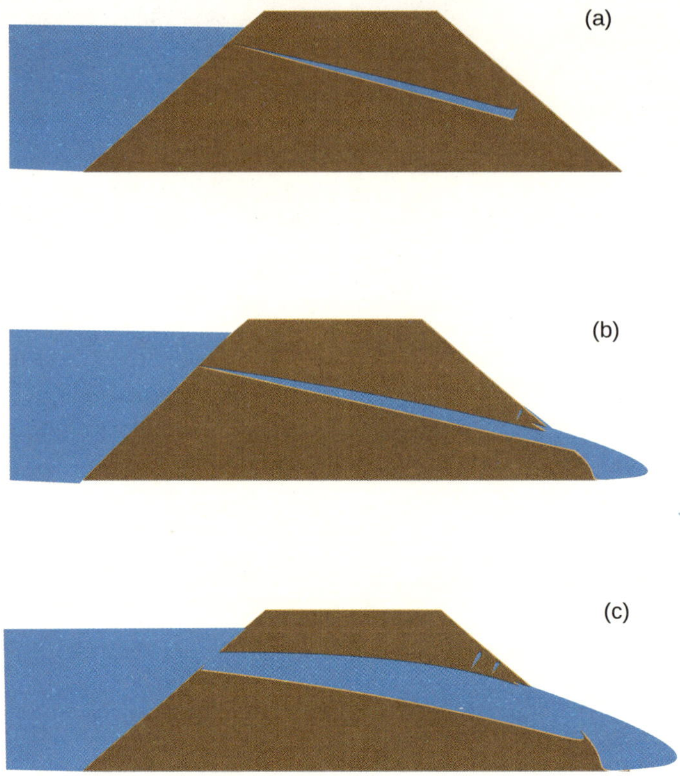

Figura 10.7: Erosão interna nas fases iniciais. Fonte: Autoria própria.

Essa análise sugere que essas tabelas são úteis somente para obter uma primeira estimação dos parâmetros de *output* do rompimento analisado. Para uma melhor acurácia, sugere-se usar os modelos paramétricos e físicos que serão discutidos nas seguintes seções.

10.5 Modelos paramétricos

Desde os anos 1980, várias medidas de rompimentos de barragens foram colecionadas. Esse fato permitiu a vários pesquisadores encontrar as relações matemáticas que, dada alguma informação do rompimento ou da barragem, estimam todos os restantes dados do rompimento, fornecendo assim uma descrição completa a respeito dele. Essas relações matemáticas são identificados na literatura (Wahl, 1998; Usbr, 1988) como modelos paramétricos.

Os modelos paramétricos permitem determinar os parâmetros do rompimento que são difíceis de medir ou estimar, como aqueles definidos na Tabela 10.1 como parâmetros de *output*.

Porém, nem todos os modelos paramétricos permitem encontrar a totalidade dos parâmetros de *output*; o usuário tem de usar combinação dos modelos disponíveis para

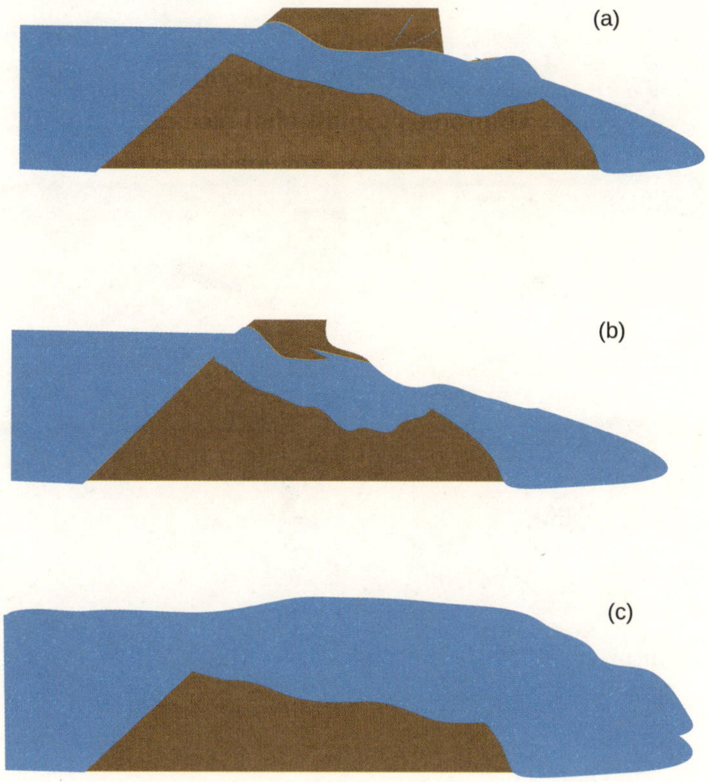

Figura 10.8: Erosão interna nas fases finais. Fonte: Autoria própria.

achar os parâmetros necessários ou faltantes. A escolha dos modelos dependerá então dos dados à disposição da barragem e do reservatório analisado. Uma lista não exauriente dos parâmetros de *input* que os modelos paramétricos podem usar é a seguinte

- altura da barragem (*dam height*) h_d, medida em metros;
- altura do rompimento (*breach height*)h_b, medida em metros;
- altura de água no reservatório partindo da base do rompimento h_w;
- volume de água no reservatório V_w sobre a base do rompimento h_w;
- tipo de ruptura (*overtopping* ou *piping*);
- tipo de erosão interna.

Esses parâmetros são normalmente aqueles que se consegue medir mais facilmente, estando associados à geometria da barragem e ao volume do reservatório antes do rompimento, ou depois do rompimento.

Figura 10.9: Erosão interna estudada no campo. Fonte: Hanson *et al.* (2010), usada com permissão.

A estratégia mais utilizada atualmente para determinar os parâmetros de *output* é baseada em modelos de regressão ou de envelope (Brunner, 2014), nos quais as relações matemáticas que ligam os parâmetros de *input* com aqueles de *output* são estimadas utilizando-se os dados históricos de rompimentos. Na Tabela 10.3 listamos alguns modelos paramétricos baseados em equações de regressão, utilizados entre 1984 e 2016, citados em Wahl (1998) e West *et al.* (2018). Eles são usados para prever a largura B_{ave} e o tempo de formação t_f do rompimento. Para avaliar esses modelos, usamos alguns dados de rompimento de barragens coletados em Froehlich (2016a) e reportados na Tabela 10.4 (West *et al.*, 2018), onde foi feita uma comparação independente.

Da análise dos dados reportados na Tabela 10.4, podemos resumir que os modelos de Froehlich (1995), Froehlich (2016a) e VTG (Von Thun & Gillette, 1990) têm os melhores resultados. O modelo Xu e Zhang (2009) tem resultados sensíveis às propriedades de erodibilidade escolhidas, portanto, no caso de conhecer esses valores, um certo cuidado na sua *performance* tem que ser tomado.

Devido a estes diferentes resultados, é razoável, antes de conferir com os resultados de um particular modelo paramétrico, compará-los com aqueles obtidos por outros modelos. Essa comparação ajudará a entender se os resultados do modelo escolhido são satisfatórios ou não. Note que, embora os modelos paramétricos não conseguiam fornecer resultados muito acurados, eles são mais acurados que os modelos simples. De fato, foi estimado em Wahl (2004) que o erro dos modelos paramétricos disponíveis até 2004 (Usbr, 1988; Von Thun &

Modelo	Casos	B_{ave}	t_f
Usbr (1998)	21	$B_{ave} = 3h_w$	$t_f = 0.011B_{ave}$
Von Thun *et al.* (1990)	57	$B_{ave} = 2.5h_w + C_b$ $C_b = \begin{cases} 6.1 & se\ V_r < 1.23 \cdot 10^6 \\ 18.3 & V_r \in [1.23 \cdot 10^6, 6.17 \cdot 10^6] \\ 42.7 & V_r \in [6.17 \cdot 10^6, 1.23 \cdot 10^7] \\ 54.9 & V_r > 1.23 \cdot 10^7 \end{cases}$	materiais pouco erodíveis: $t_f = 0.02h_w + 0.25$ *ou* $t_f = \frac{B_{ave}}{4h_w}$ materiais altamente erodíveis: $t_f = 0.015h_w$ *ou* $t_f = \frac{B_{ave}}{4h_w+61}$
Froehlich (1995b)	63	$B_{ave} = 15K_oV_w^{0.32}h_b^{0.19}$ $K_o = \begin{cases} 1.4 & overtopping \\ 1 & piping \end{cases}$	$t_f = 3.84\frac{V_w^{0.53}}{h_b^{0.90}}$
Xu & Zhang (2009)	182	$B_{ave} = 0.787(\frac{h_d * h_b}{15})^{0.1333}(\frac{V_w^{\frac{1}{3}}}{h_w})^{0.652}e^{B_3}$	$t_f = 0.304\frac{h_d}{h_r}^{0.707}(\frac{V_w^{\frac{1}{3}}}{h_w})^{1.228}e^{\alpha}$ $\alpha = TB + MR + ER$ *Tipo de Barragem TB* *corewalls* | −0.327 *concreto* | −0.674 *homogenea* | −0.189 *Modo de Rompimento MR* *Galgamento* | −0.579 *Erosão int.* | −0.611 *Erodibilidade ER* *Alta* | −1.205 *Média* | −0.564 *Baixa* | 0.579
Froehlich, 2016 (Froehlich, 2016a)	111	$B_{ave} = 0.23k_0V_w^{\frac{1}{3}}$ $k_0 = \begin{cases} 1.5 & overtopping \\ 1.0 & erosão\ interna \end{cases}$	$t_f = 60\sqrt{\frac{V_w}{gh_b^2}}$ $g = 9.807\frac{m}{s^2}$

Tabela 10.3: Modelos paramétricos para B_{ave} e t_f medidos, respectivamente, em metros e horas.

Barragens		Medição	Modelos USBR	VTG	Froehlich(a)	Froehlich(b)	Xu & Zhang
Testalinden	B_{ave}	5.15	6.30	11.35	6.91	9.53	6.49 − 12.50
(Canadá, 2010)	t_f	0.50	0.07	0.03 − 1.35	0.25	0.38	0.25 − 1.37
Big Bay Lake	B_{ave}	83.2	40.8	88.9	61.88	70.1	33.65 − 64.78
(EUA, 2004)	t_f	0.92	0.45	0.20 − 1.63	1.63	1.67	1.43 − 7.73
Delhi	B_{ave}	68.6	33.6	70.7	73.73	80.8	47.92 − 92.25
(EUA, 2010)	t_f	1.75	0.37	0.17 − 1.58	1.67	1.78	1.34 − 7.24

Tabela 10.4: Comparação entre os dados medidos em três rompimentos e os modelos USBR (Usbr, 1988); VTG (Von Thun & Gillette, 1990); Froehlich (1995) (denotado por Froehlich(a)), Froehlich (2016a) (denotado por Froehlich(b)), e Xu e Zhang (2009).

Gillette, 1990; Froehlich, 1995) era da ordem de 33% quanto às medições reais dos parâmetros B_{ave} e t_f e da ordem 33% − 100% de erro para o pico da vazão Q_b.

10.6 Modelos físicos

Os modelos físicos usam equações matemáticas e físicas que relacionam as medidas geométricas e temporais da ruptura, da barragem e do reservatório para estimar o processo do rompimento. Essas equações são normalmente resolvidas analiticamente, mas, quando resultam ser complexas, necessitam ser resolvidas numericamente através de algum método numérico. Portanto, esses modelos são normalmente acompanhados de um pacote de códigos que permitem resolver as equações do modelo. Os modelos físicos podem ser divididos (Asce/Ewri, 2011) em duas categorias:

- modelos físicos simplificados;
- modelos físicos detalhados ou completos.

Os modelos simplificados usam relações físicas simplificadas entre os parâmetros de *input* do rompimento, como, por exemplo h_d, h_b, h_w, V_w, para poder determinar os parâmetros de *output* $t_f, B_{ave}, Q_p, h:v$ (ver Tabela 10.1). Esses modelos supõem verdadeiras algumas hipóteses sobre outras quantidades que caraterizam o modelo e apresentam equações matemáticas que podem ser resolvidas analiticamente ou numericamente através métodos numéricos clássicos.

Os modelos detalhados, por sua vez, apresentam relações físicas mais completas e complexas que podem ser resolvidas somente utilizando algum método numérico. Uma lista de modelos físicos detalhados é apresentada em Asce/Ewri (2011). Entre esses modelos, podemos mencionar os multidimensionais, que modelam o processo de rompimento e a vazão do reservatório utilizando um regime misto sólido-líquido com muitas descontinuidades.

A seguir, vamos analisar somente as características principais dos modelos simplificados. Hoje em dia existem várias comparações dos modelos físicos que foram feitos por pesquisadores que trabalham em grupos independentes daqueles dos autores dos modelos. Essas comparações ajudam a ter uma avaliação segura dos modelos, embora, devido ao número limitado de rompimentos, estas comparações não são muitos robustas. Outro aspecto limitante na avaliação do resultado do modelo é a grande variedade de tipos de materiais, líquido e dimensões das barragens que os modelos simplificados pode desconsiderar na sua análise. A regra áurea na escolha do modelo é optar por aquele que tiver obtido sucesso em um número relevante de casos de rompimentos em barragens similares àquela examinada, e cuja validação tenha sido feita por estudos independentes dos autores desse modelo.

O centro *Hydrological Engineering Centre, US Army Corps of Engineers*, (HEC-USACE), sugeriu, em 2014, usar três modelos físicos: NWS-Breach (1988) (Fread, 1988); WinDam/Simba (2005-2006) (Temple *et al.*, 2005; Temple *et al.*, 2006; Visser *et al.*, 2013); HR Breach, agora EMBREA (2002-2011) (Morris, 2011; Hassan *et al.*, 2002). Além desses, surgiram recentemente outros modelos de Zhong *et al.* (2017) e DLBreach (2016), sobre os quais, porém, faltam ainda comparações independentes.

Abaixo apresentamos uma lista de modelos que são aqui brevemente revisados:

- NWS BREACH (1988) (Fread, 1988);
- SIMBA/WinDAM (1990-2006) (Temple *et al.*, 2005; Temple *et al.*, 2006);
- HR-Breach/EMBREA (2002-2011) (Morris, 2011; Hassan *et al.*, 2002).

Estes modelos resolvem problemas diferenciais acoplados que permitem de descrever quantitativamente:

- a erosão da barragem através do uso de equações de transporte do sedimento ou da taxa de erosão;
- a vazão no rompimento, através a resolução de equações diferenciais conservativas;
- a geometria da ruptura, através uma análise da estabilidade dos lados e das bases do rompimento.

A Tabela 10.5 fornece em maneira resumida de quais são os problemas diferenciais nos três modelos físicos simplificados.

Modelos	Geometria da Ruptura	Trasporte do sedimento	Vazão na ruptura
NWS-BREACH	Taxa de variação constante das paredes	Meyer-Peter-Mueller modificada de Smart (1984)	por Galgamento: "*Wier formula*" por Erosão interna: "*Orifice formula*"
Windam/Simba	"*Headcut migration*"	várias relações paramétricas	"Wier formula"
HR-BREACH/EMBREA	tensão de cisalhamento Equação de Exner e de *soil wasting*	equações escolhidas do usuário	"Wier formula" variável, *1-D steady nonuniform flow equation*

Tabela 10.5: características e equações de três modelos físicos simplificados.

Escolha entre os modelos físicos

Em 2005, foi disponibilizado um guia para a escolha do melhor modelo físico. Esse guia foi desenvolvido depois de uma análise acurada dos resultados de vários modelos físicos aplicados a rompimentos de barragens, que foram construídas em laboratórios ou no campo (West *et al.*, 2018; Impact, 2005). Um resumo das conclusões deste estudo é apresentado a seguir:

- As previsões de rompimento obtidas na modelagem de quebra das paredes através de uma análise discreta de sua estabilidade leva a predições mais acuradas a respeito daquelas que usam somente equações ou relações contínuas de erosão. Isso sugere que, nos modelos, é razoável integrar a análise estrutural às informações sobre os materiais de construção.
- Em vez de estimar somente o pico da vazão Q_p, é importante determinar também o hidrograma do rompimento, ou seja, a vazão através do rompimento em função do tempo (veja Figura 10.2).

  A razão desta preferência está no fato que o hidrograma permite observar a variação do fluxo volumétrico em qualquer instante do tempo, podendo assim ajudar a entender o comportamento da vazão e auxiliar na previsão de rompimentos abruptos.
- Os modelos têm de considerar as propriedades dos materiais, como sua coesão, e do fluido, como sua densidade e sua composição. Isso porque, como analisado, por exemplo, no galgamento na Seção 10.3, este leva a relevantes diferenças no crescimento do rompimento.

- Quando se trata de barragens feitas de materiais compostos, a simples média das suas características, em vez de considerar a separação dos materiais nas regiões da barragem durante a modelagem, pode levar a erros enormes na determinação dos parâmetros de *output*.

- Algumas hipóteses sobre a forma do rompimento modelado, como, por exemplo, trapezoidal em vez de retangular, podem levar a grande variação dos resultados. É ressaltado que nos testes em campo as barragens de grande dimensão têm paredes do rompimento verticais, e que os lados mudam a própria inclinação vertical somente nas fases finais do rompimento.

- A localização inicial do rompimento é importante, sendo que rompimentos centrais na barragem atuam de maneira diferente de rompimentos laterais.

O uso desse guia é, portanto, precioso porque ajuda a entender quais simplificações do modelo podem prejudicar a precisão dos seus resultados.

Da análise dos modelos testados foi ressaltada também a superioridade do modelo HR-BREACH sobre NWS-BREACH que, por causa das suas numerosas simplificações, fornece resultados poucos acurados. Dessa análise (Impact, 2005), foi também evidenciado que os modelos físicos podem dar resultados que variam de $\pm 50\%$ em relação aos dados reais medidos no rompimento. Essa variação deixa muito espaço ao utilizador para afinar as opções do modelo e a análise dos dados de *input* para melhorar os seus resultados.

10.7 Conclusões

Neste capítulo, foram analisados vários modelos matemáticos usados hoje em dia para descrever o rompimento de barragens de aterro. Tais modelos utilizam algumas relações físicas entre as grandezas dimensionais da barragem, do reservatório e do rompimento. Através dessas relações é possível modelar também a vazão de escape do rompimento e seu tempo de formação. Os modelos foram classificados em três categorias: simples, paramétricos e físicos. Para uma análise grosseira do rompimento e para fornecer estimativa inicial dos parâmetros de *output* foram sugeridos os modelos simples "feitos nas unhas". Estes modelos são baseados em dados tabelados de rompimentos passados. Por isso, são muito sensíveis aos dados coletados e não conseguem descrever acuradamente cada situação de rompimento. Isso acontece porque os rompimentos dependem de muitos fatores: grandezas das dimensões geométricas, tipo dos materiais de construção da barragem, fluxo do líquido contido no reservatório e interações fluido-aterro.

Uma modelagem mais acurada, com erro da ordem de $33\% - 100\%$, é obtida mediante o uso de modelos paramétricos. Esses modelos usam predeterminadas fórmulas e regras matemáticas para estimar os parâmetros desejados quando se conhecem somente um conjunto limitado de parâmetros. Apesar da facilidade de uso desses modelos, eles precisam ser empregados com cuidado para evitar erros elevados. Na última dezena de anos, evidenciou-se a superioridade dos modelos físicos sobre os modelos paramétricos pelo fato de usar relações não predeterminadas do rompimento. De fato, os modelos físicos modelam o rompimento ao avançar do tempo usando equações cuja solução é obtida, numérica ou analiticamente, instante por instante, podendo assim descrever a evolução do processo do início até o fim. A desvantagem desses modelos é que necessitam de um tempo de computação maior em relação aos outros modelos. A vantagem está em vez na acurácia dos resultados que, ao contrário do que ocorre com outros modelos, tem de ser interpretados e medidos por usuários que realmente tenham conhecimento suficiente das características do rompimento sob exame.

Para facilitar a escolha entre os modelos, desenvolveram-se recentemente vários estudos de comparação que foram aqui brevemente apresentados. Tais estudos podem guiar também utilizadores pouco experientes numa melhor modelagem do rompimento e na análise de sensibilidade dos seus resultados.

10.8 Lista de siglas e acrônimos

Asabe	American Society of Agricultural and Biological Engineers
NWS	National Weather Service (USA)
Usace	U.S. Army Corps of Engineers
USBR	U.S. Bureau of Reclamation
Ferc	Federal Energy Regulatory Commission
HEC	U.S. Army Corps of Engineers Hydrologic Engineering Center

Modelos:

Windam	Windows Dam Analysis Modules
Simba	Simplified Breach Analysis

Referências

West, M., Morris, M., & Hassan, M. (2018, janeiro). *A guide to breach prediction* (rel. técn. HRPP770).

Visser, P. J., Zhu, Y., & Vrijling, J. K. (2004). *Review on embankment dam breach modeling In book: New Developments in Dam Engineering (pp. 1189–1196).* 9.

Asce/Ewri. (2011). Earthen embankment breaching. *Journal of Hydraulic Engineering*, v. 137n. 12, 1549–1564.

Zhong, Q. M., Chen, S. S., Deng, Z., et al. (2017). Numerical model for homogeneous cohesive dam breaching due to overtopping failure. *Journal of Mountain Science*, v. 14, 3.

Brunner, G. W. (2014). *Using HEC-RAS for dam break studies* (rel. técn. TD-39). US Army Corps of Engineers Hydrologic Engineering Center (USACE-HEC).

Wahl, T. L. (1998). *Prediction of Embankment Dam Breach Parameters* (rel. técn. DSO-98-04).

Dewey, R. L., & Gillette, D. R. (1993). Prediction of Embankment Dam Breaching for Hazard Assessment. *Proceedings, ASCE Specialty Conference on Geotechnical Practice in Dam Rehabilitation.*

Impact. (2005). *Investigation of extreme flood processes and uncertainty* (rel. técn.) [Contract No. EVG1-CT-2001-00037, Final Technical Report].

Hanson, G. J., Cook, K. R., & Hunt, S. L. (2005). Physical modeling of overtopping erosion and breach formation of cohesive embankments. *Transaction of the ASAE*, v. 45n. 5, 1783–1794.

Hanson, G. J., Tejral, R. D., Hunt, S. L., & Temple, D. M. (2010). Internal Erosion and Impact of Erosion Resistance. *Proc. 30 U.S. Society on Dams Annual Meeting and Conference*, 773–784.

Foster, M., Fell, R., & Spannagle, N. (2000). The Statistics of Embankment Dam Failures and Accidents. *Canadian Geotechnical Journal*, v. 37n. 5, 1000–1024.

Morris, M. W. (2011). *Breaching of Earth Embankments and Dams* (tese de dout.). The Open University, England.

Usbr. (1988, dezembro). *Downstream Hazard Classification Guidelines* (rel. técn. ACER Technical Memorandum No. 11) [Denver, Colorado, 57 p.]. Assistant Commissioner-Engineering e Research.

Froehlich, D. C. (2016a). Empirical Model of Embankment Dam Breaching. *International Conference on Fluvial Hydraulics (River Flow 2016)*.

Von Thun, J. L., & Gillette, D. R. (1990, março). *Guidance on Breach Parameters, unpublished internal document,* [U. S. Bureau of Reclamation, Denver, Colorado, March 13, 1990, 17 p.].

Froehlich, D. C. (1995). Embankment Dam Breach Parameters Revisited. *Water Resources Engineering*, 887–891.

Xu, Y., & Zhang, L. M. (2009). Breaching Parameters for Earth and Rockfill Dams. *ASCE Journal of Geotechnical and Geoenvironmental Engineering*, v. 135n. 12, 1957–1970.

Wahl, T. L. (2004). Uncertainty of Predictions of Embankment Dam Breach Parameters. *Journal of Hydraulic Engineering*, v. 130n. 5, 389–397.

Fread, D. L. (1988). *BREACH: An Erosion Model for Earthen Dam Failures.* National Weather Service.

Temple, D. M., Hanson, G. J., Neilsen, M. L., & Cook, K. R. (2005). Simplified breach analysis model for homogeneous embankments: Part I, Background and model components. *Proceedings of the 2005 U.S. Society on Dams Annual Meeting and Conference*, 151–161.

Temple, D. M., Hanson, G. J., & Neilsen, M. L. (2006). WINDAM – Analysis of Overtopped Earth Embankment Dams. *Proc. American Society of Agricultural and Biological Engineers Annual Int. Meeting.*

Visser, K., Hanson, G. J., Temple, D. M., Tejral, R., & Neilsen, M. L. (2013). *Earthen embankment overtopping analysis using the WinDAM B software* (rel. técn. National Dam Safety Program Technical Seminar No. 20, Overtopping of Dams) [Emmitsburg, MD]. FEMA National Emergency Training Center.

Hassan, M. A. A. M., Samuels, P. G., Morris, M. W., & Ghataora, G. S. (2002). Improving the Accuracy of Prediction of Breach Formation through Embankment Dams and Flood Embankments. *International Conference on Fluvial Hydraulics (Riverflow 2002).*

DLBreach. (2016). *Introduction to DLBreach – A simplified physically-based dam/levee breach model* (rel. técn.) [Technical Report].

Smart, G. M. (1984). Sediment transport formula for steep channels. *Journal of Hydraulic Engineering*, v. 110n. 3, 267–276.

Working Group on Embankment Dam Erosion and Breach Modeling. (2017). *Evaluation of Numerical Models for Simulating Embankment Dam Erosion and Breach Processes* (rel. técn. DSO-2017-02). CEATI International Dam Safety Interest Group, Department of the Interior, Bureau of Reclamation Technical Service Center, Denver Federal Center.

Tejral, R. D., & Gregory, J. (2009). Growth through the calculation of discrete failure rather than continuous erosion appeared to perform best.

Brunner, G. W. (2016). *HEC-RAS, River Analysis System Hydraulic Reference Manual* (rel. técn. CPD-69). US Army Corps of Engineers Hydrologic Engineering Center (USACE-HEC).

Gee, T. (2008). Comparison of Dam Breach Parameter Estimators. *HEC Report.*

Zhang, L. M., Peng, M., & Xu, Y. (2010). Assessing Risks of Breaching of Earth Dams and Natural Landslide Dams. Em I. M. C.
bibinitperiod I. Bombay (Ed.), *Indian Geotechnical Conference - 2010.* GEOtrendz.

Froehlich, D. C. (2016b). Predicting Peak Discharge from Gradually Breached Embankment Dam. *Journal of Hydrologic Engineering*, n. 04016041.

Improving the accuracy of prediction of breach formation through embankment dams and flood embankments. (2002). *International Conference on Fluvial Hydraulics (Riverflow 2002).*

11

Cálculo dos parâmetros necessários para a simulação de fluidos em canais naturais a partir de medições simples

José Mario Martínez[1]

11.1 Introdução

O rompimento de uma barragem é um evento complexo. Causas e efeitos podem ser analisados juntos ou separadamente, e os modelos matemáticos são ferramentas úteis para ambos os objetivos. Esses modelos atentam para a *previsão* e as *consequências* dos eventos. Para a *previsão* de desastres tecnológicos como os que nos interessam é relevante possuir uma descrição razoavelmente completa do *sistema* anterior a ele, acompanhada de um *modelo matemático*, isto é, uma descrição sintética com diferentes graus de agregação, do sistema e de suas relações. Diferentes *estados* da barragem em condições "normais" carregam diferentes graus de risco associados ao evento extremo. Para estabelecer as relações entre estados do sistema e a probabilidade de desastre é necessário entender a dinâmica do sistema com ferramentas de *mecânica de fluidos*, classificar e caracterizar os diferentes tipos de falhas e/ou empregar recursos estatísticos com a maior quantidade possível de dados.

As consequências do desastre dependem da magnitude do evento. Novamente, a estatística vem em nosso auxílio para prever algumas dimensões dessas consequências. Por exemplo, para as relações entre altura do reservatório, volume liberado e distância atingida pelos rejeitos em diferentes tipos de rompimento. A compreensão das consequências físicas do desastre pode ser auxiliada por modelos baseados nas equações de Navier-Stokes em duas ou três dimensões espaciais.

A resolução numérica das equações de Navier-Stokes em 3D demanda enormes recursos em termos de tempo de computação, memória e complexidade das decisões algorítmicas. Por isso, modelos bem desenvolvidos de mecânica de fluidos para evolução do rompimento de barragens

[1]IMECC, Unicamp, CEP 13081-970, Campinas SP, Brasil. Fomento: Cepid-Cemeai-Fapesp, PRONEX-CNPq/Faperj E-26/111.449/2010-APQ1, Fapesp (processos 2010/10133-0, 2013/03447-6, 2013/05475-7, e 2013/07375-0), e CNPq.

costumam empregar simplificações bidimensionais. Ver Pirulli *et al.* (2017) e capítulos deste livro. Entretanto, o fluxo de detritos após o rompimento costuma ser canalizado, depois de certo trajeto, na direção de um canal natural (rio ou córrego) preexistente. Isso sugere que uma boa descrição da evolução do fluido nesse estágio pode ser fornecida por uma simplificação adicional, unidimensional.

Portanto, depois do rompimento teríamos dois tipos de modelos para o fluxo de lama e detritos. Na proximidade da barragem danificada, versões 2D ou 3D das equações de Navier-Stokes seriam ferramentas adequadas, e, quando o fluido passa a evoluir em um canal natural, a modelagem unidimensional seria aceitável.

É geralmente aceito que as equações de Saint-Venant (Saint-Venant, 1871) representam bem a evolução de fluidos em canais naturais ou artificiais. Entretanto, devemos fazer uma ressalva. Como todo sistema de equações diferenciais de evolução, o sistema reage a condições de contorno que, juntamente com condições iniciais, determinam seu comportamento. Nesse caso, a condição de contorno se expressa pelo crescimento da vazão como função do tempo no extremo esquerdo do domínio de integração (supondo que o fluxo circula essencialmente da esquerda para a direita). No problema que nos interessa, que se origina de um rompimento abrupto, a vazão no extremo esquerdo pode crescer de maneira muito violenta, afetando a estabilidade da integração numérica e, de um modo geral, gerando soluções sem sentido físico. Portanto, as equações de Saint Venant podem ser usadas em condições em que o crescimento da vazão "no começo" do canal não é excessivamente íngreme.

Em qualquer caso, para obter informações úteis e significativas da resolução numérica das equações de Saint-Venant precisamos determinar de maneira razoável as condições iniciais, ou seja, o estado do sistema unidimensional no tempo zero. Neste capítulo, sugerimos um método para essa determinação com baixo custo em termos de trabalho humano e equipamentos.

11.2 Equações de Saint-Venant

Um canal, natural ou artificial, no qual percorre um fluido (não necessariamente água) é um sistema cuja evolução no tempo nos interessa conhecer. A razão fundamental para esse interesse é a necessidade de previsão da reação do sistema diante de eventos extremos, como enchentes e rompimentos de barragens. O tipo de descrição que escolhemos para um sistema depende dos nossos objetivos. Por exemplo, embora a cor das águas ou o cheiro da vegetação que cresce nas beiradas sejam relevantes para objetivos sensoriais e artísticos, essas variáveis não são relevantes para a previsão e a mitigação dos estragos de uma enchente. Assim, o que chamamos "estado" de um sistema depende de um conjunto de variáveis (chamadas, precisamente, "variáveis de estado") que consideramos influentes nos efeitos que queremos observar ou prever.

Por outra parte, a escolha das variáveis de estado também depende de nossas hipóteses sobre as leis de evolução do sistema. Não se trata de escolher apenas as variáveis naturalmente importantes, como vazão, largura ou profundidade, mas também aquelas que determinam a evolução das variáveis importantes, algumas das quais tem um sentido físico claro, e outras nem tanto. Por exemplo, as inclinações do solo e do fio d'água têm significado físico que não precisa de excessivos esclarecimentos, mas conceitos como "coeficiente de rugosidade" afetam a evolução do sistema, embora sejam mais difíceis de descrever.

Por outro lado, nossa teoria sobre a evolução do sistema pode nos levar a desconsiderar variáveis que, com outros enfoques, seriam relevantes.

As equações unidimensionais de Saint-Venant costumam ser usadas para prever o comportamento de fluidos em canais naturais ou artificiais (Porto, 2006). As variáveis que descrevem o estado do canal em um instante do tempo t são a área transversal molhada $A(x,t)$, a velocidade média do fluido $V(x,t)$ e a vazão $Q(x,t)$. Consideramos que as diferentes posições ao longo do canal são dadas pela variável x, que varia entre um ponto arbitrário onde $x = 0$ e um ponto cuja distância a $x = 0$ é igual a x_{max}, ou seja, $x = x_{max}$. Ao longo da trajetória que vai de $x = 0$ a $x = x_{max}$ consideramos que o canal é retilíneo, o que é uma hipótese simplificadora. Para fixar ideias, consideraremos que x é medida em metros, assim como outras variáveis espaciais, e que o tempo é medido em segundos. Portanto, a velocidade será medida em metros por segundo (m/s), a área transversal molhada, em metros quadrados (m^2), e a vazão, em metros cúbicos por segundo (m^3/s). Para visualizar a área transversal molhada $A(x,t)$ imaginemos um corte transversal do canal realizado no ponto x. O que chamamos $A(x,t)$ é a área delimitada pela parede do canal em contato com o fluido e a própria superfície do fluido. A vazão $Q(x,t)$ é o produto de $A(x,t)$ vezes a velocidade $V(x,t)$.

A equação de conservação da massa estabelece que, em qualquer ponto x que denota uma posição ao longo do canal e em qualquer instante t, vale a seguinte relação:

$$A_t + Q_x = 0. \tag{11.1}$$

Em (11.1), A_t denota a "derivada" da área transversal molhada em relação ao tempo na posição x e no instante t e Q_x denota a derivada da vazão em relação a x na mesma posição e no mesmo instante.

Grosseiramente, A_t representa a diferença entre o valor de A no instante $t + 1$ menos o valor de A no instante t, para x fixo. Da mesma maneira, Q_x representa a diferença entre o valor de Q na posição $x + 1$ e o valor de Q na posição x, para t fixo. Portanto, em um intervalo de tempo $[t, t + \Delta t]$ a variação da área será, aproximadamente, $A_t \times \Delta t$, e em um trecho espacial $[x, x + \Delta x]$ a variação da vazão será, aproximadamente, $Q_x \times \Delta x$. Mais ainda, a variação da vazão entre $x - \Delta x$ e $x + \Delta x$ será, aproximadamente, $Q_x \times 2\Delta x$.

Essas considerações juntamente com a equação (11.1) justificam o argumento de que, aproximadamente,

$$\frac{A(x, t + \Delta t) - A(x,t)}{\Delta t} + \frac{Q(x + \Delta x, t) - Q(x - \Delta x, t)}{2\Delta x} = 0$$

em qualquer ponto x ao longo do canal e em qualquer instante de tempo t. Portanto, colocando em evidência $A(x, t + \Delta t)$, chegamos à conclusão de que o valor da área transversal no ponto x e no instante $t + \Delta t$ está determinado pelos valores da área transversal e da vazão no instante "anterior" t.

Por outro lado, a equação de conservação da quantidade de movimento pode ser escrita da seguinte maneira:

$$Q_t + (QV)_x + gA\widehat{z_x} + \frac{\underline{\mathrm{f}}PV|V|}{8} = 0. \tag{11.2}$$

Assim como a equação (11.1) explica o futuro imediato da área transversal em termos do presente da própria área transversal e da vazão, a equação (11.2) explica o futuro próximo da vazão (representado por Q_t) em função do presente da velocidade, da própria vazão, da área transversal e das quantidades $\underline{\mathrm{f}}$, $\widehat{z_x}$, e P, cujo significado explicamos na sequência.

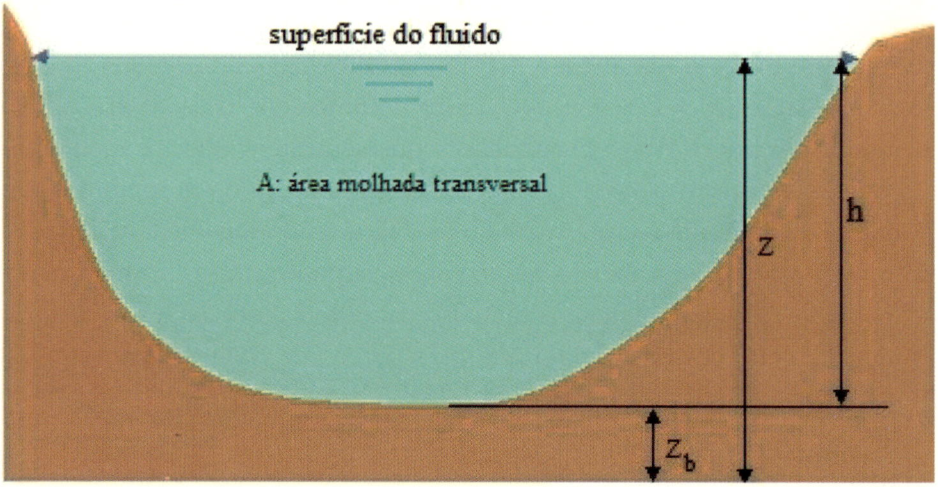

Figura 11.1: Corte transversal evidenciando A, P, h, z e z_b. Fonte: Autoria própria.

Podemos considerar que um canal natural ou artificial é um sistema cujo estado é dado pelos valores das variáveis A, V, Q, P, h, z e z_b ao longo de seu comprimento entre $x = 0$ e $x = x_{max}$.

O estado do sistema muda ao longo do tempo de acordo com as equações de mudança de estado (11.1) e (11.2). Para simular a mudança do sistema ao longo do tempo é fundamental conhecer o estado inicial (valores das variáveis no tempo $t = 0$) da maneira mais precisa possível.

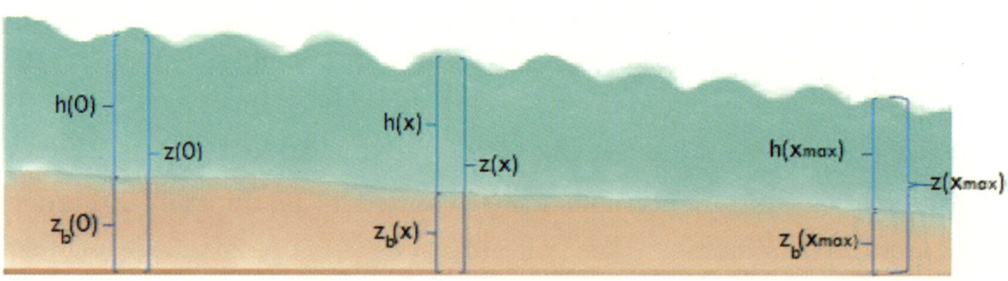

Figura 11.2: Corte longitudinal evidenciando h, z e z_b. Fonte: Autoria própria.

As seguintes quantidades são relevantes para descrever a evolução do sistema pelas equações de Saint-Venant.

1. g é a aceleração da gravidade, aproximadamente $9.8m/s^2$.

2. $z = h + z_b$, onde $h = h(x,t)$ é a profundidade máxima do canal no ponto x e no tempo t e z_b é a coordenada vertical do fundo do canal no ponto x. Portanto, $z_x = h_x + [z_b]_x$ é a inclinação da superfície do fluido, ou seja, a variação da coordenada vertical da superfície do fluido quando a coordenada longitudinal varia 1 metro, aproximadamente. Em outras palavras, $z_x(x,t) \approx \frac{z(x+\Delta x,t)-z(x-\Delta x,t)}{2\Delta x}$. Finalmente, $\widehat{z_x} = z_x/(1+(z_x)^2)$.

3. $P(x,t)$ é o perímetro molhado, ou seja, o perímetro que encerra a área molhada tirando a superfície de contato com o ar.

4. $\underline{\mathrm{f}}$, chamado "coeficiente adimensional de Manning", é um número em que se expressam as forças de atrito, a densidade do fluido e outras forças que contribuem para a diminuição da variação da vazão.

Analogamente ao caso da equação (11.1), a equação (11.2) indica qual é o futuro imediato da vazão se se conhece o presente da velocidade, da inclinação do fluido, do perímetro molhado e do coeficiente adimensional de Manning.

As equações (11.1) e (11.2) foram introduzidas Saint-Venant (1871) no século XIX. Mais precisamente, na segunda das chamadas equações de Saint-Venant, z_x ocupa o lugar de $\widehat{z_x}$. Como, em geral, z_x é muito pequeno, substituir $\widehat{z_x}$ por z_x é praticamente irrelevante. Entretanto, se z_x não é pequeno, a diferença é significativa. No caso extremo, se a inclinação z_x fosse infinita (fluxo vertical), teríamos $z_x = \infty$, mas $\widehat{z_x} = 0$. Portanto, em situações extremas em que queremos modelar mudanças abruptas de inclinação, $\widehat{z_x}$ deve ser usado em vez de z_x.

A Figura 11.1 mostra o corte transversal do canal por um ponto genérico x com as variáveis associadas A, P, h, z e z_b.

11.3 Formas alternativas para a equação de quantidade de movimento

Na literatura sobre as equações de Saint-Venant (ver fórmula 14.43 de Porto, 2006) é comum expressar a equação de conservação da quantidade de movimento na forma

$$V_t + VV_x + gh_x = g(-[z_b]_x - I_f), \tag{11.3}$$

ou seja,

$$V_t + VV_x + gz_x = -gI_f. \tag{11.4}$$

Mas, por (11.2),

$$(AV)_t + (AV^2)_x + gA\widehat{z_x} + \frac{\underline{\mathrm{f}}PV|V|}{8} = 0; \tag{11.5}$$

logo,

$$A_tV + AV_t + A_xV^2 + 2AVV_x + gA\widehat{z_x} + \frac{\underline{\mathrm{f}}PV|V|}{8} = 0. \tag{11.6}$$

Por (11.1) temos que $A_t + A_x V + A V_x = 0$, portanto $A_t + A_x V = -A V_x$, portanto (11.6) implica

$$AV_t + AVV_x + gA\widehat{z_x} + \frac{\text{f}PV|V|}{8} = 0. \tag{11.7}$$

Logo, dividindo por A,

$$V_t + VV_x + g\widehat{z_x} + \frac{\text{f}PV|V|}{8A} = 0. \tag{11.8}$$

Comparando (11.4) com (11.8) e usando $\widehat{z_x} = z_x$, temos que as duas formas da equação de quantidade de movimento são equivalentes, definindo

$$I_f = \frac{\text{f}PV|V|}{8Ag}. \tag{11.9}$$

11.4 Dificuldade para conhecer as condições iniciais

Não é fácil estabelecer o estado inicial do sistema que, como vimos, é necessário para produzir uma simulação do seu comportamento futuro. Em canais artificiais a tarefa é menos árdua porque, via de regra, a forma dos cortes transversais é conhecida e existem medições adequadas de todas as quantidades relevantes. Entretanto, em canais naturais se desconhecem praticamente todas as variáveis descritivas do estado, em particular a forma geométrica da área transversal.

Ferrarezi *et al.* (2020) descrevem um procedimento padrão usado pelos engenheiros para determinar parâmetros hidráulicos aplicados ao rio Jundiaí, no estado de São Paulo. O trabalho se concentra em uma seção transversal específica localizada no município de Campo Limpo Paulista, escolhido pela existência de uma passarela que atravessa o rio. Tal passarela permitiu a imersão de um molinete em vários pontos da seção, e, com esse instrumento, foi possível calcular a velocidade do fluido e a forma da área transversal para essa localização particular. Ou seja, esse procedimento permitiu o cálculo de A, P, h e V para um valor dado de x, que corresponde à posição da passarela. Consequentemente, a vazão $Q = AV$ também foi assim determinada. Por outro lado, o valor da declividade z_x da linha d'água foi calculado usando diversas medições topográficas a montante e a jusante da seção transversal considerada, com a ajuda de um teodolito.

No presente capítulo, descrevemos um procedimento para obter os parâmetros hidráulicos que correspondem ao estado inicial do sistema que independe da presença de instalações circunstanciais (como passarelas) e de instrumentos topográficos. Esse procedimento se baseará em observações diretas dos canais estudados na forma que se descreve a seguir.

11.5 Determinação da forma da área transversal

Assumiremos que, ao longo do canal, temos n_{obs} pontos de observação, com coordenadas $x_1, x_2, \ldots, x_{n_{obs}}$. Embora isso não seja essencial, por simplicidade vamos supor que $x_1 = 0$ e $x_{n_{obs}} = x_{max}$.

Para cada ponto de observação será colocado um observador de cada lado do canal. Para fixar ideias, se nos posicionamos em $x = 0$ e supomos que o fluido circula, normalmente, na direção em que x cresce, teremos um observador à esquerda e um observador à direita em cada ponto de observação. Via de regra, o observador da esquerda verá o fluido avançar da direita à esquerda e o observador da direita verá o fluido avançar da esquerda à direita, coincidindo com a inclinação do solo e do fluido, como indicado na Figura 11.2.

Na Figura 11.3 mostramos o posicionamento dos dois observadores em um ponto do canal. O observador da esquerda está posicionado em E_1 e consegue visualizar o ponto E_3 onde se encontra o fluido com a borda seca do canal. Ao mesmo tempo, consegue estimar tanto sua distância horizontal em relação a E_3, que é o comprimento do segmento E_2E_3, como a distância vertical, que é o comprimento do segmento E_1E_2. Mais ainda, por inspeção direta, o observador da esquerda estima a inclinação (negativa) da reta e_1 e a inclinação, também negativa, da reta e_3. e_1 é a reta tangente à curva intersecção da beira do canal com o corte transversal que passa por E_1, e e_3 é a reta tangente à curva intersecção da beira do canal com o corte transversal que passa por E_3. Analogamente, o observador da direita consegue estimar os comprimentos dos segmentos D_1D_2 e D_3D_2 e as inclinações (positivas) das retas d_1 e d_3. Ambos os observadores podem estimar a largura do canal a nesse corte transversal.

Nenhum dos dois consegue ver o que tem debaixo da superfície do fluido, ou seja, a forma da área transversal que passa por seu ponto de observação. Eles também não possuem passarelas nem molinetes capazaes de auxiliar nessa estimativa. Porém, o conhecimento da largura e das inclinações em E_3 e D_3 tornará possível uma estimativa razoável da forma e das dimensões da área transversal.

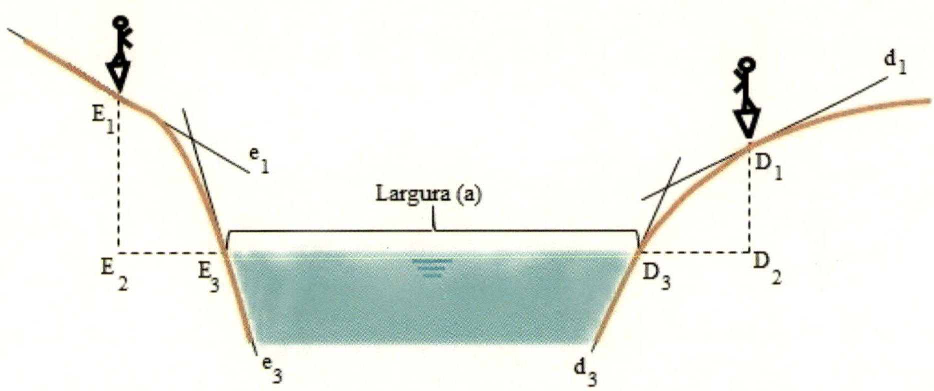

Figura 11.3: Posição dos observadores. Fonte: Autoria própria.

Entretanto, antes de explicar como isso pode ser feito, vamos expandir nosso conhecimento parcial do canal. Essa expansão consiste em estimar as quantidades medidas em um conjunto maior de pontos para os quais não foram feitas medições. A palavra-chave para esse procedimento é *interpolação.*

Com efeito, como vimos acima, temos n_{obs} pontos de observação. Porém, para completar nosso conhecimento sobre o estado inicial do canal, precisamos de informações em muitos outros pontos, além daqueles observados. A quantidade de pontos suficiente para sustentar as previsões se chamará aqui n_{grid}. Como no caso de n_{obs}, vamos supor que $x_{n_{grid}} = x_{max}$.

Entretanto, via de regra, n_{grid} será bem maior que n_{obs}. Como não temos condições de colocar observadores em todos os n_{grid} pontos de interesse, as informações relativas a esses pontos serão interpoladas usando as informações nos pontos efetivamente observados. Em princípio, qualquer tipo de interpolação é admissível. Por exemplo, suponhamos que usamos interpolação linear e que se trata de computar o valor da largura $a(x)$ para um ponto x da malha $\{x_1, \ldots, x_{n_{grid}}\}$ que não se encontra entre os pontos observados $x_1, \ldots, x_{n_{obs}}$. Seja x_{left} o maior ponto observado que é menor ou igual que x. Analogamente, seja x_{right} o menor ponto observado que é maior que x. Então, a interpolação linear estabelece que

$$a(x) = a(x_{left}) + \frac{a(x_{right}) - a(x_{left})}{x_{right} - x_{left}}(x - x_{left}).$$

Procedendo da mesma maneira com as outras magnitudes observadas no contexto da Figura 11.3, podemos supor, de agora em diante, que temos medidas das posições e dos ângulos aludidos nessa figura para todos os pontos da malha $\{x_1, \ldots, x_{n_{grid}}\}$.

A forma e as dimensões do corte transversal em cada ponto x da malha serão calculadas da seguinte maneira. Tomando como referência a Figura 11.3, consideramos o plano que define o corte transversal pelo ponto x e estabelecemos que o ponto E_3 é o ponto com coordenadas $(-a/2, 0)$, enquanto o ponto D_3 é o ponto com coordenadas $(a/2, 0)$. Calculamos então o polinômio cúbico $\Phi(t)$ tal que $\Phi(-a/2) = 0 = \Phi(a/2))$, e, além disso, $\Phi'(-a/2)$ é igual à inclinação da reta e_3, e $\Phi'(a/2)$ é igual à inclinação da reta d_3. Existe um único polinômio de ordem 3 nessas condições, e, de fato, essa é a função suave mais simples que seria conjecturada pelos observadores sem acesso à verdadeira forma da área submersa.

Por exemplo, no caso da Figura 11.3 a largura do canal é 8 metros, a inclinação da reta e_3 é igual a -4 e a inclinação da reta d_3 é igual a 2.4. Pelo procedimento de interpolação cúbica a área transversal resulta ser 34.13 m^2, a profundidade é 6.5 metros e o perímetro molhado é 15.9 metros. Veja a Figura 11.4.

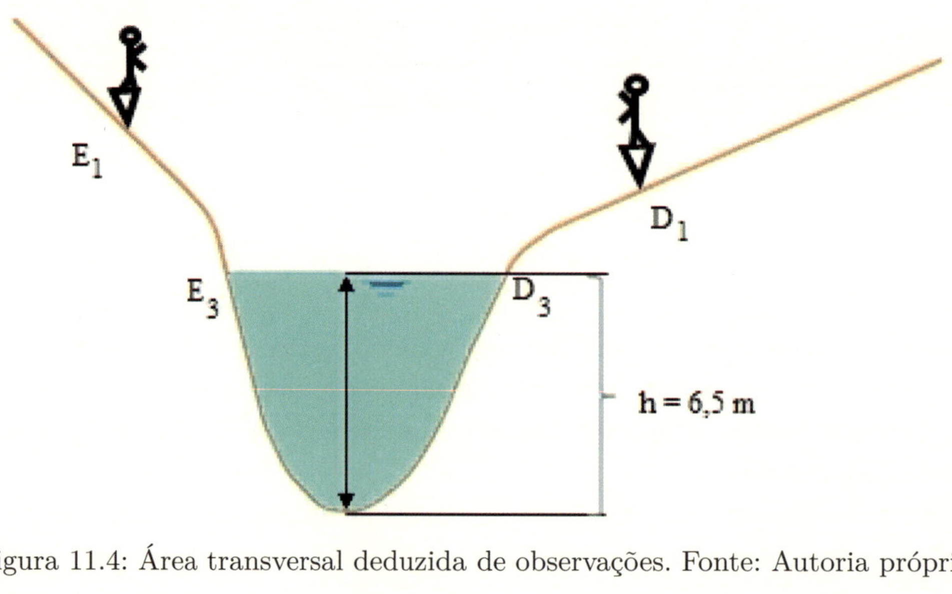

Figura 11.4: Área transversal deduzida de observações. Fonte: Autoria própria.

Entretanto, esses cálculos se referem apenas à área transversal que se encontra debaixo da superfície do fluido.

A descrição inicial do canal deve incluir não apenas a área debaixo da superfície do fluido, mas também uma boa parte da área não inundada, dado que, em caso de crescente, é a área atualmente não inundada que será ocupada pelo fluido. Precisamos, então, equacionar o corte transversal incluindo uma boa parte das paredes em contato com o ar. Para isso usaremos novamente as informações do campo, depois de interpoladas e, portanto, vigentes em todos os pontos da malha. Tomando como base a Figura 11.3, lembremos que as distâncias E_1E_2 e E_2E_3 podem ser consideradas observadas, assim como a inclinação da reta e_1 e a inclinação de e_3, que já foi usada para calcular a área molhada. Para desenharmos o contorno que vai de E_1 até E_2, definimos um eixo horizontal arbitrário de coordenadas e calculamos a parábola cúbica que passa pelos pontos E_1 e E_3 e tem como derivada a inclinação de e_1 no ponto de abscissa E_1 e a inclinação de e_3 no ponto de abscissa E_3. Essa parábola cúbica define, no nosso método, a curva que une E_1 com E_3. Para definir o contorno além de E_1 extrapolamos linearmente a parábola cúbica respeitando sua inclinação em E_1. Procedendo da mesma maneira com o observador da direita, obtemos uma estimativa completa do corte transversal por qualquer ponto x pertencente à malha $\{x_1, \ldots, x_{n_{grid}}\}$. Veja a Figura 11.4.

As interpolações cúbicas usadas para desenhar as curvas que unem E_1 com E_3 e D_1 com D_3 merecem uma ressalva que será considerada na seção seguinte. Essa seção pode ser desconsiderada pelos leitores não interessados em interpolações numéricas.

11.6 Quando a parábola cúbica falha

A curva que une D_3 com D_1 é um polinômio de grau 3. Mais precisamente, é o único polinômio de grau 3 que interpola as posições de D_3 e D_1 preservando as inclinações observadas em ambos os pontos. Essa curva é estritamente crescente, o que é claramente natural e corresponde à característica física do problema: o observador está acima do nível do fluido.

Infelizmente, é matematicamente possível que uma curva interpolada desse tipo não resulte crescente, apresentando um "morrinho" diante do observador da direita.

Com efeito, suponhamos que no ponto D_3 a inclinação seja igual a 2, que a distância entre D_2 e D_3 seja 3 metros e que a inclinação no ponto D_1 é igual a 11. Nesse caso, a inclinação da *única* parábola cúbica que ajusta esses dados vale 0 à distância de 1 metro de D_3 e é negativa entre 1 e 2 metros de distância de D_3, o que é fisicamente inaceitável.

Vejamos, em consequência, um procedimento que nos permite encontrar uma curva suave que conecta D_3 com D_1 e que sempre é crescente, ou seja, não apresenta inesperados "morrinhos" entre os dois pontos extremos.

Consideremos primeiro o caso mostrado na Figura 11.5. Nesse caso, as retas d_1 e d_3 se cortam no ponto P que está no trajeto entre D_3 e D_1. Portanto, a princípio não haveria nenhum impedimento a que, em vez da parábola cúbica que une D_3 com D_1, aproximássemos a superfície não molhada com a poligonal D_3PD_1. O único inconveniente é quase exclusivamente estético. Seria mais agradável que, em vez de ter um bico no ponto P, a curva aproximante fosse totalmente suave. Para conseguir isso, apelaremos ao seguinte truque. Consideremos o ponto Q, projeção de P no segmento D_3D_2, e o ponto D_4 no segmento D_3D_2 tal que o comprimento de D_3Q é igual ao comprimento de QD_4. Finalmente, seja P_2 o ponto do segmento PD_1, cuja projeção no segmento D_3D_2 é D_4. Evidentemente, existe uma única parábola cúbica que une D_3 com P_2 e que tem como inclinações em D_3 e P_2 as inclinações das retas d_3 e d_1 respectivamente. Essa parábola cúbica, colada com a reta d_1, completa uma curva suave que une D_3 com D_1. Ver a Figura 11.6. Mais ainda, pode ser provado que essa parábola cúbica é, na realidade, uma quadrática e que, em consequência, é crescente entre D_3 e P_2. Logo, a união da parábola que liga D_3 com P_2 mais o segmento que liga P_2 com D_1 forma uma curva suave que une D_3 com D_1.

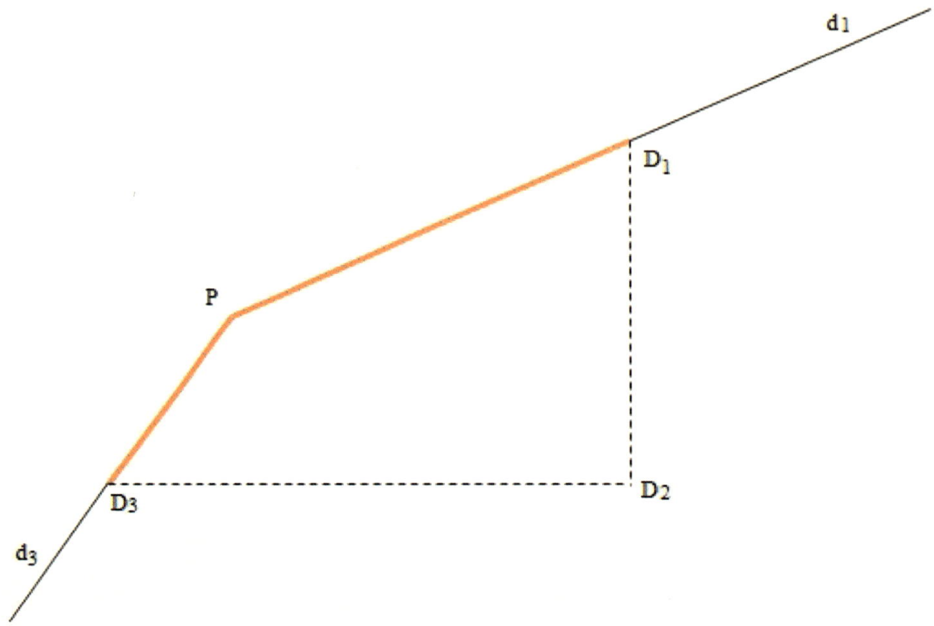

Figura 11.5: Poligonal que conecta observador com beira do canal. Fonte: Autoria própria.

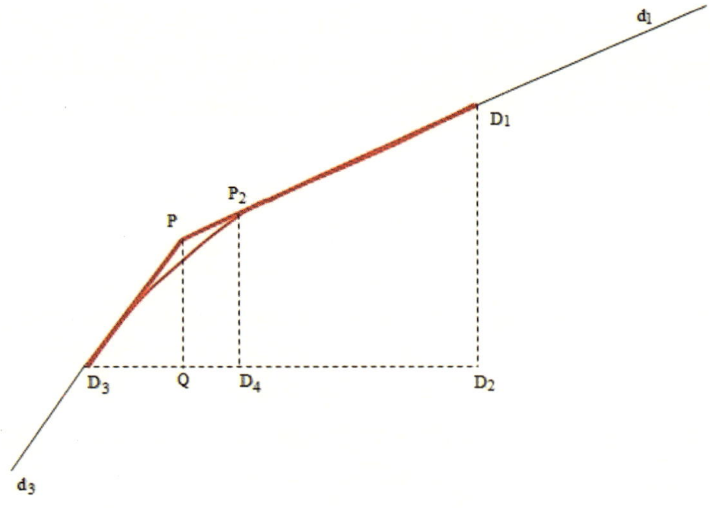

Figura 11.6: Curva suave que conecta observador com beira do canal. Fonte: Autoria própria.

Temos uma situação levemente diferente no caso em que as retas d_1 e d_3 não se cortam entre D_1 e D_3, como na Figura 11.7.

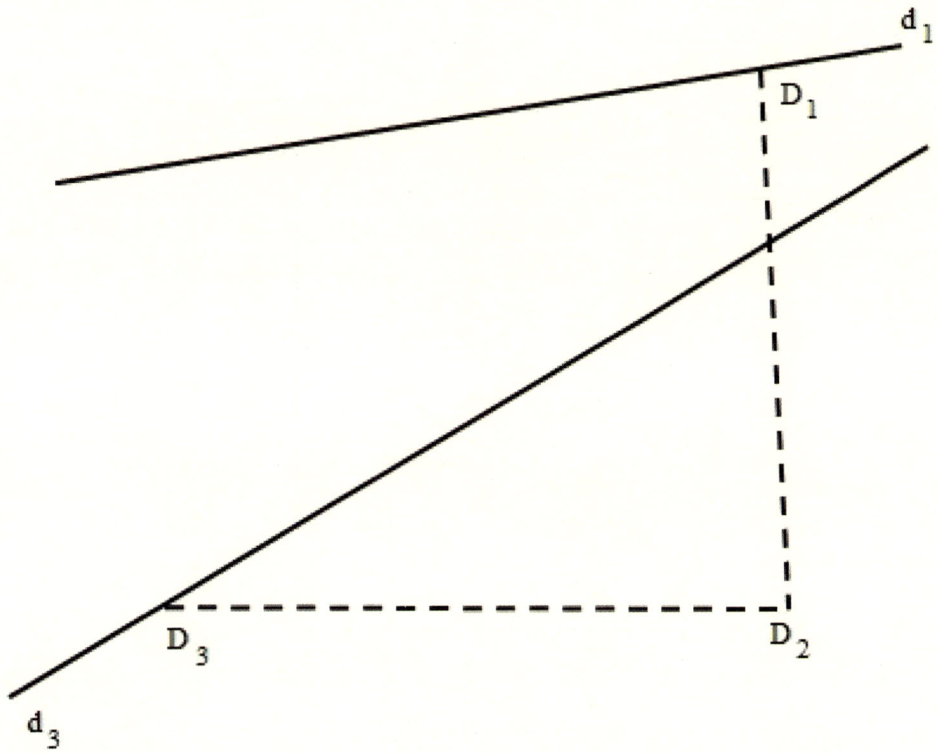

Figura 11.7: d_1 e d_2 não se cortam. Fonte: Autoria própria.

Nesse caso, dividimos o segmento D_3D_2 em três segmentos iguais, divididos pelos pontos A_1 e A_2, e dividimos o segmento D_2D_1 em três segmentos iguais, divididos pelos pontos B_1 e B_2. Ficam assim determinados dois retângulos, no primeiro dos quais o vértice inferior esquerdo é D_3 e no segundo o vértice superior direito é D_1. Ver a Figura 11.8. A reta d_3 corta o primeiro retângulo nos pontos D_3 e C_1 e a reta d_1 corta o segundo retângulo nos pontos D_1 e C_2. Logo, a poligonal crescente $D_3C_1C_2D_1$ conecta D_3 com D_1 sem "morrinhos". Como no caso da Figura 11.6, agora gostaríamos de suavizar essa poligonal.

Observe que, neste desenho, C_1 está no lado vertical do retângulo cujo vértice é D_3, mas poderia estar no lado horizontal superior se a reta d_3 fosse mais inclinada. Similar observação pode ser feita em relação a C_2. Sejam C_1' e C_2' as projeções de C_1 e C_2 no segmento D_1D_2. Na Figura 11.8 C_1' coincide com A_1 e C_2' coincide com A_2, mas isso não precisa ser sempre assim, como afirmado acima. Seja C_3 o ponto médio de C_1' e C_2' e seja C_3 o ponto do segmento C_1C_2 cuja projeção no segmento D_3D_2 é C_3'. Se o comprimento do segmento $C_3'C_2'$ é menor que o comprimento do segmento $C_2'D_2$ (como no caso da Figura 11.8), escolhemos C_4' no segmento $C_2'D_2$ de maneira que o comprimento de $C_3'C_2'$ seja igual ao comprimento de $C_2'C_4'$. Em consequência, estamos em condições de calcular a parábola crescente que passa por C_3 e C_4 e conecta esses dois pontos de maneira suave. Fica por conta do leitor estabelecer o procedimento a seguir quando o comprimento do segmento $C_3'C_2'$ é maior que o comprimento do segmento $C_2'D_2$. Procedendo da mesma maneira à esquerda de C_3 calculamos a parábola que suaviza a poligonal pela esquerda. Similares cálculos para a beira esquerda do canal completam o desenho da borda para o caso em que a interpolação cúbica produz curvas não monótonas.

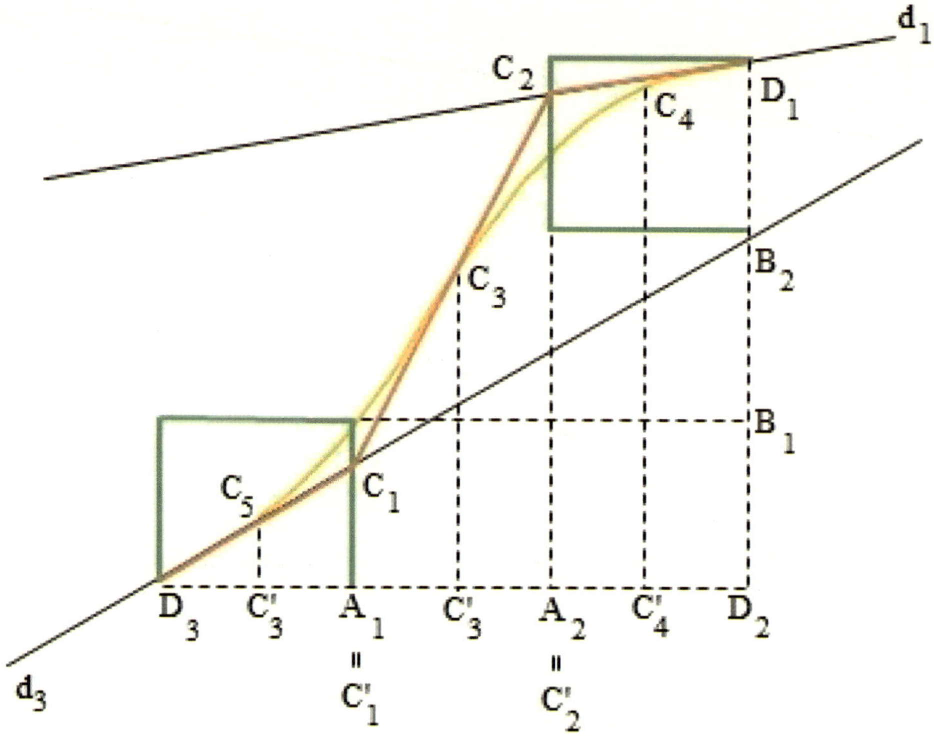

Figura 11.8: Suavização quando d_1 e d_2 não se cortam. Fonte: Autoria própria.

Uma alternativa interessante a esse procedimento, que elimina a necessidade de considerar dois casos diferentes para a intersecção das retas d_1 e d_3 com os correspondentes retângulos, é substituir retângulos por elipses com semieixos iguais ao que agora consideramos lados dos retângulos.

11.7 Velocidades, conservação da massa e correção de áreas

Embora sem instrumentos especiais, as velocidades do fluido em diferentes pontos de observação podem ser medidas por meio de procedimentos mecânicos elementares. Por exemplo, através da observação da navegação de partículas pequenas na superfície. Se procedemos dessa maneira, a medida da velocidade em cada ponto da malha pode ser obtida por interpolação linear.

Entretanto, é interessante realizar todas estas observações preliminares em uma situação estável, ou seja, quando o regime é "permanente", isto é, quando velocidades, profundidades e vazões não variam em relação ao tempo. Nesse caso, o princípio de conservação da massa (11.1) estabelece que $Q_x = 0$, ou seja, a vazão é constante ao longo do canal.

Obviamente, dado que $Q = AV$, esse fato pode contradizer nossas medidas de áreas e velocidades. Portanto, para satisfazer (11.1) é necessário corrigir as áreas ou as velocidades. Suponhamos que optamos por aceitar as medições de velocidades e corrigir as áreas. O razoável será proceder a essa correção fazendo a mínima variação possível nas áreas já calculadas, pois, afinal de contas, acreditávamos que eram razoavelmente corretas. Isso significa que deveremos resolver um problema como o seguinte:

$$\text{Minimizar} \sum_{i=1}^{n_{grid}} (A_i - \bar{A}_i)^2 \text{ sujeita a } A_i V_i = c, i = 1, \ldots, n_{grid}. \tag{11.10}$$

Em (11.10) as incógnitas são $A_1, \ldots, A_{n_{grid}}$ e c, enquanto $\bar{A}_i$ é a área já medida no ponto i da malha e V_i é a velocidade medida correspondente. Por (11.10) temos que $A_i = c/V_i$, portanto o problema é equivalente a

$$\text{Minimizar} \sum_{i=1}^{n_{grid}} (c/V_i - \bar{A}_i)^2, \tag{11.11}$$

onde a única incógnita é a vazão desconhecida c. Igualando a zero a derivada da função objetivo de (11.11) temos que

$$\sum_{i=1}^{n_{grid}} 2(c/V_i - \bar{A}_i)/V_i = 0,$$

ou seja,

$$\sum_{i=1}^{n_{grid}} (c/V_i^2 - \bar{A}_i/V_i) = 0.$$

Portanto,

$$c = \frac{\sum_{i=1}^{n_{grid}} \bar{A}_i/V_i}{\sum_{i=1}^{n_{grid}} 1/V_i^2}.$$

Consequentemente, para todo $j = 1, n_{grid}$, a área corrigida será:

$$A_j = c/V_j.$$

Deve ser observado que, implicitamente, fizemos a suposição de que $V_i \neq 0$ para todo i. De fato, se alguma velocidade V_i é nula, (11.1) implica que $c = 0$, e, portanto, para todo $i = 1, \ldots, n_{grid}$, teremos que $V_i = 0$ ou $A_i = 0$. Logo, a solução de (11.10) será $A_i = 0$ para todo i tal que $V_i \neq 0$ e $A_i = \bar{A}_i$ para todo i tal que $V_i = 0$.

Agora, as áreas "observadas" em cada ponto da malha eram o resultado, para cada ponto x_i, da construção de uma parábola cúbica que passava por E_3 e D_3 com as inclinações das retas d_3 e e_3. Ver a Figura 11.3. Como as áreas foram corrigidas, as inclinações das retas e_3 e d_3 também devem ser corrigidas. Fixando i, vamos chamar m_E à inclinação (negativa) da reta e_3 e m_D à inclinação (positiva) da reta d_3. Então, a área transversal calculada A é uma função de d_3 e e_3. Mais precisamente, a área já calculada $\bar{A}_i$ é função de inclinações observadas $\bar{m}_E$ e $\bar{m}_D$. Em símbolos:

$$\bar{A}_i = \Phi(\bar{m}_E, \bar{m}_D).$$

O que desejamos é descobrir quais os são valores de inclinações m_E e m_D tais que

$$A_i = \Phi(m_E, m_D), \tag{11.12}$$

onde A_i é a área transversal corrigida. Para isso vamos supor que

$$m_E = t\bar{m}_E \text{ e } m_D = t\bar{m}_D, \tag{11.13}$$

com $t \geq 0$ sendo um parâmetro que precisamos descobrir.

Portanto, temos a equação

$$A_i = \Phi(tm_E, tm_D). \tag{11.14}$$

Observe que, se $t = 0$, a área transversal seria 0, e que, quando t cresce, a área transversal necessariamente cresce.

Portanto, (11.14) é uma equação com uma incógnita fácil de resolver numericamente por métodos de tipo bissecção. Feito isso, recuperamos os valores das inclinações que satisfazem (11.12) usando (11.13). Mais ainda, podemos recalcular o valor da profundidade h_i e do perímetro molhado P_i para cada ponto da malha.

11.8 Coeficientes de Manning e inclinação do solo

O conhecimento da profundidade h para cada ponto da malha nos permite calcular a derivada de h em relação a x, aproximadamente, por interpolação linear, usando as fórmulas

$$[h_x]_1 = \frac{h_2 - h_1}{x_2 - x_1}, \tag{11.15}$$

$$[h_x]_{n_{grid}} = \frac{h_{n_{grid}} - h_{n_{grid}-1}}{x_{n_{grid}} - x_{n_{grid}-1}} \tag{11.16}$$

e

$$[h_x]_i = \frac{h_{i+1} - h_{i-1}}{x_{i+1} - x_{i-1}} \text{ se } 1 < i < n_{grid}. \tag{11.17}$$

Da mesma maneira, podemos considerar que conhecemos A_x, V_x e $(QV)_x$ em cada ponto da malha. Por exemplo,

$$[(QV)_x]_1 = \frac{Q_2V_2 - Q_1V_1}{x_2 - x_1},$$

$$[(QV)_x]_{n_{grid}} = \frac{Q_{n_{grid}}V_{n_{grid}} - Q_{n_{grid}-1}V_{n_{grid}-1}}{x_{n_{grid}} - x_{n_{grid}-1}}$$

e

$$[(QV)_x]_i = \frac{Q_{i+1}V_{i+1} - Q_{i-1}V_{i-1}}{x_{i+1} - x_{i-1}} \text{ se } 1 < i < n_{grid}.$$

Entretanto, não conhecemos $[z_b]_x$, a inclinação do solo, nem $\underline{f}$, o coeficiente adimensional de Manning. A estimativa do coeficiente de Manning com diferentes técnicas com variados graus de complexidade é frequentemente discutida na literatura (Porto, 2006; Ding *et al.*, 2004; Hrafnkelsson *et al.*, 2020; Ferrarezi *et al.*, 2020; Simões *et al.*, 2011; Martim, 2019).

Felizmente, a equação (11.2) vem em nossa ajuda. Dado que observamos o canal no regime permanente, ou seja, quando as variáveis não mudam com o tempo, a equação (11.2) implica que

$$(QV)_x + gA\widehat{z_x} + \frac{\underline{f}PV|V|}{8} = 0. \tag{11.18}$$

Portanto, em cada ponto da malha:

$$[(QV)_x]_i + gA_i[\widehat{z_x}]_i + \frac{\underline{f}_i P_i V_i |V_i|}{8} = 0. \tag{11.19}$$

Ou seja,

$$[(QV)_x]_i + gA_i\frac{[z_x]_i}{1+[z_x]_i^2} + \frac{\underline{f}_i P_i V_i |V_i|}{8} = 0.$$

Logo, escrevendo $z_x = h_x + [z_b]_x$, temos que, para todo $i = 1, n_{grid}$,

$$[(QV)_x]_i + gA_i\frac{[h_x]_i + [[z_b]_x]_i}{1+([h_x]_i + [[z_b]_x]_i)^2} + \frac{\underline{f}_i P_i V_i |V_i|}{8} = 0. \tag{11.20}$$

Em (11.20) temos um sistema de n_{grid} equações. Para cada equação temos duas incógnitas, a inclinação do solo $[[z_b]_x]_i$ e o coeficiente adimensional de Manning $\underline{f}_i$. Esse coeficiente é necessariamente não-negativo, enquanto a inclinação do solo é negativa quase com certeza. Naturalmente, se a inclinação do solo fosse conhecida por outros meios, os coeficientes de Manning poderiam ser obtidos diretamente a partir de (11.20).

Por (11.19) temos que

$$[\widehat{z_x}]_i = -\frac{[(QV)_x]_i - \frac{\underline{f}_i P_i V_i |V_i|}{8}}{gA_i}. \tag{11.21}$$

Usando um salutar princípio de variação mínima, podemos obter uma solução do sistema (11.20) através da resolução do problema

$$\text{Minimizar} \sum_{i=1}^{n_{grid}-1} (\underline{f}_{i+1} - \underline{f}_i)^2 + ([\widehat{z_x}]_{i+1} - [\widehat{z_x}]_i)^2 \text{ sujeita a } \underline{f} \geq 0. \tag{11.22}$$

Devido a (11.21), esse problema depende somente das variáveis $\underline{f}_i$. Uma vez resolvidas as variáveis $[\widehat{z_x}]_i$ são recuperadas usando (11.21), e, finalmente, as inclinações do solo $[[z_b]_x]_i$ são obtidas graças às relações

$$[\widehat{z_x}]_i = [z_x]_i/(1+[z_x]_i)^2$$

e

$$[z_x]_i = [[z_b]_x]_i + [h_x]_i.$$

11.9 Evolução do sistema

O que fizemos até aqui foi determinar o estado inicial do canal quando este está em regime permanente, ou seja, as variáveis fundamentais que não dependem do tempo. Observações simples tomadas em diferentes pontos (estações) são suficientes para uma descrição completa das condições necessárias para calcular a evolução do sistema. As equações de Saint-Venant (11.1) e (11.2) são as ferramentas adequadas para esse cálculo. Para entender a viabilidade desse procedimento vamos descrever brevemente o método mais simples e intuitivo que pode servir para resolver as equações de Saint-Venant. Trata-se do chamado "Método explícito" que, embora pouco recomendável na prática por razões de estabilidade numérica, é o mais adequado para a intuição de como as coisas funcionam (LeVeque, 1992).

A suposição fundamental do método explícito aplicado às equações de Saint-Venant é que, se $\Delta t > 0$, para todos os pontos x_i da malha, desde $i = 1$ até $i = n_{grid}$, vale, aproximadamente, que

$$A_t(x_i, t) = \frac{A(x_i, t + \Delta t) - A(x_i, t)}{\Delta t} \quad \text{e} \quad Q_t(x_i, t) = \frac{Q(x_i, t + \Delta t) - Q(x_i, t)}{\Delta t}. \tag{11.23}$$

Portanto,

$$A(x_i, t + \Delta t) = A(x_i, t) + A_t(x_i, t)\Delta t \tag{11.24}$$

e

$$Q(x_i, t + \Delta t) = Q(x_i, t) + Q_t(x_i, t)\Delta t. \tag{11.25}$$

Agora, por (11.1) e (11.2), para todos os pontos x_i, desde $i = 1$ até $i = n_{grid}$,

$$A_t(x_i, t) + Q_x(x_i, t) = 0 \tag{11.26}$$

e

$$Q_t(x_i, t) + (QV)_x(x_i, t) + gA(x_i, t)\widehat{z_x}(x_i, t) + \frac{\underline{f}(x_i)P(x_i, t)V(x_i, t)|V(x_i, t)|}{8} = 0. \tag{11.27}$$

Juntando (11.24) e (11.25) com (11.26) e (11.27) vemos que, para todos os pontos x_i da malha, os valores de $A(x_i, t + \Delta t)$ e $Q(x_i, t + \Delta t)$ podem ser obtidos se conhecemos $\underline{f}(x)$, $Q_x(x_i, t)$, $(QV)_x(x_i, t)$, $A(x_i, t)$, $\widehat{z_x}(x_i, t)$, $P(x_i, t)$ e $V(x_i, t)$.

Em outras palavras, o que vai acontecer no tempo $t + \Delta t$ pode ser calculado se soubermos todo o acontecido no tempo t.

Nas seções anteriores aprendemos a obter $A(x_i, t), \widehat{z_x}(x_i, t), P(x_i, t)$ e $V(x_i, t)$ quando $t = 0$, supondo que nesse instante o regime é permanente.

Sobre Q_x e $(QV)_x$ precisamos fazer um comentário. É bastante aceitável que, para i entre 2 e $n_{grid} - 1$, sejam usadas as aproximações

$$Q_x(x_i, t) = \frac{Q(x_{i+1}, t) - Q(x_{i-1}, t)}{x_{i+1} - x_{i-1}} \quad \text{e} \quad (QV)_x(x_i, t) = \frac{(QV)(x_{i+1}, t) - (QV)(x_{i-1}, t)}{x_{i+1} - x_{i-1}}. \tag{11.28}$$

Entretanto, essas aproximações não são possíveis para $i = 1$ nem para $i = n_{grid}$ porque x_0 e

$x_{n_{grid}+1}$ não existem. É tentador, nesses casos, usar as aproximações

$$Q_x(x_1,t) = \frac{Q(x_2,t) - Q(x_1,t)}{x_2 - x_1} \quad \text{e} \quad (QV)_x(x_1,t) = \frac{(QV)(x_2,t) - (QV)(x_1,t)}{x_2 - x_1}, \tag{11.29}$$

assim como

$$\begin{aligned} Q_x(x_{n_{grid}},t) &= \frac{Q(x_{n_{grid}},t) - Q(x_{n_{grid}-1},t)}{x_{n_{grid}} - x_{n_{grid}-1}} \\ \text{e} \quad (QV)_x(x_{n_{grid}},t) &= \frac{(QV)(x_{n_{grid}},t) - (QV)(x_{n_{grid}-1},t)}{x_{n_{grid}} - x_{n_{grid}-1}}. \end{aligned} \tag{11.30}$$

De fato, já fizemos isso na Seção 11.8 com o objetivo de descobrir os coeficientes de Manning e as inclinações do solo. Entretanto, a consideração de que (11.29) e (11.30) têm o mesmo nível de validade que (11.28) esconde uma suposição que é pertinente deixar explícita. Para simplificar, iremos nos referir somente à variável Q e ao ponto x_1 da malha. De acordo com (11.28), a aproximação de $Q_x(x_1,t)$ deveria ser

$$Q_x(x_1,t) = \frac{Q(x_2,t) - Q(x_0,t)}{x_2 - x_0}, \tag{11.31}$$

onde x_0 é um ponto fictício igual a $x_1 - (x_2 - x_1)$. Por outro lado, a aproximação (11.29) prescreve que

$$Q_x(x_1,t) = \frac{Q(x_2,t) - Q(x_1,t)}{x_2 - x_1}. \tag{11.32}$$

Portanto, a compatibilização de (11.31) com (11.32) exige que

$$\frac{Q(x_2,t) - Q(x_0,t)}{x_2 - x_0} = \frac{Q(x_2,t) - Q(x_1,t)}{x_2 - x_1}.$$

Ou seja, como $x_2 - x_0 = 2(x_2 - x_1)$,

$$\frac{Q(x_2,t) - Q(x_0,t)}{2} = Q(x_2,t) - Q(x_1,t).$$

Isso é equivalente a

$$Q(x_1,t) - Q(x_0,t) = Q(x_2,t) - Q(x_1,t)$$

e, também, a $Q(x_0,t) - 2Q(x_1,t) + Q(x_2,t) = 0$. Isso significa que a aproximação (11.31) é equivalente a (11.32) se supomos que a variação de Q em relação a x no ponto x_1 é a mesma à direita e à esquerda, ou seja, não há variação em x_1. Em termos matemáticos, isso significa que a derivada segunda de Q em relação a x está sendo considerada igual a zero, ou, dito de outra maneira, ao redor de x_1 a vazão Q se comporta como uma função linear. Ainda em outras palavras, $Q(x_1,t)$ seria a média aritmética entre $Q(x_0,t)$ e $Q(x_2,t)$. Portanto, a anulação da derivada segunda é uma "condição de contorno" escondida em (11.29) e (11.30).

As equações de evolução (11.26) e (11.27) junto com a definição "explícita" das derivadas em relação ao tempo (11.24) e (11.25) e as aproximações das derivadas espaciais (11.28),

(11.29) e (11.30) seriam o ponto de partida para escrever um programa de computador que resolvesse, ou tentasse resolver, as equações de Saint-Venant. Entretanto, como calculamos as condições iniciais supondo um regime permanente, as derivadas em relação ao tempo serão sempre nulas e, portanto, os valores das variáveis de estado em todos os instantes do tempo serão os mesmos, independentemente do valor escolhido para Δt. De fato, esse é um bom teste para detectar possíveis erros do programa.

Na realidade, não estamos interessados nessa solução óbvia, mas no que poderia acontecer se, ao longo do tempo, no extremo esquerdo da malha ocorresse fenômeno mais irregular. Por exemplo, interessa-nos saber qual é a reação do sistema diante de uma enchente que, na origem x_1 da malha, faça aumentar a vazão desde seu valor em $t = 0$ até, digamos, $50m^3/s$ em um período de 30 minutos.

Por exemplo, suponhamos que a vazão inicial em $x = x_1$ (extremo esquerdo do canal) seja igual a 5 metros cúbicos por segundo, ou seja, $Q(x_1, 0) = 5$. Suponhamos que esta vazão aumente linearmente com o tempo até chegar a $50m^3/s$ aos 30 minutos, ou seja, $Q(x_1, 1800) = 50$ e $Q(x_1, t) = 5 + ((50 - 5)/1800)t$. Em particular, se Δt é igual a 1 segundo, teremos $Q(x_1, \Delta t) = Q(x_1, 1) = 5 + (50 - 5)/1800$. Obviamente, a vazão em $t = 1$ não é igual a 5, que é o valor que teriamos obtido se usássemos (11.25), pois as condições iniciais foram calculadas supondo o regime permanente, ou seja, com $Q_t = 0$. Portanto, a satisfação da condição de contorno requerida exige que, para o cálculo da vazão em $x = x_1$ nos diferentes valores de t, a fórmula (11.25) não seja usada. A interpretação desse fato é que, com a imposição da condição de contorno crescente, a suposição de comportamento linear da vazão no contorno da esquerda, que sustenta a fórmula (11.32), não pode ser válida.

11.10 Cálculos necessários em cada passo temporal para a evolução do sistema

Depois do cálculo das condições iniciais ($A(x_i, t)$ e $Q(x_i, t)$ desde $i = 1$ até $i = n_{grid}$) em $t = 0$, através de (11.26), (11.27), (11.24), (11.25) e da condição de contorno, podemos calcular, dado um pequeno intervalo de tempo, Δt, $A(x_i, \Delta t)$ e $Q(x_i, \Delta t)$ para todo i entre 1 e n_{grid}.

Para continuar esse processo, ou seja, para calcular $A(x_i, 2\Delta t)$ e $Q(x_i, 2\Delta t)$ para todo i entre 1 e n_{grid} etc., precisamos, de acordo com (11.27), dos valores de $\widehat{z_x}(x_i, \Delta t)$ em todos os pontos da malha. Com efeito, todas as outras quantidades que aparecem em (11.27) e que são necessárias para calcular Q_t são facilmente computáveis usando os valores de A e Q.

Como vimos, para qualquer valor de t, $\widehat{z_x}(x_i, t) = z_x(x_i, t)/(1 + z_x(x_i, t)^2)$, portanto o problema de calcular $\widehat{z_x}(x_i, t)$ se reduz ao de calcular $z_x(x_i, t)$. Por sua vez, $z_x(x_i, t) = h_x(x_i, t) + [z_b]_x(x_i)$. Como $[z_b]_x$ só precisa ser calculado uma única vez, pois não depende de t, precisamos apenas do cálculo de $h_x(x_i, t)$. Mais ainda, h_x pode ser calculado por diferenças em função de h como em (11.15), (11.16) e (11.17), portanto o que precisamos é apenas calcular os valores de $h(x_i, t)$ para cada ponto da malha supondo conhecidos os valores de $A(x_i, t)$. Lamentavelmente, a dependência da profundidade h em relação à área A não vem dada, em geral, por uma fórmula fechada no caso de um canal natural. De fato, é necessário um programa auxiliar que calcule a altura para cada valor possível da área, dados os cortes transversais calculados na fase inicial. Do ponto de vista computacional, esta é a parte mais custosa de um programa para resolver as equações de Saint-Venant. Por isso a opção computacional mais razoável é realizar todos os cálculos de h em função de A em cada ponto da malha uma única vez, no início dos cálculos, armazenando os resultados para seu uso em cada nível temporal em que estes sejam necessários.

11.11 Conclusões

Este capítulo enuncia e descreve uma hipótese científica: é possível, com as medições sugeridas no texto, obter, com recursos técnicos mínimos, estimativas geométricas e físicas para um canal natural com precisão suficiente para produzir soluções das equações de Saint-Venant com boa correspondência em relação à realidade.

Mais precisamente, conjeturamos a seguinte proposição:

Proposição P *Os procedimentos descritos neste artigo permitem obter a forma das áreas transversais, a inclinação do solo e o coeficiente de Manning com uma precisão tal que, usando essas estimativas, a solução das equações de Saint-Venant se torna uma previsão razoável para um crescimento moderado da vazão no contorno.*

A corroboração dessa conjectura é experimental. Nosso projeto original consistia em confrontar essas conjeturas com a realidade, mas a pandemia de 2020 impediu esta etapa da pesquisa, a qual devia ser realizada com o concurso de alunos de graduação e pós-graduação matriculados em um curso de Modelos Matemáticos.

Fica, entretanto, a proposta para ser corroborada ou refutada em tempos melhores.

Agradecimento

Agradeço a Maria Inês da Silva e Joel Viltus pelos desenhos.

Referências

Pirulli, M., Barbero, M., Marchelli, M., & Scavia, C. (2017). The failure of the Stava Valley tailings dams (Northern Italy): numerical analysis of the flow dynamics and rheological properties. *Geoenvironmental Disasters*, v. 4n. 3.

Saint-Venant, A. J. C. (1871). Théorie du mouvement non-permanent des eaux, avec application aux crues des rivière at à l'introduction des marées dans leur lit. *Comptes Rendus des Séances de Académie des Sciences*, v. 73, 147–154.

Porto, R. M. (2006). *Hidráulica básica* (Vol. 4). São Carlos: EESC-USP.

Ding, Y., Jia, Y., & Wang, S. S. Y. (2004). Identification of Manning's roughness coefficients in shallow water flows. *Journal of Hydraulic Engineering*, v. 130n. 6, 501–510.

Hrafnkelsson, B., Sigurdarson, H., & Gardarsson, S. M. (2020). Generalization of the power-law rating curve using hydrodynamic theory and Bayesian hierarchical modeling [arXiv:2010.04769v1 [Stat.AP] 9 Oct 2020]. *Environmetrics.*

Ferrarezi, D., Bermúdez, L. F. M., & Martim, A. S. S. S. (2020). Determinação dos parâmetros hidráulicos do Rio Jundiaí para avaliação do transporte de sedimentos. *XXIX Congreso Latinoamericano de Hidráulica.*

Simões, A. L. A., Brito, R. J. R., Schulz, H. E., Porto, R. M., & Lobosco, R. J. (2011). Aspectos numéricos e físicos de soluções das equações de Saint-Venant [Disponível em www.researchgate.net/publication/259398961 (Acessado em 04/02/2022)]. *6º Congresso Luso-Moçambicano de Engenharia / 3º Congresso de Engenharia de Moçambique.*

Martim, A. L. S. S. (2019). Notas de aula de Hidráulica Matemática.

LeVeque, R. J. (1992). *Numerical methods for conservation laws* (Vol. 214). Springer.

12

Potencial de uso de modelos de simulação 2D para prevenção de catástrofes em rompimento de barragens de rejeitos

Laércio Massaru Namikawa[1]

12.1 Introdução

Mapeamento de áreas de risco de serem atingidas por material liberado em rompimento de barragens previne a ocorrência de desastres se medidas de mitigação forem tomadas. Podem-se, por exemplo, instalar infraestruturas resistentes ao impacto do material ou, em locais em que a modificação do uso não for possível, é importante introduzir sistemas de alerta.

O rompimento de barragens de rejeitos libera um material diferente do rompimento de barragens de água. No caso de barragens de água, os modelos geram ondas com velocidades de propagação da mancha de água compatíveis com a maior fluidez (e menor viscosidade) da água. Para o caso de rompimento de barragens de rejeitos, o material liberado tem propriedades físicas mais parecidas com aquelas dos carregados em corridas de lama.

O Titan2D foi concebido como uma ferramenta para simular avalanches granulares sobre modelos digitais de elevação (Patra *et al.*, 2005). Como o desenvolvimento foi através de uma colaboração entre os departamentos de Matemática, Engenharia Mecânica e Aeroespacial, Geologia e Geografia da Universidade Estadual de Nova York em Buffalo, as principais avalanches granulares consideradas são as relacionadas a processos geológicos como os movimentos de massa em encostas de vulcões, as quedas de rochas em áreas vulcânicas e os escorregamentos.

Um modelo de *shallow water* assume que a velocidade do fluxo na direção vertical é muito menor que na direção horizontal. O Titan2D considera que a massa é incompressível, tomando o princípio do modelo *shallow water* e as equações de conservação de massa e momento aplicadas a um elemento de fluxo com altura h. Para esse elemento em um sistema de coordenadas cartesiano $\boldsymbol{XYZ}$, onde $\boldsymbol{Z}$ é normal à superfície do elemento, a velocidade

[1]Inpe. E-mail: laercio.namikawa@inpe.br. Currículo Lattes: http://lattes.cnpq.br/0983590211329242.

na direção de maior declive é $\boldsymbol{u}$, e na sua direção perpendicular é $\boldsymbol{v}$, o seguinte sistema de equações define as relações entre massa e momento:

$$\begin{cases} \partial_t h + \partial_x(hu) + \partial_y(hv) = 0 \\ \partial_t(hu) + \partial_x\left(hu^2 + \frac{\beta}{2}g_z h^2\right) + \partial_y(huv) = hg_x - \operatorname{sgn}(\partial_y u)\,\partial_y\left(\frac{\beta}{2}\operatorname{sen}(\varphi)g_z h^2\right) - \operatorname{sgn}(u)h\operatorname{tg}(\delta)\left(g_z + \frac{u^2}{r_x}\right) \\ \partial_t(hv) + \partial_x(huv) + \partial_y\left(hv^2 + \frac{\beta}{2}g_z h^2\right) = hg_y - \operatorname{sgn}(\partial_x v)\,\partial_x\left(\frac{\beta}{2}\operatorname{sen}(\varphi)g_z h^2\right) - \operatorname{sgn}(v)h\operatorname{tg}(\delta)\left(g_z + \frac{u^2}{r_y}\right) \end{cases}.$$

Essa equação é apresentada em Pitman (2003), sendo:

β = coeficiente de pressão;
φ = ângulo de fricção interno do material;
δ = ângulo de fricção do material com a superfície basal;
g_x, g_y e g_z = componentes do vetor da gravidade local; e
r_x e r_y = raio de curvatura nas direções $\boldsymbol{X}$ e $\boldsymbol{Y}$ na superfície basal.

O sistema de equações diferenciais parciais é resolvido utilizando o esquema de Godunov, em que as variáveis dependentes são consideradas como médias nas células, e seus valores são estimados por um método preditor-corretor. A resolução se apoia em grade adaptativa para uma solução mais precisa, definindo o refino da grade em função de indicadores derivados, como a altura h, da solução do passo anterior.

O material do fluxo é caracterizado pelo φ, o ângulo de fricção interno, e a superfície onde o material escorre é caracterizada pelo δ, o ângulo de fricção entre material e a superfície, e pelo raio de curvatura, representados por r_x e r_y, respectivamente o raio de curvatura nas direções $\boldsymbol{X}$ e $\boldsymbol{Y}$. O ângulo de fricção entre o material e a superfície δ pode ser único ou variar para a superfície.

12.2 Simulações de escorregamentos e quedas de blocos realizadas com Titan2D

Como mencionado anteriormente, devido à participação do Departamento de Geologia no desenvolvimento do Titan2D, os testes feitos pelo grupo de desenvolvedores foram realizados sobre um experimento de laboratório, em que areia foi liberada para se deslocar em um plano inclinado e seu movimento foi filmado e comparado à simulação computacional, e sobre dois eventos de corrida de massa, um de material depositado em encosta de vulcão e outro sobre queda de blocos em geleira.

O vulcão de Colima, no México, teve várias corridas de cinza e rochas em 1991, e o primeiro evento simulado de corrida de massa apresentado em Patra (2005) demonstrou que o Titan2D percorreu o mesmo caminho do evento e teve o mesmo alcance. O mesmo ocorreu com a simulação do evento de queda de blocos no Little Tahoma Peak, nos Estados Unidos. Deve-se observar que as comparações foram feitas com as cicatrizes deixadas pelas corridas e pela área coberta pelos depósitos de material. Verificações de velocidades do fluxo são dificultadas pela inexistência dessas observações em eventos reais.

Vários trabalhos utilizam o Titan2D em simulações, sendo a maioria em encostas vulcânicas, como na Colômbia (Murcia *et al.*, 2010), na Indonésia (Charbonnier *et al.*, 2009), na Nova Zelândia (Procter *et al.*, 2010; Procter *et al.*, 2012), no Equador (Williams *et al.*, 2008), nas Ilhas Virgens Britânicas (Widiwijayanti *et al.*, 2005), na Costa Rica (Charbonnier *et al.*, 2015) e no México (Macías *et al.*, 2008). Em todos eles, os resultados indicam que o Titan2D consegue reproduzir os caminhos dos fluxos e pode ser utilizado para estimar as áreas e seus níveis de risco para planos de mitigação.

Em sua tese de doutorado, Lopes (2006) utilizou o Titan2D para executar simulações em três bacias de uma área da Serra do Mar Paulista onde ocorreram deslizamentos de terra e corridas de detritos entre 1985 e 1999. Após levantar as cicatrizes através de sensoriamento remoto e aplicar modelos estáticos, o Titan2D permitiu testar diferentes cenários e as simulações mais próximas dos dados levantados sobre os eventos. Destacam-se, no trabalho, o uso de diferentes ângulos de atrito basal (ângulo de fricção entre o material e a superfície δ) para indicar a diferença entre a corrida na encosta e no canal de drenagem, a necessidade de um ângulo de fricção interno variável φ para obter alcances de corrida maiores para representar uma mistura dos detritos com a água presente no canal de drenagem, e finalmente o potencial do uso do Titan2D para áreas adjacentes às corridas realizadas, subsidiando a tomada de decisão.

12.3 Experimento de aplicação do Titan2D no rompimento da barragem de rejeitos em Brumadinho

Em 25 de janeiro de 2019, a barragem de rejeitos de mineração de mina de ferro localizada na região do Córrego do Feijão, no município de Brumadinho, se rompeu, causando a morte de centenas de pessoas. De acordo com um vídeo de câmera de segurança (disponível em: https://noticias.r7.com/minas-gerais/velocidade-de-lama-da-barragem-da-vale-chegou-a-80-kmh-diz-bombeiro-01022019), o rompimento ocorreu às 12:26:20, e testemunhas estimaram velocidades de até 80 km por hora. Após o rompimento, o material fluiu e se depositou ao longo da drenagem, alcançando o rio Paraopeba às 15:50, de acordo com o Corpo de Bombeiros de Minas Gerais (https://agenciabrasil.ebc.com.br/geral/noticia/2019-01/rejeito-atingiu-o-rio-paraopeba-diz-corpo-de-bombeiros).

Devido às características do fluxo descritas e/ou visualizadas nos meios de comunicação, decidiu-se realizar um experimento utilizando o Titan2D. Pelo fato de o objetivo ter sido exploratório do potencial da utilização da ferramenta de modelagem dinâmica, e considerando também as condições de simulação de um evento em condições de mundo real, onde existe uma grande dificuldade de obtenção rápida de dados de alta qualidade para subsidiar simulações realísticas, o modelo numérico de terreno utilizado foi o dado disponível gratuitamente e de fácil acesso, assim como os parâmetros sobre o material foram baseados no experimento realizado por Lopes (2006).

Dados de entrada e parâmetros da simulação do fluxo de rejeitos de Brumadinho no Titan2D

O Titan2D, como citado anteriormente, necessita de um modelo numérico de terreno que representa a região por onde o fluxo de massa deve se deslocar e de parâmetros que definam o material a fluir e o coeficiente de atrito do material com a superfície.

O modelo numérico de elevação conhecido como SRTM é disponível em algumas fontes, sendo a utilizada neste estudo obtida no sítio Web do United States Geological Survey (USGS), o Serviço Geológico dos Estados Unidos), https://earthexplorer.usgs.gov/. O modelo numérico de elevação SRTM foi criado a partir de dados obtidos por interferometria de radar durante uma missão do ônibus espacial ("Shuttle") *Endeavour* entre os dias 11 e 22 de fevereiro de 2000, que tinha como objetivo o mapeamento topográfico utilizando radar nas bandas C e X, explicando a sigla SRTM: Shuttle Radar Topographic Mission.

Os dados da banda X não fazem cobertura do globo todo, apenas de faixas de largura limitada. Os dados da banda C permitiram gerar modelos de elevação de todas as massas de terra entre as latitudes 54 graus sul e 60 graus norte, com uma resolução de 1 arco de segundo no produto final. O produto utilizado na simulação foi o dado SRTM em formato GeoTIFF, do portal https://earthexplorer.usgs.gov/ de 1 arco-segundo com preenchimento de vazios (https://doi.org/10.5066/F7PR7TFT). Os vazios existem devido à baixa coerência em alguns tipos de alvo, como desertos e massas de água, e foram preenchidos com valores de modelos de elevação de resolução mais baixa.

Além do modelo de elevação, os seguintes parâmetros são os mais importantes para executar uma simulação de corrida de massa no Titan2D:

- Informações sobre a pilha de material: número de pilhas; formato cilíndrico ou paraboloide elíptico; espessura; coordenadas de localização do centro; eixo maior e menor; e velocidade e orientação inicial.
- Modelo do material: Coulomb; Two Phases - Pitman - Le; Voellmy - Salm; e Pouliquen - Forterre.
- Ângulo de fricção interno do material.
- Ângulo de fricção do material com a base; pode ser um valor constante ou estar espacialmente distribuído em uma grade de valores.
- Altura mínima do material na borda do fluxo: define o valor abaixo do qual o material para de se mover, depositando no local.
- Coordenadas mínimas e máximas da área da simulação.
- Número máximo de passos da simulação.
- Tempo máximo da simulação em segundos.
- Número de passos entre registros no arquivo de saída.
- Tempo máximo em segundos entre registros no arquivo de saída.

A pilha de material foi estimada para simulação baseada no diagrama da estrutura da barragem, obtida na página 71 de Silva (2010) e apresentada na Figura 12.1. A barragem tinha comprimento em torno de 500 metros, com uma altura de aproximadamente 50 metros.

Utilizando a imagem do vídeo (https://noticias.r7.com/minas-gerais/velocidade-de-lama-da-barragem-da-vale-chegou-a-80-kmh-diz-bombeiro-01022019), estimou-se que uma boa porção do barramento havia se tornado a pilha de material para a simulação. Desse modo, os seguintes valores foram utilizados para descrever a pilha de material:

- Número de pilhas: 1.
- Formato paraboloide.
- Espessura: 50 metros.
- Eixo maior e menor: 360 e 200 metros.
- Volume calculado em função do formato, da espessura e dos comprimentos dos eixos: 8,793 milhões de metros cúbicos.
- Coordenadas de localização do centro em projeção UTM Zona 23 Sul: 591.900 metros em X e 7.775.000 metros em Y – aproximadamente no centro da barragem. Observe que em Silva (2010), as coordenadas não estão nessa projeção.
- Velocidade e orientação: 5 km/h em direção a 140 graus a partir do Norte em sentido anti-horário, ou seja, aproximadamente perpendicular à barragem.

Como citado anteriormente, as definições das propriedades do material foram selecionadas com base nos experimentos realizados por Lopes (2006), em que valores baixos de ângulo de atrito foram utilizados para obter comprimentos de corrida próximos dos casos simulados. Deve-se observar que esses valores são somente iniciais, sendo que outros valores deveriam ter sido utilizados em um estudo mais aprofundado. A escolha dos valores baixos considerou ainda que o material atingiu grandes distâncias em um terreno relativamente plano, o que induziu à escolha de valores bem baixos. Além disso, para simplificar a simulação, não foi utilizado um mapa de material, ou seja, o atrito basal é definido como constante. Os valores utilizados na simulação foram:

- Ângulo de fricção interno: 8 graus.
- Ângulo de fricção do material com a base: 2 graus.

Os valores das variáveis de controle da simulação utilizados foram:

- Coordenadas mínimas e máximas da área da simulação em projeção UTM Zona 23 Sul: entre 586.740 e 59.3600 metros em X e entre 7.769.700 e 7.776.400 em Y.
- Número máximo de passos da simulação: 10.000 passos;
- Tempo máximo da simulação em segundos: 1.000 segundos – Observe que o material demorou mais de duas horas para atingir o rio Paraopeba.
- Número de passos entre registros no arquivo de saída: 10 passos;
- Tempo máximo em segundos entre registros no arquivo de saída: 10 segundos.

Resultado da simulação do fluxo de rejeitos de Brumadinho no Titan2D

Um dos desafios de realizar a simulação dinâmica é a análise do resultado. Isso acontece por causa da grande quantidade de informações geradas. No caso do Titan2D, são gerados valores de vários atributos relacionados aos momentos de massa em cada célula de análise para cada

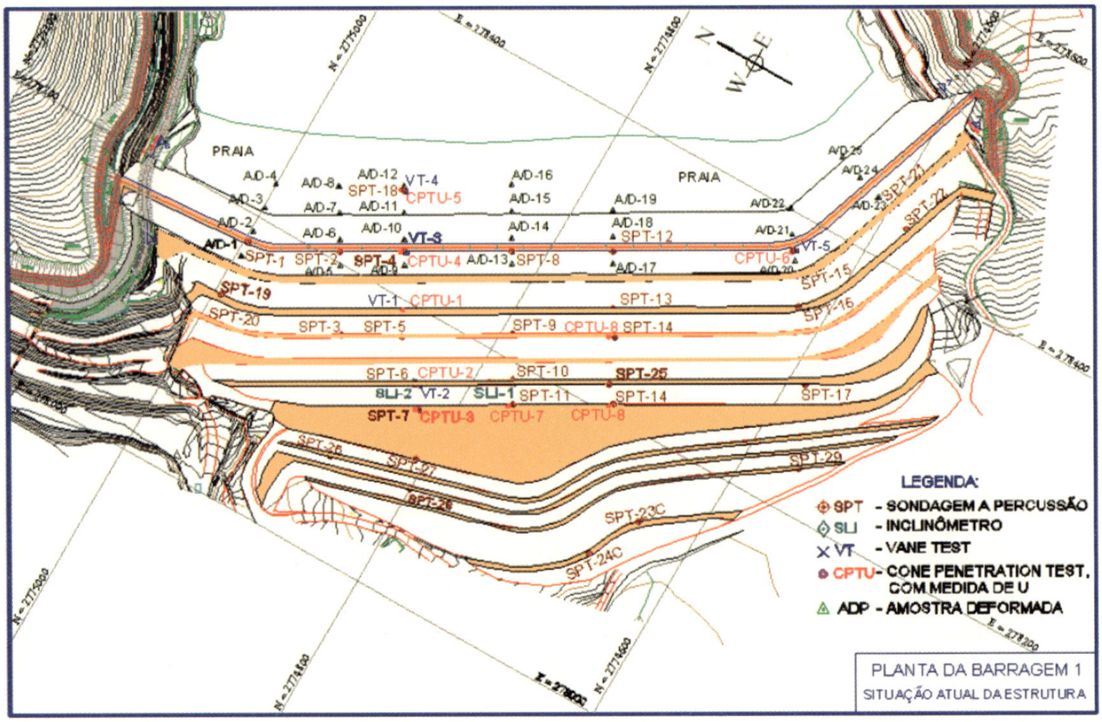

Figura 4.3 – Planta de locação dos pontos das investigações geotécnicas da Barragem I

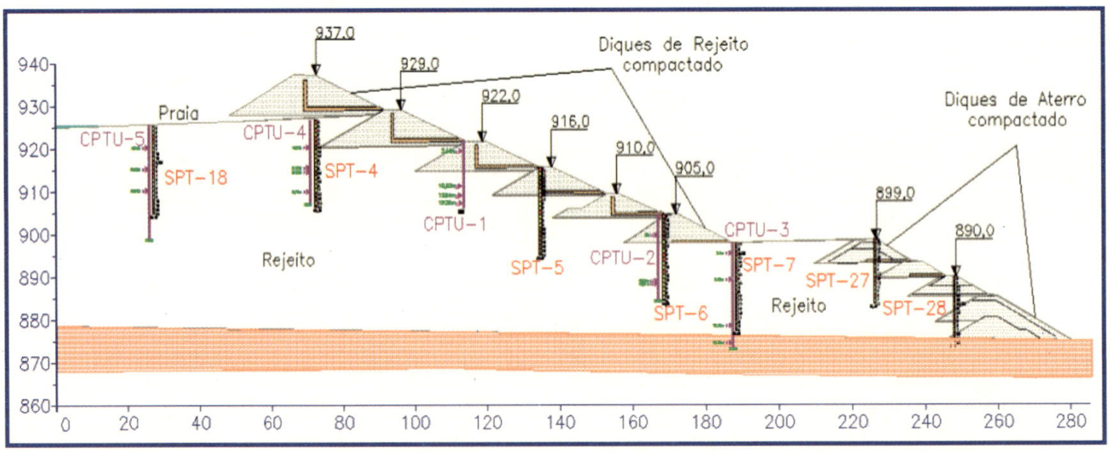

Figura 4.4 – Investigações geotécnicas de campo na seção referência da Barragem I (SRL)

Figura 12.1: Diagrama da estrutura da barragem, reproduzida das Figuras 4.3 e 4.4 da página 10 de Silva (2010).

passo da simulação do qual se optou por obter um registro. Uma análise quantitativa requer a redução dos dados multidimensionais para uma ou duas dimensões. A análise quantitativa de simulação dinâmica é dificultada ainda mais devido à carência de informações obtidas do evento real de validação. Desse modo, análises quantitativas, quando realizadas, observam valores ao longo do tempo em poucas posições e variáveis previamente selecionadas.

A análise qualitativa da simulação é mais utilizada e tem como propósito principal verificar se o resultado da simulação se aproxima visualmente do resultado esperado. Para isso, os registros dos valores de poucas variáveis, na pior parte das vezes de apenas uma variável, são apresentados por meio de animações em um espaço tridimensional projetado em duas dimensões.

A simulação no Titan2D gera arquivos que podem ser visualizados e analisados em vários *softwares* de visualização científica. Para este estudo, o formato escolhido foi o *meshplot*. Nesse formato, cada registro contém valores da simulação em cada ponto da grade irregular analisada naquele momento da simulação. A visualização de uma simulação dinâmica necessita de ferramentas apropriadas. A selecionada para esse experimento foi o ParaView (https://www.paraview.org/), que é uma ferramenta de análise e visualização de dados de código aberto.

Utilizando o ParaView, pode-se visualizar a simulação selecionando uma das variáveis de interesse, sendo as variáveis relevantes a altura da pilha e os momentos nas direções X e Y. Alturas da pilha em alguns instantes de tempo da simulação são apresentadas na Figura 12.2.

Imagens de satélite de sensoriamento remoto para análise do resultado da simulação

Em eventos de desastres como o ocorrido em Brumadinho, um dos recursos empregados para auxiliar na resposta a essas catástrofes são as imagens obtidas por meio de câmeras instaladas a bordo de satélites. As imagens permitem quantificar o dano causado e ainda indicar regiões que requerem atenção ou mesmo planejar as operações de auxílio e resgate.

A "Carta Internacional Espaço e Grandes Desastres" é um compromisso entre as principais agências espaciais do mundo para prover imagens de satélites de observação da Terra para o caso de grandes desastres. A Carta é acionada por meio de usuários autorizados, que são as entidades nacionais de Defesa Civil. No Brasil, o Centro Nacional de Gerenciamento de Riscos e Desastres (Cenad) é usuário autorizado e o Instituto Nacional de Pesquisas Espaciais (Inpe) é a agência participante da Carta.

A partir do momento em que foi notificado do rompimento da barragem e que avaliou a grande proporção do desastre, o Cenad, com o apoio do Inpe, acionou a Carta para que aquisições de imagens de satélite pudessem ser programadas e entregues a ele, a fim de auxiliar nas operações de resgate. O Inpe acionou a aquisição de imagens do satélite CBERS4, obtendo as primeiras no dia 26 de janeiro; contudo, tinham cobertura de nuvens alta nas áreas de interesse. Uma nova aquisição foi programada para a próxima passagem sobre a região, no dia 29 de janeiro de 2019.

Outras agências também programaram aquisições e entregaram imagens, incluindo a

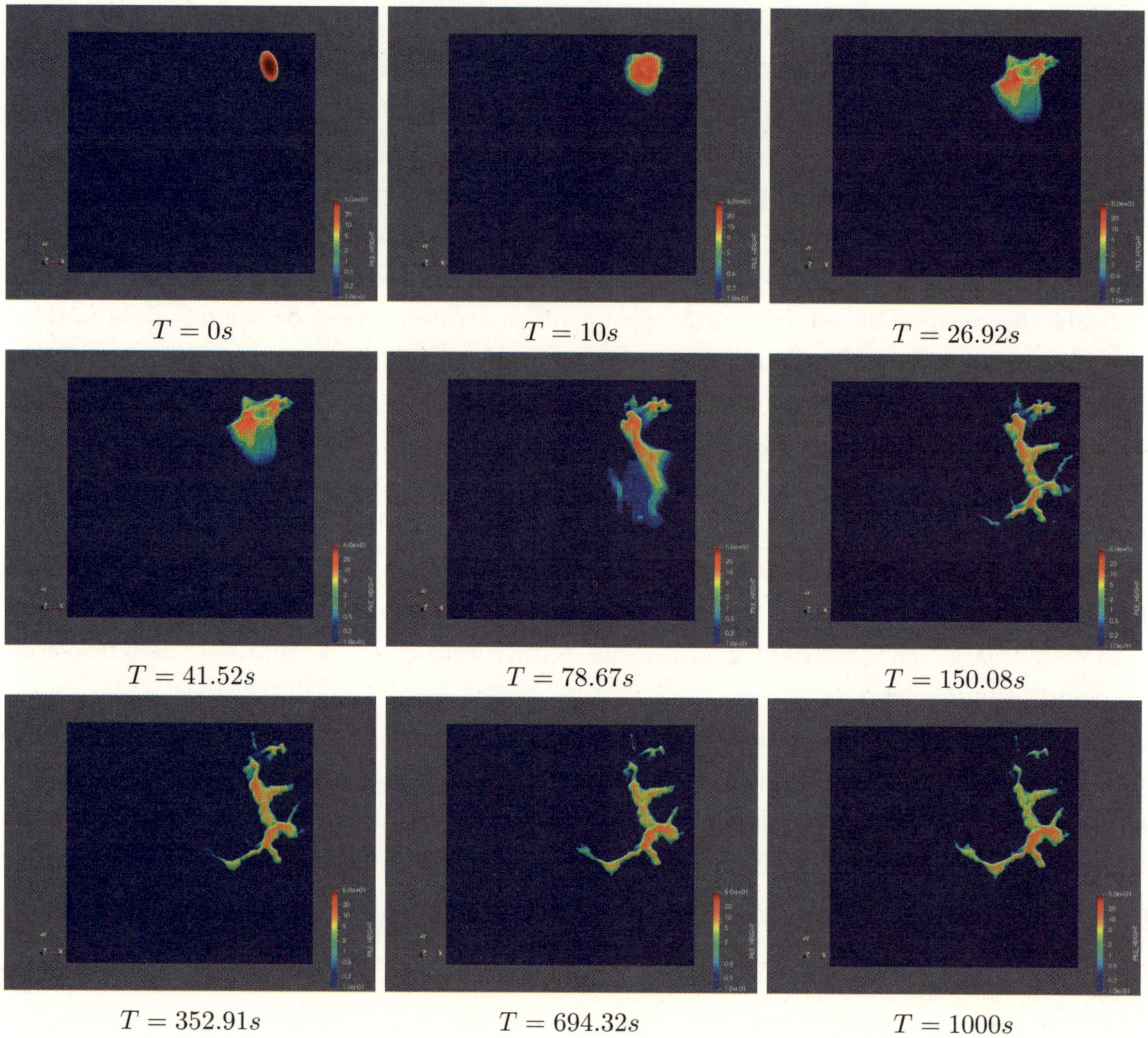

Figura 12.2: Alturas da pilha em diferentes tempos da simulação. Fonte: Autoria própria.

Agência Espacial Canadense (CSA – Canadian Space Agency) e a Agência Espacial Alemã (DLR – Deutsches Zentrum für Luft- und Raumfahrt). A imagem da CSA é de um satélite radar, permitindo visualizar o terreno através de nuvens; por isso, a imagem obtida no dia 26 de janeiro pôde ser utilizada para gerar um produto delineando as áreas atingidas pelos rejeitos. O Cenad, com o apoio do Inpe, desenvolveu um mapa, mostrado na Figura 12.3, combinando as imagens do satélite Radarsat-2 dos dias 25 de novembro de 2018 e 26 de janeiro de 2019 com a imagem do satélite CBERS4 do dia 23 de outubro de 2018.

A imagem adquirida pelo satélite CBERS4, com seus sensores PAN5M (5 metros de resolução espacial) e PAN10M (10 metros), foi utilizada pelo Cenad para gerar o mapa apresentado na Figura 12.4, no qual pode se notar que as áreas atingidas pelos rejeitos estão em coloração vermelha e comparar com a imagem do dia 23 de outubro de 2018. A comparação é importante por permitir identificar a localização das estruturas atingidas e destacadas em amarelo no mapa.

A imagem do CBERS4 de após o evento destaca em coloração vermelha as áreas atingidas

Figura 12.3: Mapa produzido combinando imagens do RADARSAT-2 e do CBERS4. Fonte: Autoria própria.

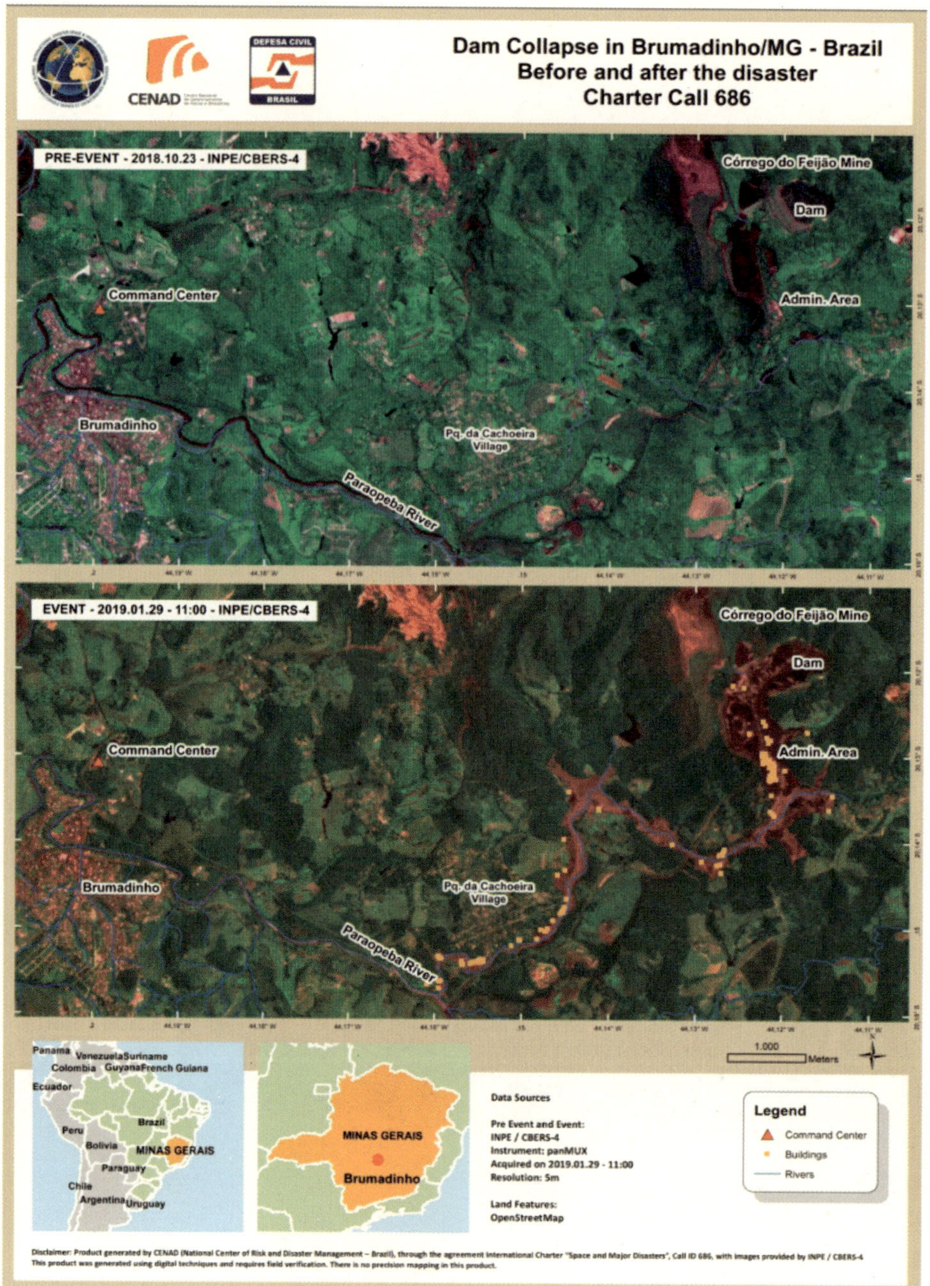

Figura 12.4: Mapa produzido com imagens do CBERS4 de antes do evento (23 de outubro de 2018) e a adquirida especialmente para o evento (29 de janeiro de 2019). Fonte: Autoria própria.

pelos rejeitos da barragem rompida. Um recorte dessa imagem, mostrada na Figura 12.5, foi utilizado no ParaView para verificar a adequação da simulação executada com o Titan2D.

Análise do resultado da simulação do Titan2D com imagem de satélite

Como citado anteriormente, a análise qualitativa dos resultados da simulação pôde ser realizada através da comparação com a cicatriz deixada no terreno pela corrida de massa. Para

Figura 12.5: Recorte da imagem do CBERS4 de após o evento (29 de janeiro de 2019) utilizada para verificar a simulação do Titan2D. Fonte: Autoria própria.

permitir essa comparação, a imagem apresentada na Figura 12.5 foi utilizada no ParaView com o pano de fundo do resultado da simulação.

O requisito para a imagem é que deve ser o recorte da mesma região do modelo de elevação de terreno utilizada na simulação. A imagem em formato PNG é carregada no ParaView como opção de imagem de fundo. A Figura 12.6 mostra algumas das alturas da pilha em diferentes tempos da simulação com a imagem CBERS4 ao fundo.

A análise qualitativa possível para a simulação é a comparação entre a mancha avermelhada na imagem e a existência de altura de pilha significativa em algum momento da simulação. A presença de altura significativa implica que alguma parte do rejeito foi depositada naquela localização e a imagem de satélite capturou a reflectância correspondente ao material do rejeito, o qual deve apresentar a coloração avermelhada na composição de bandas utilizadas (banda do vermelho em cor vermelho, banda do visível infravermelho em cor verde, e banda do verde em cor azul).

As imagens na Figura 12.6 indicam que a maior parte das áreas com altura significativa de material encontra-se sobre as áreas avermelhadas na imagem, ou seja, a simulação foi bem-sucedida em percorrer os mesmos trajetos dos rejeitos. Percebe-se também que entre aproximadamente os tempos 66 e 182 segundos da simulação, uma parte do material percorre uma trajetória paralela ao fluxo principal. Entre as hipóteses que podem ser consideradas para este comportamento, destaca-se que o modelo de elevação é de 30 metros de resolução representando a configuração do terreno de fevereiro de 2000. Ou seja, um possível divisor que conteria o material no canal principal pode não estar representando no modelo de elevação. A outra hipótese é que o material, devido ao baixo coeficiente de atrito basal, conseguiu subir e ultrapassar o divisor.

Em relação à distância total percorrida nos 1.000 segundos da simulação, a análise é menos objetiva, uma vez que não temos a informação no momento de quanto foi o alcance do fluxo de material nos primeiros 1.000 segundos, tendo apenas a informação de que o material atingiu o rio Paraopeba após pouco mais de 3 horas do rompimento. Observa-se ainda que as maiores velocidades ocorrem no início, com a área administrativa sendo atingida pouco antes dos 30 segundos da simulação, o que é próximo aos relatos de testemunhas.

12.4 Experimento com uso do Hand para mapear áreas com risco de inundação na área da barragem de rejeitos em Brumadinho

Uma vez que o resultado da simulação mostrou que o material deslocado se manteve próximo ao canal de drenagem, foi realizado um experimento utilizando o descritor de terreno Hand para verificar se este modelo estático simples pode ajudar a definir áreas de risco em caso de rompimento de barragem de rejeitos.

O Hand (Height Above Nearest Drainage - Altura Acima da Drenagem mais Próxima) é um descritor de terreno que simula a profundidade do lençol freático baseado apenas no modelo numérico de elevação (Renno *et al.*, 2008). Considerando que uma inundação atinge uma determinada cota a partir da drenagem mais próxima, pode-se assumir que a mancha de inundação para aquela cota vai corresponder às áreas onde o valor do Hand para o mapa de drenagem estiver abaixo do valor da cota.

Utilizando o mesmo modelo de elevação da simulação com o Titan2D, obtido pelo SRTM, uma grade de valores de Hand foi gerada e é apresentada na Figura 12.7, com faixas de valores a cada 5 metros de altura. A Figura 12.8 mostra o mesmo Hand sobreposto à imagem CBERS 4 de antes do evento (23 de outubro de 2018) utilizando linhas contínuas (isovalores de Hand) nos limites de cada faixa de altura, com a linha em preto representando a área atingida pelos rejeitos extraída das imagens de satélite de após o evento.

Observa-se que, após a área mais próxima à barragem, as áreas atingidas pelo fluxo (em preto) estão localizadas entre as faixas de 5 (em vermelho) e 10 metros (em laranja) de altura do Hand na maior parte da área. Na área próxima à barragem, a faixa de 50 metros (em púrpura) de altura do Hand é atingida. Deve-se ainda notar que a maioria das estruturas atingidas está dentro da faixa de 5 metros (em vermelho). A Figura 12.9 permite melhor visualização desse resultado utilizando as faixas preenchidas com as cores correspondentes, e recortadas para somente as partes das faixas que estão dentro da área atingida pelos rejeitos.

12.5 Conclusões

A simulação com modelos numéricos espacialmente explícitos que utilizam equações balizadas na física do fenômeno simulado é ideal para gerar os mapeamentos de risco que devem prevenir a ocorrência de desastres como o ocorrido em Brumadinho em 25 de janeiro de 2019. Entretanto, esses modelos requerem parâmetros precisos sobre o material que flui e sobre a superfície onde flui. Deste modo, é relevante estudar se uma simulação utilizando modelos de elevação do terreno obtidos gratuitamente e de maneira fácil e parâmetros baseados em experiências anteriores se aproxima de maneira razoável de um evento real.

O rompimento da barragem de rejeitos em Brumadinho ofereceu a oportunidade de realizar este estudo devido à disponibilidade de imagens de satélite de antes e de depois do evento em escala espacial adequada para definir as áreas atingidas. Valores mais precisos de quantidade do material e de velocidades de propagação também podem ser obtidos, apesar de não terem sido buscados neste exercício. Por exemplo, a quantidade de material deslocada no evento pode ser calculada utilizando fotografias aéreas de depois do evento ajustadas em pares estereoscópios. As velocidades de propagação podem ser obtidas por meio dos quadros dos vídeos das câmeras de segurança projetados sobre o terreno para obter os tempos de alcance de algumas áreas atingidas.

O *software* Titan2D utiliza equações de conservação de massa e momento e tem como principais parâmetros para a simulação o modelo de elevação do terreno, as informações que descrevem a geometria do material a ser deslocado, e os coeficientes de atrito interno do material e o de atrito com a base. O modelo de elevação utilizado foi o SRTM, disponível de maneira fácil e gratuita em https://earthexplorer.usgs.gov/. As informações sobre a geometria do material foram estimadas com base na estrutura da barragem e nos vídeos do evento disponíveis. E finalmente os valores de coeficiente de atrito foram baseados em experiências anteriores com simulação de fluxo de detritos.

Para uma primeira simulação com os parâmetros estimados grosseiramente e com um modelo de elevação em escala espacial não refinada e com quase 20 anos de idade, os resultados são promissores. Deve-se observar que existem dois reservatórios de água que foram atingidos, como mostra a Figura 12.8, que devem ter contribuído para modificar as características dos rejeitos.

Verificou-se também que mesmo uma ferramenta de mapeamento de área de risco de inundação como o Hand define como áreas altamente suscetíveis à inundação com uma cota de inundação de apenas 5 metros, a localização da maior parte das estruturas afetadas pelos rejeitos. O Hand tem um desempenho pior próximo a áreas da barragem, onde a característica dinâmica do fluxo é muito forte. Assim que o fluxo diminui de velocidade e se encaixa na drenagem, existe uma alta coincidência entre as faixas de cota de inundação mais baixas e as cicatrizes visíveis na imagem de satélite.

Finalmente, pode-se afirmar que o exercício demonstrou que o Titan2D tem potencial para simular o fluxo resultante de um rompimento de barragem de rejeitos, mesmo em ambientes em que os dados são poucos e imprecisos.

$T = 0s$ $T = 3.6s$ $T = 5.5s$

$T = 27s$ $T = 41s$ $T = 66s$

$T = 78s$ $T = 91s$ $T = 109s$

$T = 182s$ $T = 542s$ $T = 1000s$

Figura 12.6: Alturas da pilha em diferentes tempos da simulação com a imagem CBERS4 ao fundo. Fonte: Autoria própria.

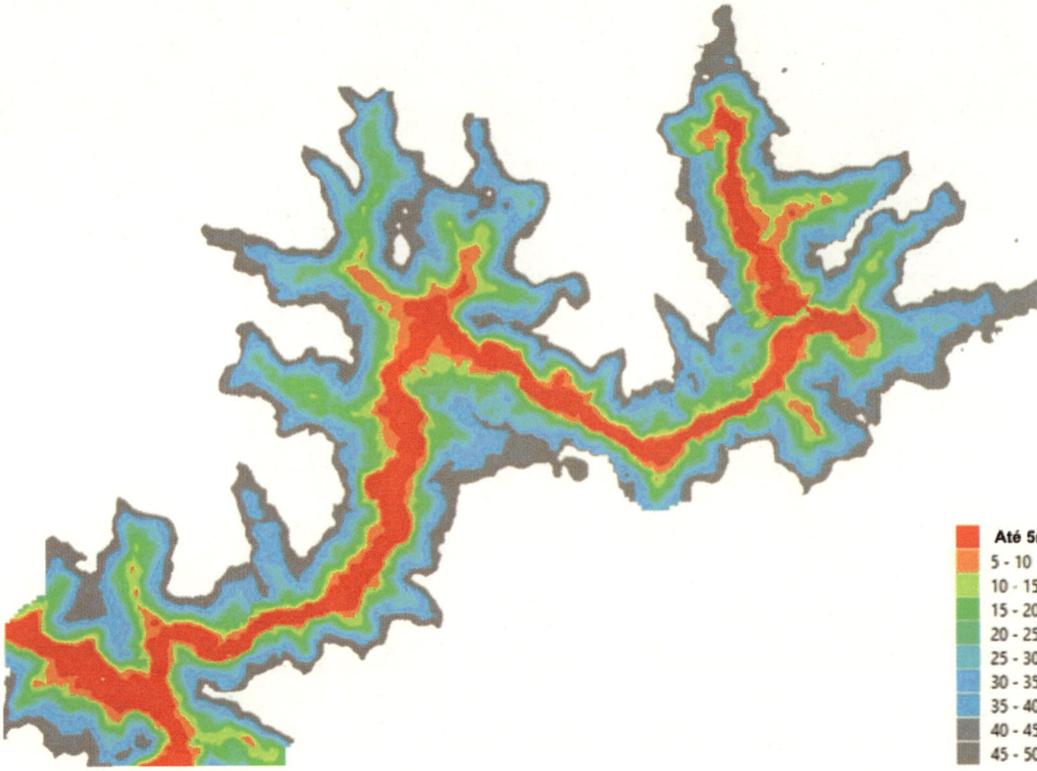

Figura 12.7: Faixas de valores de altura do Hand a cada 5 metros. Fonte: Autoria própria.

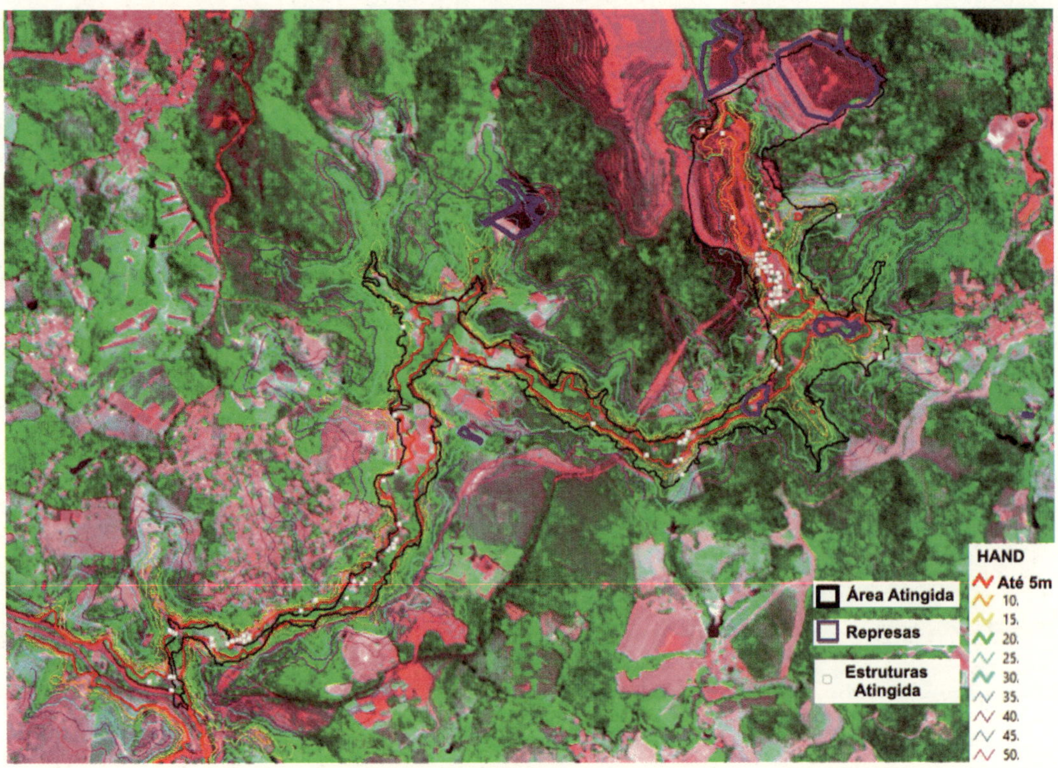

Figura 12.8: Hand sobreposto à imagem CBERS 4 de antes do evento. Fonte: Autoria própria.

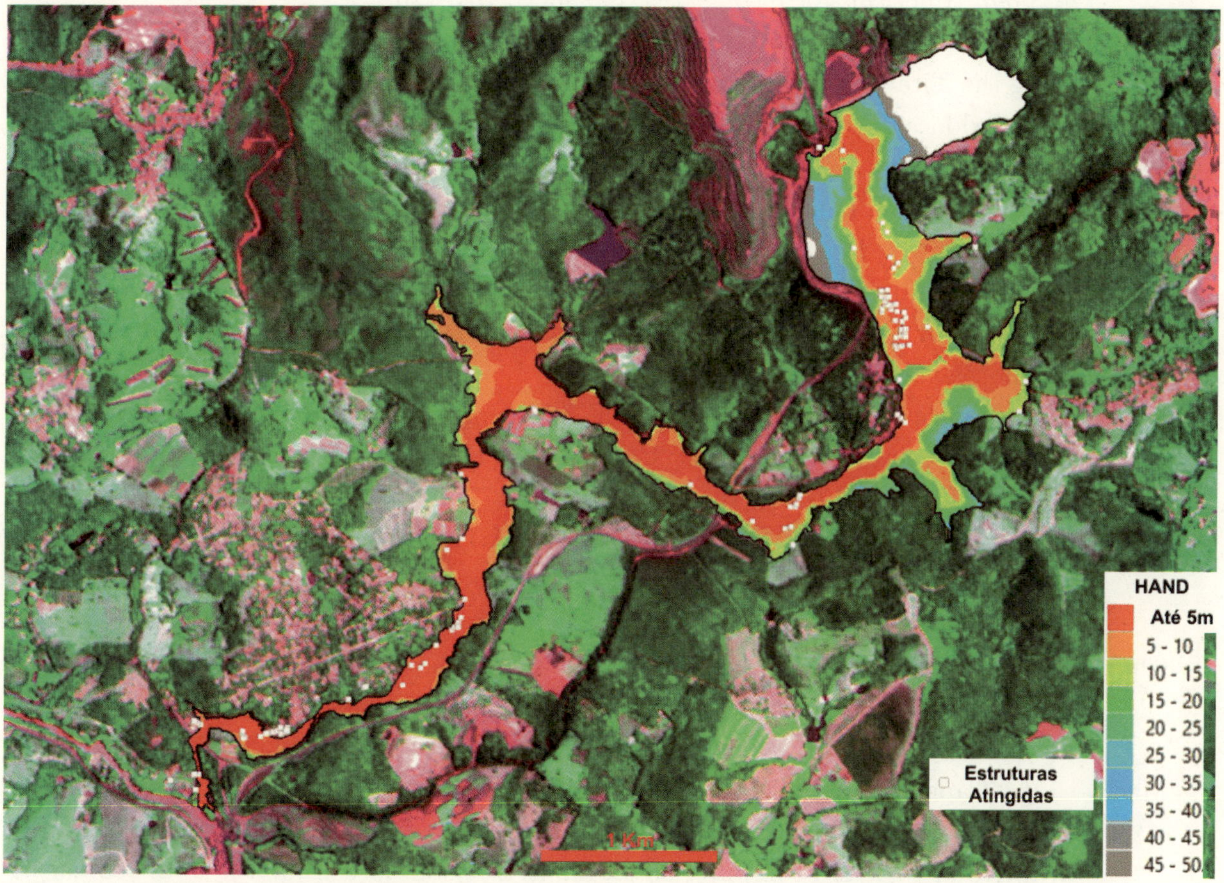

Figura 12.9: Áreas de interseção entre as faixas de altura do Hand e a área atingida pelos rejeitos. Fonte: Autoria própria.

Referências

Pitman, E. B., Nichita, C. C., Patra, A., Bauer, A., Sheridan, M., & Bursik, M. (2003). Computing granular avalanches and landslides. *Physics of fluids*, v. 15n. 12, 3638–3646.

Patra, A. K., Bauer, A. C., Nichita, C. C., Pitman, E. B., Sheridan, M. F., Bursik, M., Rupp, B., et al. (2005). Parallel adaptive numerical simulation of dry avalanches over natural terrain. *Journal of Volcanology and Geothermal Research*, v. 139n. 1–2, 1–21.

Murcia, H. F., Sheridan, M. F., Macías, J. L., & Cortés, G. P. (2010). TITAN2D simulations of pyroclastic flows at Cerro Machín Volcano, Colombia: Hazard implications. *Journal of South American Earth Sciences*, v. 29n. 2, 161–170.

Charbonnier, S. J., & Gertisser, R. (2009). Numerical simulations of block-and-ash flows using the Titan2D flow model: examples from the 2006 eruption of Merapi Volcano, Java, Indonesia. *Bulletin of Volcanology*, v. 71n. 8, 953–959.

Procter, J. N., Cronin, S. J., Platz, T., Patra, A., Dalbey, K., Sheridan, M., & Neall, V. (2010). Mapping block-and-ash flow hazards based on Titan 2D simulations: a case study from Mt. Taranaki, NZ. *Natural Hazards*, v. 53n. 3, 483–501.

Procter, J. N., Cronin, S. J., & Sheridan, M. F. (2012). Evaluation of Titan2D modelling forecasts for the 2007 Crater Lake break-out lahar, Mt. Ruapehu, New Zealand. *Geomorphology*, v. 136n. 1, 95–105.

Williams, R., Stinton, A. J., & Sheridan, M. F. (2008). Evaluation of the Titan2D two-phase flow model using an actual event: Case study of the 2005 Vazcún Valley Lahar. *Journal of Volcanology and Geothermal Research*, v. 177n. 4, 760–766.

Widiwijayanti, C., Voight, B., Hidayat, D., Patra, A., & Pitman, E. (2004). Validation of TITAN2D flow model code for pyroclastic flows and debris avalanches at Soufrière Hills Volcano, Montserrat, BWI. *AGU Fall Meeting Abstracts*, v. 2004, V43B–1428.

Charbonnier, S. J., Palma, J. L., & Ogburn, S. (2015). Application of 'shallow-water' numerical models for hazard assessment of volcanic flows: the case of titan2d and Turrialba volcano (Costa Rica). *Revista Geológica de América Central*, v. 52, 107–128.

Macías, J. L., Capra, L., Arce, J. L., Espíndola, J. M., García-Palomo, A., & Sheridan, M. F. (2008). Hazard map of El Chichón volcano, Chiapas, México: Constraints posed by eruptive history and computer simulations. *Journal of Volcanology and Geothermal Research*, v. 175n. 4, 444–458.

Lopes, E. S. S. (2006). *Modelagem espacial dinâmica aplicada ao estudo de movimentos de massa em uma região da Serra do Mar paulista, na escala de 1:10.000* (tese de dout.). Instituto de Geociências e Ciências Exatas (IGCE), Unesp.

Silva, W. P. (2010). *Estudo do potencial de liquefação estática de uma barragem de rejeito alteada para montante aplicando a metodologia de Olson (2001)* (tese de dout.). Escola de Minas da Universidade Federal de Ouro Preto, NUGEO/UFOP.

Rennó, C. D., Nobre, A. D., Cuartas, L. A., Soares, J. V., Hodnett, M. G., & Tomasella, J. (2008). HAND, a new terrain descriptor using SRTM-DEM: Mapping terra-firme rainforest environments in Amazonia. *Remote Sensing of Environment*, v. 112n. 9, 3469–3481.

13

GT Educação e Sociedade – recortes de um percurso coletivo de construções de espaços para dizer dos conflitos, riscos e impactos associados a barragens

Ana Paula Leal Pinheiro Cruz[1]

Bianca de Jesús Silva[2]

Claudia Castellanos Pfeiffer[3]

Giulia Mendes Gambassi[4]

Marco Túlio Pena Câmara[5]

Sônia Regina da Cal Seixas[6]

Talita Gantus de Oliveira[7]

[1]Doutora no Programa de Pós-Graduação em Ambiente e Sociedade (PPGA&S) do IFCH/Unicamp, membro do GT Educação e Sociedade do CRIAB. E-mail: anapaulalealpc@gmail.com. Currículo Lattes: http://lattes.cnpq.br/7354080268598973.

[2]Doutora no programa Ambiente e Sociedade do IFCH/Unicamp, membro do GT Educação e Sociedade do CRIAB. E-mail: biancacsoufes@gmail.com. ORCID: https://orcid.org/0000-0002-8129-6485. Currículo Lattes: http://lattes.cnpq.br/6131583702509268.

[3]Pesquisadora do Laboratório de Estudos Urbanos da Unicamp e membro do GT Educação e Sociedade do CRIAB. E-mail: claupfe@gmail.com. ORCID: https://orcid.org/0000-0003-0331-9626. Currículo Lattes: http://lattes.cnpq.br/5874189610971770.

[4]Doutora no programa de Linguística Aplicada do IEL/Unicamp, co-coordenadora do Grupo de Estudos em Discurso, Interseccionalidade e Subjetividade (UFU) e membro do GT Educação e Sociedade do CRIAB. E-mail: giugambassi@gmail.com. ORCID: https://orcid.org/0000-0002-8326-8189. Currículo Lattes http://lattes.cnpq.br/5675130276471280.

[5]Doutor no programa de Linguística Aplicada do IEL/Unicamp, membro do GT Educação e Sociedade do CRIAB. E-mail: marcotuliocamara@gmail.com. ORCID: https://orcid.org/0000-0001-5171- 479X. Currículo Lattes: http://lattes.cnpq.br/9431676052052565.

[6]Pesquisadora do Núcleo de Estudos e Pesquisas Ambientais (NEPAM), da Unicamp, membro do GT Educação e Sociedade do CRIAB. E-mail: srcal@unicamp.br. Currículo Lattes: http://lattes.cnpq.br/4762940 910820774 e ORCID: https://orcid.org/0000-0002-5117-7194.

[7]Doutora no programa Política e Gestão dos Recursos Naturais do IG/Unicamp, membra do GT Educação e Sociedade do CRIAB. E-mail: tgantus@gmail.com. Currículo Lattes: http://lattes.cnpq.br/5049640749186579. ORCID: https://orcid.org/0000-0001-6752-734X.

13.1 Introdução

Neste capítulo, apresentaremos um recorte dos trabalhos produzidos pelo Grupo de Trabalho Educação e Sociedade (GT E&S), situando seus ojetivos e dando ênfase a dois conjuntos de produções: a escrita coletiva de um verbete – *desastre-crime* – para o *Dicionário Crítico da Mineração*; e um conjunto de textos produzidos em torno dos desastres-crime do rompimento da barragem em Mariana e em Brumadinho escritos para uma revista de divulgação científica, a *Revista a_Ponte – Conexão de Saberes*.

O GT E&S se delineou aos poucos e continua em movimento de construção a partir de um encontro de pessoas, de tristezas, de revoltas, de solidariedades, de responsabilidades, de saberes. Nosso encontro se deu por meio de uma chamada que tocou a comunidade universitária da Unicamp de modo bastante forte.

Já estávamos individualmente afetados pelo rompimento da barragem em Brumadinho, ocorrido em 25 de janeiro de 2019, e muitos de nós acompanharam, com angústia, o *Diário de Brumadinho*[8], escrito pelo professor Jefferson Picanço do Instituto de Geociências da Unicamp. Jefferson pôde ir a Brumadinho/MG imediatamente após as notícias sobre o rompimento da barragem porque faz parte de um grupo – o Centro de Apoio Científico em Desastres (Cenacid/UFPR) –, coordenado pelo professor Renato Lima da UFPR, e foi convidado a integrar a missão de apoio emergencial que se formava.

O *Diário* permitiu a seus leitores seguir, de maneira ao mesmo tempo afetiva, técnica e solidária, aquilo que Jefferson procurava materializar de modo tão forte, permitindo-nos ver por suas letras a dor, o desespero, a desolação, o horror do acontecimento e as ações que eram possíveis de ser tomadas no contexto emergencial.

Após seu retorno à Unicamp, o professor Picanço solicitou o apoio da Reitoria para que fosse feita uma chamada a toda a comunidade universitária – discentes, docentes, servidores técnico-administrativos e pesquisadores – para que possibilidades de apoio ao território de Brumadinho fossem elaboradas de acordo com o conjunto de potencialidades das pessoas interessadas na colaboração. Então, no dia 11 de fevereiro de 2019, após fazer circular um *e-mail* com a chamada, todos os que adentravam o auditório da Diretoria Geral da Administração (DGA), um dos maiores espaços da universidade, comoviam-se com o número de pessoas ali presentes, sentadas no chão, nos degraus ou em pé, pois não havia mais assentos livres. Como organizar as potencialidades ali presentes? Como mapear as possibilidades de colaboração?

Jefferson Picanço, com sua liderança serena e mobilizadora, propôs que preenchêssemos um formulário Google com algumas informações e realizou uma segunda reunião na qual já não pudemos contar com um número tão expressivo de presentes, embora ainda pairava um desejo tão forte de colaboração quanto o expressado na primeira reunião. Aos poucos, o grupo foi se conhecendo, e a melhor forma encontrada para lidar com a heterogeneidade de áreas e níveis de formação foi a de nos organizarmos em grupos com temas aglutinadores.

[8]Disponível em: https://www.unicamp.br/unicamp/noticias/diario-de-brumadinho. Acesso em 18 de maio de 2021.

No GT E&S tivemos a adesão de quase todos os segmentos da universidade, faltando apenas alunos de graduação, o que foi preenchido com a vinda de bolsistas SAE – programa de permanência estudantil da Unicamp, no ano de 2020. Assim, os alunos de graduação e pós-graduação, o corpo técnico-administrativo, os docentes e os pesquisadores que integram nosso GT são provenientes de muitas áreas diferentes, dentre elas: geociências, educação, ciências sociais, antropologia, ecologia, linguística, letras e análise de sistemas.

Ao tempo que buscávamos uma identidade para o grupo geral sob a liderança de Jefferson Picanço, precisávamos também configurar objetivos comuns no GT, que respeitassem não apenas as diferentes áreas de formação, mas, sobretudo, as diferentes filiações epistemológicas e, portanto, os modos de se praticar a ciência. Por meio de várias reuniões ao longo do ano de 2019, conseguimos delinear nossa base comum que será apresentada a seguir.

13.2 Bases de trabalho

O GT E&S delineou como objetivo geral colaborar na construção de formas de *re-existir* em territórios afetados pela presença de barragens que se romperam, que estejam ameaçadas de romper ou ainda pelas alterações implicadas em sua construção. Feito isso, alguns objetivos específicos foram configurados na direção de elaborar ações, pesquisas e artefatos que contribuam para a:

- reconstrução e fortalecimento de laços sociais e identitários nas populações atingidas por barragens na região de Brumadinho e seu entorno, como Barão de Cocais, Barra Longa, Bento Rodrigues e Mariana;
- visibilidade de sentidos e relações de força em jogo em territórios significados pela presença de barragens (rompidas ou não);
- percepção social sobre a presença de barragens em espaços de vida;
- construção, organização e garantia de amplo acesso digital de/a espaços de testemunho, memória, registros e arquivos que contribuam para a rearticulação social das comunidades atingidas;
- associação entre as grandes iniciativas em andamento, especialmente entre universidades e instituições públicas que compactuem com os propósitos de nosso GT.

Assim, sendo um grupo marcado por uma gama diversa de áreas disciplinares/interdisciplinares e de abordagens teórico-analíticas, seu lugar comum é o de colocar a educação – compreendida de modo bastante abrangente – enquanto uma prática que pode afetar as condições materiais de existência dos grupos sociais.

De nosso ponto de vista, com esse modo de desenhar nossos objetivos e características, inúmeras ações, pesquisas e artefatos podem ser elaborados no que se refere ao ensino das ciências da terra; ao trabalho com formação de professores, com crianças em idade escolar e com famílias atingidas por barragens; à construção de espaços de memória que possibilitem

Figura 13.1: Eixos do GT E&S. Fonte: elaboração de Marco Túlio Câmara.

outros laços com a existência em territórios marcados por barragens; e à disponibilização de um arquivo com ações, pesquisas e artefatos já existentes que tratem de questões relativas à presença de barragens como documentários, exposições, aplicativos, entre outros.

Assim, para podermos sistematizar um pouco mais nossas frentes de trabalho, definimos três pontos de ancoragem, que se entrelaçam, para que esses trabalhos se formulem: *Memória, Arquivo e Comunicação e Educação.*

É a partir da relação entre esses três eixos que elaboramos as primeiras iniciativas com as quais começamos nossas atividades e que podem ser desdobradas e ganhar contornos específicos conforme se desenvolvam.

Explanaremos um pouco mais adiante esses três eixos, mas, de modo sintético, indicamos que nosso foco em *Memória* diz respeito à memória do trauma, ou seja, à memória enquanto espaço para reconstrução e fortalecimento de laços sociais. Já no que diz respeito ao eixo *Arquivo e Comunicação*, nosso foco é organizar um espaço digital que dê visibilidade, a partir de nossos gestos de interpretação, a um conjunto de projetos, ações, movimentos, leis, normas e regulações que digam respeito a "Conflitos, riscos, impactos associados a barragens" – ponto de ancoragem comum e principal do Criab –, sendo ainda um espaço de divulgação de tudo o que o grupo de pesquisa e ação Criab vem realizando. Por fim, em *Educação*, nosso foco se dá tanto em uma relação com o sistema formal de ensino – estabelecendo um trabalho coletivo de construção de um currículo local que discuta os pontos de ancoragem do nosso grupo – quanto em uma relação com a educação não-formal que se volte igualmente para questões específicas e também implicadas em "Conflitos, riscos, impactos associados a barragens".

Finalmente, antes de entrarmos nos eixos propriamente, é importante insistir que, no presente Grupo, há diferentes posições não apenas disciplinares/interdisciplinares, mas teóricas também. Isso possibilita a amarração de pontos em comum em nossos objetivos e em nossa posição diante da potência política da educação, levando em consideração que há diferentes modos de alcançar esses objetivos quando coletivamente construídos. Cada eixo privilegia alguns desses modos, recortando teórica e inter/disciplinarmente a questão, mas sem uma escrita que procure conceituar de forma precisa e exaustiva os termos de sua formulação.[9]

Assim, os participantes de nosso GT trabalham com diferentes aportes teóricos e/ou disciplinares e podem afetar positivamente os trabalhos que se pretende realizar em cada eixo. Ou seja, pressupomos o tempo todo que, sendo um trabalho coletivo, multi, trans e interdisciplinar, composto de diferentes abordagens teóricas, nossas reflexões e elaborações estarão continuamente afetadas por essa multiplicidade extremamente potente quando tratada com respeito e escuta. Essa é, portanto, a posição ético-política que guia nossa ação coletiva: a elaboração de eixos centrais que fazem alguns recortes a partir de determinadas posições inter/disciplinares e teóricas, e que pressupõem que serão afetados pela escuta sensível de todos os seus participantes (pesquisadores do GT e populações envolvidas com as barragens).

Passemos agora a especificar o que sustenta cada um dos eixos que orientam os trabalhos do GT E&S, ainda que estejam sempre, como já mencionado, articulados.

Eixo Memória

O foco do presente eixo é o da memória do trauma. Assim, não estamos discutindo aqui os diferentes conceitos, debates e formas que uma vasta bibliografia poderia nos fornecer sobre a memória e seu funcionamento. Consideramos, então, a memória do trauma como a relação que os sujeitos estabelecem com a experiência do trauma e, principalmente, com a vida anterior a ele, estabelecendo sentidos de pertencimento e afeto a partir de representações do que já passou, entendendo o trabalho com esse tema também como um lugar de produção de possibilidades de futuro.

É de nosso interesse buscar promover a reconstrução e o fortalecimento de laços sociais e identitários nas populações atingidas por barragens nas regiões de Mariana, Barra Longa, Brumadinho e Barão de Cocais, assim como, mais destacadamente, com os sobreviventes ou atingidos diretamente por desastres-crime, como as comunidades de Bento Rodrigues, Paracatu de Baixo (em Mariana), Córrego do Feijão e Parque da Cachoeira (em Brumadinho), entre outras. Também é importante refletir sobre a construção e a organização de um espaço de memória, de modo a ser um local de rearticulação das populações, assim como de construção de identidade e de identificação das pessoas envolvidas.

Ainda é preciso frisar que nos importam não somente as relações de sentido com o que imaginariamente se configura enquanto passado, mas também com o que se representa enquanto presente e enquanto futuro. Propomos isso por estarmos nos referindo a muitos sujeitos que hoje habitam entrelugares, estando em processos de transição na medida em que não podem mais voltar para os locais de onde vieram, visto que estão devastados pelos rejeitos da mineração. Essas pessoas, que viviam, em grande parte, em zonas rurais, moram ou foram forçosamente hospedadas, provisória e precariamente, em centros urbanos enquanto aguardam

[9]É por isso que o presente texto não possui referências bibliográficas. Ao final do capítulo está reunido o conjunto bibliográfico que marca de modo mais estruturante nossos trabalhos acadêmicos para que os leitores possam reconhecer e identificar os lugares de onde falamos e que nos sustentam em nossa diversidade de atuação, filiação teórica e formação profissional.

sua nova morada, ainda por ser construída, em uma relação de espaço-tempo totalmente transformada. Portanto, na memória, os sentidos, muitas vezes totalmente assolados pelo mar de lama, encontram-se em uma intensa transição. E isso precisa ser levado em consideração no movimento extremamente desafiador do processo de reinstalação das populações atingidas como um grupo, em uma coletividade pertencente a um território com história em um outro tempo, em um outro espaço.

Nesse sentido, propomos a construção de um espaço de memória em que esses processos possam ser trabalhados de modo a construir condições de materialização dessa memória de forma que os sujeitos envolvidos possam tanto significar aquilo que muitas vezes está na ordem do indizível, quanto ressignificar laços e possibilidades identitárias. A partir disso, procuraremos construir possibilidades para as pessoas atingidas pelas barragens ocuparem lugares de narradores.

Essa nossa compreensão se dá tanto em função das teorias e áreas disciplinares em que nos situamos quanto em função de uma visita técnica que nosso grupo realizou à Casa de Memória de Salto/SP, onde pudemos conhecer um espaço todo voltado para essa relação com a memória por meio da construção de uma casa que, de algum modo, metaforiza uma relação imaginária com o passado, instigando afetos e sentidos a partir de artefatos audiovisuais que permitem – e esse é o nosso objetivo – uma relação com o espaço-tempo presente, com abertura de sentidos que possibilitem um desejo de um espaço-tempo futuro, de um projetar-se.

Assim, pensamos em uma possível construção de um lugar de acolhimento a essas pessoas, que guarde as profundas relações desses sujeitos com suas histórias o tanto quanto possível, trabalhando o trauma e as tragédias (já ocorridas ou com potencial de ocorrerem), a fim de promover uma relação de afeto e identificação com os territórios para além da atividade de extração mineral, para além da relação com a perda e a dor, sem deixar que elas sejam aterradas, silenciadas e dessignificadas a partir da relação com uma política da mineração já instituída. Queremos e propomos o trabalho com essas relações para que não fiquem também assoladas, sem espaço para dizer-significar seu lugar.

Os formatos, as localizações e os conteúdos desses espaços nos desafiam a pensar em como poderão ser elaborados, construídos e acessados por todos os atingidos direta ou indiretamente. Isso porque entre as sedes e os distritos atingidos ou ameaçados há distâncias espaciais e indefinições políticas que precisarão ser levadas em conta. Vale destacar, por exemplo, o caso de Mariana, onde está em curso um processo judicial e/ou de construção de novos espaços que abrigarão essas comunidades temporariamente deslocadas tanto de Bento Rodrigues quanto de Paracatu de Baixo. Já no caso do Córrego do Feijão e do Parque da Cachoeira, que vivem com os rejeitos nos fundos de sua comunidade, ainda não há como medir o que essa convivência trará ou se será suportada, nem mesmo prever se essas pessoas também serão deslocadas de lá. Ainda, em Barão de Cocais, a volta da comunidade ao distrito de Socorro também é uma incógnita.

Contudo, esses dilemas não impediram o início dos nossos trabalhos se pensarmos em uma plataforma digital como possibilidade, ao menos mais urgente, de dar alguma materialidade a esse lugar, principalmente considerando a facilidade de uso, o compartilhamento imediato e a divulgação de nossas ações nesses âmbitos, a fim de sensibilizar, também, outros interessados em colaborar conosco. Posteriormente, a partir das demandas desses sujeitos com quem teremos contato, pensaremos em mídias que sejam de maior uso e identificação para essas pessoas, já que elas são o foco do nosso projeto.

Acreditamos, então, que trabalhar a relação da memória vai muito além das representações e repercussões dos rompimentos de barragens. Nesse sentido, consideramos fundamental trabalhar a memória pré-trauma, considerando a vida e a história traçadas até o acontecimento traumático, a fim de fortalecer a construção da identidade coletiva a partir de mecanismos de identificação e recordações afetuosas que podem se sobrepor a qualquer experiência traumática. Ao mesmo tempo, acreditamos ser essencial trabalhar com lugares do agora e do amanhã, que atuam, remodelam e ressignificam as memórias do que passou.

Eixo Arquivo e Comunicação

É importante começarmos a apresentar este eixo especificando que compreendemos o arquivo a partir de uma relação indissociável com a memória, sendo, por sua vez, a comunicação uma forma de colocar em relação diferentes modos de significar, de fazê-los visíveis, de possibilitar que desestabilizem efeitos de sentidos já postos e evidentes: com e a partir deles, podemos expor sentidos e nos expor a sentidos.

Quando afirmamos que o arquivo é pensado em sua relação com a memória, afastamo-nos de uma visão de um arquivo morto, que guardaria memória. Para nós, o arquivo não guarda, mas organiza modos de interpretação estabilizados, por um lado, e sua mobilização, por outro, permite que o desestabilizemos, abrindo espaço para fazer visíveis outros modos de dizer, outras narrativas, outras formas de significação. Ou seja, o arquivo é movente, é gesto. Logo, não o naturalizamos.

Dito de outro modo, não pressupomos que as diferentes textualidades que compõem um arquivo já estejam disponíveis e prontas para ser agrupadas: a reunião de materialidades em torno de um arquivo é um gesto de interpretação, uma possibilidade dentre várias; e essa reunião de textualidades deve provocar ruído, fazer tensionar as evidências já construídas, sobretudo se provocamos leituras do arquivo por meio da Comunicação. Dessa forma, a proposição de percursos de leitura das textualidades que compõem o arquivo busca polemizar os sentidos únicos e homogêneos sobre as questões que nele se (des)organizam.

É por isso que o presente eixo se coloca na relação entre o Arquivo e a Comunicação. Nosso objetivo, assim, é o de reunir, em um espaço digital em formato de *blog*, textualidades das mais diversas relativas a "Conflitos, riscos, impactos associados a barragens". Nesse âmbito também fazemos do *blog* um espaço de divulgação de todos os trabalhos desenvolvidos pelos grupos temáticos do Criab, como pontuaremos mais adiante. A título de exemplo e sem exaustividade poderíamos citar o agrupamento de notícias jornalísticas, documentários, artigos científicos, relatórios, manifestos, fotografias, áudios, relatórios técnicos, políticas públicas, materiais de ONGs, de grupos de pesquisa, manifestações das populações atingidas, entrevistas, notícias sobre o Criab, entre outros.

Em tempo, é válido ressaltar que a reunião dessa textualidade já consiste em gestos de interpretação de nossa parte, mas ocorre que, para além disso, queremos mobilizá-la, colocando-a em relação com outras materialidades – por sua vez, também compreendidas como gestos de análise – e provocando todos os leitores desse Arquivo por meio da Comunicação, incluindo nosso GT. Para colocar isso em prática propomos chamadas, matérias, produtos audiovisuais e artigos no mesmo espaço do *blog*, de modo a estabelecer relações e desestabilizar sentidos já postos. Assim, o *blog* do Criab é ao mesmo tempo o espaço do Arquivo e da Comunicação, vinculado a toda uma rede de outros meios que fazem parte do nosso plano de comunicação, como Facebook, Instagram, YouTube e plataformas de *podcast*.

Eixo Educação

Neste eixo delineamos duas ações diferentes e relacionadas. Uma voltada para a construção coletiva de um currículo local que leve em consideração questões próprias aos "Conflitos, riscos, impactos associados às barragens", a ser realizada na rede pública de ensino da região; e outra dirigida a um espaço não formal de ensino que abrangeria uma formação em educação socioambiental – que ocorreria no Núcleo Comunitário de Defesa Civil (Nudec). Até o momento, o grupo só conseguiu formular o espaço não formal de educação, e é isso que explanamos a seguir.

Elaboramos um plano de educação não formal voltado à educação socioambiental – a ser oferecido por meio da Defesa Civil, dentro do Núcleo Comunitário de Defesa Civil (Nudec) – e estruturado por uma pedagogia da sustentabilidade. A sustentabilidade socioambiental, que se problematiza na educação enquanto processo formativo e método interpretativo, está relacionada aos princípios básicos de uma interação entre sociedade e natureza que propicie condições de vida viáveis nas distintas escalas espaciais e temporais.

Assim, tendo como base a ética da responsabilidade solidária, quer-se, por meio da educação, desenvolver uma relação entre os seres humanos e a natureza que permita a sustentabilidade socioambiental do espaço geográfico (sustentabilidade que pressupõe o foco nos homens e nas mulheres, assim como em suas práxis). Para tanto, toma-se como base teórico-metodológica o pensamento complexo e a interdisciplinaridade à guisa de construir um processo de educação sustentável.

A educação socioambiental não deve, portanto, ser entendida como uma disciplina isolada no currículo escolar, mas, sim, como uma dimensão educacional a ser trabalhada transversal e interdisciplinarmente. Esse plano educacional libertador – seguindo os princípios da pedagogia de Paulo Freire – busca problematizar as questões socioambientais tendo em vista sua complexidade e seu equilíbrio dinâmico nas relações dos seres humanos entre si e com a natureza.

Para tanto, trabalhamos em cinco eixos centrais, apresentados a seguir. O primeiro deles, a **educação sociológica**, é estratégico na formação de sujeitos éticos e conscientes diante da problemática socioambiental e se referencia na ética da responsabilidade tanto individual quanto coletiva, privada ou pública, desde os encontros promovidos pela Organização das Nações Unidas (ONU) em Estocolmo (1972). Esse princípio educacional visa buscar as raízes endógenas dos processos de ocupação territorial em áreas de risco – especulação imobiliária nas regiões ocupáveis, periferização, desrespeito aos limites das áreas de proteção permanente, apropriação desigual do espaço urbano etc. –, assim como dos contextos sociológicos e históricos de desenvolvimento.

Já a **educação política** promove a ética da responsabilidade pela educação e é, segundo a pedagogia freireana, "condição necessária para desabrochar a cidadania, com vistas à formação do sujeito do desenvolvimento, num contexto de direitos e deveres". Essa cidadania está ligada a processos de engajamento e a ações políticas, sendo que, nessa lógica, todo ato pedagógico é político e toda ação política tem desdobramentos pedagógicos. Sendo assim, esse eixo visa ser instrumento social de ação, estando articulado à transformação da sociedade local e, por conseguinte, global. Ainda, ele torna possível deslocar processualmente educandos e educadores, mediante uma educação crítica, em busca de uma transformação social-cidadã.

A **educação ambiental** coloca em voga a relação entre meio ambiente e educação para a cidadania, assumindo um papel cada vez mais desafiador e demandando a emergência de novos saberes para apreender processos sociais que se complexificam e riscos ambientais que se intensificam. Ela busca ampliar a percepção do ser humano sobre a relação de interdependência entre este e a natureza e, além disso, traz uma problematização que visa à construção de alternativas, ou seja, de ações possíveis para a superação dos problemas socioambientais nas realidades contextuais locais. Esse eixo apresenta, então, formas de construir uma nova relação dos educandos com o meio a partir de uma práxis socioambiental, colocando-os a atuar como cidadãos conscientes. No entanto, essa conscientização não é um resultado imediato da aquisição de conhecimento sobre os processos naturais, mas, sim, uma reflexão filosófica e política, carregada de escolhas históricas que resultam na busca de uma sociedade sustentável.

Por sua vez, a **educação geográfica** busca empreender uma construção a partir do lugar e do contexto, assim como das condições objetivas do sujeito-cidadão, consciente da sua vida em todas as suas dimensões – naturais, sociais, culturais, econômicas, tecnológicas, históricas e políticas –, já que agir como cidadão é agir a partir do que o sujeito conhece, do que sabe sobre o mundo e do local que ocupa no espaço geográfico, numa perspectiva de mudança. Ela se propõe, também, a promover o conhecimento capaz de apreender problemas globais e fundamentais para neles inserir os conhecimentos locais em sua complexidade, ou seja, em seu conjunto sem fragmentação. A partir desse eixo é possível compreender os processos de formação do relevo e entender sua dinâmica natural para, então, ter a percepção de que aqueles fenômenos são inerentes à evolução da paisagem e de que o nosso processo de ocupação é o que condiciona a forma como os eventos impactam a dinâmica social dos atingidos.

Por fim, a **educação geológica** tem como objetivo promover a percepção dos riscos e o entendimento sobre a natureza dos processos físicos, tendo em conta que o conhecimento em geologia proporciona compreensão mínima do funcionamento do planeta e lança bases para o efetivo exercício da cidadania, nos parâmetros aqui já discutidos. A importância desse eixo se dá pela necessidade de entendimento, em um sentido amplo, da ciência do sistema Terra como perspectiva integradora dos conhecimentos científicos da natureza. Nesses eixos, trataremos de questões-chave para a construção de cidades resilientes aos desastres, como: análise da conjuntura política e econômica minerária e de toda a cadeia na qual esse sistema está compreendido; análise dos processos geomorfológicos de transformação do relevo; compreensão do tempo geológico para entender a escala temporal de recuperação de áreas degradadas; contato com o manejo e a gestão de resíduos, assim como com métodos alternativos e não estruturais para captação de água pluvial; contato com a importância da preservação do meio ambiente e das áreas de proteção permanente; conscientização dos processos de ocupação urbana e das consequências da urbanização na dinâmica do relevo; compreensão do papel do poder público na gestão do risco de desastres; entendimento das instâncias de funcionamento dos tomadores de decisão para uma gestão participativa e horizontal; contato com possibilidades de transformação social, assim como de desenvolvimento socioeconômico e socioambiental; e também apreensão dos possíveis usos responsáveis dos recursos naturais.

Assim, o entendimento de sustentabilidade socioambiental demanda nova abordagem de conteúdos e nova metodologia no processo educativo, superando uma educação ambiental conservacionista e preservacionista visando avançar para uma visão emancipatória da população residente em áreas de risco. A educação, aqui, é utilizada como ferramenta de transformação e, para tanto, serão realizadas aulas lúdicas e práticas que fazem uso do espaço local como meio de aprendizagem, sendo acompanhadas por materiais didáticos de fácil apreensão e relação com o meio.

A sustentação pedagógica para a construção de um plano educacional será horizontal, no intuito de formar educadores e educandos num processo dialógico. A estruturação desse plano se dará, portanto, de maneira colaborativa, com os discentes atuantes no projeto, a comunidade local e os órgãos públicos envolvidos na gestão de redução de risco a desastres.

Por fim, busca-se atingir quatro objetivos principais de desenvolvimento comunitário, partindo desse contexto, apresentados a seguir.

- Objetivo ecológico: educar para preservar e potencializar a diversidade natural e a complexidade dos ecossistemas, assim como para respeitar a biodiversidade sob outras expressões – culturais, de gênero, dos grupos e das nações.

- Objetivo econômico: formar racionalidades alternativas e substitutivas à do mercado, que se apresenta como forma única de entender o econômico; para tanto, é importante pensar em projetos econômicos que respeitem as diferentes realidades e que sejam compatíveis com os ecossistemas, minimizando, assim, os impactos de contaminação, os conflitos territoriais e aumentando a resiliência dos ecossistemas.

- Objetivo político: promover a participação cidadã nas tomadas coletivas de decisão, desenvolvendo práticas inclusivas e democráticas na educação socioambiental, a partir da construção coletiva do conhecimento.

- Objetivo social: assegurar o acesso igualitário aos bens naturais, inter e intrageracionais, entre gêneros e culturas, grupos e classes sociais e também de toda a humanidade, não permitindo a restrição das imposições do mercado homogêneo, que destrói a diversidade de cada região ou lugar.

  Feita a apresentação dos eixos que embasam nosso trabalho, partimos para a apresentação de algumas das produções bibliográficas que fizemos até aqui e que ilustram nosso percurso de pesquisa. Também recomendamos uma visita ao nosso *blog*[10]

[10]Disponível em: https://www.blogs.unicamp.br/projetocriab/blog/. Acesso em 25 de maio de 2024.

de divulgação científica, no qual fizemos diversas publicações visando difundir e facilitar o acesso ao tema das barragens para a sociedade em geral.

13.3 Escritas coletivas

Uma de nossas empreitadas foi a de colaborar na edição especial da *Revista Conexão de Saberes*, do projeto de divulgação científica a_Ponte. Na ocasião, a edição da revista foi intitulada "Antes fosse mais leve a carga".[11] Nossos textos seguirão na ordem em que foram apresentados na revista. Acreditamos que poder estabelecer uma escrita mais acolhedora que permita dizer de um trabalho acadêmico para um grande público é uma forma política de o Grupo estar presente afetando diferentes esferas com suas formulações. Nessa mesma direção, contribuímos para o *Dicionário Crítico da Mineração*, propondo o verbete "desastre-crime".

Dizeres em uma revista de divulgação científica

Começando por nossa publicação em parceria com a *Revista a_Ponte*, tivemos, em geral, o objetivo de analisar, a partir de uma perspectiva crítica, as narrativas hegemônicas produzidas sobre os desastres-crime da Vale. Produzimos, então, um breve material, em parceria com a revista – projeto independente de divulgação (geo)científica –, que aborda as disputas em torno dos territórios e da memória.

Foi assim, então, que construímos a edição "Antes fosse mais leve a carga", como mencionado, que traz artigos, fotos e poesias que discorrem sobre essa tragédia. Nela, buscamos lançar luz sobre algumas questões, a saber: como são retratadas nos jornais as dores dos atingidos? A quem se dá voz quando se retrata uma tragédia de tamanha magnitude? Quem se torna protagonista desse ocorrido? O que circula pela mídia hegemônica, quando rememoramos, no lançamento dessa revista, os cinco anos do rompimento da barragem do Fundão, em Mariana?

Nesse sentido, apesar de a narrativa midiática hegemônica veicular as reparações, os acordos e as indenizações feitas pela Vale aos atingidos pelos rompimentos das barragens sob sua responsabilidade, pouco espaço de voz é dado à população. Soma-se a isso a construção de um memorial em homenagem às vítimas do rompimento da barragem B1 em Brumadinho – financiado pela mineradora responsável por essa e tantas outras barragens que compõem o campo minado que é o estado de Minas Gerais – e que faz parte do verniz que tenta apagar o emblemático rejeito marrom-avermelhado que manchou lugares, vidas e memória(s).

[11]Disponível em: https://www.apontepronorte.org/revista3. Acesso em 18 de maio de 2021.

Nossas escritas na revista

O paradoxo da essencialidade, por Talita Gantus de Oliveira e Bárbara Zambelli[12]

A humanidade transforma os recursos da Terra desde o paleolítico, com as pedras lascadas de sílex ou obsidiana usadas como facas e pontas de flecha, argila como potes cerâmicos e ocre como pigmento. Os materiais utilizados e sua forma de emprego e produção foram mudando de acordo com a oferta natural de cada ambiente, domínio das tecnologias de extração e processamento, ordenamento socioeconômico e geopolítico. Atualmente, os bens minerais estão presentes em quase tudo no nosso cotidiano, desde a comida que comemos (na forma de adubos minerais, sal de cozinha), à casa que moramos (minerais agregados, cimento, ferro, aço), ao *smartphone* que utilizamos.

Voltando um pouco na história, as grandes navegações deram início a uma nova fase de exploração e comércio mundial de recursos. Pau-brasil. Cana-de-açúcar. Café. Ouro. Ferro. Gado. Soja. Mudam-se os produtos, mas a exploração dos recursos naturais da América Latina e da África desde a invasão europeia no século XVI segue a mesma lógica: garantir o progresso e avanço da civilização ocidental e promover desenvolvimentos tecnológicos no antigo continente – embora com desigualdades internas –, enquanto deixa terras arrasadas ao sul do globo pelos impactos socioambientais dessa exploração.

O processo se complexificou, foi modernizado, foram introduzidas novas tecnologias para acelerar a circulação, mas a lógica de acumulação de capital permanece a mesma, e hoje acrescentamos o prefixo *neo* a esse *modus operandi* secular: o (neo)colonialismo ou (neo)extrativismo. O setor de mineração no Brasil responde por cerca de 4% do PIB e sua contribuição para o saldo da balança comercial foi de 50% no primeiro semestre de 2020,[13] mesmo em meio à pandemia de covid-19.

Onze substâncias respondem por mais de 99% de toda a produção brasileira de minerais metálicos. São elas: ferro, cobre, ouro, alumínio, níquel, manganês, estanho, nióbio, zinco, cromo e vanádio (em ordem decrescente de participação). O ferro foi o campeão absoluto, com 58,2% do valor total do comércio mineral, movimentando o equivalente a 93,9 bilhões de reais em 2019.[14] Apesar de movimentar bilhões de reais anuais, a Compensação Financeira pela Exploração dos recursos Minerais (Cfem) é ínfima (até 3,5% do lucro líquido anual para minério de ferro[15]) em relação aos inúmeros impactos socioambientais[16] que essas

[12]"Antes fosse mais leve a carga". *Conexão de Saberes*, ed.3, 2020. a_Ponte. Disponível em: https://alimentodalma.wixsite.com/meusite-1/revista3. Acesso em jun. de 2024.

[13]Mineração em números. Portal da Mineração. Disponível em: http://portaldamineracao.com.br/wp-content/uploads/2020/07/Infogr%C3%A1fico-Minera%C3%A7%C3%A3o-em-N%C3%BAmeros-2%C2%BATRI2020-1-1.pdf. Acesso em out. de 2020.

[14]Anuário Mineral Brasileiro da Agência Nacional de Mineração (ANM). Disponível em https://www.gov.br/anm/pt-br/centrais-de-conteudo/publicacoes/serie-estatisticas-e-economia-mineral/anuario-mineral/anuario-mineral-brasileiro/amb_2020_ano_base_2019_revisada2_28_09.pdf. Acesso em out. de 2020.

[15]Lei 8.001/1990. Define os percentuais da distribuição da compensação financeira de que trata a Lei nº 7.990, de 28 de dezembro de 1989, e dá outras providências. Disponível emhttp://www.planalto.gov.br/ccivil_03/LEIS/L8001.htm. Acesso em out. de 2020.

[16]Sociedade de risco. Disponível em: https://www.apontepronorte.org/post/sociedade-de-risco. Acesso em

subtâncias acarretam. Além disso, a Cfem não tem uma destinação precisa, como, por exemplo, investimentos na diversificação dos setores produtivos.

Com a desoneração fiscal concedida pela Lei Kandir, o Estado deixa de arrecadar, anualmente, milhões de reais com a mineração.[17] Com isso, a exploração e a exportação de minérios atuam para estabelecer a posição de país capitalista periférico e dependente,[18] que nos coloca em extrema vulnerabilidade macroeconômica. Para além disso, é preciso se questionar sobre a essencialidade da mineração quando se vivencia um modo de produção que vê a natureza como potencial valor de uso, por um interesse único e exclusivo em seus valores de troca[19]. Ou seja, o quanto é possível lucrar por meio de sua exploração[20]. De todo o ouro extraído no Brasil, 50% vão para joias e 30% para o mercado financeiro.[21] De qual essencialidade estamos falando?

A exaustão das jazidas mais superficiais e em locais com mais acesso à logística levou ao avanço da chamada fronteira de expansão mineral – também conhecida como fronteira de conflitos socioambientais. Dessa maneira, a mineração foi adentrando nos territórios brasileiros, derrubando florestas, construindo barragens, estradas, ferrovias, e mudando drasticamente a relação das comunidades com aqueles territórios.[22] Juntamente com o empreendimento minerário, vem também o aumento dos índices de violência, criminalidade e prostituição.[23] Aumentam, também, os conflitos pela terra e pela água. Comunidades tradicionais, povos indígenas e assentamentos rurais sofrem migração forçada.

O início do século XXI foi marcado pelo crescimento da indústria mineral brasileira, impulsionado pelo "*boom das comodities*".[24] Esse modelo de desenvolvimento econômico, focado em manter o superávit primário a partir do equilíbrio da balança comercial, prioriza as exportações de produtos do setor agromineral em vez de transformações estruturais das bases econômicas.

Um resultado do pós-*boom* da extração mineral foi o alteamento sistemático de várias barragens de rejeitos, e, consequentemente, do volume de sedimentos nelas contidos. Com a queda do preço das *commodities*, as mineradoras aumentaram o ritmo da exploração para

out. de 2020.

[17] Minas deixa de arrecadar R$ 100 bi em duas décadas com a Lei Kandir. Jornal *Estado de Minas*. Disponível em: https://www.em.com.br/app/noticia/politica/2019/02/13/interna_politica,1030156/minas-deixa-de-arrecadar-r-100-bi-em-duas-decadas-com-a-lei-kandir.shtml. Acesso em out. de 2020.

[18] Capitalismo dependente e seus reflexos no campo e na cidade. Disponível em: https://www.apontepronorte.org/post/capitalismo-dependente-e-seus-reflexos-no-campo-e-na-cidade. Acesso em out. de 2020.

[19] HARVEY, David. *17 contradições e o fim do capitalismo*. São Paulo, Boitempo, 2017.

[20] Como chegamos até aqui? Disponível em: https://cutt.ly/tgW0GEr. Acesso em out. de 2020.

[21] Curso de economia política da mineração. Grupo PoEMAS/UFJF. Disponível em: https://youtu.be/7ddNStNXGI4. Acesso em ago. de 2020.

[22] A crise do atual modelo de exploração mineral. Disponível em:https://www.apontepronorte.org/post/a-crise-do-atual-modelo-de-exploracao-mineral. Acesso em out. de 2020.

[23] Feminismo interseccional: um olhar a partir das geociências. Disponível em:https://www.apontepronorte.org/post/feminismo-interseccional-um-olhar-a-partir-das-geociencias. Acesso em out. de 2020.

[24] *Do Boom ao Pós-Boom das commodities: o comportamento do setor mineral no Brasil.* Disponível em: https://www.researchgate.net/publication/318213362_Do_Boom_ao_Pos-Boom_das_commodities_o_comportamento_do_setor_mineral_no_Brasil. Acesso em out. de 2020.

manter o lucro dos acionistas.[25] Minas Gerais conheceu ao menos dois desfechos similares dessa mesma história.[26]

Em 5 novembro de 2015, o rompimento da Barragem do Fundão, em Mariana, sob responsabilidade das mineradoras Samarco, Vale e BHP Billiton. Esse, o maior crime ambiental – ecocídio[27] – da história deste país, resultou na morte de 19 pessoas, além do despejo de cerca de 33 milhões de toneladas cúbicas de rejeitos de mineração de ferro na cabeceira da bacia do rio Doce, um dos rios mais importantes de Minas. O segundo grande desastre-crime ocorreu em 25 de janeiro de 2019, quando a barragem da Mina do Córrego do Feijão, também de responsabilidade da Vale, se rompeu, liberando 13 milhões de m^3 de rejeitos, matando 267, incluindo 2 mulheres grávidas, e deixando 3 desaparecidas. Dessa vez, o rio atingido foi o Paraopeba, afluente do rio São Francisco, um dos maiores e mais importantes do Brasil.

Esses dois rompimentos causaram danos e prejuízos socioambientais – materiais, imateriais e simbólicos – irreparáveis e sem precedentes na história. Para além das pessoas já atingidas pela lama e pelo complexo minerador, os residentes próximos a barragens com risco de rompimento – como Itabira, Antônio Pereira e Macacos (distrito de Nova Lima), todos em MG – enfrentam o constante impacto psicossocial de conviver com o risco iminente e permanente de serem soterrados pela lama.

Apesar de a narrativa midiática hegemônica veicular as "reparações, acordos e indenizações" feitas pela Vale aos atingidos pelos rompimentos, recorrendo a uma estratégia de publicidade muito utilizada no mercado extrativista, pouco espaço de voz é dado à população. Nesse sentido, surgiram veículos de comunicação alternativos construídos pelos atingidos e atingidas com uma participação social plural – um deles é o jornal *A Sirene*.[28] Afinal, "quem possui a linguagem possui o mundo que essa linguagem expressa e que lhe é implícito".[29] A disputa de poder nos territórios tem, na posse das narrativas, uma ferramenta de dominação. E assim, por séculos, se sustenta a colonização, reinventada no novo [neo], transmitindo a história colonial de "descobrimento" das Américas – ou seria encobrimento de Abya Yala?[30]

"Nesse mundo compartimentado, maniqueísta, de estátuas – estátua do general que efetuou a conquista, do engenheiro que construiu a ponte",[31] do ditador militar (conivente com práticas de tortura e assassinatos) que governou o país[32] –, as manifestações simbólicas no espaço geográfico têm importância fundamental na sustentação das narrativas. Além de vinculadas à identidade local, as estátuas, as homenagens materiais, os memoriais preservam o poder e o discurso da memória oficial. Trata-se de contrapor ao recalcamento da memória

---

[25] A questão mineral brasileira. Disponível em: https://youtu.be/EE-kzqAz-x4. Acesso em out. de 2020.

[26] Mineração em geossistemas ferruginosos e questões de geoética: o caso do rompimento da barragem de Córrego do Feijão, Minas Gerais – Brasil. Disponível em: https://journals.openedition.org/confins/19973. Acesso em out. de 2020.

[27] Após Mariana, aprovar ecocídio é uma resposta à sociedade. Disponível em: https://www.agazeta.com.br/artigos/apos-mariana-aprovar-ecocidio-e-uma-resposta-a-sociedade-1119. Acesso em out. de 2020.

[28] Jornal a Sirene. http://jornalasirene.com.br/. Acesso em out. de 2020.

[29] FANON, Frantz. *Pele negra, máscaras brancas*. SciELO-EDUFBA, 2008.

[30] Disponível em:https://iela.ufsc.br/povos-origin%C3%A1rios/abya-yala. Acesso em out. de 2020.

[31] FANON, Frantz. *Os condenados da terra*. Rio de Janeiro, Civilização Brasileira, 1979. pp. 39.

[32] Nas ruas do Brasil, a ditadura ainda vive. *Agência Pública*. Disponível em: https://apublica.org/2017/10/nas-ruas-do-brasil-a-ditadura-ainda-vive/. Acesso em out. de 2020.

do trauma uma memória ativa que transforma o presente.[33] Essa memória, que se dá por meio de intervenções coletivas no espaço público, reorganizam o campo simbólico de modo a ressignificar os restos deixados pelo evento traumático.[34]

É nessa ressignificação do desastre-crime do rompimento da barragem em Brumadinho que se estende a disputa pela memória oficial, aqui simbolizada pela construção, pela Vale,[35] de um memorial "em nome das vítimas que se foram e das que permanecem". Para a escolha do projeto, foram convocados "arquitetos de renome nacional". "O projeto foi pensado para gerar no visitante uma experiência de reflexão sobre a memória e a dor que o rompimento causou." No memorial, entretanto, o rompimento da barragem é evocado como se fosse fruto de um erro humano, e não a peça de uma lógica específica (e global) de funcionamento do modelo de exploração mineral capitalista neocolonial: o de injustiça e de racismo ambientais. É nesse cenário de disputa da palavra simbólica que apresentamos uma tentativa de mostrar o outro lado da história. Os verdadeiros "avanços" civilizatórios são avanços nas possibilidades de simbolização do real do trauma.[36]

Mineração e território: lutas e resistências, por Ana Paula Leal Pinheiro Cruz

Os últimos episódios de rompimento de barragens de rejeitos da mineração das empresas Samarco BHP Billiton e Vale S.A. que aconteceram em Mariana (2015) e Brumadinho (2019), ambos em Minas Gerais, alertam-nos para a dimensão dos impactos da atividade minerária desenvolvida. As consequências, além dos processos pela busca de justiça e reparação pelas diversas vítimas fatais, seguem ainda interferindo nos modos de vida das comunidades atingidas e apresentando incertezas sobre a capacidade de regeneração dos sistemas ecológicos afetados.

Porém, é importante ressaltar que os impactos da atividade minerária são anteriores aos rompimentos. Antes mesmo de sua instalação, esses empreendimentos interferem nas localidades, reconfigurando os territórios, causando e acirrando conflitos com violência física e simbólica à população, atentando contra a garantia dos direitos das comunidades, gerando perdas significativas na biodiversidade local, alterações geomorfológicas, contaminação e assoreamento de corpos d'água, supressão de vegetação, entre outros.

Esse cenário não é novo. A relação da América Latina com a mineração remonta a um passado colonial baseado na escravidão e no genocídio indígena.[37] Desde o século XVI, a extração mineral segue moldando os territórios, a paisagem e os diversos modos de vida presentes, em processos que desterritorializam populações em favor de um certo "desenvolvimento" e "progresso". Cria-se, assim, uma hierarquização de valores, em que se

---

[33]KEHL, Maria Rita. *O tempo e o cão: a atualidade das depressões.* São Paulo, Boitempo, 2015, pp. 28.
[34]*Idem*, pp. 28.
[35]Memorial em homenagens às vítimas do rompimento. Vale. Disponível em: http://www.vale.com/brasil/PT/aboutvale/news/Paginas/memorial-em-homenagem-as-vitimas-do-rompimento-da-barragem-sera-erguido.aspx. Acesso em out. de 2020.
[36]KEHL, Maria Rita. *O tempo e o cão: a atualidade das depressões.* São Paulo, Boitempo, 2015, pp. 29.
[37]ARÁOZ, Horacio M. [38]. São Paulo, Elefante, 2020.

pressupõe uma diferenciação entre os direitos e as culturas dos povos,[39] em detrimento de outros.

Por um sistema de acumulação de capital que se destina a poucos, diversas comunidades têm sido expropriadas de suas terras, privadas do acesso à água e impossibilitadas de realizar suas práticas cotidianas, tendo seus assentamentos desconsiderados em estudos prévios de viabilidade, e sendo invisibilizadas em tomadas de decisões que interferem diretamente na garantia de seus direitos mais básicos. Nas duas últimas décadas, o modelo neoextrativista[40] intensificou esse cenário, reforçando a assimetria ambiental, ecológica e política entre os países do Sul e do Norte global[41] e tornando indispensável um debate mais claro e aberto com a sociedade.

O conceito de território, originado e amplamente discutido na geografia, atualmente, caracteriza-se não só por uma delimitação física espacial, como também pelas relações de poder e pelas ações de atores envolvidos em suas dinâmicas cotidianas, englobando os movimentos de conflitos, lutas e resistências.[43] A conotação social que se agregou ao território é importante na busca pela compreensão da dimensão da apropriação e das estratégias de dominação realizadas pela atividade minerária, por exemplo.

Além de interferir fisicamente, através da reorganização espacial, da construção de infraestrutura viária e, ainda, da descaracterização da paisagem local promovida nos processos de amputação das montanhas (como o Pico do Cauê, em Itabira), a atividade minerária atua também de maneira subjetiva, interferindo nos modos de vida, no sentido de pertencimento e reconhecimento que as pessoas das comunidades possuem entre si e com o lugar. Não raro, encontram-se relatos que denunciam o desprezo pelos tecidos sociais historicamente estabelecidos pelas relações de vizinhança em arranjos espaciais de reassentamentos de comunidades atingidas.[44]

Os dados colhidos pela Comissão Pastoral da Terra (CPT), no período de 2004 a 2018, mostram que houve um aumento considerável de conflitos relacionados à mineração a partir

[39] O "desenvolvimento" é, com efeito, apresentado como bom para todos – a nação, os empresários e o povo. Mas a desconsideração do ponto de vista dos que são atingidos negativamente pelos impactos do desenvolvimento supõe uma hierarquização de direitos e culturas, a cultura desenvolvimentista tendo precedência sobre as demais (Acselrad, 2014, pp. 87). *In:* ACSELRAD, H. Disputas cognitivas e exercício da capacidade crítica: o caso dos conflitos ambientais no Brasil. *Sociologias*, ano 16, no 35. Porto Alegre, jan./abr. 2014, pp. 84–105.

[40] Neoextrativismo: conceito baseado nas tipologias propostas por Eduardo Gudynas. "O termo vem sendo construído criticamente por pesquisadores ligados às ciências sociais e ao meio ambiente para denominar o novo cenário das atividades extrativistas na América Latina. Esse cenário se constrói a partir da relação entre a Indústria Extrativa Mineral (IEM), o *boom* das *commodities* e o Estado, que convergem em um projeto de altos investimentos na exploração de recursos minerais voltados para a exportação, tendo como pano de fundo a defesa dos interesses nacionais e do desenvolvimento do país, em conflito com os interesses de populações tradicionais, movimentos sociais, sindicatos e trabalhadores." *In:* GOMIDE, C. S. *et al.* (org.). *Dicionário Crítico de Mineração.* Marabá, Editorial iGuana, 2018.

[41] ACOSTA, A. [42]. *In:* DILGER, G.; LANG, M. & FILHO, J. P.*Descolonizar o imaginário: Debates sobre pós-extrativismo e alternativas a desenvolvimento.* São Paulo, Fundação Rosa Luxemburgo, 2016.

[43] Apresenta-se um conceito mais amplificado de território, baseado nas proposições do geógrafo Milton Santos.

[44] PASSOS, Flora Lopes; COELHO, Polyana & DIAS, Adelaide. (Des)territórios da mineração: planejamento territorial a partir do rompimento em Mariana, MG. *Cad. Metrop.* 2017, vol.19, n. 38, pp. 269–297. Disponível em: https://www.scielo.br/j/cm/a/rP7sQjdcbprFKJNdgW56JDz/abstract/?lang=pt. Acesso em 26 de maio de 2024.

de 2010, principalmente nos estados do Pará, de Minas Gerais, do Maranhão e do Espírito Santo. Além do direito sobre a terra, mais da metade dos episódios de conflitos se relacionam ao direito de acesso à água,[45] substância fundamental à vida.

Ainda sobre o estado de Minas Gerais, é possível perceber que, em territórios dominados pela mineração, concentram-se, paralelamente, altos índices de vulnerabilidade social e degradação ambiental[46] – o que contrapõe parte do discurso que associa a mineração a um desenvolvimento econômico, local e sustentável. As reconfigurações espaciais, os processos de desterritorialização e as influências sobre os modos de vida e uso do solo seguem fazendo parte da dinâmica minerária – o que alguns relatos indicam, mesmo após episódios trágicos como os rompimentos de barragens. A influência da mineração persiste e se materializa nos rearranjos e na reorganização do espaço, deixando clara a sobreposição do poder hegemônico e dos interesses privados sobre os territórios e sobre as comunidades. Cabe a nós questionar: até quando?

A dor da gente não sai no jornal, por Marco Túlio Pena Câmara

> *Quantas pessoas sem nome, quantas pessoas sem voz? Morreu debaixo da lama, morreu debaixo do trem? Ele era filho de alguém, e tinha filho e mulher? Isso ninguém quer saber, com isso ninguém se importa. Parece que essas pessoas já nascem mortas. E pra quem olha de longe passando sempre por cima, parece que essas pessoas não têm valor. São tão pequenas e fracas, deitando em camas e macas. Sobrevivendo, sentindo tristeza e dor* (Gabriel Contino e Ricardo Cruz – Gabriel o Pensador e Tato)

Quando Chico Buarque entoou o verso que dá título a este texto, o contexto até poderia ser outro do que o adquirido aqui, mas o sentido se mantém o mesmo: Como são retratadas as dores nos jornais? A quem se dá voz quando se retrata uma tragédia de tamanha magnitude? Quem se torna protagonista? Este texto parte dessas e outras reflexões decorrentes da dissertação de mestrado[47] que analisou a cobertura midiática local acerca do maior desastre-crime socioambiental do país: o rompimento da barragem do Fundão, da Samarco (Vale/BHP), em Bento Rodrigues, subdistrito de Mariana, em 5 de novembro de 2015. Os impactos dessa

[45]WANDERLEY, L. J. W. & GONÇALVES, R. J. A. F. Mineração e as escalas dos conflitos no espaço agrário brasileiro. Conflitos no Campo Brasil, v. 1, pp. 132-141, 2019.

[46]PASSOS, F. L.; COELHO, P. e DIAS, A. (Des)territórios da mineração: planejamento territorial a partir do rompimento em Mariana, MG. Cad. Metrop. 2017, vol. 19, n. 38, pp. 269-297. Disponível em: https://www.scielo.br/j/cm/a/rP7sQjdcbprFKJNdgW56JDz/abstract/?lang=pt. Acesso em 26 de maio de 2024.

[47]CÂMARA, M. T. Para nunca esquecer: uma análise discursiva de coberturas midiáticas impressas sobre o rompimento da barragem de Fundão, em Mariana. Dissertação de mestrado. Programa de Pós-Graduação em Estudos de Linguagens. Belo Horizonte, Cefet-MG, 2018.

tragédia são sentidos até hoje, quase dez anos depois. Vidas perdidas, comunidades que não foram refeitas, esperança que ainda persiste latente.

Bento Rodrigues deixou de ser desconhecida, mas também deixou de existir. Mariana passou a ser o luto de Minas Gerais. Pior do que ser "apenas um quadro na parede", como dizia Drummond sobre Itabira, é perceber que não há paredes, não há quadros, não há casas. Agora, é tudo lama, com histórias soterradas, vidas inundadas, pertences abandonados. Só resta dúvida. Tristeza. Dor. Nesse cenário, ouvir as vozes de pessoas pertencentes aos lugares atingidos pelo rompimento da barragem do Fundão, em diferentes perspectivas, é colocar em prática o valor humano e social de situações catastróficas que nos fazem lembrar que tudo é político – incluindo as palavras a serem utilizadas –, como bem lembra a jornalista Flávia Oliveira.[48]

É nesse sentido que estão inseridas as narrativas midiáticas e representações que elas acabam por eternizar, com diferentes abordagens sobre um mesmo tema. A isto, quando se escolhe o que vai se retratar, os estudos de comunicação chamam de enquadramento. O primeiro paradigma a ser quebrado para se realizar uma análise de cobertura midiática é a imparcialidade jornalística. Considerar a mídia apenas como fonte de informação, passada de forma objetiva, é ignorar o papel do sujeito que produz e reporta essa notícia, uma vez que essa pessoa carrega valores e opiniões que determinam a produção de um conteúdo, agregando pontos de vista e subjetividade à informação.

Dessa forma, encontramos, de um lado, as mídias consideradas comerciais e hegemônicas, pertencentes a grandes conglomerados midiáticos e econômicos; e, de outros, consideradas independentes e contra hegemônicas, as que visam retratar o que normalmente é silenciado de diversas maneiras. Além de ser marginalizada pelo sistema, a população atingida, nesse caso, ainda é invisibilizada pela grande mídia, que a silencia como exercício da manutenção do poder.

O jornalismo deve(ria), portanto, embarcar numa onda de resistência, nadando contra essa corrente de segregação, emergindo como um mecanismo capaz de fazer circular novos discursos[49]. Além do acesso à informação, a Comunicação enquanto um direito humano[50] também está relacionada à representação e alternativas de mídias, discursos e vozes antes silenciadas[51].

Ao se propor uma cobertura diferente da observada na grande mídia e valorizar a perspectiva dos atingidos da tragédia em Mariana, a cobertura do jornalismo local evidencia as necessidades e experiências locais, considerando a relevância da territorialidade nesse

[48]OLIVEIRA, Flávia. O Estado emerge. *O Globo*, maio de 2024. Disponível em: https://oglobo.globo.com/opiniao/flavia-oliveira/coluna/2024/05/o-estado-emerge.ghtml Acesso em: 27 de maio de 2024. OLIVEIRA, Flávia & REIS, Isabela. Rio Grande do Sul, Madonna #234. *In*: Angu de Grilo. Podcast. Disponível em: https://open.spotify.com/episode/6M7Uvb1ZJ0oKLHX2mF4A8c?si=ad7bf60f2b944c55 Acesso em 27 de maio de 2024.

[49]SAVENHAGO, I. Jornalismo, liberdade e imprensa regional: informar é (im)preciso. *In:* SAVENHAGO, Igor (org.). *Jornalismo regional: estratégias de sobrevivência em meio às transformações da imprensa.* Jundiaí, Paco Editorial, 2012, pp. 27–51.

[50]BRAIGHI, A. & CÂMARA, Marco Túlio. Direitos humanos: o que midiativismo e jornalismo podem aprender juntos? *Âncora - Revista Latino-Americana de Jornalismo*, vol. 4, 2018, pp. 152-168.

[51]PERUZZO, C. Comunicação nos movimentos sociais: o exercício de uma nova perspectiva de direitos humanos. *Contemporânea comunicação e cultura.* Salvador, 2013, v. 11, pp. 138-158.

processo de representação. O foco da cobertura no cidadão assume o compromisso de levar a informação a quem, historicamente, não teve acesso a ela. Daí surgiu a necessidade de uma mídia local mais representativa e bem-feita, que respeite e atenda às necessidades da sociedade em que está inserida. Assim, os jornais populares se tornam as principais fontes para notícias locais e funcionam como "porta-vozes" da população à qual representam.

Esta, por sua vez, procura nesses veículos informações de interesses pessoais, que afetam o dia a dia naquela localidade, buscando se ver retratada nos jornais locais.[52] É nesse sentido que apresentamos, aqui, três exemplos de coberturas jornalísticas que abordam problemas locais, nas quais a população atingida pelos rompimentos de barragens assume o protagonismo, e não as empresas (como observado na grande mídia): *Lampião*,[53] *Curinga*[54] e *A Sirene*[55]. Essa abordagem jornalística busca responder às inquietações provocadas na sociedade em que se insere, procurando atender a seus anseios de visibilidade e fazer a cobertura de assuntos que sejam de seus interesses, para além da pura exposição e exploração de suas mazelas e sentimentos.

Os dois primeiros são produtos laboratoriais do curso de Jornalismo da Universidade Federal de Ouro Preto, sediado em Mariana/MG. A revista e o jornal têm uma periodicidade específica e são feitos por turmas distintas. Para a cobertura especial, cada veículo fez uma edição única, com publicação em janeiro de 2016. Mais do que prática acadêmica, eles serviram como porta-vozes da comunidade e como fonte de informação crítica e contextualizada, abordando as diversas relações de poder que culminaram no rompimento da barragem, como a influência política e econômica para as licenças de uso e ação da barragem no vilarejo.

Já *A Sirene* nasce como uma construção coletiva para atender aos anseios da população de Bento Rodrigues/Mariana. Por se tratar de um jornal feito pela própria comunidade, baseado nos princípios da comunicação comunitária, o veículo se firmou como o principal meio de comunicação da população de Bento Rodrigues, que passou a usar o espaço para se expressar, informar e documentar as suas próprias narrativas.

Como jornalismo local, as produções aqui apresentadas cumprem o papel de trazer à tona os impactos que afetam a região, assim como também buscam responder às inquietações da população. Nesse sentido, acredito em uma proposta de reinvenção do jornalismo (enquanto ofício), buscando promover o debate e divulgar outros olhares sobre a realidade que nos cerca, uma vez que ela é plural e de multissignificados.

Veículos como os citados acima podem ser a esperança e o exemplo de um jornalismo mais humano, voltado para a comunidade, valorizando o papel do jornalismo local para a representatividade e a preservação da identidade da região na qual se insere. O jornalismo

[52]CICILLINI, F. M. Mídia impressa e informação local: o jornal impresso no centro do estado de São Paulo. *In:* Anais Regiocom, São Bernardo do Campo, 2006. Disponível em: http://www.bocc.ubi.pt/pag/cicillini-fernanda-midia-impressa-informacao-local.pdf. Acesso em maio de 2024.

[53]Jornal-laboratório da Ufop. Disponível em: https://lampiaodigital.ufop.br/. Acesso em out. de 2020.

[54]Revista-laboratório da Ufop. Disponível em: https://issuu.com/revistacuringa. Acesso em out. de 2020.

[55]"A luta pelo direito de voz dos atingidos pelo rompimento da barragem de Fundão, da mineradora Samarco, em Mariana/MG, tem uma importante arma: o jornal *A Sirene*. Produzido pelos próprios atingidos, o veículo está no epicentro da maior tragédia ambiental do Brasil e é mantido por um acordo entre os atingidos, o Ministério Público e a Arquidiocese de Mariana." Trecho de "Sobre Nós" do *site* do jornal. Disponível em: http://jornalasirene.com.br/. Acesso em out. de 2020.

tem um forte papel combativo, de cobrança e, principalmente, de guardião da memória dessa tragédia tão devastadora. Para que ela nunca seja esquecida.

Subjetividade e discurso: o memorial para as vítimas de Brumadinho, uma leitura possível, por Claudia Pfeiffer, Giulia Mendes Gambassi e Sônia Regina da Cal Seixas

Dor. Perda. Corte. Ruptura. Desolação. Inconformismo. Medo. Raiva. Silêncio. Como criar condições para que os sentidos que se instalam a partir de um *desastre-crime* como o rompimento da barragem de Córrego do Feijão, em Brumadinho, Minas Gerais, em 2019, sejam mostrados, rememorados, enquanto um espaço de luta, de resistência e de memória, assim como enquanto espaço onde se lida subjetivamente com as dores do luto e das perdas incontáveis, indizíveis, múltiplas?

Há muitas formas de lidar com acontecimentos como o mencionado. Sabe-se que não há receita, mas o gesto certamente depende de uma construção coletiva em que, necessariamente, aqueles que sofreram o desastre-crime estejam envolvidos nessa construção como sujeitos e não como objetos a serem ditos e conformados – tanto no sentido de pretensamente amparados e satisfeitos pela medida, quanto no de ter seu luto formatado entre árvores e concreto.

Assim, apesar de a "Associação dos Familiares de Vítimas e Atingidos pelo Rompimento da Barragem Mina Córrego do Feijão Brumadinho" (Avabrum) ter selecionado o terreno no qual o memorial sobre o desastre será construído e as famílias terem escolhido entre dois projetos, a partir de votação, com o apoio técnico da arquiteta e urbanista Jurema de Sousa Machado (ex-presidente do Instituto do Patrimônio Histórico e Artístico Nacional [Iphan]), e do museólogo Marcelo Mattos Araújo (ex-presidente do Instituto Brasileiro de Museus [Ibram]),[56] levantamos um questionamento: até que ponto uma intervenção externa – sem interrogar aqui a competência técnica dos arquitetos que elaboraram a proposta – retrata a singularidade de um acontecimento em determinado território?

Ainda, se um projeto como esse é idealizado por pessoas que não conhecem (ao que tudo indica) os sujeitos afetados pelo rompimento da barragem, não ocorre, aí, uma estereotipação e um silenciamento do sofrimento? Pode-se afirmar categoricamente que essa construção é feita em nome das "vítimas que se foram e das que permanecem"? Ou, ainda, pode uma construção concebida pelos responsáveis de um desastre-crime fazer o trabalho subjetivo de luto e de deslocamento de sentidos pelas vítimas de "erros brutais", como a narração da peça publicitária aponta?

O que nos move neste artigo é observar de que forma o memorial de Brumadinho é narrado e quais efeitos de sentido decorrem da peça publicitária[57] que o anuncia para o mundo. É a partir, então, desse material – impecável, é preciso dizer, do ponto de vista de *marketing* – que fazemos nossa leitura dos muitos sentidos que se apresentam na proposição de sua construção.

[56]Disponível em: https://avabrum.org.br/2020/04/07/familiares-das-vitimas-concluem-processo-de-selecao-do-projeto-arquitetonico-do-memorial/. Acesso em out. de 2020.

[57]Peça publicitária do memorial da Vale em Brumadinho. Disponível em: https://youtu.be/QSeig6ZJs3Q. Acesso em out. de 2020.

Vamos destacar aqueles que nos permitem uma entrada de compreensão naquilo que se instala com o projeto, como a presença de uma divisão que se faz pela linguagem entre um "nós", difuso, e um "eles", marcadamente referenciando as vítimas ("as que se foram e as que permanecem"). De antemão, destacamos que essa regularidade discursiva parece corroborar o que aqui apontamos: como o memorial pode falar em nome de um grupo que é tratado como "eles", como aqueles que não estão diretamente envolvidos na construção simbólica desse espaço?

No início da peça, o memorial é narrativizado enquanto um espaço de ressignificação da dor – e de uma dor que não tem como acabar. Se a dor não cessa, mas pode ser ressignificada, premissa com a qual concordamos, também é preciso dizer que as razões da dor são múltiplas, afetando e impactando as subjetividades de modos distintos. No entanto, é produzida uma homogeneidade da dor e de seus efeitos, circunscrevendo esse lugar de significação à perda material de vidas, silenciando – apesar de afirmar que é preciso "escutar aqueles que não foram ouvidos" – outros sentidos possíveis presentes entre as vítimas. Como a dor que se pode sentir pela injustiça, pela opressão, pela perda de um presente enquanto comunidade extrativista e de um futuro que já não pode ser imaginado ou planejado do mesmo jeito.

Assim como pela impotência diante das relações de força inscritas em um modo de produção em que determinadas subjetividades não têm espaço para dizer e fazer de outra forma, a não ser aquela já pré-configurada pelo sistema em que se inscrevem de modo inescapável. Um sistema que pode vir a soterrar vidas na lama. Poderíamos afirmar, então, que o que se quer com esse memorial seria administrar publicamente os sentidos da dor e as razões pelas quais essa dor se faz presente?

Ao mesmo tempo que a peça publicitária textualiza uma relação entre esse "nós" difuso (Vale? Arquitetos? Sociedade? Humanidade?) e um "eles" (vítimas), ela individualiza as relações inscritas na presença de barragens de mineração e dá um sentido ao rompimento da barragem. O que é chamado de "registro inegável da realidade acontecida" parece reduzir à *performance* arquitetônica as possíveis realidades significadas e experienciadas pelas vítimas do desastre-crime.

Vejamos, então, alguns recortes da textualidade da peça publicitária que nos permitem estabelecer algumas relações – italicizamos pontos focais em cada excerto: "[a dor] *nos* exige uma profunda humildade e a escuta *daqueles* que não foram ouvidos"; "serão plantados 272 ipês-amarelos para que cada *lamento* possa ser ouvido"; "a entrada do memorial já revela sua missão: recebe visitantes e nos faz refletir: quantos *erros* brutais constroem um desastre?"; "as joias das famílias receberão, assim, a *luz* que faltou naquele dia"; "as áreas de permanência se estendem para fora e se abrem para as árvores, abraçando *a nossa nostalgia*"; "dali, partimos para *nossa* caminhada de lembranças e memórias"; "a grande cabeça que sente e que chora, [...] a simbolizar o *homem* em sua *falha*"; "de seu olhos geométricos, derrama o pranto, *nosso* gesto *mais humano* ao nos depararmos com o *impacto da perda*"; "enfim, ***a lama sairá de nossos corações***"[58].

Repetimos, aqui, os pontos focais de nosso primeiro gesto de reflexão no que diz respeito ao "nós" marcado na narração: *nos* exige; *nos* faz refletir; *nossa* nostalgia; *nossa* caminhada; *nosso*

[58]Todos os grifos são nossos.

gesto mais humano; *nos* deparamos; *nossos* corações. Essa série de enunciados faz com que nos perguntemos: quem seria esse "nós" que precisa refletir? São os mesmos que caminharão, que têm nostalgia, que executam os gestos mais humanos do luto (chorar, lamentar sua perda, enterrar seus mortos), que deparam com o impacto brutal de sua privação e de cujos corações sairá a lama?

Há uma dispersão nessa primeira pessoa do plural que produz o efeito de *con-fundir* a instituição que faz o memorial com aqueles que são homenageados por ele. Essa *con-fusão* permite que a instituição responsável pelo desastre se coloque junto daqueles que sofreram e sofrem com o rompimento por meio de um traço de humanidade dividida entre a empresa e as vítimas.

Se, de um lado, produz-se o efeito de poder se dizer a partir de um lugar comum, por outro, produz-se o efeito de individualizar e humanizar o que fez com que a barragem se rompesse: o conjunto de *erros* brutais que constroem um desastre-crime; a grande cabeça que simboliza o *homem* em sua *falha*. É como se o rompimento da barragem fosse fruto da somatória de homens que erram e falham – e que errar é humano –, e não da ordem de um tipo específico de funcionamento que a política de mineração, com suas barragens, impinge aos territórios, à paisagem, aos moradores e às suas vítimas. Esse efeito se refaz e se condensa na afirmação de que o memorial trará, a cada 25 de janeiro, a "luz que faltou" naquele 25 de janeiro. Foi a luz que faltou?

Com dizeres como esse, apaga-se o funcionamento histórico, político, econômico e social da política de mineração, naturalizando, humanizando e individualizando o rompimento da barragem. Como se fosse um simples acidente de percurso, como se não pudesse ter sido previsto e evitado. O que vemos, então, no memorial – ou ao menos em sua discursivização na peça publicitária – é o apagamento de uma estrutura de injunções sócio-históricas. Como efeito disso, desresponsabiliza-se e normaliza-se a lógica de exploração que se instaura em nossa sociedade, individualizando as práticas: o erro é significado como sendo individual, a dor é significada como sendo individual e é dita como passível de superação a partir da construção do memorial.

Há uma aparente possibilidade de travessia ou superação do ocorrido a partir dessa construção, que termina em um grande campo aberto com um lago, espelho d'água, que, segundo essa narrativa, permitirá que a "lama [saia] de nossos corações". Sairá? Que reflexos esse espelho pode apontar? Que outras formas de honrar memórias e responder a comunidades atingidas por desastres-crime deveriam ser pensadas? Convidamos, você, leitor/a, a questionar.

Nossa escrita de um verbete

Neste item, apresentamos o verbete produzido por Giulia Mendes Gambassi, Talita Gantus de Oliveira, Marco Túlio Pena Câmara, Ana Paula Leal Pinheiro Cruz, Bianca de Jesús Silva para a segunda edição do *Diário Crítico de Mineração* (*no prelo*)[59], buscando encontrar uma forma de nomear o acontecimento do rompimento da barragem localizada no Córrego do

[59]Segunda edição de GOMIDE, C. S. *et al. Dicionário Crítico da Mineração*. Marabá, Editorial iGuana, 2018, v. 1, pp. 261.

Feijão, Brumadinho, em 2019. Constantemente confrontados com as dimensões subjetiva e política, envolvidas na nomeação de eventos como esse, fizemos uma série de discussões, a partir de áreas de conhecimento múltiplas (Linguística Aplicada, Geologia, Comunicação, Antropologia, Arquitetura), e o resultado desse diálogo resultou no verbete apresentado a seguir.

Desastre-crime

Palavra composta de desastre[a] e crime[b], diferenciando-se dos termos "desastre natural" e "desastre tecnológico", pois procura enfatizar que se trata de um desastre causado por ações e determinações humanas com implicações sociais, ambientais e políticas que carecem de responsabilização, como no caso do rompimento de uma barragem. Assim, o uso do termo desastre-crime procura realçar as consequências da ausência de responsabilidades tanto do Estado quanto de grandes empresas, afastando-se das causas consideradas naturais ou provenientes de falhas tecnológicas.

Além disso, pontua-se que, desde a fase de planejamento até o início de suas atividades, essas construções geram efeitos negativos nas comunidades atingidas, que podem se agravar com o risco ou o efetivo rompimento das barragens. Os desastres-crime geram perdas que podem ser materiais ou imateriais e que são resultado de determinações, ações ou omissões humanas e/ou institucionais, trazendo consequências funestas e/ou desastrosas para a coletividade e o meio natural como um todo.

Desse modo, o "desastre-crime" é composto no afastamento das dimensões que relacionam os rompimentos das questões naturais ou das consequências ausentes de responsabilidade. Parte-se do ponto de vista de que não se poderia chamar esse acontecimento de "desastre natural", visto que a produção do cenário de risco, prévio ao acontecimento (já que nem todo risco desencadeia no desastre), e do fenômeno desestabilizador (o rompimento da barragem), são resultados de ações antrópicas.

O endereçamento das responsabilidades sobre os rompimentos, bem como os desdobramentos ocasionados pelo rompimento, aproxima as noções de que esses acontecimentos não se voltam à ordem do acaso, fazendo parte de cenários em que emergem resistências (grupos e/ou ações) em busca de respostas para o ocorrido, que se mostra sistêmico.

Nomear como "desastre-crime" é uma escolha discursiva, visando responder às demandas comunitárias e às representações midiáticas do ocorrido, visto que esse termo "crime" evoca o sentido de que esse evento era evitável, considerando a interferência dos seres humanos na natureza e que as barragens geram "desastres tecnológicos", ou seja, que geram efeitos tóxicos e não naturais ao meio em que ocorrem. O uso desse termo também reivindica responsabilização das empresas envolvidas nos eventos que com ele são nomeados, bem como visa afastar as concepções que possam dar margem para incertezas sobre os culpados e dúvidas sobre quem foram as pessoas atingidas.

[a] A palavra "desastre" se refere a uma séria interrupção do funcionamento da comunidade atingida, causando perdas humanas e ambientais generalizadas que excedem a capacidade local de manter suas atividades e relações com os ambientes atingidos.

[b] A palavra "crime" não é mobilizada em sua dimensão jurídica ou punitivista, mas, sim, em seu sentido político.

13.4 Considerações finais

A potência do grupo que se narra neste capítulo está situada, a nosso ver, em três dimensões. Uma delas é a sua posição ético-científica, que implica nos colocarmos em relação com o alhures, com a alteridade, sempre comprometidos com um fazer acadêmico que escuta de modo sensível e cuidadoso a multiplicidade de sentidos visíveis e invisibilizados. Nessa toada, deixamo-nos afetar pelos processos ligados a trabalhar com esses eventos, procurando modos e meios de fazer "isso que afeta" ressoar, circular por muitos espaços.

Ao mesmo tempo, esse grupo fez laço e aí está sua segunda dimensão, de potência inimaginável. Esse laço é configurado pelo afeto que se faz sentir e que faz sentido, que nos permite continuar apesar dos inúmeros desafios que nos impõem as condições universitárias, no que se refere à permanência de estruturas universitárias públicas, gratuitas e de qualidade. É esse laço, então, que nos permite continuar acreditando que o trabalho que realizamos pode construir novas possibilidades para a dor e a perda geradas pelos desastres-crime que estudamos e pode dar visibilidade às injunções e contradições que fazem parte da prática da mineração, especificamente, e da construção de barragens, de um modo geral.

Finalmente, a terceira dimensão, também de uma enorme potência, tem nos fortalecido enquanto grupo a partir da formação. Nela, os alunos de graduação e de pós-graduação têm um papel fundamental. Formamos um grupo que se acolhe generosamente em múltiplas ações na diferença de trajetos e trajetórias. O encontro desse grupo é potente e movente. É diferença e unidade a um só tempo. Singular e coletivo. Um grupo que nos move, nos (co)move.

Referências

Adger, W. N. (2006). Vulnerability. *Global environmental change*, v. 16n. 3, 268–281.

Barbosa, K. G., & Carvalho, A. L. (2016). Narrativas do trauma no jornalismo local: Bento Rodrigues [Disponível em: https://proceedings.science/compos/compos-2016/papers/narrativas-do-trauma-no-jornalismo-local--bento-rodrigues?lang=pt-br [acesso em 07/10/2022]]. *Anais do XXV Encontro Anual da COMPÓS.*

Câmara, M. T. P. (2018). *Para nunca esquecer: uma análise discursiva de coberturas midiáticas impressas sobre o rompimento da barragem de Fundão, em Mariana* (Dissertação de Mestrado. Orientador: Cláudio Humberto Lessa). Centro Federal de Educação Tecnológica de Minas Gerais, Programa de Pós-Graduação em Estudos de Linguagens. Belo Horizonte.

Câmara, M. T. P. (2020). *Planejamento Integrado de Comunicação.* Editora Senac.

Creado, E. S. J., Trigueiro, A., & Torres, C. C. A. (Ed.). (2018). *Vidas de rio e de mar: pesca, desenvolvimentismo e ambientalização* (1ª ed.). ProEx UFES.

Dickmann, I. (2010). *Contribuições do pensamento pedagógico de Paulo Freire para a educação socioambiental a partir da obra pedagogia da autonomia* (Dissertação de Mestrado. Orientadora: Sônia Maria Marchiorato Carneiro). Curitiba, Universidade Federal do Paraná, Programa de Pós-Graduação em Educação. Curitiba.

Dosse, F. (2013). *Renascimento do acontecimento: um desafio para o historiador: entre esfinge e Fênix.* São Paulo, Editora Unesp.

Freire, P. (1980). *Conscientização: teoria e prática da libertação: uma introdução ao pensamento de Paulo Freire.* Cortez & Moraes.

Freire, P. (2005). *Pedagogia do oprimido* (49ª ed.). Rio de Janeiro, Paz e Terra.

Freire, P. (2019). *Pedagogia da Autonomia: saberes necessários à prática educativa* (62ª ed.). Paz e Terra.

Losekann, C., & Mayorga, C. (Ed.). (2018). *Desastre na bacia do Rio Doce: desafios para a universidade e para instituições estatais.* Folio Digital: Letra e Imagem.

Mariani, B. (2007). Imprensa, produções de sentidos e ética. Em A. P. G. Ribeiro & L. M. A. Ferreira (Ed.), *Mídia e memória: a produção de sentidos nos meios de comunicação* (pp. 199–218). Mauad X.

Netto, J. P. (2009). Introdução ao método da teoria social [Brasília: CFESS/ABEPSS]. *Serviço Social: direitos sociais e competências profissionais*, 668–700.

Orlandi, E. P. (1996). *Interpretação: autoria, leitura e efeitos do trabalho simbólico.* Vozes.

Parada, M. (2007). A ordem da memória: a imprensa e o imaginário político do Estado Novo. Em A. P. G. Ribeiro & L. M. A. Ferreira (Ed.), *Mídia e memória: a produção de sentidos nos meios de comunicação* (pp. 35–56). Mauad X.

Pêcheux, M. (1988). *Semântica e discurso: uma crítica à afirmação do óbvio* [Tradução de Eni Pulcinelli Orlandi *et al.*]. Campinas, Editora Unicamp.

Pêcheux, M. (1994). Ler o arquivo hoje [Tradução de Bethânia S. C. Mariani *et al.*]. Em E. P. Orlandi, B. Mariani & F. Indusky (Ed.), *Gestos de leitura: da história no discurso* (pp. 55–66). Campinas, Editora Unicamp.

Ribeiro, A. P., & Brasiliense, D. R. (2007). Memória e narrativa jornalística. Em A. P. G. Ribeiro & L. M. A. Ferreira (Ed.), *Mídia e memória: a produção de sentidos nos meios de comunicação* (pp. 219–235). Mauad X.

Santos, M. (2007). *O espaço do cidadão* (7ª ed.). Editora da USP.

Stengers, I. (2015). *No Tempo Das Catástrofes.* Cosac Naify.

Tsing, A. (2019). *Viver nas ruínas: paisagens multiespécies no Antropoceno.* IEB Mil Folhas.

Zhouri, A. (Ed.). (2018). *Mineração: violências e resistências: um campo aberto à produção de conhecimento no Brasil* [livro eletrônico]. Editorial iGuana, ABA.

Sobre as autoras e os autores

Ana Paula Leal Pinheiro Cruz é formada em Arquitetura e Urbanismo pela Universidade Federal de Juiz de Fora (UFJF), mestra em Urbanismo pelo Programa de Pós-Graduação em Urbanismo na Universidade Federal do Rio de Janeiro (Prourb/UFRJ) e doutoranda no Programa de Pós-Graduação em Ambiente e Sociedade da Universidade Estadual de Campinas (Nepam/Unicamp). Participa do Grupo de Pesquisa e Ação em Conflitos, Riscos e Impactos Associados a Barragens (Criab) no GT Educação e Sociedade.

Bianca de Jesús Silva é bacharela, licenciada e mestra em Ciências Sociais pela Universidade Federal do Espírito Santo (Ufes), tendo conquistado o prêmio de melhor dissertação de mestrado da Associação Brasileira de Estudos Sociais das Ciências e das Tecnologias (Esocite.br) (2019). É doutoranda no Programa de Pós-Graduação em Ambiente e Sociedade na Universidade Estadual de Campinas (Unicamp).

Cassio M. Oishi é professor associado da Universidade Estadual Paulista (Unesp-Presidente Prudente) e pesquisador principal do Centro de Pesquisa em Ciências Matemáticas Aplicadas à Indústria e do Centro de Pesquisa em Ciência de Dados para Indústria Inteligente, financiado pela Fundação de Amparo à Pesquisa do Estado de São Paulo (Fapesp). Também é pesquisador de produtividade do Conselho Nacional de Desenvolvimento Científico e Tecnológico (CNPq). Entre 2022 e 2024, atuou como pesquisador visitante no Instituto de Inteligência Artificial em Sistemas Dinâmicos da Universidade de Washington, Seattle/US. Sua pesquisa se concentra em metodologias computacionais, matemática aplicada, simulação numérica e inteligência artificial.

Cauê Chaves Pereira é formado em Geologia pela Universidade Estadual de Campinas (Unicamp) e mestrando no Programa de Pós-Graduação em Geociências pelo Instituto de Geociências dessa mesma instituição (IG/Unicamp). Tem pesquisa associada aos estudos dos impactos de rompimentos de barragem no Brasil.

Diego Samuel Rodrigues é docente do Programa de Pós-Graduação em Tecnologia da Faculdade de Tecnologia da Universidade Estadual de Campinas (FT-Unicamp) e também do Programa de Pós-Graduação em Matemática Aplicada do Instituto de Matemática, Estatística e Computação Científica dessa mesma instituição (Imecc-Unicamp). É membro do GT "Engenharia Matemática" do Grupo de Pesquisa e Ação em Riscos, Conflitos e Impactos Associados a Barragens (Criab) do Instituto de Estudos Avançados da Unicamp (IdEA-Unicamp).

Claudia Pfeiffer é analista de discurso e atua como pesquisadora no Laboratório dc Estudos Urbanos (Labeurb) do Núcleo de Desenvolvimento da Criatividade da Universidade Estadual de Campinas (Nudecri/Unicamp). É membra do GT "Educação e Sociedade" do Grupo de Pesquisa e Ação em Conflitos, Riscos e Impactos Associados a Barragens (Criab).

Giulia Mendes Gambassi é doutora em Linguística Aplicada pela Universidade Estadual de Campinas (Unicamp) com estudos voltados à linguagem e às suas intersecções com migração, estudos de gênero e psicanálise. Coordena, junto com a professora Mariana Peixoto, da Universidade Federal de Uberlândia (UFU), o Grupo de Estudos sobre Discurso, Interseccionalidade e Subjetividade (Gedis-UFU). Atualmente é pesquisadora de pós-doutorado na Unicamp.

Giuseppe Romanazzi é professor do Departamento de Matemática Aplicada do Instituto de Matemática, Estatística e Computação Científica da Universidade Estadual de Campinas (Imecc/Unicamp). Possui formação em Matemática e Computação Científica e desenvolve pesquisa em análise numérica e modelagem matemática e computacional.

Jefferson de Lima Picanço é geólogo, professor associado do Instituto de Geociências da Universidade Estadual de Campinas (IG/Unicamp) e coordenador do Grupo de Pesquisa e Ação em Conflitos, Riscos e Impactos Associados a Barragens (Criab).

Jerusa Schneider é pesquisadora visitante no Instituto de Geociências da Universidade Estadual de Campinas (IG/Unicamp). Doutora em Ciência do Solo, realizou pós-doutorados na Universidade Federal Rural de Pernambuco (UFRPE), na Universidade Estadual de Santa Cruz (Uesc-BA) e na Unicamp, além de ter sido pesquisadora visitante na Université Joseph Fourier, na França. Atua em pesquisa, ensino e extensão, focando a recuperação ambiental e os processos do solo que afetam ecossistemas agrícolas e naturais. Possui experiência internacional e prêmios na área.

João Frederico da Costa Azevedo Meyer graduou-se em Matemática pela Universidade Estadual de Campinas (Unicamp) em 1970, instituição na qual também concluiu o mestrado em 1974 e o doutorado em 1988. Professor livre-docente aposentado do Departamento de Matemática Aplicada do Instituto de Matemática, Estatística e Computação Científica dessa mesma universidade (Imecc/Unicamp), atualmente é membro ativo da Sociedade Brasileira de Matemática Aplicada e Computacional, integrando seu Conselho Científico, e da Sociedade Brasileira de Educação Matemática, participando do Grupo de Trabalho 10 (GT-10), focado em modelagem matemática. É membro da Sociedade Latino-Americana de Biomatemática, da qual já foi presidente. Tem ampla experiência em matemática, com ênfase em biomatemática e análise numérica. Suas principais áreas de atuação incluem modelagem matemática, ecologia matemática, impacto ambiental e educação matemática.

José Mario Martínez possui graduação em Matemática pela Universidad de Buenos Aires (1971) e doutorado em Engenharia de Sistemas e Computação pela Universidade Federal do Rio de Janeiro (UFRJ) (1978). É professor titular da Universidade Estadual de Campinas (Unicamp), onde foi agraciado com o título de Professor Emérito em 2020. É bolsista de produtividade em pesquisa nível 1A do Conselho Nacional de Desenvolvimento Científico e Tecnológico (CNPq), na área de matemática, e membro titular da Academia Brasileira de Ciências. Foi condecorado com a Ordem do Mérito Científico no grau de Comendador. Desde 2021, atua como presidente do Conselho do Instituto de Estudos Avançados (IdEA) da Unicamp. Em 2023, recebeu o prêmio Su Buchin, concedido pelo International Council for Industrial and Applied Mathematics (Iciam), e foi nomeado *siam fellow* para o ano de 2024. Sua experiência se concentra na área de matemática aplicada, com foco em sistemas não lineares, otimização, algoritmos numéricos e suas aplicações.

José Roberto Emiliano Leite é graduado e mestre em Engenharia Elétrica pela Faculdade de Engenharia Elétrica e de Computação da Universidade Estadual de Campinas (Feec/Unicamp) e doutor em Tecnologia pela Faculdade de Tecnologia dessa mesma instituição (FT/Unicamp).
É professor e pesquisador de Pós-Doc no Programa de Pós-Graduação da Faculdade de Tecnologia da Unicamp. Atua em pesquisas relacionadas aos temas: evolução das

redes de telecomunicações (IoT, rede móvel 5G/6G, indústria 4.0, internet quântica com *blockchain* e simulações de redes digital *Twin*), ondas tecnológicas atuais, uso de tecnologias da informação e comunicações (TIC) para segurança de barragens e recuperação de desastres.

Laércio Massaru Namikawa é graduado em Engenharia Eletrônica e mestre em Computação Aplicada, com doutorado em Geografia pela Universidade Estadual de Nova York em Buffalo. É tecnologista sênior na Divisão de Observação da Terra e Geoinformática (DIOTG), da Coordenação Geral de Ciências da Terra (CGCT), do Instituto Nacional de Pesquisas Espaciais (Inpe), instituição na qual desenvolve metodologias para uso de dados espaciais e imagens de sensoriamento remoto em aplicações de gerenciamento de desastres e monitoramento de uso do solo.

Laura Maria Canno Ferreira Fais possui doutorado em Recursos Hídricos, com pesquisa em obras hidráulicas e segurança de barragens. Engenheira civil, é docente da Faculdade de Tecnologia da Universidade Estadual de Campinas (FT/Unicamp).

Lélia Santiago Custódio da Silva é professora do curso de Engenharia de Minas do Instituto Federal de Educação, Ciência e Tecnologia da Bahia (IFBA) e pesquisadora do Grupo de Pesquisa e Ação em Conflitos, Riscos e Impactos Associados a Barragens (Criab), do Instituto de Estudos Avançados da Universidade Estadual de Campinas (IdEA/Unicamp).

Maicon Ribeiro Correa possui formação em Engenharia Civil e Ciências em Modelagem Computacional e desenvolve pesquisa em análise numérica e modelagem matemática e computacional de problemas ligados a diferentes áreas do conhecimento. É professor associado do Departamento de Matemática Aplicada do Instituto de Matemática, Estatística e Computação Científica da Universidade Estadual de Campinas (Imecc/Unicamp), pesquisador principal do Centro de Ciências Matemáticas Aplicadas à Indústria (CeMEAI/Cepid), membro do Grupo de Pesquisa e Ação em Conflitos, Riscos e Impactos Associados a Barragens (Criab) e bolsista de produtividade do Conselho Nacional de Desenvolvimento Científico e Tecnológico (CNPq).

Maíra Rodrigues da Silva é bióloga de formação. Mestre e doutoranda no Instituto de Geociências da Universidade Estadual de Campinas (IG/Unicamp), na área de política e gestão de recursos naturais. É integrante do Grupo de Pesquisa e Ação em Conflitos, Riscos e Impactos Associados a Barragens (Criab/Unicamp). Possui atuação inter e multidisciplinar nas áreas de contaminação ambiental, ecotoxicologia, fitorremediação, danos ambientais em bacias hidrográficas e em territórios de povos e comunidades tradicionais e justiça climática.

Marco Túlio Pena Câmara é doutor em Linguística Aplicada pelo Instituto de Estudos da Linguagem da Universidade Estadual de Campinas (IEL-Unicamp) e membro do GT "Educação e Sociedade" do Grupo de Pesquisa e Ação em Conflitos, Riscos e Impactos Associados a Barragens (Criab/Unicamp). Jornalista, é docente no curso de Jornalismo e na Pós-Graduação em Comunicação e Sociedade (PPGCOM) da Universidade Federal do Tocantins (UFT).

Mariana Silveira Guerra Moura e Silva é bióloga, formada pela Universidade Federal do Rio de Janeiro (UFRJ), e pesquisadora da Empresa Brasileira de Pesquisa Agropecuária (Embrapa), unidade Meio Ambiente, em Jaguariúna (SP).

Marta Siviero Guilherme Pires possui graduação em Ciências Biológicas pela Universidade de São Paulo (USP) (1993), mestrado em Engenharia Civil pela Universidade Estadual de Campinas (Unicamp) (1998) e doutorado em Engenharia Civil também pela Unicamp (2003). É docente da Faculdade de Tecnologia da Unicamp.

Rafael Rodrigues de Moraes é mestre e bacharel em Estatística pelo Instituto de Matemática, Estatística e Computação Científica da Universidade Estadual de Campinas (Imecc/Unicamp) e possui MBA em Gestão Atuarial e Financeira pela Fundação Instituto de Pesquisas Contábeis, Atuariais e Financeiras da Universidade de São Paulo (Fipecafi/USP). É doutorando em Demografia pelo Instituto de Filosofia e Ciências Humanas (IFCH) da Unicamp.

Samuel Rocha de Oliveira é professor associado do Departamento de Matemática Aplicada do Instituto de Matemática, Estatística e Computação Científica da Universidade Estadual de Campinas (Imecc/Unicamp) e docente do Programa de Pós-Graduação de Matemática Aplicada e Computacional e do Programa de Pós-Graduação Interunidades de Ensino de Ciências e Matemática da Unicamp.

Sebastião Velasco e Cruz é professor titular do Departamento de Ciência Política do Instituto de Filosofia e Ciências Humanas da Universidade Estadual de Campinas (IFCH/Unicamp) e do Programa San Tiago Dantas de Pós-Graduação em Relações Internacionais da Universidade Estadual Paulista, da Universidade Estadual de Campinas e da Pontifícia Universidade Católica de São Paulo (Unesp/Unicamp/PUC-SP), e pesquisador 1A do Conselho Nacional de Desenvolvimento Científico e Tecnológico (CNPq).

Sônia Regina da Cal Seixas é doutora em Ciências Sociais pelo Instituto de Filosofia e Ciências Humanas da Universidade Estadual de Campinas (IFCH/Unicamp), tendo realizado pós-doutorado na University of Reading/UK. Pesquisadora do Núcleo Interdisciplinar em Planejamento Energético (Nipe/Unicamp), é professora permanente do Programa de Doutorado em Ambiente e Sociedade (IFCH/Unicamp) e do Programa de Pós-Graduação em Planejamento de Sistemas Energéticos da Faculdade de Engenharia Mecânica (FEM/Unicamp). Presidenta da Comissão Assessora de Mudança Ecológica e Justiça Ambiental (Cameja/Dedh/Unicamp), é também bolsista de produtividade em pesquisa do Conselho Nacional de Desenvolvimento Científico e Tecnológico (CNPq) e líder do Grupo-Diretório CNPq: Laboratório de Estudos de Mudanças Ambientais, Qualidade de Vida e Subjetividade (Lemas/Unicamp).

Tainá Nogueira de Almeida é geóloga pela Universidade Estadual de Campinas (Unicamp) e atua na área de geoprocessamento. Desenvolveu projeto no Centro de Pesquisas Meteorológicas e Climáticas Aplicadas à Agricultura (Cepagri), trabalhando com modelagem do Sistema Terra. Tem experiência em consultoria técnica, com foco na elaboração de mapas temáticos e coletas em campo.

Talita Gantus de Oliveira é engenheira geóloga pela Universidade Federal de Ouro Preto (Ufop), mestra em Geologia pela Universidade Federal do Paraná (UFPR) e doutora em Geociências pela Universidade Estadual de Campinas (Unicamp). Pós-graduanda em Jornalismo Científico pela Unicamp, atua como divulgadora de ciência no Laboratório de Pesquisa e Comunicação em Geologia e Planejamento Urbano (GeoUrbe).

Verónica Andrea González-López é bacharel em Matemática pela Universidad Nacional de Córdoba (UNC), na Argentina, livre-docente e doutora em Estatística pela Universidade de São Paulo (USP). Professora associada no Instituto de Matemática, Estatística e Computação Científica da Universidade Estadual de Campinas (Imecc/Unicamp), é líder do grupo de pesquisa "Dependência estocástica: teoria e aplicações", registrado no Conselho Nacional de Desenvolvimento Científico e Tecnológico (CNPq), e em 2022 atuou como tesoureira da seção brasileira da International Society for Bayesian Analysis (ISBra). Também foi *chairperson* da seção latino-americana da International Association for Statistical Computing (Iasc-Lars) para o biênio 2021-2022 e assumiu a posição de *former chairperson* para o período 2023-2024. Foi eleita membro conselheiro do International Statistical Institute (ISI) para o mandato de 2025 a 2029.

Willian Leandro Henrique Pinto é mestre em Tecnologia pela Faculdade de Tecnologia da Universidade Estadual de Campinas (FT/Unicamp) e engenheiro ambiental pela Universidade Estadual Paulista (Unesp). É doutorando no Programa de Pós-Graduação da FT/ Unicamp, na área de concentração: ambiente. Atua em pesquisas relacionadas aos temas: segurança de barragens de água, indicadores ambientais na mineração, qualidade ambiental na mineração e gerenciamento de resíduos sólidos.

Título	Conflitos, riscos e impactos associados a barragens
Organizadores	Jefferson L. Picanço José Mario Martínez Claudia Pfeiffer João Frederico Meyer
Coordenador editorial	Ricardo Lima
Secretário gráfico	Ednilson Tristão
Preparação dos originais	Ana Paula Candelária
Revisão	Lúcia Helena Lahoz Morelli
Editoração eletrônica	Ivan Nascimento Diego Samuel Rodrigues Maicon Ribeiro Correa Pedro Picanço.
Design de capa	Estúdio Bogari
Formato	21 x 28 cm
Papel	Avena 80 g/m^2 – miolo Cartão supremo 250 g/m^2 – capa
Tipologia	LM Roman 10
Número de páginas	312

ESTA OBRA FOI IMPRESSA NA GRÁFICA GRÁFICA MUNDIAL
PARA A EDITORA DA UNICAMP EM SETEMBRO DE 2025.